책을 쓰는 과학자들

책을 쓰는 과학자들

위대한 과학책의 역사

SCIENTIFICA HISTORICA

브라이언 클레그 지음

제효영 옮김

책을 쓰는 과학자들
위대한 과학책의 역사

발행일
2025년 1월 10일 초판 1쇄
2025년 2월 5일 초판 2쇄

지은이 브라이언 클레그
옮긴이 제효영
펴낸이 정무영, 정상준
펴낸곳 (주)을유문화사
창립일 1945년 12월 1일
주소 서울시 마포구 서교동 469-48
전화 02-733-8153
팩스 02-732-9154
홈페이지 www.eulyoo.co.kr

ISBN 978-89-324-7533-2 03400

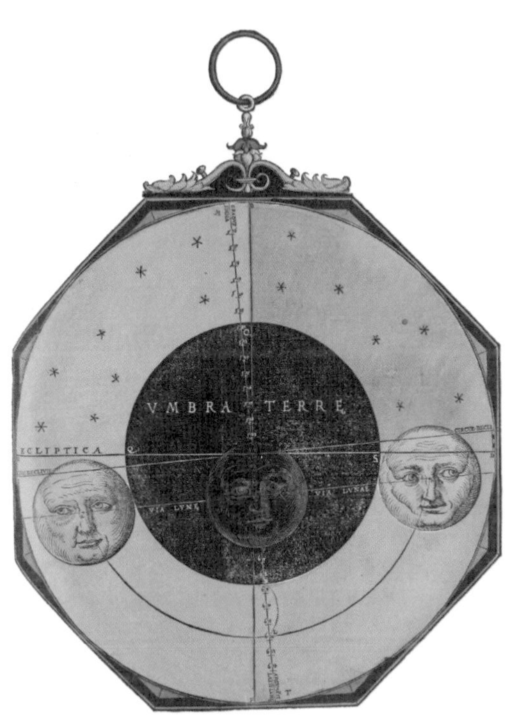
VMBRA TERRĘ
ECLIPTICA
VIA LVNĘ
VIA LVNAE

일러두기

1. 주석은 모두 옮긴이가 작성한 것이다.
2. 책, 잡지, 신문 등은 『 』로, 논문, 시, 단편 등은 「 」로, 영화, 미술 작품, TV 프로그램 등은 〈 〉로 표기하였다.
3. 인명 및 책이나 논문 등의 제목은 처음 나올 때 원어를 병기했으며, 국내에 번역된 책은 번역서 제목으로 표기했다.

차례

머리말 8

1. 고대 세상의 기록: 초석을 놓다 28
2. 출판의 르네상스: 책의 혁명 94
3. 근대의 고전: 19세기의 안정 176
4. 고전을 벗어난 과학책: 뒤집힌 세상 242
5. 다음 세대: 지식의 변화 294

주 332
위대한 과학책 150권 334
감사의 말 340
옮긴이의 말 341
도판 출처 342
찾아보기 345

머리말

라틴어 '사이언티피카scientifica'는 지식을 만들어 내는 것을 뜻한다. 이렇게 넓은 의미에서 보면, '과학science'은 세상, 그리고 세상에 존재하는 것에 관한 지식을 의미한다고 할 수 있다. 그리고 과학의 발전에는 한 가지 발명이 중심에 있었다. 대형 강입자 충돌기처럼 엄청나게 복잡한 장비도 아니고, 아인슈타인Albert Einstein의 일반 상대성 이론처럼 정교한 개념도 아니다. 우리에게 훨씬 친숙한 이 기술이 없었다면 인류의 지식은 기껏해야 민담과 수수께끼 수준에 머물렀을 것이다. 과학을 발전시킨 이 발명은 바로 '글'이다.

글의 중요성은 또 다른 라틴어 '히스토리카historica'가 이 책의 제목에 포함된 이유와도 관련이 있다.[1] 히스토리카는 연구를 바탕으로 하는 것, 또는 설명하는 것을 의미하는데, 이는 과학의 필수 요건이며 글이 있기에 과학은 이 요건을 충족할 수 있다. 글은 우리가 시간과 공간의 제약 없이 자유롭게 소통하고 지금, 여기에만 묶여 있지 않도록 하는 기술이다.

다른 동물도 대부분 소통하고, 심지어 식물도 일부는 어느 정도 소통하지만 대체로 즉각적이고 국지적인 수준에 머무르며 소통의 흔적은 전혀 남지 않는다. 글은 이 한계를 뛰어넘는다. 책장에 꽂힌 책을 한 권 꺼내서 거기에 적힌 글자들을 읽는 것만으로 우리는 수백 년 혹은 수천 년 전에 수천 킬로미터 떨어진 곳에서 쓰인 글과 만난다. 내가 이렇게 책으로 소통하는 사람은 살아 있는 사람보다 죽은 이가 훨씬 많을 것이다. 게다가 내가 가진 책 중에 나와 가까운 곳에 사는 사람이 쓴 책은 거의 없다. 글은 시간과 공간의 제약을 없앤다. 이것이 과학을 존재하게 하는 글의 중요한 특성이다.

과학에서 글이 발휘하는 막강한 힘은 생각과 발견의 저장고인 책으로 빛을 발한다. 우리가 필요할 때마다 바퀴를 매번 새로 발명하지 않아도 되는 건 책 덕분이다. 과학은 다른 사람의 발견과 이론을 토대로 삼아 그 위에 다른 발견과 이론을 쌓는 방식으로만 기능한다. 아이작 뉴턴Isaac Newton의 유명한 말을 아마 한 번쯤 들어 보았으리라. "내가 더 멀리 보았다면, 거인들의

밀레토스의 탈레스, 15세기

기원전 6세기에 활동한 고대 그리스의 철학자이자 수학자 밀레토스 출신 탈레스의 모습. 이탈리아 리미니 도서관(감발룽가 시립도서관)이 소장한 기록물에 포함된 그림이다.

어깨 위에 서 있었기 때문이다."(뉴턴의 이 말은 로버트 버턴Robert Burton의 글을 인용했을 가능성이 있다.)[2] 글이 없었다면 뉴턴도 다른 사람들의 생각을 활용할 수 없었을 것이다. 인류가 주변에서 관찰한 것을 어떻게 합리적으로 설명할 수 있는지 고민하기 시작한 2천5백여 년 전부터, 책은 과학을 전파하는 데 중심이 되었다.

고대 그리스인들과 서기 1000년 후반에 활동한 이슬람 과학자들, 중세 시대 유럽의 과학자들이 글로 남긴 연구가 서로 복잡하게 한데 얽혀 있다는 사실에도 시공간을 넘나들게 하는 책의 기능이 잘 나타난다. 밀레토스 출신 철학자 탈레스Thales는 기원전 600년경 자연계를 설명하는 방식을 기존의 신화적 관점에서 과학적 관점에 가깝게 바꾼 최초의 인물로 여겨진다. 탈레스의 이 혁신적인 사상 이후로 고대 그리스인들은 과학적인 주제로 많은 책을 저술했다.

고대 그리스인들이 쓴 책들은 그리스 문명이 무너지고 도서관들이 약탈당하면서 상당수가 사라졌다. 이 안타까운 사실을 선명하게 보여 주는 일이 있다. 기원전 3세기에 활동한 시라쿠사 출신의 저명한 수학자이자 공학자 아르키메데스Archimedes는 『모래알을 세는 사람*The Sand-Reckoner*』이라는 자그마하고 희한한 책을 썼다. 그는 이 책에서 우주 전체를 모래 알갱이로 채운다면 총 몇 알이 필요한지 계산한다. (아르키메데스가 말한 '우주'의 의미는 대략 현재의 태양계에 해당한다.) 언뜻 무의미한 계산 같지만 그렇지 않다. 당시에 그리스의 수 체계는 굉장히 제한적이었다. 이름이 따로 붙여진 가장 큰 숫자 단위가 '1만myriad'이어서 사람들이 생각하는 가장 큰 숫자도 '1억a myriad myriads'이 다였다. 이 한계를 넘어 훨씬 더 큰 숫자까지 셀 수 있음을 보여 주고 싶었던 아르키메데스는 수량을 필요한 만큼 손쉽게 표현할 수 있는 새로운 유형의 숫자를 고안했다. 모래알 계산은 그가 만든 숫자의 유연성을 보여 주기 위한 흥미로운 시도였다.

『모래알을 세는 사람』은 그 오랜 세월을 지나 지금까지 전해진다. 그런데 이 책에는 아르키메데스가 인용하지 않았다면 우리로선 존재조차 몰랐을 어떤 책이 언급된다. 아르키메데스는 모래알 계산 과정 중에 우주의 크기를 추정하면서 처음으로 기하학을 활용했다. 당시는 지구가 우주의 중심이고, 우주의 다른 모든 건 지구 주위를 돌고 있다는 천문학 이론이 수용되던 시대였고 아르키메데스도 이를 토대로 삼았지만, 『모래알을 세는 사람』에 이런 대목이 나온다.

> 사모스 사람 아리스타르코스Aristarchos가 쓴 책에는 몇 가지 가설이 있는데, 거기서 전제하는 내용을 따라가면 우주는 현재 알려진 것보다 몇 배 더 크다는 결과가 나온다. 또한 그의 가설은 별이 고정되어 있고 태양은 움직이지 않으며, 지구가 태양의 둘레를 돌고 있고 태양은 그 궤도의 중심에 있다고 말한다.

아르키메데스의 인용으로만 남은 아리스타르코스의 저서는 나중에 니콜라우스 코페르니쿠스Nicolaus Copernicus의 태양 중심설로 알려지게 된 이론을 현재까지 알려진 모든 자료를 통틀어 가장 먼저 제시했다. 우리는 아리스타르코스가 그 책에 정확히 무슨 내용을 썼는지 알 길이 없다. 그 시기의 다른 무수한 책들도 마찬가지다.

로마 제국이 무너진 후, 유럽에서는 고대 그리스의 저술 대부분이 잊혔다. 그러나 이슬람 세계가 번성하고 과학에 관한 관심이 고조되면서 그때까지 남아 있던 그리스 서적들이 아랍어로 번역되었다. 그 책들에 담긴 지식은 아랍에서 수학과 물리학, 의학을 중심으로 점차 확장되던 새로운 지식에 더해졌다. 이때 나온 책 중에서 나중에 새로운 생명을 갖게 된 좋은 예가 하나 있다. 780년경 오늘날의 이라크 바그다드에서 태어난 것으로 추정되는 아부 자파 무함마드 이븐무사 알콰리즈미Abū Ja'far Muḥammad ibn Mūsā al-Khwārizmī의 책 『복원과 대비의 계산*Al-kitāb al-mukhtaṣar fī ḥisāb al-ğabr wa'l-muqābala*』(820년경)이다. 이 책의 영향은 이슬람 세계 밖까지 미쳤다. 유럽은 고대 그리스의 자료에 13세기부터 다시 관심을 기울이기 시작했으나 아랍의 책들은 그보다 한 세기 먼저 유럽에서 번역되었고, 이때 알콰리즈미 같은 아랍 학자들의 원서와 함께 아랍어로 번역됐던 그리스 책들도 함께 번역되어 유럽으로 유입됐다. 『복원

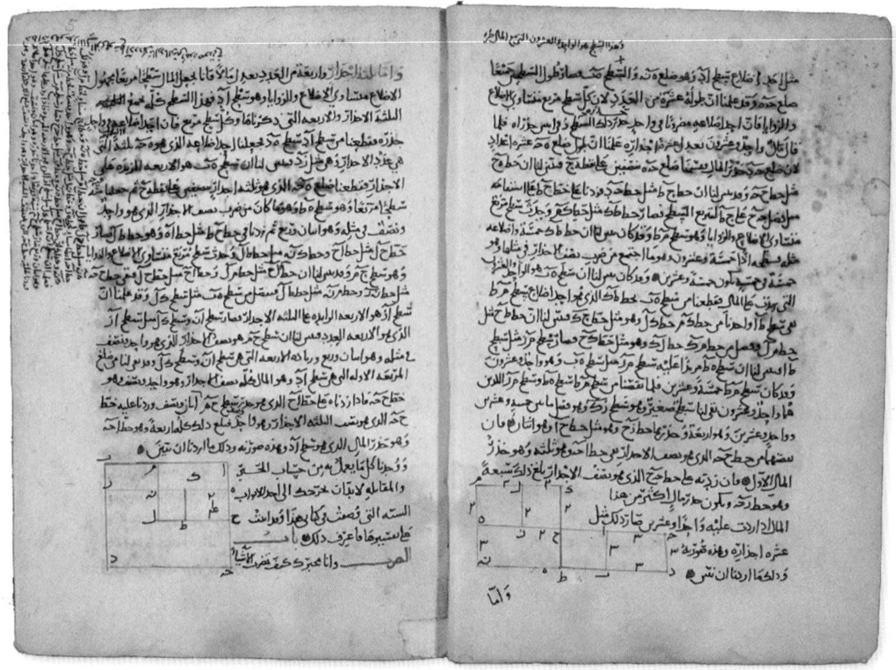

아부 자파 무함마드 이븐무사 알콰리즈미, 『복원과 대비의 계산』, 사본, 1342년

이 책은 820년경에 초판이 나온 후 16세기까지 계속 출판됐다. 대수학, 달력, 유산 등을 다룬 중요한 수학 교재 중 하나였다.

과 대비의 계산』은 현실에 적용할 수 있는 대수학을 서구 지역에 처음 들여왔다(대수학을 뜻하는 영어 단어 'algebra'도 알콰리즈미의 책 제목에 있는 'al-ğabr'에서 따온 것이다). 알콰리즈미가 쓴 이 책의 소개 글을 보면, '상속, 유산, 분할, 소송, 무역'에 유용한 내용이 담겨 있다는 설명이 있다.

아랍어권에서 과학, 의학, 수학이 한창 발전할 때 책이라는 매개체에 담긴 고대 그리스인들의 생각이 그 지역 학자들에게 영감을 주었고, 이때 아랍어로 번역된 그리스의 책들과 아랍어권에서 새로 나온 책들은 이후 유럽에서 과학의 혁신에 시동을 걸었다. 이 책들은 다양한 시대와 언어, 물리적인 거리, 문화를 넘어 사상가들을 하나로 연결했다. 책이 이 모두를 하나로 이어 준 것이다.

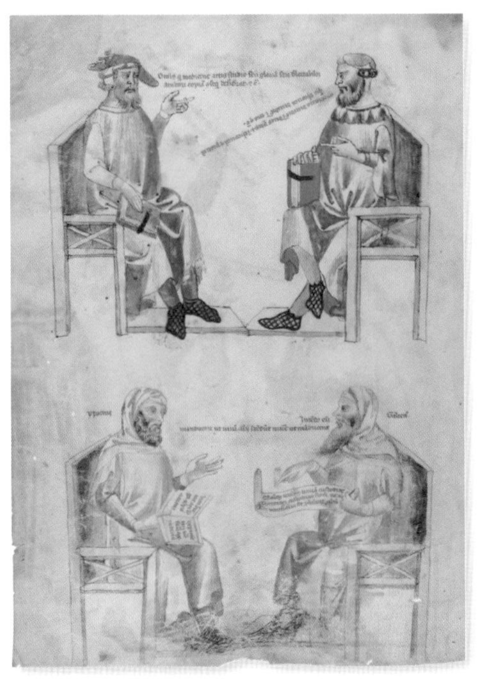

그리스와 아랍의 철학, 14세기

왼쪽은 히포크라테스(기원전 460년경~377년경), 후나인 이븐 이스하크Hunayn ibn Isḥaq(809년경~873년), 클라우디우스 갈레노스Claudius Galenos(131년경~201년경)가 의견을 나누는 모습을 나타낸 그림이고, 오른쪽은 철학 문서를 필사 중인 어느 아랍인 필경사를 묘사한 그림이다.

글

문자로 소통하는 물리적인 메커니즘은 과학책의 가장 초창기부터 지금까지 여러 번 바뀌었다. 가령 히포크라테스Hippocrates나 아리스토텔레스Aristoteles가 알던 책은 오늘날의 전자책과는 전혀 달랐을 것이다. 고대 그리스의 책은 기다란 필기 용지가 원통 축에 둘둘 말려 있는 두루마리였다. 이는 고대 이집트의 방식을 그리스인들이 물려받은 것으로, 이집트에서는 갈대로 만든 파피루스가 필기 용지로 널리 쓰이다가 나중에는 양피지(특수 처리한 동물의 가죽)와 종이도 쓰였다.

두루마리는 글의 분량이 많지 않으면 꽤 쓸 만한 방법이었지만(현대인의 기준에서 성경의 각 권을 비롯한 고대의 책들이 상당히 짧게 느껴지는 이유다), 글이

길어지면 영 불편했다. 축에 말린 종이가 수 미터씩 이어지면 다루기도 불편하고 마구 엉키기 일쑤였기 때문이다. 종이 양쪽에 하나씩 축 두 개를 달아서 안으로 마는 형태로 만들면 두루마리가 더 튼튼해지는 대신 다른 문제가 있었다. 종이에 적힌 내용을 읽으려면 한쪽 축을 풀면서 다른 쪽 축으로 종이를 계속 감아야 했다. 종이에 글이 적힌 방향에 따라 축의 위치가 달라지는 것도 문제였다. 축이 위아래에 있으면 양손으로 붙잡고 종이를 계속 말면서 현대로 치면 프롬프터를 읽듯이 글을 읽어 나갔고(손목에 큰 무리가 갔다), 축이 양옆에 있으면 우리에게 익숙한 책의 한 쪽처럼 일정 분량이 한 덩어리로 담겼지만, 그 한 부분의 분량이 상당해서 다음 부분으로 넘어가는 데 오래 걸렸다. 그러니 책을 처음부터 끝까지 차례대로 읽는 게 아닌 이상 특정 부분을 찾아서 읽으려면 보통 번잡한 게 아니었다.

로마인들에 관한 한 가지 놀라운 사실은 과학 발전에는 거의 기여한 게 없다는 것인데, 1세기에 코덱스codex를 최초로 개발하여 과학책의 발전에 있어서만은(과학책만이 아닌 책 전체에) 엄청나게 기여했다. 코덱스는 여러 낱장을 한 다발로 묶어서 한 장씩 넘겨 가며 한 쪽씩 수월하게 읽고 원하는 부분도 쉽게 찾을 수 있도록 만든, 현재 우리가 아는 전형적인 책이었다. 과학이 글로 기록되고 책을 통해 널리 퍼지려면 반드시 사본이 여러 권 만들어져야 하는데, 코덱스는 두루마리보다 사본을 제작하기도 훨씬 수월했다. 코덱스의 등장 이후 종교 기관을 중심으로 책의 사본을 제작하는 일이 하나의 산업으로 발전했다. 과학 이론도 책을 통해 처음 등장한 곳을 벗어나 먼 곳까지 알려졌다. 책의 사본을 만드는 일은 이렇게 처음 꽃망울이 맺힌 후 인쇄기의 발명으로 만개했다. 극소수만 활용할 수 있는 값비싼 소통 수단이던 글은 인쇄 기술의 등장과 함께 과학이 대중에게 더 가까이 다가가는 수단으로 쓰이기 시작했다.

앉아 있는 필경사, 기원전 2500년경~2350년경

이집트 제5왕조 시대에 제작된 조각상. 고대 이집트의 필경사가 파피루스에 글을 쓰는 모습이다.

인쇄술의 역사는 코덱스만큼 멀리 거슬러 올라간다. 초기 인쇄술은 대부분 글자와 이미지를 나무로 만든 판 표

두 필경사, 기원전 2400년경

고대 이집트의 수도 멤피스에 있는 사카라 고분군 중 아케텝스의 마스타바에서 발견된 제5왕조 시대 부조[3]

책을 든 여성, 1세기

한 여성이 책과 펜을 들고 있는 모습을 그린 로마 폼페이의 벽화. 이 여성은 사포Sappho[4]로 여겨진다.

『금강반야바라밀경』, 사본, 868년

인도 불교 경전인 『금강반야바라밀경』의 중국어 사본(하). 인쇄술로 제작된 책 중 현재까지 전해지는 가장 오래된 책이다. 전체 두루마리는 총 일곱 개의 판으로 제작되었으며, 머릿그림이 있다(우 상단).

면에 거꾸로 새긴 후 그 위에 잉크를 바르고 종이를 대고 눌러서 찍어 내는 방식이었다. 현대 사진 기술이 활용되기 전까지는 삽화도 이렇게 목판 인쇄술로 제작했다(나중에는 목판 대신 석판, 금속판 등 잉크가 스미지 않는 재료를 이용한 평판 인쇄술이 쓰였다). 목판은 제작하는 데 시간이 너무 오래 걸려서 본문의 분량과 상관없이 책 여러 권을 통째로 인쇄하기에는 실용성이 없었다. 그럼에도 중국에서는 9세기부터 목판 인쇄술로 짧은 두루마리 문서를 제작했다. 중국 둔황에서 발견된, 868년에 제작된 『금강반야바라밀경金剛般若波羅蜜經』은 현재까지 알려진 책 중에 이 방식으로 만들어진 가장 오래된 책이다. 중국인들은 활판 인쇄술이 개발된 후에도 오랫동안 계속해서 목판으로 책을 인쇄했다.

위대한 아이디어들은 단순하다는 공통점이 있다. 활자도 마찬가지다. 판 하나에 책 한쪽 분량의 글을 전부 한꺼번

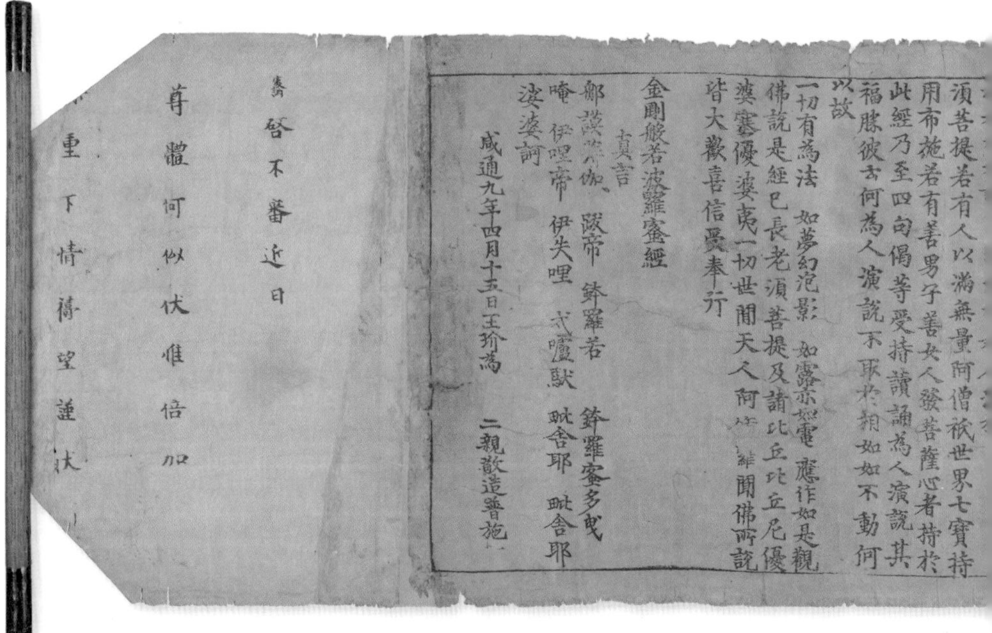

凡欲讀經先念淨口業真言遍
脩唎 脩唎 摩訶脩唎 脩脩唎 娑婆訶
奉請除災金剛 奉請辟毒金剛 奉請黃隨求金剛
奉請白淨水金剛 奉請赤聲金剛 奉請定除厄金剛
奉請紫賢金剛 奉請大神金剛
金剛般若波羅蜜經

之人以為有我須菩提凡夫者如來說則非凡夫
須菩提於意云何可以三十二相觀如來不須菩
提言如是如是以三十二相觀如來佛言須菩提
若以三十二相觀如來者轉輪聖王即是如來
須菩提白佛言世尊如我解佛所說義不應以
三十二相觀如來尒時世尊而說偈言
若以色見我 以音聲求我 是人行邪道 不能見如來
須菩提汝若作是念如來不以具足相故得阿耨多羅
三藐三菩提須菩提莫作是念如來不以具足相故
得阿耨多羅三藐三菩提汝若作是念發阿耨多
羅三藐三菩提心者說諸法斷滅相莫作是念何
以故發阿耨多羅三藐三菩提心者於法不說斷
滅相
須菩提若菩薩以滿恒河沙等世界七寶持用布
施若復有人知一切法無我得成於忍此菩薩勝前
菩薩所得功德須菩提以諸菩薩不受福德故須
菩提白佛言世尊云何菩薩不受福德須菩提
菩薩所作福德不應貪著是故說不受福德
須菩提若有人言如來若來若去若坐若卧是人
不解我所說義何以故如來者無所從來亦無所
去故名如來
須菩提若善男子善女人以三千大千世界碎為
微塵於意云何是微塵衆寧為多不甚多世尊
何以故若是微塵衆實有者佛則不說是微塵
衆所以者何佛說微塵衆則非微塵衆是名微塵
衆世尊如來所說三千大千世界則非世界是
名世界何以故若世界實有者則是一合相如
來說一合相則非一合相是名一合相須菩提一
合相者則是不可說但凡夫之人貪著其事
須菩提若人言佛說我見人見衆生見壽者見
須菩提於意云何是人解我所說義不世尊是
人不解如來所說義何以故世尊說我見人見
衆生見壽者見即非我見人見衆生見壽者

에 새기는 대신 작은 틀에 글자 하나만 새긴 활자를 여러 개 만들면, 각기 다른 활자를 조합해 책 한쪽의 내용을 짤 수 있다. 또한 이렇게 만든 판은 인쇄가 끝나면 활자를 전부 분리해서 재사용할 수 있었다. 19세기에 조판 기계가 개발되기 전까지 활용된 이러한 활판 인쇄술은 각 쪽의 내용대로 활자를 짜는 작업(조판 또는 식자로 불렸다)에 상당한 시간이 걸렸지만, 힘들게 필사하는 데 드는 시간에 비하면 필사로 겨우 몇 쪽을 옮겨 적을 시간에 조판을 마칠 수 있었다. 게다가 조판은 한 번 완성되면 사본을 필요한 만큼 계속 만들 수 있었다.

회전식 활자 케이스, 1313년

왕정王禎의 『농서農書』에 나오는 중국의 회전식 원형 활자판. 각 활자가 한자의 운율에 따라 배치되어 있다.

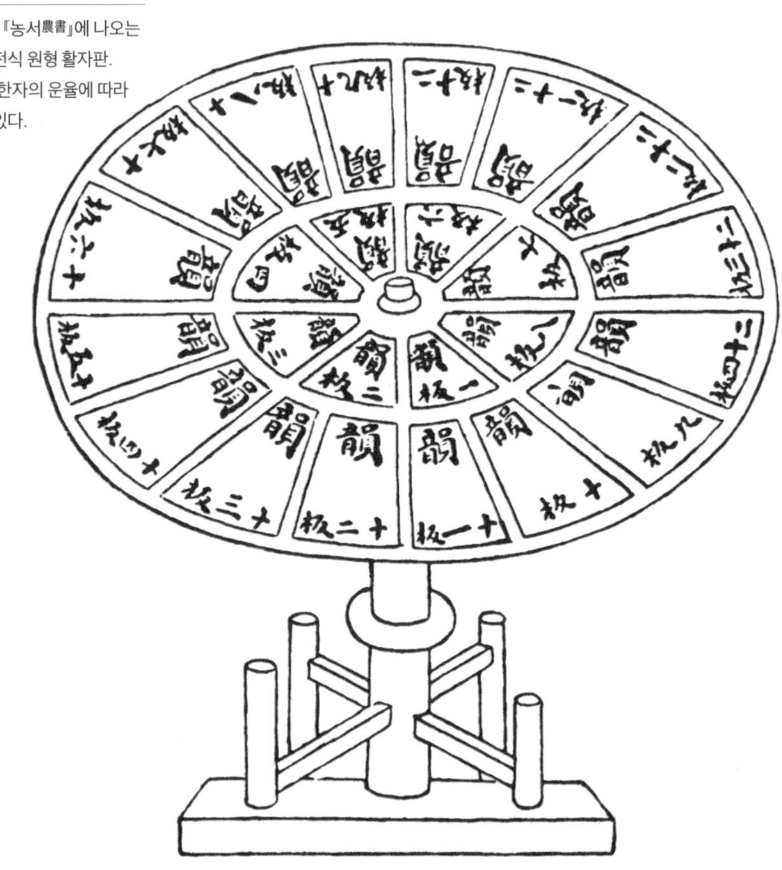

중국에서 활자가 개발된 시기는 11세기고, 초기에는 세라믹과 나무가 재료로 활용되었다. 활판 인쇄술로 제작된 책 중에서 현재 전해지는 가장 오래된 책은 1193년에 불에 구운 점토 활자로 인쇄한 『옥당잡기玉堂雜記』다. 14세기부터는 활자 재료가 내구성이 더 우수한 금속으로 대체되었다. 유럽에서는 활판 인쇄술이 처음 도입된 후부터 급속히 인기를 얻었지만, 중국에서는 활판 인쇄술이 등장한 초기에 앞장서서 활용했음에도 이후에 그리 큰 호응을 얻지는 못했다. 그 이유는 규모의 경제라는 개념에서 찾을 수 있

인쇄기, 1440년

네덜란드의 라우런스 얀스존 코스터르Laurens Janszoon Coster가 발명했다고 추정되는 인쇄기. 코스터르는 독일에서 인쇄기를 발명한 요하네스 구텐베르크Johannes Gutenberg의 경쟁자였다.

TYPOGRAPHIA HARLEMI PRIMVM INVENTA
Circà Annum. 1440.
Currat penna licet, tantum vix scribitur anno,
Quantum uno reddunt prœla Batava die.
Addidit inventis aliquid Germania tantis:
Hollandus capit, Theuto peregit opus.
P. Scriverius.

산토닌쑥Artemisia maritima 형태를 새긴 목판, 1562년경

조르조 리베랄레Giorgio Liberale가 디자인하고 볼프강 마이어펙Wolfgang Meyerpeck이 제작한 목판. 피에트로 안드레아 마티올리Pietro Andrea Mattioli의 저서 『약초*Herbár*』(1562), 『새로운 약초*New Kreüterbuch*』(1563), 『디오스코리데스가 저술한 약초 및 약용 물질에 관한 책과 그에 관한 의견*Commentarii in sex libros Pedacii Dioscoridis Anarzabei de Medica materia*』(1565)의 인쇄에 쓰였다.

다. 로마자는 활자 종류가 (소문자와 대문자를 합쳐서) 50여 개에 불과하고 여기에 책 제목 인쇄에 쓸 특수 서체만 따로 제작하면 끝이었다. 그러나 한자는 글자가 수천 가지에 이르렀으므로 판 하나에 책의 각 쪽을 통째로 새기는 작업보다 활자 제작이 별로 큰 이점이 없었다.

전문 자료에서 대중의 소통 수단으로

과학 저술의 변천사를 시대별로 따라가 보면, 책을 누가, 얼마나 이용할 수 있는지와 과학책의 특성이 함께 맞물려 변화했다는 사실을 알게 된다. 처음에 과학계에서 책은 자연철학자('과학자'라는 용어는 1830년대가 되어서야 등장했고 그전까지는 이렇게 불렸다)가 동료들과 소통하는 수단이었고, 유럽에서 그러한 책의 표준 언어는 라틴어였다. 현재 학술지의 표준 언어가 영어인 것처럼 당시에도 공통 언어는 지식이 여러 나라를 오갈 수 있도록 하는 방안이었지만, 동시에 지식 이용자를 전문가로 제한하려는 의도도 있었다. 중세 시대 자연철학자들에게 그러한 관습이 있었다는 사실은 13세기에 활동한 영국의 수도사 로저 베이컨Roger Bacon을 통해서도 알 수 있다. 베이컨은 다음과 같은 말로 대중이 과학 지식을 접하지 못하게 해야 한다는 생각을 강조했다(과거의 자료를 인용한 말이다). "엉겅퀴에도 만족하는 나귀에게 상추를 주는 건 어리석은 일이다."

이런 태도는 17세기부터 바뀌기 시작했다. 갈릴레오 갈릴레이Galileo Galilei는 걸작으로 여겨지는 자신의 과학 저술을 대중도 볼 수 있도록 라틴어가 아닌 이탈리아어로 썼다. 아이작 뉴턴도 그에게 크나큰 영광을 안겨 준 3부작 저서 『프린키피아*Philosophiae Naturalis Principia Mathematica*』(1687) 마지막 권을 더 많은 독자가 볼 수 있는 언어로 쓰려는 계획을 세웠지만, 동료들의 반대에 부딪혀 마음을 바꾸었다. 영향력 있는 과학 저술을 더 많은 대중이 읽을 수 있도록 쉽고 간단하게 쓴 책들도 등장했다. 18세기 프랑스의 과학자이자 저술가 에밀리 뒤 샤틀레Émilie du Châtelet도 그런 책을 쓴 저자로, 당대의 과학에

모리스 캉탱 드 라투르Maurice Quentin de la Tour, 〈샤틀레 로몽 부인Madame du Châtelet-Lomont〉, 캔버스에 유화, 18세기

프랑스의 과학자이자 저술가인 에밀리 뒤 샤틀레의 초상화

관한 자신의 견해를 밝힌 『물리학의 기초*Institutions de Physique*』(1740)라는 인상적인 책을 저술한 데 이어 뉴턴의 걸작인 『프린키피아』를 프랑스어로 번역하고, 일반 독자들의 이해를 돕기 위해 직접 해설을 덧붙였다.

1660년 런던에 영국 왕립학회가 설립되는 등 과학계에 전문 단체가 생긴 이후에는 전문가들의 생각을 학술지를 통해 더 집중적으로 알릴 수 있게 되었다. 과학자가 동료들을 주된 독자로 삼고 저술한 책(그리고 학생들에게 늘 필요한 교과서)도 계속 나오긴 했지만, 19세기 말에 이르자 그런 책은 점차 줄고 대중을 위한 책들이 그 자리를 차지하기 시작했다. 1830년대에 출간된 찰스 라이엘Charles Lyell의 책 『지질학의 원리*Principles of Geology*』(1830~1833)는 과학 지식을 전달하는 이 상반된 두 가지 방식을 모두 활용한 좋은 사례다. 총 세 권으로 구성된 『지질학의 원리』는 전문적인 내용을 다루면서도 이 분야에 관심 있는 일반 독자들을 위해 컬러 삽화를 넉넉히 활용해, 지구의 역사가 이전에 추정된 것보다 훨씬 더 오래됐을 가능성이 있다는 중요한 가설

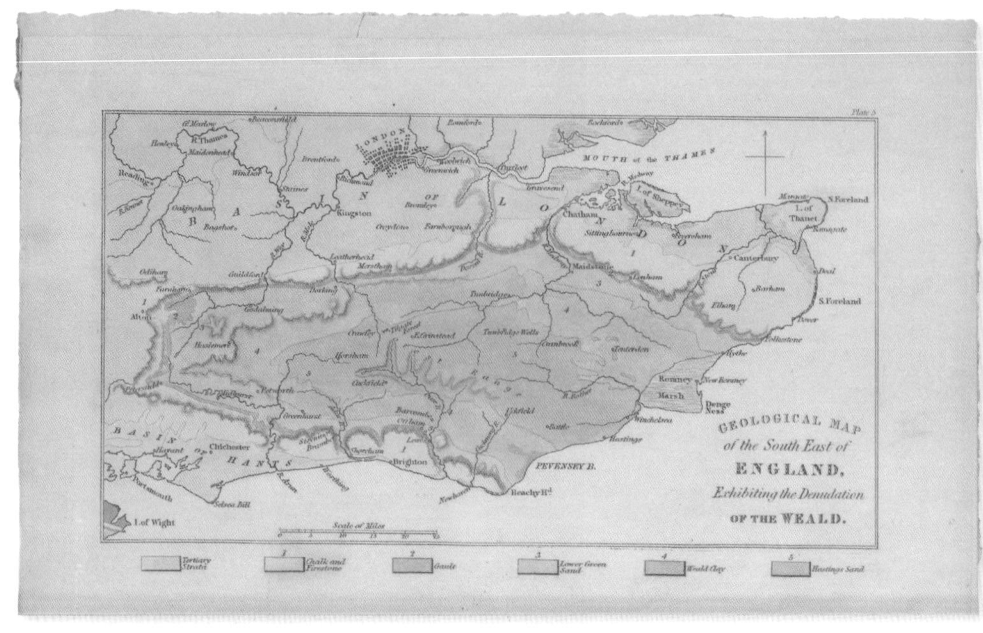

찰스 라이엘, 『지질학의 원리』, 존 머리John Murray 발행, 총 세 권, 1830~1833년

제3권에 포함된 컬러 도판 중 하나로, 영국 남동부의 지질도다.

등 당시 지질학의 최신 지식을 전달한다. 19세기에 활동한 스코틀랜드 출신의 위대한 물리학자 제임스 클러크 맥스웰James Clerk Maxwell의 주요 저서인 『열 이론*Theory of Heat*』(1871)도 비슷하다. 당시에 하층민들이 즐겨 보던 잡지 『철물상*The Ironmonger*』에 실린 『열 이론』의 서평을 보면, "글이 전체적으로 단순하고 결론이 매우 충격적이다"라는 말과 함께 독자들에게 읽어 보라고 권하는 내용이 있다.

현대에 들어 과학자들의 소통 수단은 대부분 이메일과 논문, 보도 자료로 바뀌었으나 책은 여전히 과학을 더 넓은 세상에 전하는 주요한 방식이다. 한때 전문가들만 보는 내부 소통 수단이던 과학책은 이제 과학이 무슨 일을 하고 우리 삶에 어떻게 영향을 주는지 모두에게 더 자세히 전하는 도구가 되었다.

표지의 변화

책이 과학을 더 광범위하게 전달하는 수단으로 바뀜에 따라 제본 방식도 변화했다. 빅토리아 시대 이전의 책은 전부 가죽이나 천으로 겉을 감싸고 책등에 장식이라 할 만한 것이 전혀 없는 칙칙한 형태였다. 19세기 말까지도 책은 상당수가 표지 없이 제작됐다. 즉 출판사는 책의 내지만 판매하고, 책을 구입한 사람이 내지 뭉치를 제본 업자에게 넘겨서 각자 자기 집 서가에 꽂힌 다른 책들과 똑같은 표지를 입혔다.

스티븐 호킹, 『시간의 역사』, 밴텀 프레스Bantam Press 발행, 1988년

대중 과학의 발전에 엄청난 영향을 끼친 호킹의 저서 초판. 칼 세이건Carl Sagan이 쓴 초판 서문은 이후 판본에서 호킹의 글로 대체되었다.

책을 읽는 사람이 많아지자, 구입 후 곧바로 읽을 수 있도록 저렴한 종이나 판지로 표지를 입힌 책도 많아졌다. 움직이는 피사체의 촬영 기술을 앞장서서 발전시킨 사진가 에드워드 마이브리지Eadweard Muybridge는 1850년대에 미국으로 여행을 떠나면서 당시 런던 인쇄·출판사London Printing and Publishing Company에서 판매하던 제본 안 된 책들을 가져갔다. 그는 그 책들을 처음에는 뉴욕에서, 나중에는 당시 급성장 중이던 샌프란시스코에서 제본한 후에 판매했다. 그게 마이브리지가 미국에서 벌어들인 첫 수입이었다.

출판사가 그림이나 사진이 포함된 표지를 디자인해서 과학책에 입히기 시작한 건 현대에 들어서부터다. 그리 멀지 않은 20세기 전반까지만 해도 대중 과학책은 표지가 영 칙칙했다. 과학을 진지하게 다루는 책이라면 사람들의 흥미를 끌려고 하면 안 된다는 분위기 탓이었다. 과학자가 대중을 주 독자로 삼아 책을 저술하는 일조차 과학자의 본분에 맞지 않는 일이라며 동료들의 못마땅한 시선을 받는 경우가 많았다. 대중 과학책의 표지는 1960년대가 되어서야 내용과 어울리고 독자들의 기대에도 부합하도록 디자인되기 시작했다.

1988년에 출간된 스티븐 호킹Stephen Hawking의 책 『시간의 역사*A Brief History of Time*』는 베스트셀러에 오른 최초의 과학 도서는 아니지만, 다양한 사

제본소, 18세기

제본소의 풍경을 나타낸 판화. 책 구매자는 새로 산 책을 제본소에 맡겨서 서재에 있는 다른 책들과 동일한 형태로 만들었다.

버드솔 제본소Birdsalls Book Binders, 1888년

19세기 말, 영국 노샘프턴 지역의 버드솔 제본소에서 직원들이 일하는 모습

람들이 구매한 책으로 단연 두드러지는 책이다. 사는 사람은 많아도 사 놓고 한 번도 안 읽은 사람이 태반인 책으로도 유명한 호킹의 이 저서는 과학책이 한 권도 없었던 수많은 책장에 한 자리를 차지했다. 중요한 건 이 책의 인기로 말미암아 출판계가 대중 과학 도서에 대한 사람들의 관심이 얼마나 뜨거운지를 알게 되었다는 것이다. 이후 대중 과학 장르는 크게 번성해서 해마다 수백 권의 과학책이 출간되고 있다.

과학책의 특성은 글이 존재한 이래로 계속 변화했지만, 과거에도 지금도 과학의 발전, 그리고 과학이 그 시대의 사회에 어떤 의미가 있는지를 나타내는 중요한 지표의 기능을 변함없이 수행하고 있다. 과학과 과학책은 그렇게 나란히 미래를 만들어 왔다.

이 책에 관하여

이 책은 대략 2천5백 년에 이르는 과학책의 역사를 다섯 시기로 나누어 살펴본다. 이 모든 여정의 토대가 될 1장 '고대 세상의 기록'에서는 가장 오래된 과학 저술부터 1200년경까지의 기록을 소개한다. 2장 '출판의 르네상스'에서는 그 이후부터 18세기 말까지, 책의 사본 제작 방식이 필사에서 인쇄로 바뀐 후에 과학 저술의 특성과 과학책의 활용도에 어떤 변화가 생겼는지 따라간다. 3장 '근대의 고전'에서는 19세기에 과학이 발전하고 논문이 과학자들 간의 주된 소통 수단이 되면서 과학책이 더 폭넓은 독자가 읽는 책이 된 이후에 과학 저술의 기능이 어떻게 바뀌었는지 살펴본다.

마지막 두 장에서는 각각 20세기와 21세기에 과학과 과학 저술의 특성에 생긴 큰 변화를 조명한다. 4장 '고전을 벗어난 과학책'에서는 이전까지 아마추어 활동 정도로 여겨지던 과학이 전문 분야로 자리를 잡는 한편, 과학에서 수학의 비중이 급격히 늘어나고 단순한 정보 수집보다 이론(때때로 일반적인 직관과 크게 어긋나는 내용)의 정립이 더 중시되는 등 과학을 수행하는 방식에 일어난 변화를 짚어 본다. 이 시기와 5장 '다음 세대'에서 다루는 시기는 현대의 대중 과학책이 과학책 전체에서 큰 비중을 차지하기 시작한 1980년경을 기준으로 나뉜다. 이전까지 나온 과학 도서는 대표적인 과학자들이 저술하는 경우가 많았고 이들의 책은 독자를 가르치려는 경향이 있었으나, 1980년경부터는 일부 특별한 예외를 제외하고 글의 품질과 접근성에 대한 안목 있는 독자들의 기대에 부응하는 대중 과학책이 많아졌다.

각 장에서는 해당 시기에 과학책이 활용된 방식과 그 시기에 일어난 변화의 양상을 잘 보여 주는 다양한 책을 소개한다. 대부분 원작으로 범위를 제한했지만, 5장에서 다루는 시기에는 TV 시리즈에서 파생되어 큰 인기를 누린 대중 과학책이 늘어나고 과학 저술에서도 중요한 부분을 차지하게 되었으므로, 그런 책들도 함께 소개한다.

이 책에서 소개하는 도서는 유럽과 북미에서 출간된 책이 많다. 이는 현대 과학이 세상에 전해진 역사, 그리고 과학의 역사가 그대로 반영된 결과다. 르네상스 시대부터 최근까지 과학의 역사에서 중요한 의미가 있는 책은 대부분 이 두 대륙에서 나왔다. 14세기 이후 지금까지 과학이 유독 유럽과 북미에서 번성한 이유가 무엇인지는 의견이 분분하지만, 무역을 통한 부의 증대와 행운(특히 산업 혁명이 시작되었다는 점에서), 종교적 압박이 상대적으로 덜한 점 등이 복합적으로 작용했다고 추정된다. 최근 들어 중국, 인도가 다시 과학계의 핵심 주자로 두각을 나타내고 다른 나라들도 맹활약하고 있으나, 과학

시간순으로 본 책의 발달

메소포타미아 점토판
기원전 4000년경

이집트 두루마리
기원전 2600년경

저술에서는 아직 그러한 변화가 나타나지 않는다. 부분적으로는 영어가 과학의 공통 언어로 굳건히 자리를 지키고 있다는 점과도 관련 있을 것이다. 물론 이 책에서 소개하는 책 외에도 유명한 과학 도서는 많지만, 여기서는 전 세계적으로 우리의 과학 지식에 영향을 준 책들을 소개한다. 과학 지식을 세상에 전달하는 뛰어난 사람들은 세계 곳곳에 있지만 학술지에 발표되는 논문 대부분이 영어로 작성되는 이유와도 같다.

미래를 비관적으로 전망하는 사람들은 책의 죽음을 단언한다. 그러나 이 책에서 다섯 부분으로 나눈 시대마다 과학책은 뚜렷한 존재감을 유지했고, 나는 미래에도 그러리라고 확신한다. 책의 특성은 바뀔 수 있어도 인류와 인류가 사는 세상을 잇는 수단으로 과학책을 대신할 수 있는 건 앞으로도 없을 것이다. TV 쇼나 유튜브 콘텐츠는 어떤 주제를 다루든 표면만 건드릴 뿐이다. 한 시간짜리 방송 프로그램으로는 일반적인 책 한 장章의 내용도 채 다루지 못한다. 과학책은 과학의 특정한 주제를 이해하는 무수한 방법을 제공하며, 독자는 책에 담긴 정보를 자신에게 맞는 속도로 받아들일 수 있고 사진이나 강연만으로는 닿을 수 없는 훨씬 깊은 내용을 알게 된다.

과학책은 글의 발명 이래 지금까지 인류가 발전하는 길을 환하게 비춘 등대였다. 앞으로도 오랫동안 변함없이 그러한 역할을 하게 될 것이다.

로마 코덱스
100년경

최초의 인쇄 도서
868년

유럽의 활판 인쇄술
1440년

최초의 점자책
1837년

최초의 오디오북
1932년

전자책 리더기 '킨들'
2007년

고대 세상의 기록

초석을 놓다

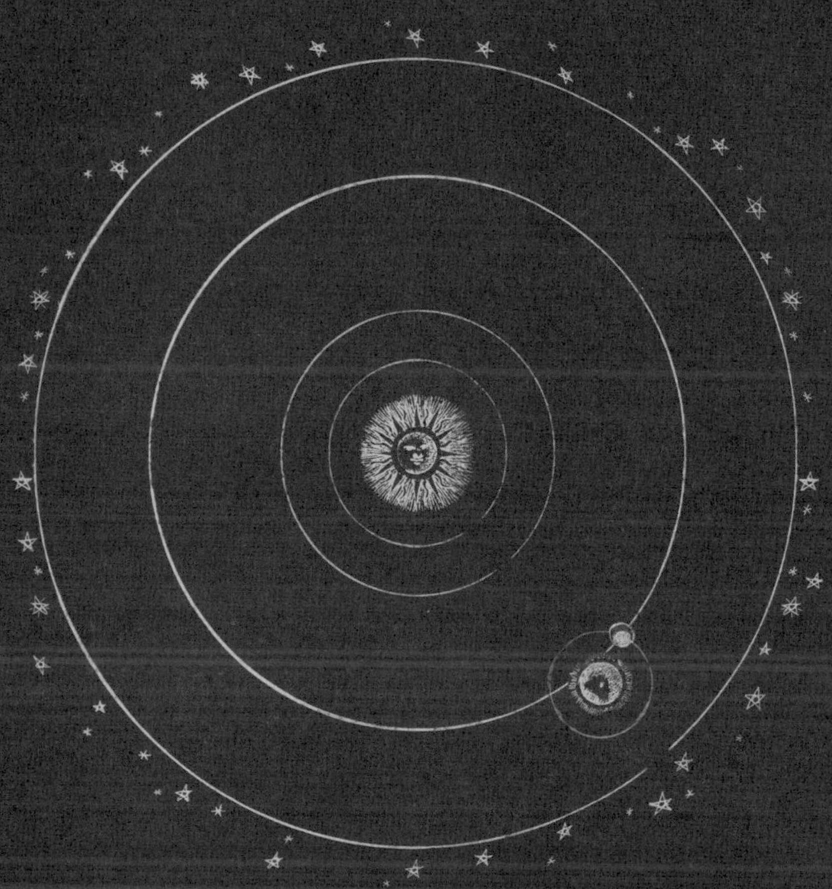

1

인간을 다른 동물과는 다른 고유한 존재로 만드는 것이 무엇인지 수백 년간 논쟁이 이어지고 있다. 생물학자들은 호모 사피엔스도 생물 종의 하나일 뿐 특별할 게 없다는 주장을 펼칠 때가 많고, 생물학계에서 '예외성'이라는 표현에는 인간에게 특별한 지위를 부여하려는 시도를 향한 경멸이 깔려 있다. 인간의 능력 중에 다른 동물들에게는 어떤 형태로든 아예 없는 건 그리 많지 않지만, 생존을 위해 환경에 적응하는 호모 사피엔스의 총체적인 능력은 다른 생물보다 월등하다. 그리고 이 능력은 창의성에서 나오는 듯하다.

뛰어난 창의성은 20만 년 전 호모 사피엔스가 처음 등장했을 때부터 나타났다. 인류가 사물과 상황을 있는 그대로 받아들이고 주어진 현실대로만 살지 않게 하는 것, 또한 현재의 테두리 너머로 생각의 범위를 넓혀 '저런 일이 왜 일어나지?' 또는 '다르게 했다면 어떻게 됐을까?', '달라지게 하려면 내가 뭘 할 수 있을까?'와 같은 질문을 던지게 하는 것이 창의성이다.

초기 인류가 근근이 생명을 이어 가는 데 머무르지 않고 태양이나 별을 비롯해 번개나 허리케인으로 나타나는 파괴력 같은 자연의 경이로움을 보면서 '저런 일이 왜 일어나지?'라는 의문을 품었을 때 처음으로 떠올린 답은 신성한 존재나 마법이었다. 사람들은 어떤 초자연적인 힘이 존재하고 그 힘은 인간이 영원히 이해할 수 없는 일을 할 수 있다고 추측하면서도, 특정한 의식을 거행하면 그 힘을 달랠 수도 있다고 생각했다. 한곳에 정착해서 살기 시작하고 초기 도시가 형성된 후부터는 현재 우리가 과학적이라고 여기는 것에 좀 더 가까운 방식이 등장했다.

그 첫 번째는 숫자의 활용이었다(수학은 과학과는 다른 학문이지만, 과학과 너무나 밀접하게 연결되어 있어서 이 책에서도 상당한 비중을 차지한다). 더 정확하게는 숫자 없이 개수를 세는 방법부터 생겨났다. 예를 들어 이웃이 빌려 간 빵을 다 갚았는지 알고 싶다면, 빵 한 덩이를 빌려줄 때마다 아무도 손대지 않을 만한 곳에 자갈을 하나 놓아두고 이웃이 빵을 하나 갚으면 자갈 하나를 치우면 된다.

이런 방식이 언제까지 쓰였는지 확실하게 알 수 있는 기록은 없다. 하지만 수많은 고대 뼈에서 수를 세려고 표시한 자국이 발견됐다. 현재의 우간다와 콩고공화국 국경 근처, 이상고라는 지역에서 발굴된 2만 년도 더 된 개코원숭이 다리뼈도 그중 하나로, 이 뼈에 연이어 새겨진 여러 개의 눈금은 개수를 센 흔적이라는 해석이 가장 많다. 남아프리카공화국 레봄보에서는 그보다 훨씬 오래전인 4만여 년 전의 뼈가 출토되었는데, 여기에도 줄지어 새겨진 눈금이 있다. 그러나 이 흔적이 무엇을 의미하는지는 해석이 크게 엇갈린다.

콩고 이상고에서 발굴된 뼈의 4면. 기원전 20000년경~18000년경

개코원숭이 뼈에 연달아 새겨진 눈금은 수를 세며 표시한 흔적으로 추정된다. 벨기에 자연과학박물관 소장

이처럼 개수를 세고 표식을 남겨 두면 정보를 놀라울 정도로 잘 보존할 수 있다. 뼈에 새긴 눈금이, 처음 표시된 후부터 지금까지 그 오랜 세월 동안 남아 있는 것으로도 알 수 있는 사실이다. 이런 흔적은 문자 기록의 가장 오랜 조상이라고 할 수 있다. 레봄보 뼈와 비슷한 시기에 그려져서 지금까지 일부가 남아 있는 초기 동굴 벽화도 특정 전통을 오랫동안 보존할 수 있는 또 다른 소통 수단이다.

뼈에 표시를 남겨 수를 세던 시절에는 그 기록을 장기간 보관하는 게 크게 중요하지 않았겠지만, 도시와 무역이 성장하면서 셈이 중요해지고 그 기록을 보존해야 할 필요성이 생겼다. 초기에는 거래 내역을 간단히 표시해서 남겨 두는 정도였을 수 있으나, 거래 정보를 나중에 볼 수 있도록 보존하고 남들과 공유하는 능력은 과학적인 세계관이 발달하는 데 핵심이 되었을 것이다.

셈에서 글로

단순한 그림으로 표현하고 눈금을 새겨 셈하던 방식은 수 세기에 걸쳐 그림 문자로 발전했다. 그림 문자는 이름 그대로 그림이 기본이지만, 동굴 벽화와 달리 양식화되어 표준 형식을 갖추고 문자마다 각기 다른 개념이 담겼다. 현대 한자에도 이런 형식이 일부 남아 있다. 예를 들어 '문'을 뜻하는 한자는 실제 문과 비슷하게 생겼다.

'문'을 뜻하는 한자

많이 양식화되긴 했으나, 가로대를 거는 방식의 전통적인 문과 형태가 비슷하다.

그림 문자는 보는 사람이 조금만 생각하면 알 수 있는, 크게 복잡하지 않은 개념을 전달하는 수단으로도 활용할 수 있었다. 가령 빵을 바구니에 담는 과정도 그림 문자 몇 개를 연달아 써서 표현할 수 있다. 즉 빵 한 덩이, 손, 빵이 담긴 바구니를 나타내는 그림 문자를 차례로 쓰면 그러한 메시지를 꽤 명확히 전달할 수 있다. (현대에도 그림 문자가 메시지 전달에 사용되고 있다. 이케아 제품에 딸려 오는 조립 설명서를 떠올려 보라.) 이런 기본 형식에는 '안' 또는 '안으로'

와 같은 의미를 나타내는 기호가 따로 없으므로, 그림 문자는 가짓수가 엄청나게 많아질 수밖에 없다. 위의 예에서 바구니에 담는 것이 빵이 아니라 개 혹은 다른 것이면, 그것이 바구니에 담겨 있는 그림 문자를 일일이 다르게 그려야 한다. 이런 문제는 화살처럼 생긴 기호를 써서 '안'이라는 의미를 전달하는 것으로 쉽게 해결할 수 있다. 빵(또는 개), 그리고 바구니를 나타내는 그림 문자를 화살 그림과 함께 쓰면 되는 것이다. 이 화살 그림처럼 특정한 물체나 행위보다 추상적인 의미를 갖는 기호를 '표의 문자'라고 한다.

이렇게 추상적 의미도 표현하는 점진적인 과정을 거쳐 현대 문자의 시초인 '원시 문자(원문자)'가 형성됐다. 그 시기는 지금으로부터 최소 6천 년 전으로 추정된다. 과거 트란실바니아의 한 지역이었던 지금의 루마니아 타르타리아에서 이러한 원시 문자의 초기 형태가 남아 있는 점토판이 여러 개 발견됐다. 이 점토판에는 그림 문자와 선, 기호가 섞여 있는데, 무슨 의미인지는 알 수 없다. 그저 장식용으로 새겼을 가능성도 있지만 대체로 단순한 장식은 아니고 정보를 좀 더 체계적으로 전달하는 방식이며, 글쓰기의 원형이라고 보는 견해가 일반적이다.

이집트 '상형 문자'는 그림 문자와 표의 문자가 함께 사용되었다는 점에서 원시 문자와 다소 비슷한 부분이 있으나 문자의 구조가 더 세분된다. 즉 상형 문자는 기호의 종류가 특정 단어에 해당하는 것으로만 한정되지 않고 단어의 부분이 되는 기호도 있어서, 여러 기호를 섞어 복합어를 표현할 수 있다. 따라서 의미가 제각기 다른 그림 문자의 가짓수도 적었다. 흔히 고대 이집트 무덤과 벽화에서 이러한 상형 문자를 볼 수 있으므로 우리는 이것이 고대 이집트의 표준 문자라고 생각하는 경향이 있지만, 상형 문자는 특수한 상황에 격식을 지켜서 쓰는 소통 수단으로 개발된 문자고 너무 복잡해서 일상적으로 쓰기는 힘들었다. 고대 이집트에는 상형 문자와 함께 개발된 '신관 문자'라는 다른 문자 체계가 있었다. 신관 문자는 한자와 비슷하게 기호가 더욱 양식화되고 가짓수도 훨씬 적어서, 작성하는 데 걸리는 시간이 상형 문자보다 훨씬 짧았다.

네페르타리 무덤의 프레스코화, 기원전 12세기

이집트 룩소르 여왕의 계곡에 있는 네페르타리 무덤의 묘실에는 『사자의 서*Book of the Dead*』 발췌문과 일부 장면을 묘사한 그림이 있다. 오시리스의 왕국으로 통하는 두 번째 문을 지키는 게니genii 셋의 모습을 볼 수 있는 이 그림은 『사자의 서』 144절의 내용을 나타낸 것이다.

하지만 양식화된 문자 체계를 이집트인들이 최초로 개발한 것은 아니다. 현재까지 알려진 가장 오래된 문자 체계는 기원전 3600년경, 이집트와 같은 대륙에서 막강한 힘을 발휘했던 수메르 문명(나중에 바빌로니아로 이어졌다)의 '쐐기 문자'다. 처음에는 숫자를 나타내는 쐐기 무늬와 그림 문자를 함께 쓰는 형식이 등장했고, 그것이 1천 년쯤 쓰인 후에는 쐐기 모양의 기호를 여러 개 조합한 더욱 양식화된 문자를 첨필stylus[5]로 점토판에 쓰는 방식이 자리를 잡았다. '양식style', '양식화된 또는 정형화된stylized'이라는 뜻의 영어 단어는 이 첨필에서 유래했다.

유럽의 알파벳alphabet은 글자마다 그리스어 이름이 있지만(알파와 베타는 그리스 문자의 첫 두 글자다), 생겨난 배경은 그리 간단하지 않다. 최초 기원은 원시 가나안 자음 문자로 추정된다. 자음 문자는 알파벳과 비슷하나 모음은 글자가 따로 없고 자음에 강조 표시를 해서 나타내거나 함축한다. 아랍어와 히브리어는 현대식 자음 문자를 사용하는 언어다. 중동 일부 지역에서 페니키아인들이 3천5백여 년 전부터 원시 가나안 자음 문자를 사용했고, 그것이 그리스어와 아람어의 원천이 되었다. 그러나 알파벳의 진정한 기원은 모음을 나타내는 글자가 따로 있었던, 기원전 1000년경에 등장한 그리스어라고 할 수 있다.

대부분의 서구 국가에서 사용하는 알파벳은 라틴 문자 또는 로마자로 많이 불린다. 로마인들에게는 이집트 상형 문자에 상응하는 글자가 있었고, 실제로 영어 대문자의 형태는 로마인들이 비석에 새기던 로마 글자와 상당히 흡사하다. (그러나 알파벳의 전체 구성이 같지는 않다. 로마인들이 쓰던 글자에는 J와 U가 없었고 새겨 넣기에 더 수월한 I와 V를 사용했다.) 로마 글자에도 고대 이집트의 신관 문자처럼 일상적으로 사용하는 글자가 따로 있었는데, 필기체로도 알려진 이 글자가 영어의 소문자가 되었다. 로마인들은 로마자와 필기체를 완전히 다른 필기 양식으로 여겨 혼용하지 않았으나, 로마 제국이 멸망한 후부터 글에서 새로운 부분이 시작될 때 첫 글자를 대문자로 써서 강조하거나 명사는 반드시 대문자로 시작하는 등(현대 독일어에는 이 규칙이 지금도 남아 있다) 로마자와 필기체를 결합해서 쓰는 다양한 시도가 등장했다.

이 두 가지 글자가 로마 글자가 처음 도입되었을 때부터 각각 대문자와 소문자로 불린 건 아니었다. 대문자를 뜻하는 영어는 직역하면 '위에 있는 상자upper case'라는 뜻이고, 소문자는 '아래에 있는 상자lower case'라는 뜻인데, 이는 활자 인쇄술이 개발된 후 각 글자를 금속 활자로 제작하고 그 활자들을 엮어 책의 한쪽에 들어갈 글을 조판하던(18쪽 참고) 시대에 등장한 용어다. 인쇄소마다 대문자와 소문자 활자를 각기 다른 상자에 넣어 따로 보관했고, 이때 '기본 글자'로 불리던 소문자가 담긴 상자는 아래쪽에, 더 공들여 제작한 대문자가 담긴 상자는 위쪽에 보관하던 데서 유래한 이름이다.

이 같은 글의 발달 과정이 중요한 이유는 무엇일까? 글로 남아 있지 않으면, 우리는 과거에 과학이 어떻게 형성되고 발전했는지 알기 어렵다. 신들이 하늘에서 했다는 일들이나 지상에 번개를 내리꽂았다는 이야기는 그리 정확하지 않아도 된다. 이야기는 입에서 입으로 전해지면서 더 그럴듯하게 다듬어지고 변형되기 마련이고, 그런 이야기에는 이런 단계가 오히려 도움이 될 수도 있다. 구전되는 이야기는 시간이 갈수록 원래 내용이 흐릿해지므로, 검증과 근거가 필수인 과학 지식을 고스란히 전달하는 수단으로는 문자 언어가 가장 적합하다.

그리스 석판, 163~164년

돌로 만든 판에 글을 새긴 석판은 묘비나 땅의 경계를 표시하는 용도로 많이 쓰였다. 이 석판의 맨 위에는 고위 행정관이던 필리스테이데스Philisteides와 군사 훈련 책임자kosmetes였던 클라우디우스Claudius의 이름이 있고, 아래 나머지 부분은 다른 훈련관과 훈련생들의 이름, 각종 축제와 행사명이 새겨져 있다.

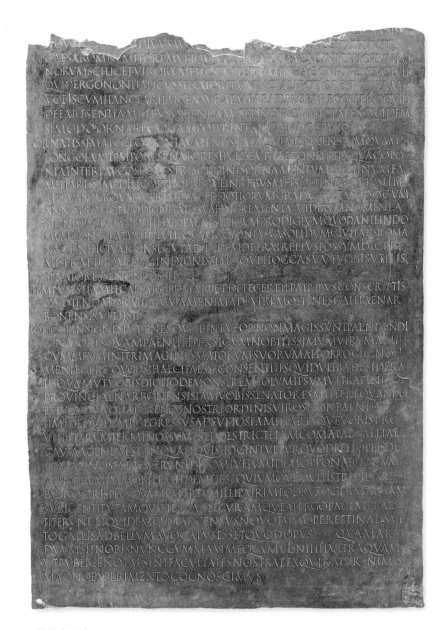

리옹 동판, 48년

라틴어로 기록된 로마 황제 클라우디우스의 연설문. 갈리아를 대표하는 시민들이 원로원 구성원이 되어야 한다는 의견을 지지한다는 내용이다.

점토에 영구히 남은 기록

앞서도 언급했듯이, 최초의 문자 기록은 책이 아닌 점토판에 남았다. 수메르인들에 이어 바빌로니아인들이 발전시킨 메소포타미아 문명에서는 타르타리아 점토판보다 훨씬 큰 점토판이 처음에는 셈을 목적으로 방대하게 제작됐다. 점토로 만든 판에는 첨필 끝부분으로 '쐐기' 모양을 간단히 새길 수 있었다. 이러한 쐐기 문자(설형 문자라고도 한다)는 처음에는 수를 표현하는 데 쓰이다가, 곧 초기 그림 문자와 조합되어 양식화된 문자를 형성했다.

점토판에 임시로 남긴 자국은 점토를 물에 적시고 닦아 내면 지워졌으므로 판을 재사용할 수 있었는데, 점토판을 가마에 구우면 기록을 영구적으로 보존할 수 있었다. 이런 점토판 기록을 과학적이라고 한다면 과장일 수 있으나, 실용 수학 등 과학으로 가는 길잡이가 되었을 법한 내용도 일부 포함되어 있었다. 수학적인 증명이 기록된 사례는 없어도 가령 3, 4, 5 또는 8, 15, 17처럼 숫자 세 개가 한 묶음으로 적힌 기록이 있는데, 이는 나중에 피타고라스의 정리로 입증된 직각 삼각형의 세 변 길이에 해당하는 숫자 쌍이다.

아시리아 점토판

왼쪽은 아나톨리아에서 발견된 기원전 20~19세기경의 점토판으로, 셈에 활용된 흔적이 보인다. 니네베에서 발견된 오른쪽 점토판에는 천문학과 관련된 기록이 남아 있으며, 연대는 불명확하다.

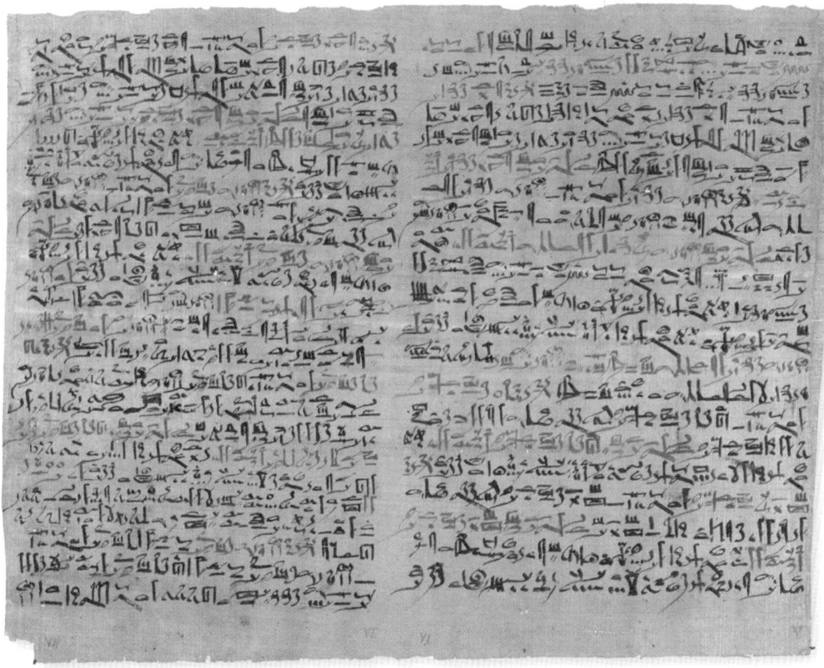

에드윈 스미스 파피루스, 기원전 1600년경(작가 미상)

1862년에 미국의 고고학자 에드윈 스미스가 사들인 4.7미터 길이의 두루마리. 그리스 테베에서 제작된 것으로 추정된다.

놀랍게도 이런 숫자가 기록된 시점은 약 3천8백 년 전으로 거슬러 올라간다. 시간이 흘러 점토판은 현재 우리 관점에서도 과학적인 데이터라고 할 만한 내용을 기록하는 용도로도 쓰이기 시작했고, 그중에서도 천문 관찰 기록은 나중에 달력과 점성술의 바탕이 되었다. 이 시기에 과학적인 이론이 수립되고 활용되었다는 증거는 없지만, 이런 데이터 수집은 문자 언어의 발명과 더불어 과학적인 탐구 방식이 발달하는 데 꼭 필요한 전 단계였다.

이집트 문명에서도 과학이 활용된 이와 비슷한(즉 정밀한 과학 이론은 아닌) 사례들이 나오기 시작했다. 토지 측정과 건축의 필수 요소인 실용 기하학도 그런 예로, 여기서 가장 먼저 등장한 것도 피타고라스 세 쌍이라 불리는 세 개의 숫자 쌍이었다. 마술로 여겨지던 의학도 과학으로 향하는 긴 여정의 첫발을 내디뎠다. 과학적인 접근 방식이 어느 정도 나타나는 가장 오래된 의학 기록은 약 3천6백 년 전의 것으로 추정되는 '이집트 에드윈 스미스 파피루스Egyptian Edwin Smith papyrus'다. 대략 4.7미터 길이의 파피루스 두루마리에 남은 기록이라 분량이 책이라고 하기는 어렵고, 주된 내용은 부상과 수술 기법이지만 당시에 의학적인 목적으로 사용되던 마술 주문도 다수 포함되어 있다.

그다음으로 과학의 원형에 처음 다가선 거대 문명은 중국이다. 중국에서 수학 기록은 최소 3천 년 전 문서에서도 발견되나, 물리학과 생물학은 상대적으로 더 늦게 발전했다. 세상을 철저히 기계론적인 관점에서 보는 방식에 대한 철학적 장벽이 있었기 때문이다. 인도에서도 기원전 500년경부터 수학에 이어 천문학에서 현대 과학의 발전에 큰 보탬이 된 인상적인 성과가 나왔다.

그러나 전 세계적으로 가장 많이 쓰인 기초적인 과학적 방식은 대부분 고대 그리스에서 발달했다. 고대 그리스의 수학은 바빌로니아와 이집트에서 나온 지식에 바탕이 있으나 자연을 합리적으로 설명하려는 시도는 그리스인들이 주도했고 바로 이 시도가 최종적으로 과학이 되었다. 현대의 관점에서 과학책에 가까운 최초의 자료도 고대 그리스에서 나왔으나, 지금까지 남아 있는 건 거의 없다.

초기 그리스의 과학책

그리스 밀레토스 출신의 철학자 탈레스는 자연의 힘과 구조가 신들의 신비한 능력에서 비롯되었다는 시각에서 처음으로 벗어나 자연의 사물 간에 일어나는 상호 작용에 관한 이론을 토대로 새로운 철학을 정립했다. 우리에게 더 많이 알려진 인물인, 기원전 570년경 태어난 피타고라스Pythagoras도 탈레스와 같은 시대에 활동한 철학자로, 피타고라스와 그의 학파는 숫자를 중심으로 우주를 설명했다.

프랑수아 랑글루아François Langlois, 〈피타고라스〉, 17세기(클로드 비뇽Claude Vignon의 그림을 이어서 완성)

에칭으로 그린 피타고라스(기원전 570년경~495년경)의 모습

초기 그리스 철학자는 워낙 많아서 누가 무슨 이론을 수립했는지 정확히 파악하기 쉽지 않고 특정 학파를 대표하는 철학자의 이론과 그 제자들이 제시한 이론을 구분하기도 어렵다. 어떤 주장이든 유명한 사람의 이름이 붙으면 더욱 힘이 실리게 마련이므로(오늘날 상품 광고에 유명인이 등장하는 것처럼), 그 시대에도 잘 알려진 사람의 이름이 그와 직접적인 관련이 없는 글에도 붙어 있는 경우가 흔했다. 피타고라스 정리로 알려진 이론 역시 그 이름의 주인공이 수립한 게 아니다. 앞서 설명했듯이 피타고라스의 수(세 개의 숫자 쌍)라 불리는 숫자들은 그 이론보다 1천 년 앞서 등장했고, 피타고라스 정리를 뒷받침하는 근거도 그가 태어나기 한참 전에 나왔다. 피타고라스가 정말로 최초로 했다고 추정되는 일은 음악의 본질을 과학적인 이론으로 만든 것이다. 그는 진동하는 물체(현악기나 오르간의 파이프처럼)의 길이 비율에 따라 조화롭고 듣기 좋은 소리가 날 수 있다고 설명했다.

탈레스와 피타고라스의 저술 중에 지금까지 남아 있는 건 단 한 편도 없으며 현재 우리가 아는 내용은 전부 전해진 것이다. 과학책이라고 할 만한 자료 중에 지금까지 전해지는 가장 오래된 자료는 서로 관련성이 없는 다양한 의학 연구 내용을 모은 『히포크라테스 전집*Hippocratic Corpus*』(기원전 5~4세기)이다. 의사는 환자를 윤리적으로 대해야 한다는 그 유명한 '히포크라테스 선서'도 바로 이 책에 담겨 있다. 그러나 이 전집에 포함된 60여 편의 글 중에 기원전 5세기에 활동한 코스섬 출신의 의사 히포크라테스가 직접 저술한 건 무엇인지 우리는 알 길이 없다. 전집에 실린 글 대부분이 그가 활동한 시기, 또는 그보다 어느 정도 시간이 흐른 후에 작성되었으나 무려 9세기 후에 추가된 글도 있다.

『히포크라테스 전집』은 오랜 세월에 걸쳐 여러 사람이 저술한 글들로 구성되어 다양한 아이디어가 섞여 있고, 관점에도 일관성이 없다. 다른 의사들이 보라고 쓴 글들도 있고, 일반인들을 위해 쓴 글들도 있다. 이런 구성도 최초의 과학책이라고 할 수 있다면, 『히포크라테스 전집』은 그 시대에 전반적으로 합의된 과학적인 내용보다는 서로 상충하는 다양한 이론이 담긴 개요서에 가깝고, 오늘날 생각하는 일반적인 책 내용과는 거리가 멀다. 이 책에 담긴 여러 이론 중에는 많은 사람이 지지한 것도 있다. '4체액설'도 그중 하나로, 네 가지 체액(혈액, 황색 담즙, 흑색 담즙, 점액)이 균형을 유지해야 건강하다는 잘못된 이론이다. 이 4체액설에 따라 '과도한' 혈액을 일부러 제거하는 방혈放血이라는 치료법이 생겨났고, 환자의 병에 아무 소용이 없을 뿐만 아니라 환자의 목숨을 위협할 수도 있는 이 방법이 19세기까지 의료의 중심에 있었다. 초기 그리스의 이러한 글은 그 이전에 나온 이집트의 의학 문서처럼 처음에는 두루마리로 제작되다가 나중에는 우리에게 친숙한 코덱스 방식으로 제본됐다. 『히포크라테스 전집』도 이후에 제작된 판본은 코덱스로 만들어져 그 안의 모든 글이 책 한 권에 담겼다.

이 시기에 나온 책들은 보존 가능성을 예측할 수 없었다(보존이 안 되는 비율이 훨씬 높았다). 현대에는 일반적으로 책이 출판되면 수천 권씩 제작되는 경우가 많지만, 인쇄기가 발명되기 전에는 한 권 한 권을 일일이 손으로 고생스럽게 베껴 써야 책의 사본을 얻을 수 있었다. 그러므로 책이 큰 성공을 거두어서 사본이 꾸준히 제작된 경우가 아닌 이상, 대부분은 사본이 몇 권뿐이었다.

필사는 책을 보존하는 데 도움이 됐지만, 내용이 정확하게 옮겨지지 않는 문제가 늘 따라다녔다. 필경사가 책의 본문을 원문과 다르게 베껴 쓰는 경우가 허다했기 때문이다. 의도치 않은 실수도 있었지만, 책 내용에 동의할 수 없다는 이유로 일부러 다르게 옮겨 쓰는 필경사도 있었다. 사본이 다량 제작된 고대 자료를 현대에 분석해 보면 필사 과정에서 뒤늦게 내용을 첨가하거나 '다듬은' 사례가 많고, 원본 내용을 필사 당시의 문화적 요건에 맞게 바꾼 경우도 발견된다. 과학책은 세부적인 내용이 그대로 보존되어야 하는 특성상 필사 과정에서 그런 문제가 생기면 특히 치명적이었지만, 그래도 원본이 소실될 가능성에 대비하려면 사본이 있어야 했다. 고대에는 필사 과정에서 책 내용이 달라지거나 필경사가 일부러 내용을 바꾸는 것보다 사회 불안정이 훨씬 큰 위험 요소였다. 그리고 이집트 알렉산드리아 도서관의 운명만큼 그 위험성이 여실히 드러난 사례도 없다.

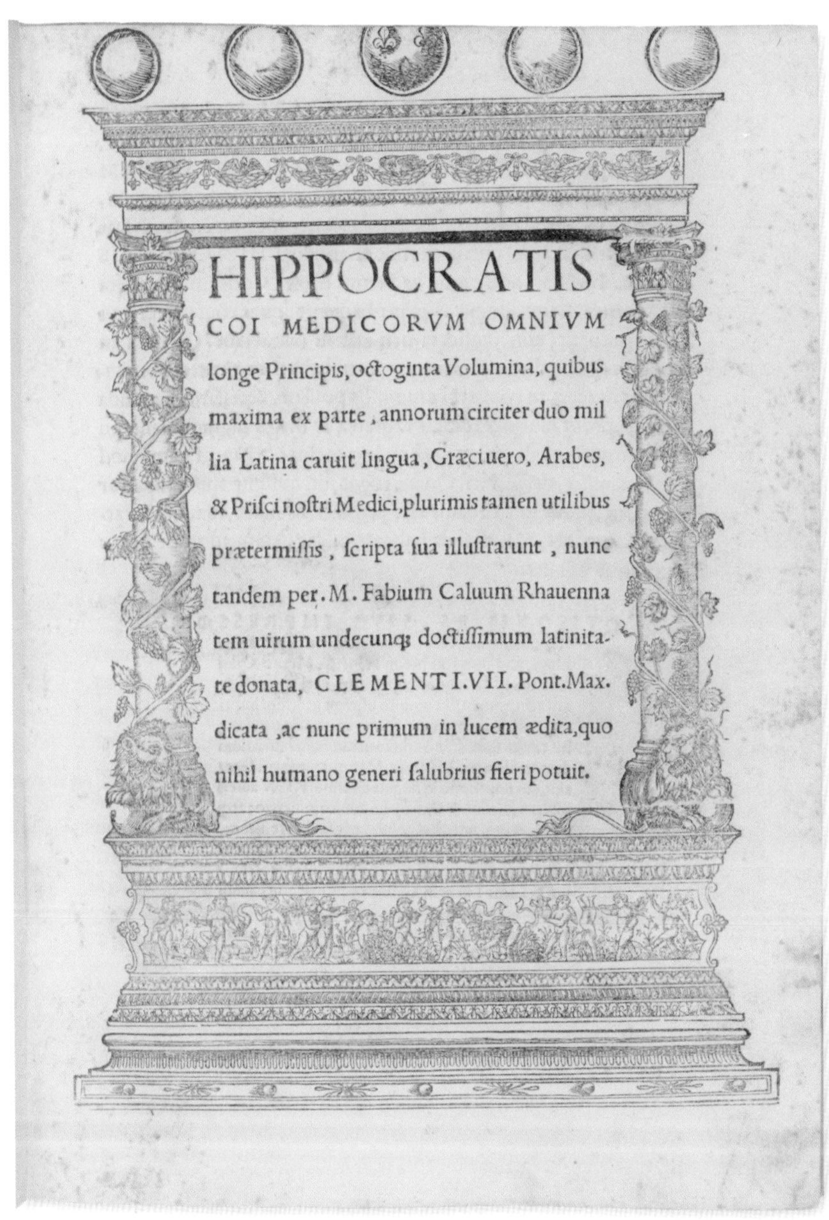

HIPPOCRATIS
COI MEDICORVM OMNIVM
longe Principis, octoginta Volumina, quibus
maxima ex parte, annorum circiter duo mil
lia Latina caruit lingua, Græci uero, Arabes,
& Priſci noſtri Medici, plurimis tamen utilibus
prætermiſſis, ſcripta ſua illuſtrarunt, nunc
tandem per M. Fabium Caluum Rhauenna
tem uirum undecunq; doctiſſimum latinita-
te donata, CLEMENTI.VII. Pont.Max.
dicata, ac nunc primum in lucem ædita, quo
nihil humano generi ſalubrius fieri potuit.

히포크라테스, 『히포크라테스 전집』, 프란시스쿠스 미누티우스 칼부스Franciscus Minutius Calvus 발행, 1525년

1525년에 출간된 전집의 속표지. 그리스어 원전을 마르쿠스 파비우스 칼부스Marcus Fabius Calvus가 라틴어로 옮긴 번역판이다.

『요크 지역 이발사 겸 외과 의사들을 위한 지침서*The Guild Book of the Barber Surgeons of York*』, 15세기(작가 미상)

외과 의사들을 위해 작성된 자료로, 4체액설에 관한 내용이 나와 있는 부분

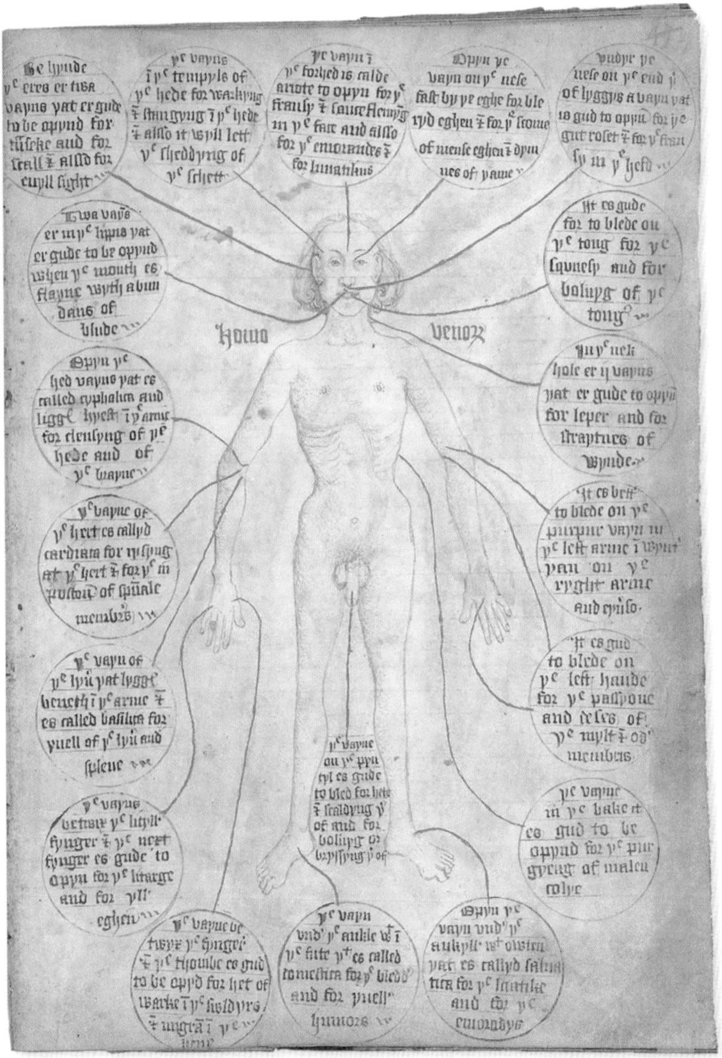

레온하르트 투르나이서Leonhard Thurneisser, 『연금술에 관한 책*The Book of Alchemy*』, 1574년

반은 여성, 반은 남성인 사람의 모습을 모형으로 삼아 4체액(점액, 혈액, 흑색 담즙, 황색 담즙)을 설명한 그림

『요크 지역 이발사 겸 외과 의사들을 위한 지침서』, 15세기(작가 미상)

방혈법 시행 시 정맥의 절개 부위를 나타낸 그림

경이로운 건축물, 알렉산드리아 도서관

이집트 기자의 대피라미드, 바빌론의 공중 정원, 에페수스의 아르테미스 신전, 올림피아의 제우스 조각상, 할리카르나소스의 마우솔레움 영묘, 로도스의 청동 거상, 알렉산드리아의 등대는 고대 세계의 일곱 가지 경이로운 건축물로 꼽힌다. 하나같이 너무나 인상적인 구조물이고, 특히 이 일곱 가지 중에 가장 역사가 길을 뿐만 아니라 지금까지 남아 있는 유일한 건축물인 대피라미드는 4천5백여 년 전에 처음 지어진 후 1311년에 영국 링컨 대성당을 시작으로 더 높은 건축물이 등장하기 전까지 그 오랜 세월 동안 인간이 만든 세계에서 가장 높은 건축물의 자리를 굳건히 지켰다는 점에서 더더욱 경이롭다. 그러나 고대의 놀라운 건축물 가운데 인류 문명에 오랫동안 막대한 영향을 준 곳을 꼽는다면 단연 알렉산드리아 도서관이다.

기원전 332년에 마케도니아의 왕이자 정복자 알렉산드로스Alexandros 대왕이 이집트 북부 해안에 세운 도시 알렉산드리아는 당시 유럽과 중동, 북아프리카 지역의 문화 중심지이자 이집트를 그리스 문명과 통합하려는 알렉산드로스 대왕의 계획에 탄탄한 기반이 되었다. 알렉산드리아 도서관이 언제 처음 문을 열었는지는 정확히 알 수 없으나 기원전 300년에서 250년 사이로 추정된다. 현대의 대영 도서관, 미국 의회 도서관처럼 그 시대의 국립 도서관이었던 알렉산드리아 도서관은 전 세계 모든 문화권의 책을 최대한 수집할 목적으로 설립됐다. 더 정확한 기능은 현대 사회에서는 이제 상상할 수도 없는 일이 된, 세상의 모든 지혜를 수집하는 것이었다. 그래서 배에 실려 알렉산드리아에 도착한 모든 책은 이 도서관에서 원본을 가져가고 책 주인은 사본을 받았다(적잖이 언짢았으리라).

알렉산드리아 도서관에 보관된 책은 대부분 파피루스 두루마리 형태였다. 장서 목록이 소실되어 정확히 몇 권이 있었는지는 알 수 없으나 도서관이 파괴된 시점과 비교적 가까운 시기에 나온 주장들에 따르면 소장 도서는 40만 권에 이르렀다고 한다. 여러 정보를 종합한 현대의 추정치는 4만 권에서 40만 권 사이이다. 이 범위의 최소치와 최대치 중 어느 쪽이 진실이든 당시

기준에서는 엄청난 규모였으니 고대 사회에 나온 주요 과학 책도 전부 보관되어 있었을 것으로 추측된다.

알렉산드리아 도서관이 소장했던 고대 자료 중에 오늘날까지 남아 있는 건 극히 일부다. 도서관이 파괴되면서 장서가 상당수 소실된 것이 여러 이유 중 하나인데, 알렉산드리아 도서관은 흔히 알려진 것처럼 단 한 번의 화재로 사라진 게 아니다. 알렉산드리아는 이전부터 각기 다른 이유로 여러 차례 공격받았고, 그때마다 도서관이 망가지는 부수적인 피해가 따랐다. 남아 있던 일부 소장 도서는 다행히 8세기부터 14세기 사이에 아랍어권 학자들의 손으로 번역되어 가치를 인정받았고, 나중에 서구 지역에도 전해졌다. 과학에 가장 큰 영향을 남긴 고대 그리스 철학자 아리스토텔레스의 연구도 그렇게 보존됐다.

〈불타는 알렉산드리아 도서관의 책들Burning Books in the Library of Alexandria〉, 판화, 16세기(작가 미상)

알렉산드리아 도서관에서 책들이 불타는 모습을 묘사한 그림. 이 도서관은 조직적인 단 한 번의 화재가 아니라 여러 차례 피해를 겪고 무너졌다.

오토 폰 코르벤Otto von Corven, 〈알렉산드리아 도서관 내부A Hall in the Library of Alexandria〉, 19세기

알렉산드리아 도서관의 모습을 그린 상상화. 학자들이 두루마리를 앞에 놓고 대화를 나누는 모습과 멀리 안쪽 벽면의 서가에 가득 쌓인 두루마리가 보인다.

아리스토텔레스의 우주

기원전 384년에 그리스 스타기라에서 태어나 당시 플라톤Platon이 운영했던 아테네의 아카데미에서 공부한 아리스토텔레스는 알렉산드로스 대왕의 스승이었다고도 전해진다. 최근 몇 년 새 아리스토텔레스를 악평하는 과학 저술가들이 등장하고 그가 과학에 접근한 방식이 현대적이지 않다며 조롱하는 것이 유행처럼 번지는 추세다. 고대 그리스에서 옳은 것을 결정하는 전통적인 방식은 지적 토론이었고, 아리스토텔레스가 수립한 자연에 관한 이론 중에 관찰과 실험이 아닌 그러한 방식으로 도출한 이론이 있는 것도 사실이다. 또한 직접 확인해 보지도 않고 여성은 남성보다 치아 개수가 적다는 철학적 주장을 펼친 것으로도 악명이 높다(여성과 남성의 치아 개수는 동일하다).

그러나 아리스토텔레스의 과학적 지식이 전반적으로 부정확하다고 해서 그토록 세상에 엄청난 영향을 남긴 인물의 저술을 외면하는 건 적절치 않다. 그가 (주로 이전에 나온 사상을 자신만의 방식으로 다듬어서) 발전시킨 여러 개념은 무려 2천 년 가까이 꾸준히 호응을 얻었다. 대표적인 것이 지구가 우주의 중심에 있고 태양과 다른 행성들, 별은 수정처럼 투명한 천구 안에서 지구 주위를 돈다는 우주 구조에 관한 이론, 그리고 지구에 존재하는 모든 것은 네 가지, 즉 흙, 물, 공기, 불로 구성되며, 천체에만 다섯 번째 원소('정수')가 있다는 5원소 이론이다.

지금까지 남아 있는 아리스토텔레스의 과학 저술 중에서 가장 막강한 영향을 남긴 책은 『자연학*Physics*』(기원전 4세기)이다. 원제목인 'physics'를 현대 영어의 의미대로 '물리학'이라고 생각하면 이 책의 내용을 오해하게 된다. 『자연학』에서 다루는 내용은 변화와 운동의 본질이다(이탈리아 남부 엘레아 지역 학자들이 운동은 환상일 뿐 실제로는 없는 현상이라고 주장한 후부터 그리스의 과학철학자들이 열성적으로 탐구한 주제였다). 이제는 운동에 관한 학문, 즉 역학이 물리학의 한 부분이 되었지만, 아리스토텔레스는 물체가 움직이는 물리적 메커니즘뿐만 아니라 운동, 변화와 관련된 모든 것에 주목했고, 그가 말한 'physics'에는 오늘날 우리 기준에서는 생물학에 해당하는 내용도 포함되어

(좌) 기욤 드 콩셰Guillaume de Conches, 『세계 철학*De Philosophia Mundi*』, 1276~1277년

중세 프랑스 학자였던 저자가 아리스토텔레스가 제시한 세상(우주)을 설명한 책이다.

(우) 라파엘로Raffaello, 〈아테네 학당The School of Athens〉, 1509~1511년

바티칸 사도 궁전에 그려진 프레스코화로, 플라톤, 아리스토텔레스(중앙의 두 사람)와 스무 명이 넘는 철학자의 모습이 담겨 있다.

있다(또한 『자연학』의 과학은 현대의 과학이 아닌 과학적인 주제에 관한 철학적 탐구이므로, 철학도 포함된다).

아리스토텔레스는 총 여덟 권으로 구성된 『자연학』에서 물질의 개념을 소개하고, 운동의 본질을 탐구한다. 그가 제시한 개념은 모두 틀린 것으로 밝혀졌음에도 전부 하나로 연결되어 합리적인 전체를 이룬다. 그가 제안한 우주(현대의 정의로는 태양계) 모형이 태양이 아닌 지구가 중심에 있는 틀린 내용인데도 오랜 세월 지지를 얻은 여러 이유 중 하나는 각 개념의 이 같은 강력한 상호 연관성이었다.

태양과 지구만 놓고 보면, 태양이 지구 주위를 돈다고 보는 게 지극히 논리적인 결론으로 느껴진다. 움직이는 방식이 정말로 그렇게 보이기 때문이다. 이제는 태양이 하늘에서 움직이는 것처럼 보이는 이유는 지구가 회전하기 때문이라는 사실이 다 밝혀졌는데도 우리는 여전히 '해가 떴다.'라고 하지 '지구가 회전해서 해가 지평선 위로 나타났다.'라고 하지 않는다. 하지만 모든 천체가 지구 주위를 돈다는 아

리스토텔레스의 이론을 화성 등 지구 궤도 바깥의 행성에 적용하면 이상한 움직임이 나타난다. 즉 행성의 이동 방향이 역전되는 듯한 움직임이 우주 전체에서 간간이 나타난다. 태양계 중심에 지구가 아닌 태양이 있다고 가정하면 화성처럼 행성이 역전 운동을 하는 것처럼 보이는 것은 지구와 화성이 태양 주위를 도는 속도가 달라서 나타나는 상대적인 움직임이라고 설명할 수 있게 되므로 전체적으로 훨씬 간단해진다.

하지만 『자연학』에 담긴 아리스토텔레스의 원대한 생각은 지구를 우주의 중심이라고 가정했기에 나올 수 있었다. 그는 물질에 자연적인 경향성이 있다고 주장했다. 지구를 구성하는 4원소 중 흙과 물은 우주의 중심에 더 가까이 가려는 성질이 있고, 공기와 불은 반대로 중심과 멀어지려는 성질이 있으므로, 흙과 비슷한 물질이 포함된 무거운 물체는 자연히 지구 쪽으로 떨어지게 되어 있다는 것이 아리스토텔레스의 해석이었다. 그는 그러한 물질이 많은 물체일수록 우주의 중심에 가까이 가려는 경향성도 강하므로 추락 속도도 더 빠르다고 설명했다. 이 이론은 약 2천 년 뒤에 갈릴레오를 통해 사실이 아니라고 밝혀졌지만, 아주 어처구니없는 추측은 아닌 것이 깃털과 돌멩이를 함께 떨어뜨리면 깃털이 더 천천히 땅에 떨어진다. 다만 아리스토텔레스는 그 이유를 잘못 짚었다.

『자연학』 2권에서는 다양한 원인을 분류하고 탐구한다. 예를 들어 무언가가 존재하는 이유를 물질 자체의 측면과 형태의 측면에서 모두 따져 보고, 이를 '원인'의 일반적인 의미인, 무언가가 일어나게 만드는 것(일)과 구분한다. 이어 최종적으로는 과학의 발전에 숱한 걸림돌이 되었던 목적론적 원인, 즉 무언가가 존재하는 목적과도 구분한다. 현대를 사는 우리는 생각할 줄 아는 주체가 자연에 개입할 때만 그것이 존재하는 목적이 무엇인지에 주목한다(적어도 과학에서는 그렇다). 가령 컴퓨터는 특정한 목적을 위해 만들어진 기계이므로 존재하는 목적이 있지만, 지진이나 진화는 처음부터 특정한 목적을 달성하려고 만들어진 게 아니다. 다시 말해 정해진 목적이 없는 현상인데, 이런 현상에도 존재의 목적이 있으리라는 추정은 일부 과학 분야의 발전에 큰 걸림돌이 되었다. 종교적인 믿음과 과학 이론을 구분하지 않으면 그러한 추

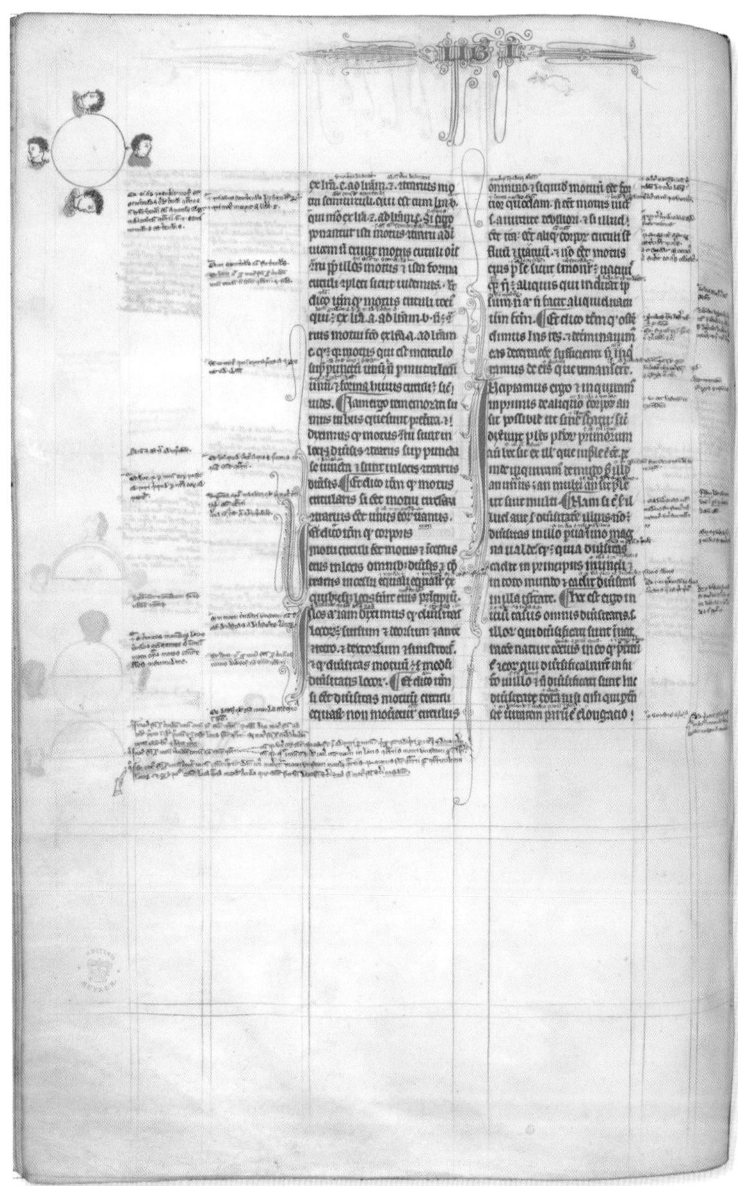

아리스토텔레스, 『자연학』, 사본, 13세기

기원전 4세기에 아리스토텔레스가 쓴 『자연학』의 13세기 라틴어 사본. 12세기에 이탈리아 크레모나 출신 제라드Gerard of Cremona가 『자연학』의 아랍어 번역서를 원서로 삼아 라틴어로 번역했다.

정이 과학의 발전에 계속해서 문제가 될 수 있다.

『자연학』에서는 무한의 개념부터 운동의 본질까지 수많은 주제를 다룬다. 아리스토텔레스가 제시한 다양한 개념의 방대한 상호 연관성은 원자atom가 존재한다는 주장에 반박하며 운동의 본질을 설명한 부분에서도 잘 나타난다(틀린 내용이긴 하지만). 우리는 원자가 현대에 밝혀진 개념이라고 생각하는 경향이 있지만, 이미 기원전 5세기에 고대 그리스 철학자 레우키포스Leucippos와 그의 제자 데모크리토스Democritos가 물질은 극히 작은 조각들로 이루어지며, 각각의 조각은 너무 작아서 자를 수 없다고 주장했다. 이들이 말한 조각은 당시 그리스어로 '아토모스atomos'라 불렸다. 원자가 존재한다고 가정하면, 원자와 다른 원자 사이에 반드시 비어 있는 공간이 생기는데(초기 원자 이론에서는 원자마다 형태가 제각기 다르며, 그중에는 서로 밀집하면 그런 틈 없이 공간을 꽉 채우는 형태도 극소수 존재할 것으로 추정했다), 아리스토텔레스는 그런 빈 공간은 존재할 수 없다고 주장했다. 재미있는 사실은, 그가 원자 사이에 비어 있는 공간이 있다는 건 어리석은 생각이라며 반박하다가 뉴턴의 운동 제1법칙을 거의 완성할 뻔했다는 것이다.

아리스토텔레스는 원자와 원자 사이에 비어 있는 공간이 있다면 "움직이던 물체가 어느 순간 멈추는 이유를 설명할 수 없다"고 주장했다. 왜 하필 다른 곳이 아닌 그 지점에서 움직임이 멈출까? 그는 "물체는 한자리에 가만히 있거나 무한히 움직이며, 이런 상태를 바꾸는 더 강력한 영향이 있어야 움직이거나 움직임이 멈춘다"고 보았다. 무언가가 계속 움직이려면 반드시 미는 힘이 존재해야 하며, 미는 힘이 사라지면 움직임이 자연히 멈춘다는 것이 아리스토텔레스가 생각한 역학이었다. 우리가 마트에서 사용하는 카트가 어떻게 움직이는지를 떠올리면 이 생각과 맞아떨어진다. 하지만 날아가는 화살은? 활시위를 당긴 후 활에서 벗어난 후에도 화살이 계속 날아가는 이유는 무엇일까? 아리스토텔레스는 이를 화살이 활을 벗어난 후에 공기가 계속 화살을 밀기 때문이라고 설명했다. 그는 원자가 있고 그 사이에 아무것도 없는 공간이 정말로 존재한다면 움직이는 물체에 어떤 식으로든 영향을 줄 수 있는 건 아무것도 없는데도 실제로는 움직이던 물체가 어느 순간에는 멈추므로,

물질이 전혀 없는 공간(진공)이 있다는 주장은 틀렸다며 일축했다. 아리스토텔레스가 설명한 역학은 일상생활에서 볼 수 있는 현상들과 잘 맞아떨어졌으나, 그는 눈에 보이는 현상과 그 이면의 실상이 다를 수도 있다는 사실을 받아들이지 못했다. 그의 관점에서 원자 사이에 비어 있는 공간이 있다는 주장, 궁극적으로는 원자가 존재한다는 주장은 사라져야 할 이론이었다.

아리스토텔레스는 『자연학』 외에도 과학적인 주제로 많은 책을 저술했고 물리학, 우주학보다는 생물학, 동물학 분야의 저서가 훨씬 많다. 그럼에도 『자연학』이 그의 대표적인 업적으로 꼽히는 이유는, 그가 이 책에서 밝힌 우주와 운동, 역학에 관한 생각이 16~17세기까지 남아 서구 사회가 우주를 이해하는 중심 개념이 되었기 때문이다. 하지만 다른 저서도 나름의 방식으로 적지 않은 영향을 남겼다. 예를 들어 『동물지*History of Animals*』(기원전 4세기)는 특성이 비슷한 동물끼리 분류하는 방식을 제시했고, 『자연학』과 달리 철학적인 내용보다 관찰에 더 중점을 두어서 다양한 생물에 관한 정확한 데이터가 많다. 『자연학』보다 『동물지』에 정확한 내용이 훨씬 많은데도 이 책이 과학적인 성취에 있어서는 『자연학』에 못 미친다고 여겨지는 이유는 20세기에 활동한 물리학자 어니스트 러더퍼드Ernest Rutherford의 말에서 찾을 수 있다. "모든 과학은 물리학과 우표 수집 둘 중 하나다." 진정한 과학이라면 데이터를 모으는 데 그쳐서는 안 되며, 설명과 이론이 있어야 한다는 것을 신랄하게 표현한 말이다. 『동물지』와 같은 책도 중요하지만, 러더퍼드의 비유에 따르면 이 책은 우표 수집에 더 가깝다.

수학의 원론, 기하학

책 한 권이 끼친 오랜 영향력에 있어서는 기원전 290년경 저술된 유클리드Euclid[6]의 『원론*Elements*』을 능가할 책을 찾기 어렵다. 여러 권으로 구성된 이 위대한 저술은 20세기 초까지도 교과서로 쓰였고 지금도 수학에서 공리[7]와 증명의 기반으로 막강한 영향력을 발휘하고 있다. 유클리드의 『원론』에서 다

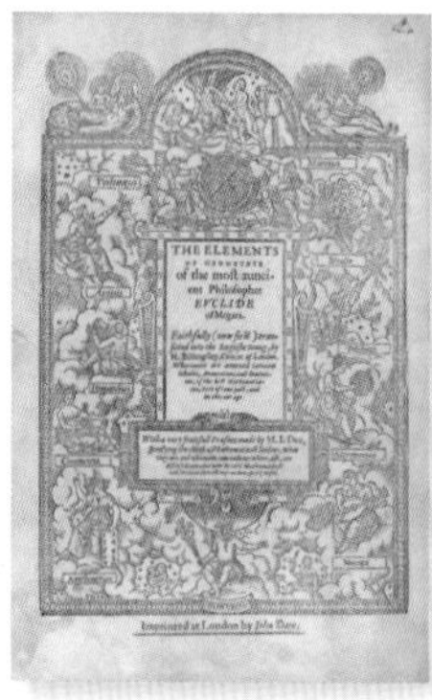
THE ELEMENTS OF GEOMETRIE of the most auncient Philosopher EVCLIDE of Megara.

Imprinted at London by John Daye.

유클리드, 『원론』, 존 데이John Daye 발행, 1570년

기원전 290년경에 유클리드가 저술한 책의 첫 영어 번역서 머릿그림. 번역은 헨리 빌링슬리Henry Billingsley가 맡았고, 엘리자베스 1세 시대 수학자이자 신비주의자였던 존 디John Dee의 서문이 실려 있다.

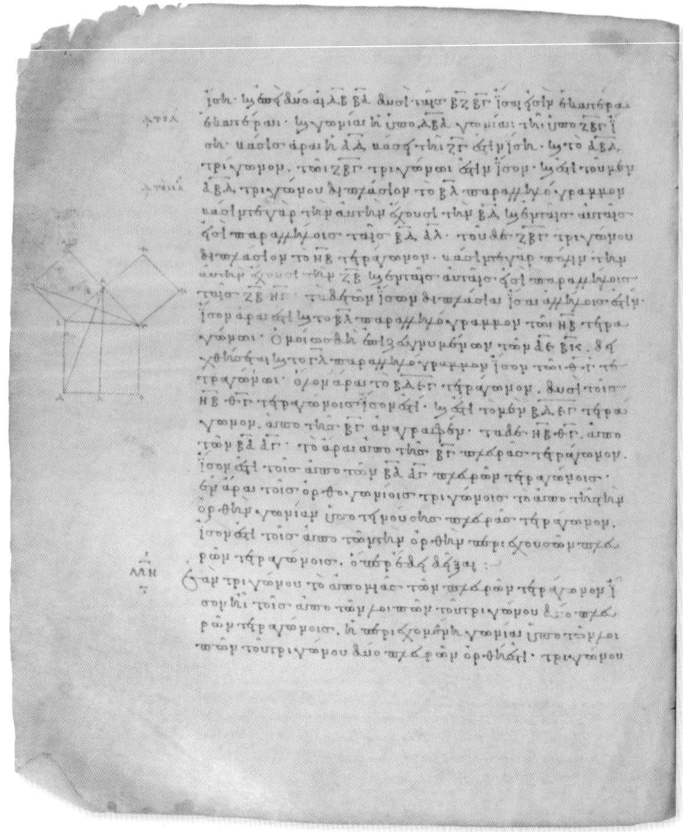

유클리드, 『원론』, 사본, 888년

현재까지 남아 있는 가장 오래된 사본. '도빌 유클리드'로도 불린다.[8] 이 사본에는 '서기 스테파노스Stephanos'가 내용을 옮겼다고 명시되어 있다. 사진은 피타고라스 정리를 자세히 설명한 부분이다.

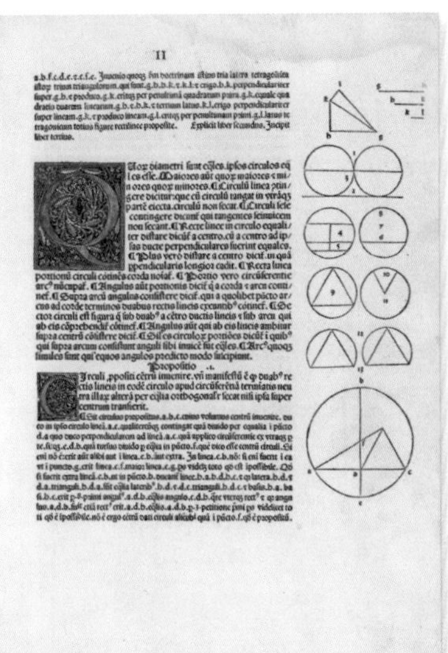

유클리드, 『원론』, 에르하르트 라톨트Erhard Ratdolt 발행, 1482년

최초 인쇄본

유클리드, 『원론』, 사본, 13세기

페르시아의 박학다식한 학자였던 나시르 알딘 알투시Nasir al-Din al-Tusi가 아랍어로 옮긴 번역서

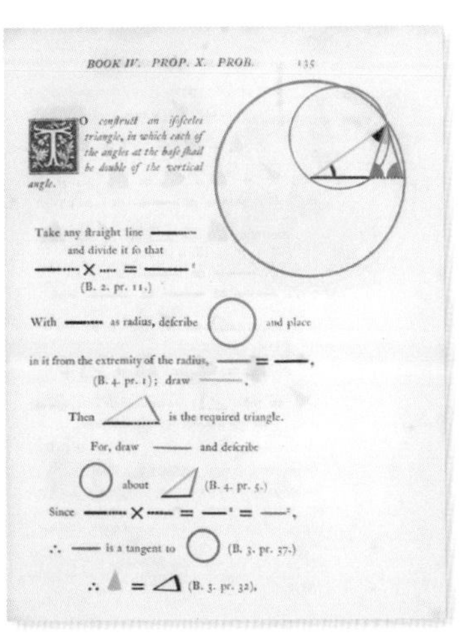

BOOK IV. PROP. X. PROB. 135

To construct an isosceles triangle, in which each of the angles at the base shall be double of the vertical angle.

Take any straight line and divide it so that × = ² (B. 2. pr. 11.)

With as radius, describe and place in it from the extremity of the radius, = , (B. 4. pr. 1); draw .

Then is the required triangle.

For, draw and describe about (B. 4. pr. 5.)

Since × = ² = ²,

∴ is a tangent to (B. 3. pr. 37.)

∴ = (B. 3. pr. 32),

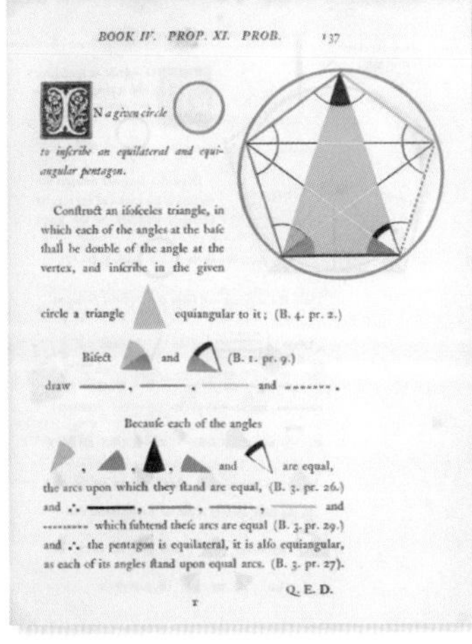

BOOK IV. PROP. XI. PROB. 137

In a given circle to inscribe an equilateral and equiangular pentagon.

Construct an isosceles triangle, in which each of the angles at the base shall be double of the angle at the vertex, and inscribe in the given circle a triangle equiangular to it; (B. 4. pr. 2.)

Bisect and (B. 1. pr. 9.)

draw , , and .

Because each of the angles , , , and are equal, the arcs upon which they stand are equal, (B. 3. pr. 26.) and ∴ , , , and which subtend these arcs are equal (B. 3. pr. 29.) and ∴ the pentagon is equilateral, it is also equiangular, as each of its angles stand upon equal arcs. (B. 3. pr. 27).

Q. E. D.

T

유클리드, 『원론』, 피커링Pickering 발행, 1847년

올리버 번Oliver Byrne이 영어로 옮긴 멋진 번역서. 증명 과정을 컬러 삽화와 함께 설명했다.

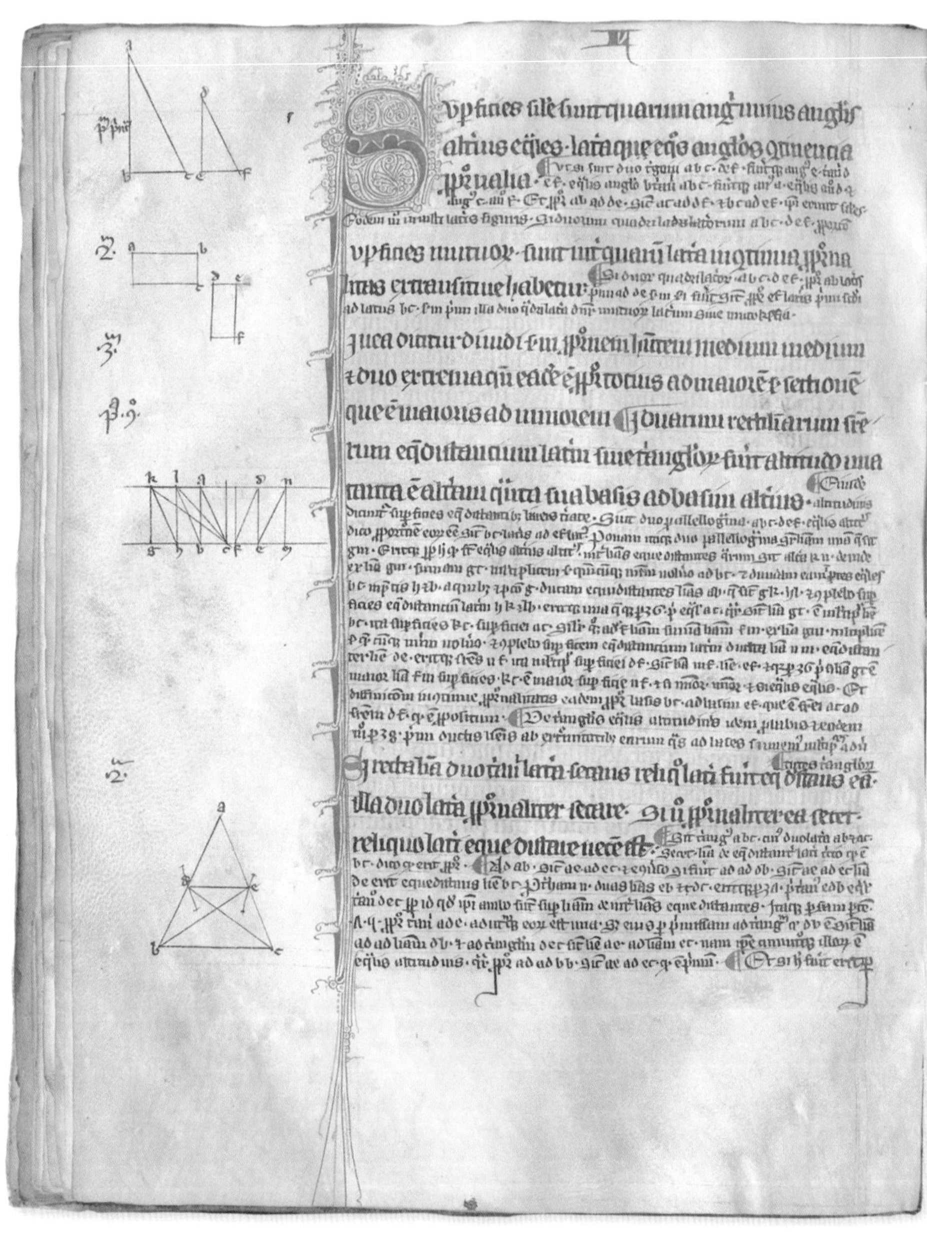

유클리드, 『원론』, 1294년경

깔끔한 라틴어 필사본

루는 주제는 지난 수백 년간 학생들에게 괴로움을 안긴 과목이자 수학의 여러 분야 중에서도 현실의 활용도가 워낙 커서 가장 먼저 탐구가 이루어진 기하학이다.

이름 그대로 땅을 측정하는 학문인 기하학[9]은 길이의 개념과 각의 측정 개념을 합쳐서, 땅을 분할하고 건물을 지을 때 필요한 측정에 활용할 수 있도록 고안되었다. 고대 이집트인들은 기하학을 폭넓게 활용했으나 전적으로 실용성 위주였다. 즉 활용할 수 있는 방법이면 왜 그게 가능한지는 신경 쓰지 않고 그냥 활용했다. 『원론』에 구체적으로 기술된 그리스인들의 방식은 그와 달리 단계별로 논리적인 작도와 증명을 거쳐 결론에 이르는 새로운 방식이었다. 경험 법칙을 벗어나서 더 정확한 과학적 요건을 정한 것이다. 기하학적 증명이라는 개념을 유클리드가 최초로 떠올린 건 아니지만, 『원론』은 가장 기초적인 전제에서 출발하여 점진적인 단계를 거쳐 전체를 완성하는 방식으로 모든 범위의 작도와 증명 절차를 통합한 역작이다.

유클리드는 『원론』의 저자로 알려졌지만, 그가 실존 인물이 맞는지는 불확실한 부분이 있다. 그의 일생에 관한 구체적인 이야기는 모두 나중에 사람들이 상상해서 전해진 내용으로 추정된다. 『원론』은 한 명이 아닌 여러 사람이 공동으로 집필했으며, 그들보다 이전 시대에 활동했던 확실한 실존 인물인 메가라 출신 철학자 유클리드[10]에게 헌정하는 의미로 그의 이름을 책의 저자로 명시했다는 의견도 있다. 유클리드가 실제 인물인지와 상관없이, 『원론』이 획기적인 성과임은 분명한 사실이다.

『원론』은 총 열세 권으로 구성된다. 1권의 주제는 '공준과 공통 개념'으로, 오늘날 수학자들이 공리라고 부르는 작도와 증명(또는 '명제')의 기본 전제를 설명한다. 공리는 '직선은 두 점 사이를 이어서 그릴 수 있다'와 같이 간단히 기술한다. 이러한 공리에 관한 설명에 이어 직선 자와 컴퍼스를 이용해 원을 그리는 방법이 나오고, 그 유명한 피타고라스 정리와 비율이 비슷한 삼각형 쌍의 관계에 관한 정리에 이르기까지 다양한 기하학적 정리가 다루어진다. 모든 증명의 끝에는 'OEΔ'라는 그리스어가 적혀 있는데, 이를 라틴어로 옮기면 'quod erat demonstrandum'의 줄임말인 'QED'가 된다. 수학 기호로 친숙한 'QED'

는 직역하면 '여기까지가 증명되어야 하는 것', 즉 '증명 완료'를 뜻한다.

『원론』은 기하학의 실용성을 크게 높인 여러 도구를 제공했을 뿐만 아니라 단순한 증명에서 시작해 복잡한 결론에 이르는 수학적 증명 구조의 기반을 다졌다. 전체 열세 권 중에는 소수와 최소공분모, 최대공약수 같은 수학의 기초 원리를 다룬 책도 있고, 2의 제곱근처럼 두 정수의 비율로 표현할 수 없는 무리수, 간단한 3차원 도형의 부피를 구하는 방법도 나온다. 분량이 많지는 않지만 '플라톤 입체'로도 불리는 정다면체(모든 면이 동일한 평면으로 이루어진 도형)의 작도법 같은 3차원 기하학에 관한 설명도 있다.

다른 수많은 고대 그리스 서적처럼 유클리드의 『원론』도 그리스 문명의 붕괴와 함께 소실되었으나, 아랍어 번역서가 남아 있다가 중세 초기에 서구 사회로 유입되었다. 유럽에서 『원론』은 수 세기 동안 대학에서 가르치는 수학의 중추가 될 정도로 중요하게 여겨졌고, 수많은 번역서가 나왔다. 필사가 아닌 인쇄 기술로 대량 생산된 최초의 과학책 중 하나이기도 하다.

세상을 들어 올린 책

대략 기원전 287년경에서 212년경 활동한 수학자이자 공학자 아르키메데스의 여러 저서도 결코 간과할 수 없는 영향을 남겼다. 로마가 시칠리아 시라쿠사를 침략했을 때 살해됐다고 전해지는 아르키메데스는 기하학과 나선, 파이pi값을 연구하고, 적분의 시초가 된 도형의 넓이와 부피 계산법을 제시한 위대한 수학자였다.

우리는 아르키메데스라고 하면 욕조에서 뛰쳐나오며 '유레카!'를 외친 전설적인 사건이나 충분히 긴 지렛대와 그 지렛대를 받치는 버팀대만 있으면 지구도 들어 올릴 수 있다고 한 그의 말을 주로 떠올린다. 그가 남긴 가장 유명한 공학적 성취는 나선식 펌프와 '아르키메데스의 원리'로도 불리는 부력의 원리, 즉 모양이 불규칙한 물체의 부피를 구하는 방법이다(그 유명한 '유레카!'를 외친 이유이기도 하다). 널리 알려진 대로 이 원리는 아르키메데스가 왕관의 재료가 순금이 맞는지 확인할 방법을 찾다가 떠올렸다. 문제의 왕관은 당시 시라쿠사의 왕이었던 히에론 왕의 것이었고, 왕관 제작자가 금 대신 다른 금속을 섞는 부정행위를 저지르지 않았는지 확인하라는 왕의 지시를 받은 아르키메데스는 질량과 부피의 비율인 비중을 활용해서 왕관이 순금으로만 만들어진 게 아님을 밝혀냈다. 물체를 유체에 담그면 물체가 유체에서 차지하는 부분의 무게와 같은 힘으로 유체(여기서는 물)가 밀려 올라간다는 더 큰 원리를 적용한 사례였다. 이와 함께 아르키메데스는 거울을 활용해서 햇빛으로 배에 불을 붙이는 '죽음의 광선' 같은 전쟁 무기도 다수 발명했다.

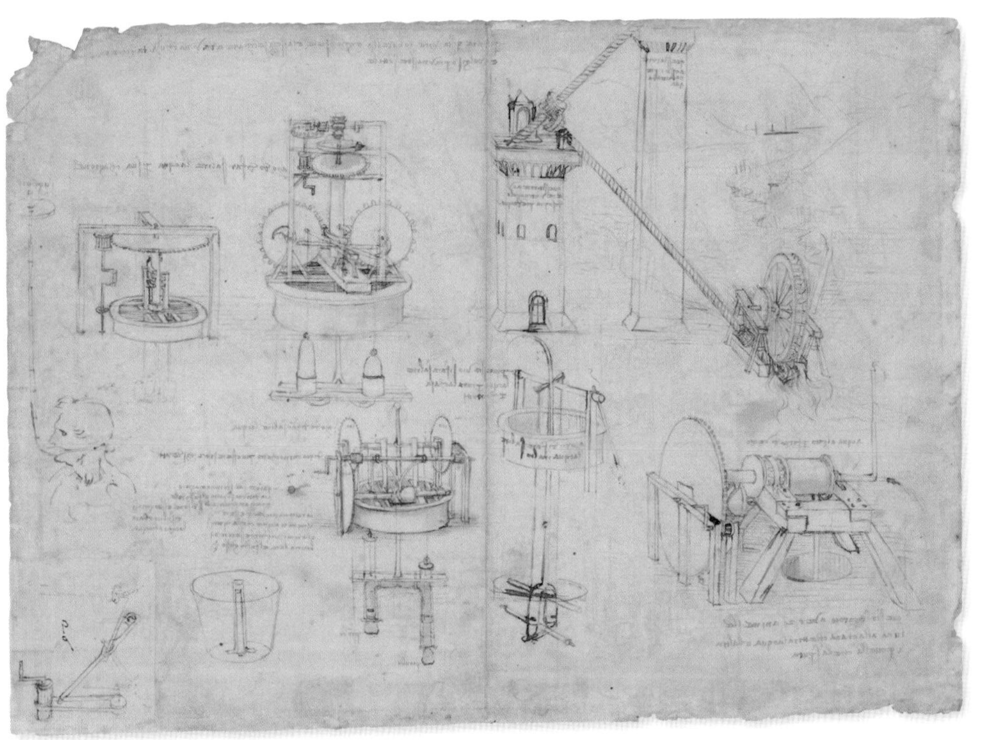

레오나르도 다빈치, 『코덱스 아틀란티쿠스*Codex Atlanticus*』,11 1478~1519년

물체를 들어 올리고 물을 퍼 올리는 기계를 그린 부분. 아르키메데스와 다른 학자들의 아이디어를 토대로 그린 그림이다.

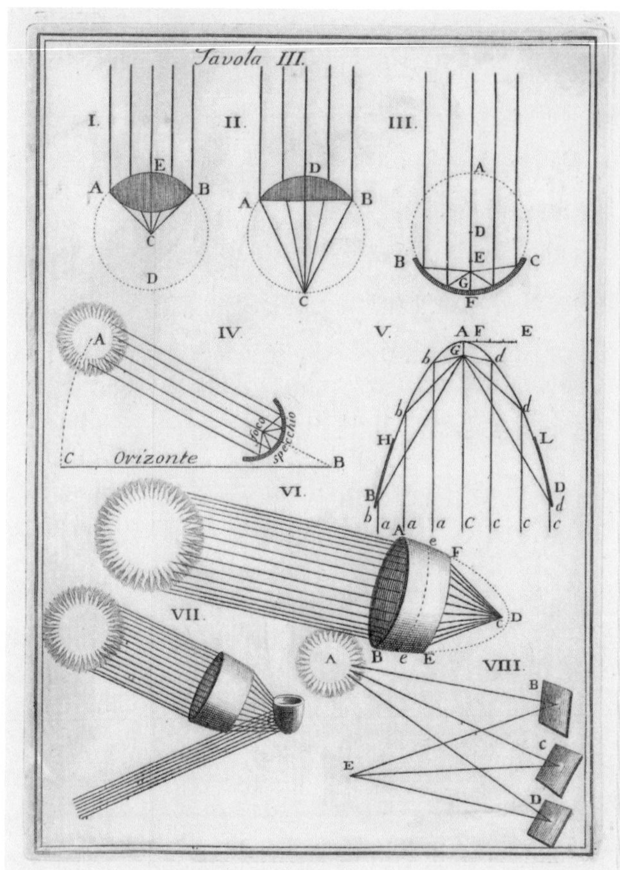

잠마리아 마추켈리Giammaria Mazzuchelli, 『아르키메데스의 역사*Notizie Istoriche di Archimede*』, 리차르디Rizzardi 발행, 1737년

이 책의 원제는 '시라쿠사 출신 아르키메데스의 삶, 발명품, 저술에 관한 역사·비평 정보'이며 이 사진은 삽화 중 하나다.

지금까지 전해지는 아르키메데스의 저서는 『모래알을 세는 사람』(10쪽 참고), 『부체에 관하여*On Floating Bodies*』, 『구와 원기둥에 관하여*On the Sphere and Cylinder*』, 『나선에 관하여*On Spirals*』, 『평면의 평형에 관하여*On the Equilibrium of Planes*』 등 비교적 많은 편이다. 부유하는 물체의 물리적 특성, 물체의 크기를 계산하는 다양한 기하학적 기법 등을 다룬 책들이며, 『모래알을 세는 사람』의 경우 모래알로 우주 전체를 가득 채우려면 몇 알의 모래가 필요한지 계산하는 방식으로 그리스의 수 체계가 어떻게 확장될 수 있는지 보여 주었다.

크게 독창적이지는 않고 과학의 발전에 직접적인 영향을 주지는 않았으

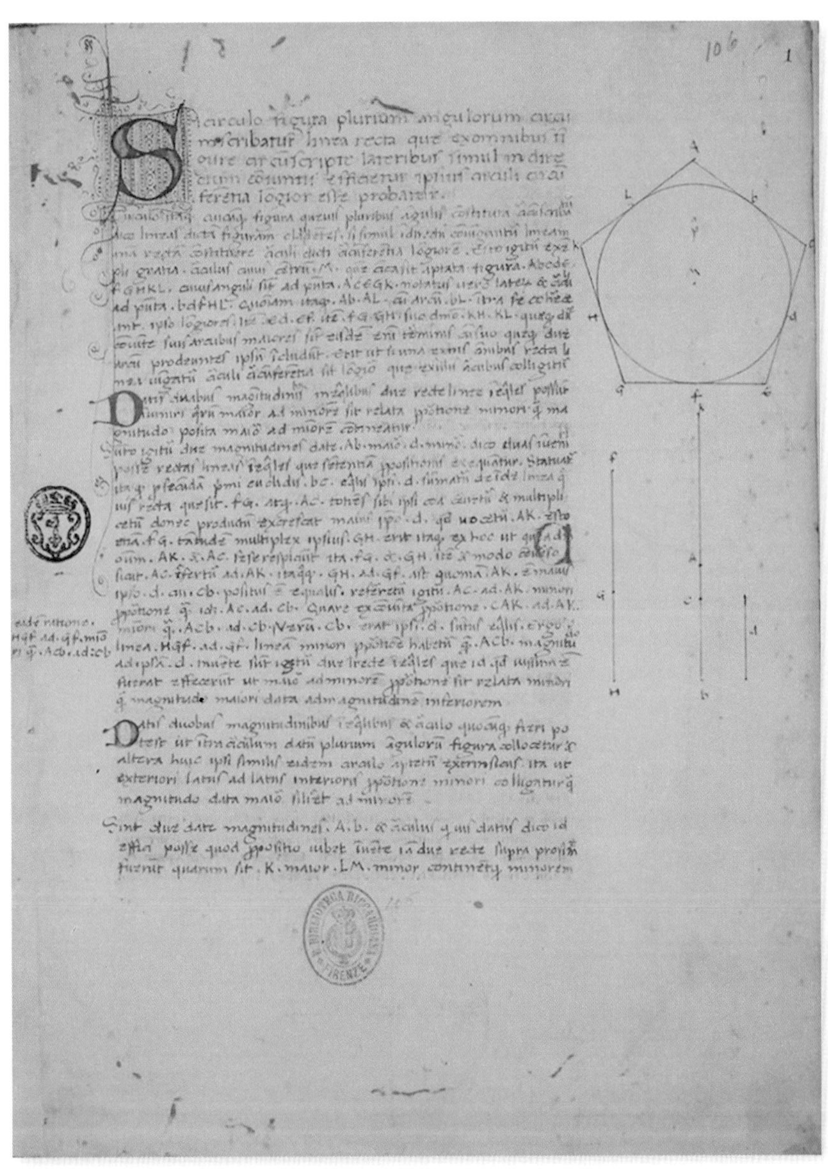

아르키메데스, 『구와 원기둥에 관하여』, 1450년경

르네상스 시대의 화가로 알려졌으나 수학자이기도 했던 피에로 델라 프란체스카Piero della Francesca의 라틴어 번역본. 그는 아르키메데스의 수많은 저술을 번역하고, 수학 이론에 관한 설명을 보충하는 삽화를 직접 추가했다.

티투스 루크레티우스 카루스, 『사물의 본성에 관하여』, 파울루스 프리덴퍼거Paulus Fridenperger 발행, 1486년

초기 인쇄본. 루크레티우스는 기원전 1세기에 시 형식으로 이 책을 저술했다.

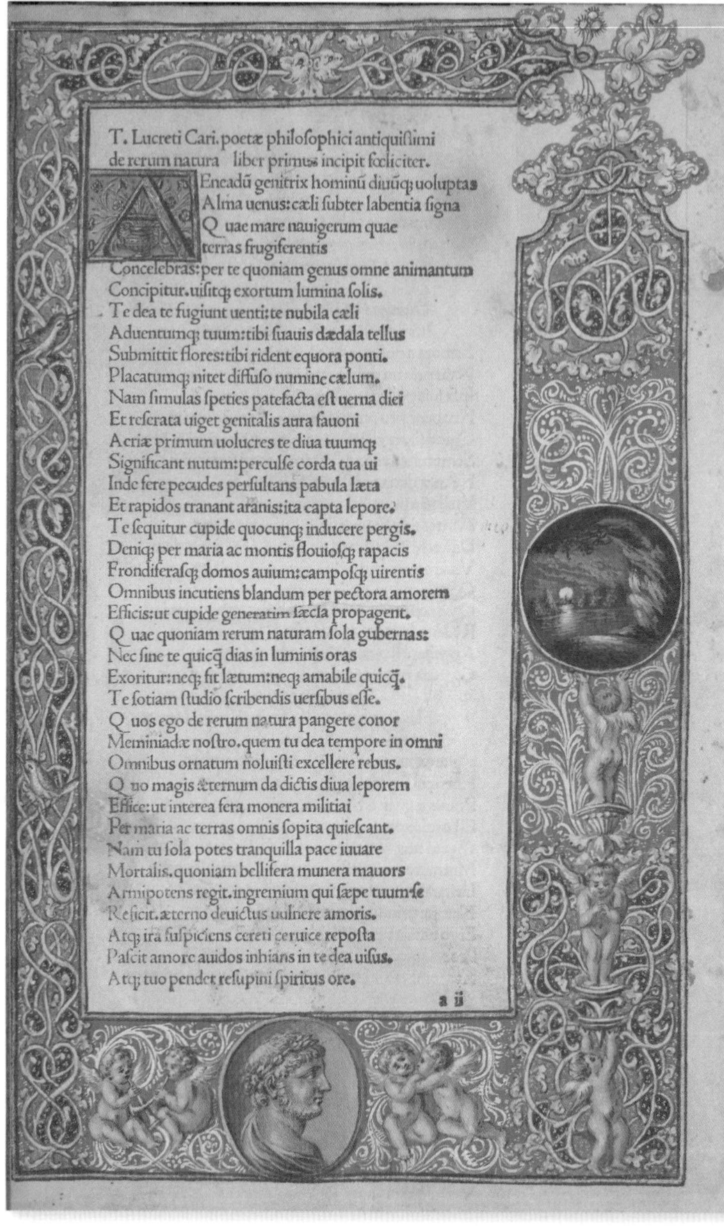

T. Lucreti Cari. poetæ philosophici antiquissimi
de rerum natura liber primus incipit fœliciter.
A Eneadũ genitrix hominũ diuũq; uoluptas
Alma uenus: cæli subter labentia signa
Q uae mare nauigerum quae
terras frugiferentis
Concelebras: per te quoniam genus omne animantum
Concipitur. uisitq; exortum lumina solis.
Te dea te fugiunt uenti: te nubila cæli
Aduentumq; tuum: tibi suauis dædala tellus
Submittit flores: tibi rident equora ponti.
Placatumq; nitet diffuso numine cælum.
Nam simulas speties patefacta est uerna diei
Et reserata uiget genitalis aura fauoni
Aeriæ primum uolucres te diua tuumq;
Significant nutum: perculse corda tua ui
Inde fere pecudes persultans pabula læta
Et rapidos tranant aranis: ita capta lepore.
Te sequitur cupide quocunq; inducere pergis.
Deniq; per maria ac montis flouiosq; rapacis
Frondiferasq; domos auium: camposq; uirentis
Omnibus incutiens blandum per pectora amorem
Efficis: ut cupide generatim sæcla propagent.
Q uae quoniam rerum naturam sola gubernas:
Nec sine te quicq̃ dias in luminis oras
Exoritur: neq; fit lætum: neq; amabile quicq̃.
Te sotiam studio scribendis uersibus esse.
Q uos ego de rerum natura pangere conor
Meminiadæ nostro. quem tu dea tempore in omni
Omnibus ornatum noluisti excellere rebus.
Q uo magis æternum da dictis diua leporem
Effice: ut interea fera monera militiai
Per maria ac terras omnis sopita quiescant.
Nam tu sola potes tranquilla pace iuuare
Mortalis. quoniam bellifera munera mauors
Armipotens regit. ingremium qui sæpe tuum se
Reficit. æterno deuictus uulnere amoris.
Atq; ira suspiciens cereti ceruice reposta
Pascit amore auidos inhians in te dea uisus.
Atq; tuo pendet resupini spiritus ore.
a ii

나, 비슷한 시기에 로마에서도 짚고 넘어갈 만한 과학책이 나왔다. 당시 로마 문명은 실용성과 군사적 목적에 너무 몰두한 나머지 새로운 과학은 들어설 틈이 없었다. 코덱스라는 제본 방식이 도입되어 책을 이전보다 훨씬 편리하게 읽게 된 것은 로마인들 덕분이지만, 로마에서 나온 흥미로운 과학 저술은 거의 없다.

하지만 기원전 1세기에 나온 티투스 루크레티우스 카루스Titus Lucretius Carus의 『사물의 본성에 관하여*De Rerum Natura*』는 예외다. 총 7천4백 연의 장시 형식을 취한 이 저술은 기원전 3세기에 활동한 그리스 철학자 에피쿠로스Epicouros의 자연철학을 바탕으로 우주, 물질, 농업, 질병의 특성 등 다양한 주제를 두루 다룬다. 같은 시기에 나온 다른 과학책은 플리니우스Plinius의 『자연사*Naturalis Historia*』가 가장 두드러지지만, 기존에 알려진 과학 지식을 정리한 것 외에 새로 추가된 내용은 거의 또는 전혀 없다.

원 안의 원들

고대에 가장 많은 의학 저술을 남긴 갈레노스Galenos는 그리스가 로마 제국의 일부였던 2세기에 제국 전체에서 가장 유명한 의사였다. 129년에 그리스 페르가몬에서 태어난 그는 히포크라테스와 제자들이 수립한 이론에 매료됐다. 해부에 있어서는 선대의 학자들보다 훨씬 풍부한 경험을 쌓았지만, 원숭이와 돼지 해부로 얻은 지식이 대부분이라 인체에 제대로 적용하지는 못했다. 그래도 갈레노스의 의학 지식은 이전 시대에 비하면 과학적인 근거가 좀 더 탄탄했고, 그러한 변화는 혈액이 동맥을 통해 운반된다는 견해를 제시한 것에서 특히 두드러진다. 갈레노스가 남긴 방대한 저술은 17세기까지 의학에 영향을 미쳤다.

같은 시기의 저술 중에 오랫동안 영향을 발휘한 또 다른 책이 있다. 고대 이집트와 그리스에서 활동한 프톨레마이오스Ptolemaeos의 『위대한 책*Almagest*』이다. 아리스토텔레스의 물리학을 토대로 태양계의 구조를 설명한 이 책의 주장은 틀린 내용이었음에도 무려 1천5백 년간 남아 있었다. 고대 그리스의 수많은 저술처럼, 이 책도 그리스어가 아닌 (또한 이집트어도 아닌) 아랍어 번역서로 서구 지역에 처음 유입되었다. '가장 위대하다'라는 의미의 책 제목도 아랍어 번역서의 제목을 옮긴 것이다.

150년경에 집필된 『위대한 책』의 그리스어 원본 제목은 '수학 모음집 Mathēmatikē Syntaxis'이었다. 천문학과는 어울리지 않는 제목 같지만, 19세기까지 천문학과 우주학은 수학의 일부로 여겨졌다. 지금은 물상과학[12]이라는 더 합리적인 분류가 생겼다.

엄청난 영향을 남긴 『위대한 책』은 총 열세 권으로 구성되어 있다. 지구

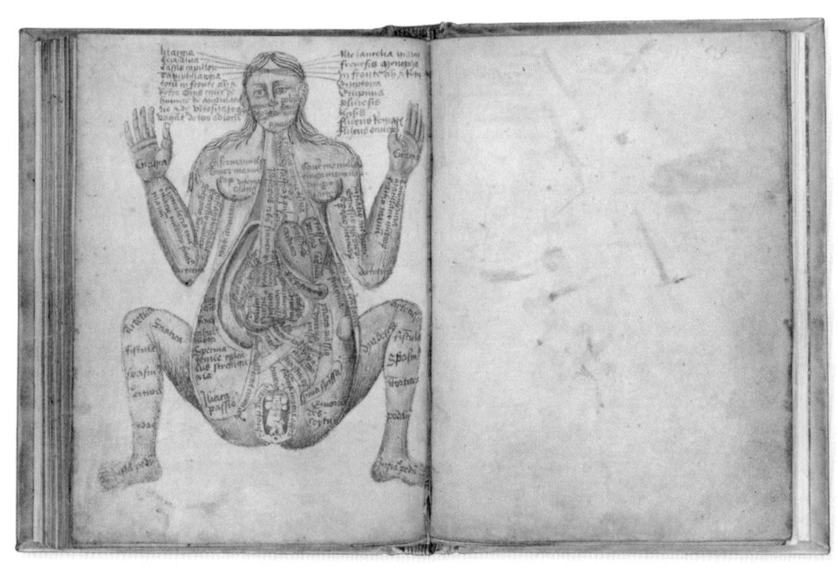

갈레노스의 이름을 빌린 저자,
『해부학*Anathomia*』, 15세기

고대의 수많은 저술이 그렇듯, 갈레노스가 쓴 것처럼 그의 이름을 빌려서 나온 여러 책 중 하나다. 사진은 임신한 여성의 인체를 묘사한 그림

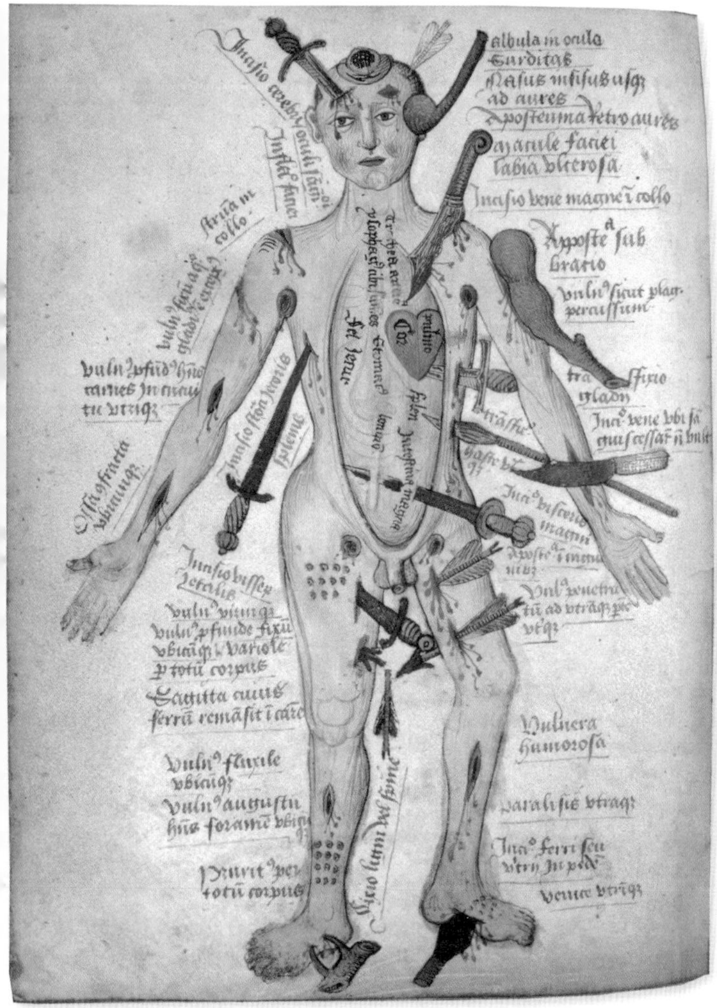

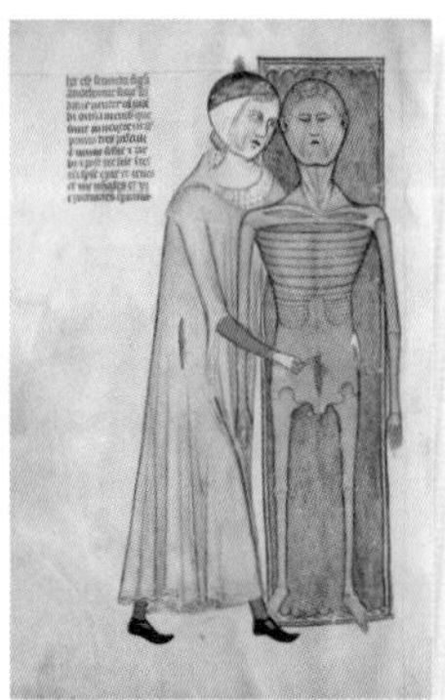

비제바노의 귀도Guido da Vigevano, 『복부 절개*Liber notabilium Philippi Septimi*』, 1345년

해부용 시신의 복부를 절개하는 과정을 나타낸 그림. 저자는 갈레노스의 연구를 토대로 이 책을 썼다고 주장했다. 프랑스 샹티이의 콩데 박물관 소장

갈레노스의 이름을 빌린 저자, 『해부학』, 15세기

맞은편과 같은 책에서 '다친 남성'을 나타낸 그림

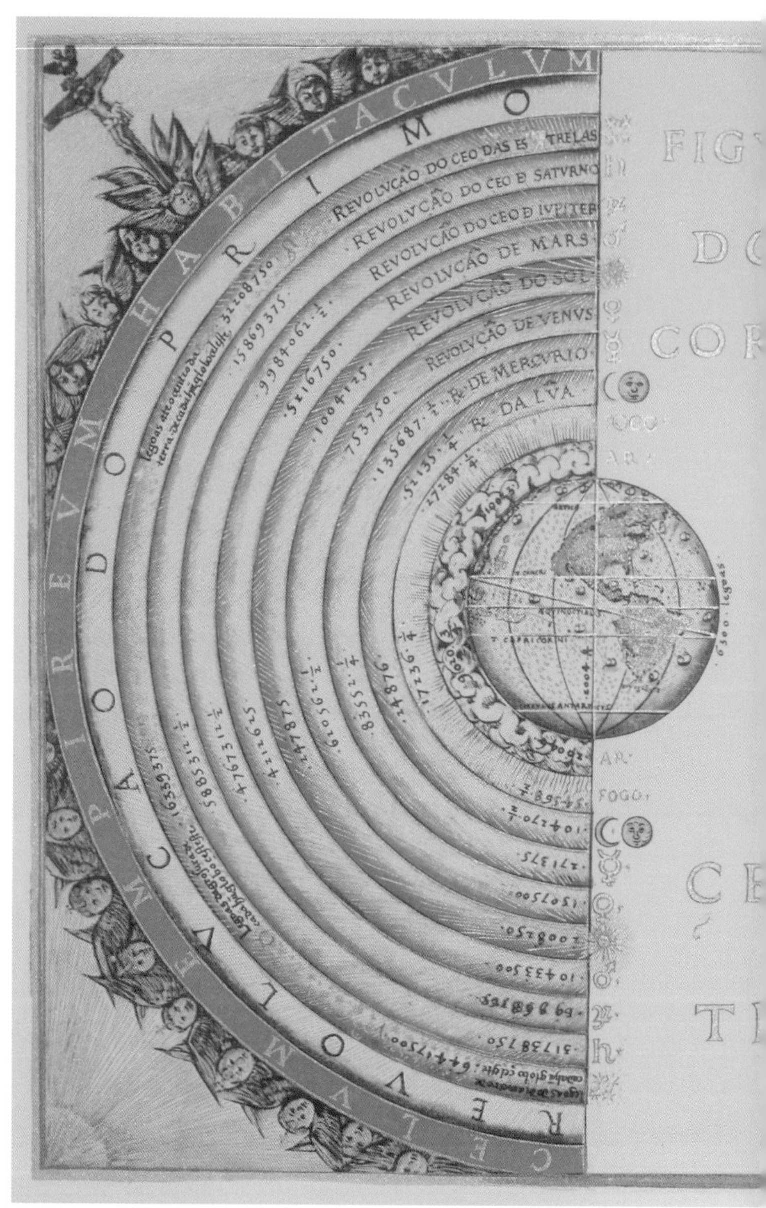

바르톨로메우 벨류Bartolomeu Velho, 『코스모그라피아*Cosmographia*』, 1568년

포르투갈의 우주지리학자이자 지도 제작자였던 바르톨로메우 벨류가 프톨레마이오스의 천동설을 설명하기 위해 그린 그림(프톨레마이오스가 주장한 주전원의 개념은 그림에 나와 있지 않다)

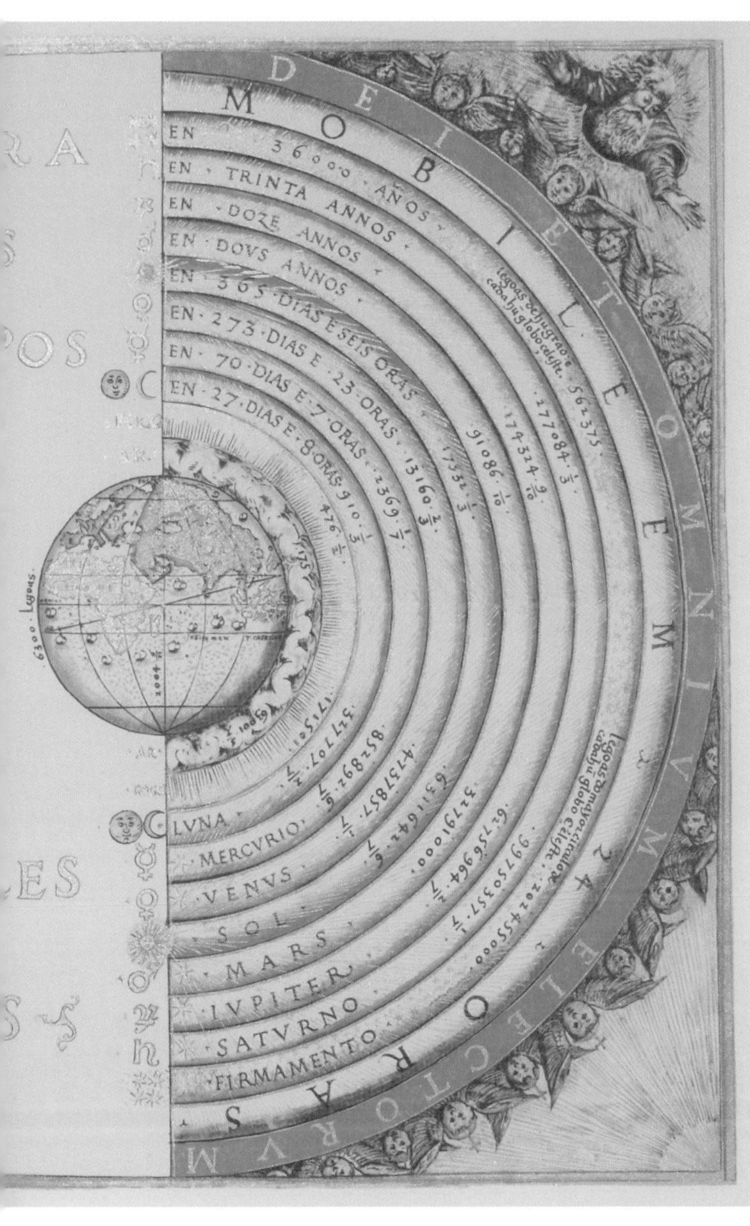
DEI ET OMNIVM ELECTORVM
EN 36000 AÑOS
EN TRINTA ANNOS
EN DOZE ANNOS
EN DOUS ANNOS
EN 365 DIAS E SEIS ORAS
EN 273 DIAS E 23 ORAS
EN 70 DIAS E 7 ORAS
EN 27 DIAS E 8 ORAS
LVNA
MERCVRIO
VENVS
SOL
MARS
IVPITER
SATVRNO
FIRMAMENTO

가 우주의 중심이라는 아리스토텔레스의 관점을 설명하는 것부터 시작해 태양과 행성의 운동, 그 운동으로 지구에서 관찰되는 일식 현상, 춘분, 동지 등의 개념을 다룬다. 별자리, 위치가 고정된 별들의 목록도 제시되는데, 이는 프톨레마이오스가 직접 연구해서 얻은 결과가 아니라 대부분 고대 그리스의 천문학자 히파르코스Hipparchos가 그보다 280여 년 앞서 작성한 목록을 참고한 것이다.

앞서도 설명했듯이 아리스토텔레스의 우주론, 즉 우주의 모든 행성이 지구 주위를 돈다는 이론은 지구 궤도 바깥의 행성들에서 운동 방향이 갑자기 거꾸로 바뀌는 역행 운동 현상이 나타난다는 문제가 있다. 프톨레마이오스는 이 현상을 과학적으로 가능한 일로 설명하고자 했고, 이를 위해 수정처럼 투명한 천구 안에서 각 행성이 궤도를 따라 돈다는 아리스토텔레스의 단순한 개념을 여러 번 수정해야 했다.

안드레아스 셀라리우스Andreas Cellarius, 『대우주의 조화*Harmonia Macrocosmica*』, 요하네스 얀소니우스Johannes Janssonius 발행, 1660년

『천체 지도*The Celestial Atlas*』로도 알려진 셀라리우스의 책. 프톨레마이오스와 튀코 브라헤Tycho Brahe, 니콜라우스 코페르니쿠스가 제시한 우주의 구조를 나타낸 그림이다.

안드레아스 셀라리우스, 『대우주의 조화』, 요하네스 얀소니우스 발행, 1660년

프톨레마이오스가 제안한 우주의 구조와 황도 별자리를 함께 나타낸 셀라리우스의 판화

(하) 프톨레마이오스, 15세기

대영 도서관 소장품인 고티에 드 메츠Gautier de Metz의 저서 『세상의 이미지*Image du Monde*』에 포함된 삽화. 하늘을 관찰 중인 프톨레마이오스가 왕의 모습으로 잘못 그려졌다.

결국 프톨레마이오스는 관찰 결과와 이론을 독창적으로(아마도 고생스럽게) 일치시켜 행성의 모든 궤도는 원형이어야 한다는 (틀린) 가설을 보존했다. 하늘은 완벽해야 하고 원은 '완벽한' 형태라고 믿던 시대라, 궤도도 원형이어야만 한다고 여겼기 때문이다. 프톨레마이오스는 이를 설명하기 위해 주전원epicycle이라는 개념을 제시했다. 화성과 같은 행성들이 지구 주위를 그냥 원을 그리며 도는 게 아니라(관찰 결과가 이 가설과 맞지 않다는 사실이 여실히 드러났으므로), 어떤 물질로 꽉 채워진 천구에 그 물질이 없는 '이심원deferent'이라는 궤도가 있고, 행성들은 이 이심원 위에 있는 각각의 작은 원 궤도(주전원)에서 움직인다고 설명했다. 큰 원과 그 테두리에서 제각기 도는 작은 원들로 이루어진 프톨레마이오스의 이 우주 모형을 보면, 영어에서 '바퀴 안의 바퀴들wheels within wheels'이라는 표현이 복잡하게 얽힌 상황이라는 뜻의 관용구로 쓰이는 이유를 알 수 있다. 게

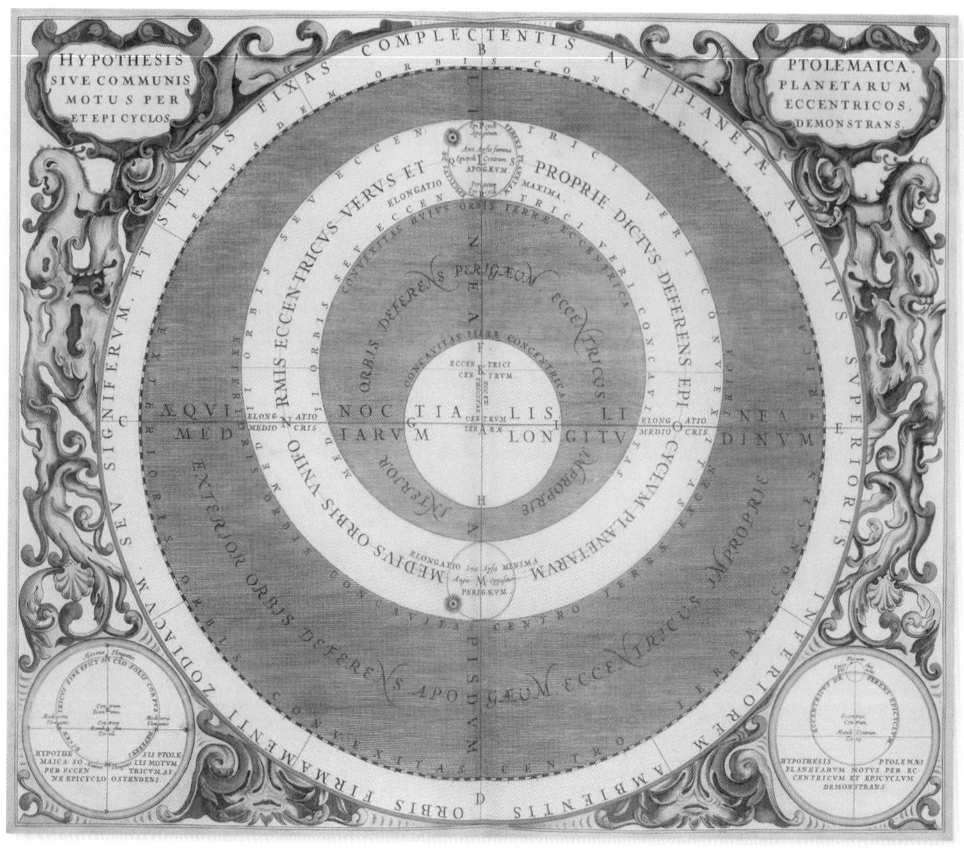

안드레아스 셀라리우스, 『대우주의 조화』, 요하네스 얀소니우스 발행, 1660년

왼쪽은 이심원과 주전원의 개념으로 행성 운동을 설명한 판화고, 오른쪽은 우주의 구조에 관한 기독교의 초기 관점을 나타낸 판화다.

COELI
CHRISTI
SPHÆRIUM
STELLATI
ANI HÆMI
POSTERIUS.

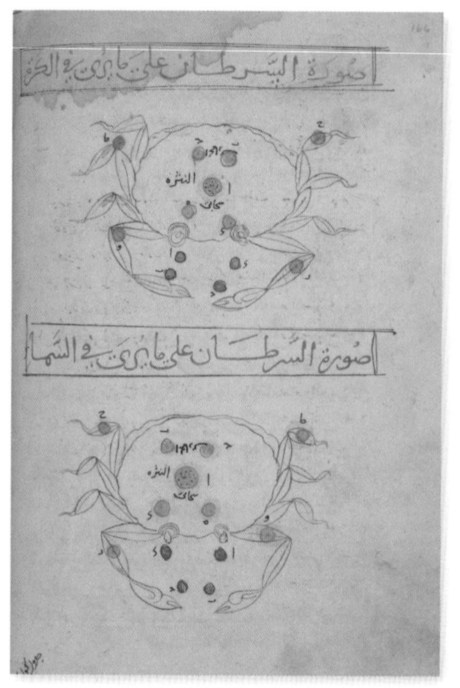

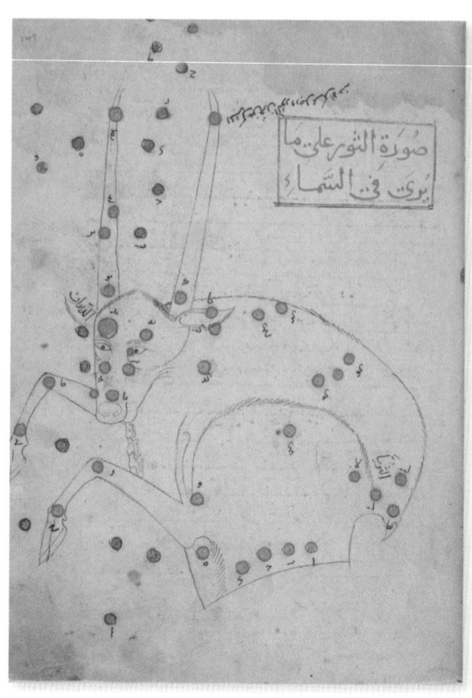

압드 알라흐만 알수피Abd al-Rahman al-Sufi, 『항성에 관한 책*Kitab Suwar al-Kawakib al-thabita*』, 15세기

15세기 후반 이란에서 출판된 이 책에는 프톨레마이오스의 『위대한 책』에 나온 48개 별자리가 그림으로 나와 있다. 왼쪽부터 차례로 게자리, 황소자리, 독수리자리 그림이다.

다가 프톨레마이오스는 이 모형마저 관찰 결과와 일치하지 않자, 지구는 이심원의 중심인 '이심'과 조금 떨어진 곳에 있다고 설명해서 그의 이론은 더더욱 복잡해졌다.

이심을 뜻하는 영어 'eccentric'은 오늘날 '정도를 벗어난, 괴짜의'라는 뜻으로 쓰이는데, 이 억지스러운 이론에 가장 잘 어울리는 단어인 듯하다. 프톨레마이오스의 모형은 아리스토텔레스가 제시한 우주 모형을 실제 관찰 결과와 일치시키려는 노력의 산물이었으므로 그렇게 복잡해질 수밖에 없었다. 심지어 오늘날에도 그 두 이론에 매료되어 모순되는 내용이 드러나면 거기에 맞게 이론을 계속 수정하는 과학자들이 있다. 현시점에서 우주의 탄생 과정을 가장 잘 설명하는 이론으로 여겨지는 빅뱅 이론도 이처럼 관찰 결과에 맞춰 몇 차례 수정되었다.

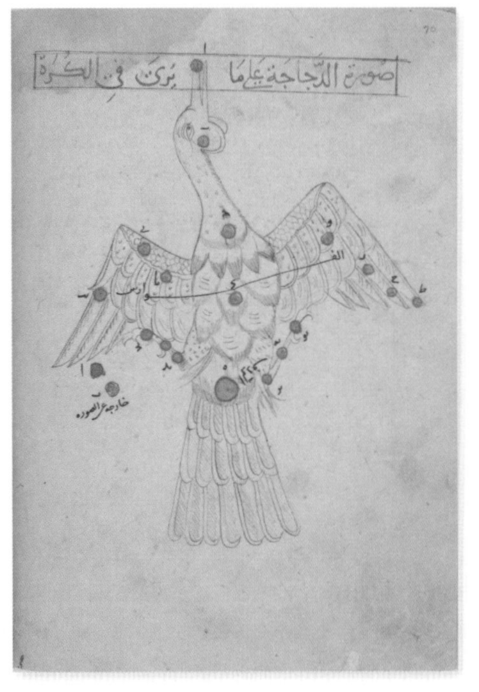

『구장산술』, 16세기(작가 미상)

후기 판본의 하나. 다각형은 변의 개수가 늘어날수록 원과 더 비슷해진다는 사실을 토대로 파이값을 추정하는 방법을 설명한 부분이다.

1세기 초의 수학은 프톨레마이오스의 주전원 이론이나 유클리드 『원론』에 담긴 경이로운 기하학적 발견에만 머무르지 않았다. 전 세계에서 수학 연구가 이루어진 시기였던 만큼 중요한 수학 저술도 여러 권 나왔고, 그 첫 번째가 저자를 알 수 없는 『구장산술九章算術』이다. 세상에 알려진 것보다 몇 세기 전에 등장한 이 책은 오랜 세월 발전을 거듭한 끝에 200년경이 되어서야 최종 완성됐다. 당시 중국의 최신 수학 지식을 요약한 『구장산술』의 문제 풀이 방법은 『원론』의 형식적인 증명법보다 실용적이며, 수메르 점토판의 기록이 피타고라스의 수(숫자 세 개로 된 쌍)만 간단히 활용한 것과 달리 수학적 논리를 훨씬 더 많이 활용했다. 이런 실용성을 갖춘 『구장산술』은 도형의 넓이 계산(피타고라스 삼각형의 넓이 계산도 포함)부터 무역과 과세에 필요한 계산, 기본 방정식 등 초기 문명사회에서 수학이 필요한 여러 일상적인 상황에 요긴하게 쓰였다. 또한 이 책에서는 제곱근, 세제곱근, 고체의 부피 등 좀 더 추상적인 개념도 다루어졌다.

남아 있는 저서는 없으나 이 시기에 꼭 짚고 넘어가야 할 중요한 인물이 있다. 후기 그리스 시대인 4세기 중반에 알렉산드리아에서 철학자이자 수학자로 활동한 히파티아Hypatia다. 히파티아는 많은 해설을 썼고, 프톨레마이오스의 『위대한 책』을 편집했다고도 전해진다. 여성에게 주어지는 전반적인 기회가 최근에 이르러서야 남성과 비슷해졌고, 과학과 과학 저술에서 여성의 활약 역시 최근에야 일반적인 일이 되었음을 고려할 때, 히파티아는 그와 같은 활동을 한 최초의 사례라고 할 수 있다. 하지만 과학책을 저술한 최초의 여성이라고 단언할 수는 없다. 19세기까지는 여성이 쓴 책이 익명이나 가명으로 출간되는 일이 적지 않았기 때문이다(브론테Bronte 자매도 처음에는 커러, 엘리스, 액턴 벨이라는 필명을 썼다). 영향력 있는 과학 도서 중에 여성이 저술한 책이 남성 저술가의 책만큼 많아진 건 최근의 일일 정도로 과학 저술에서 성평등을 위한 움직임은 소설 분야보다 굉장히 더디게 진행됐다. 계속 발전하는 추세인 것은 다행스러운 일이지만 여성 저술가의 입지는 여전히 좁다.

수학의 변화

유클리드의 『원론』이 서양의 수학에 엄청난 영향을 주었듯이 『구장산술』은 중국의 수학 발전에 중심이 되었다. 인도도 고대에 전통 수학이 크게 발전한 곳인데, 인도는 다른 나라들과 달리 수학자 개인의 공로를 더 많이 인정했다. 『구장산술』의 저자는 알려지지 않았으나, 628년에 나온 인도 수학계의 주요 저술인 『우주의 창조*Brāhmasphuṭasiddhānta*』〔대략 직역하면 '브라마의 확정된(또는 개선된) 논문'〕는 저자에 관한 정보가 많이 남아 있다는 사실에서도 이런 차이가 드러난다. 『우주의 창조』를 쓴 사람은 598년경에 태어난 브라마굽타Brahmagupta다. 그 시대의 수많은 수학자가 그랬듯 그도 수학과 천문학을 함께 연구했고, 『우주의 창조』에도 천문학적인 예시가 많이 나온다.

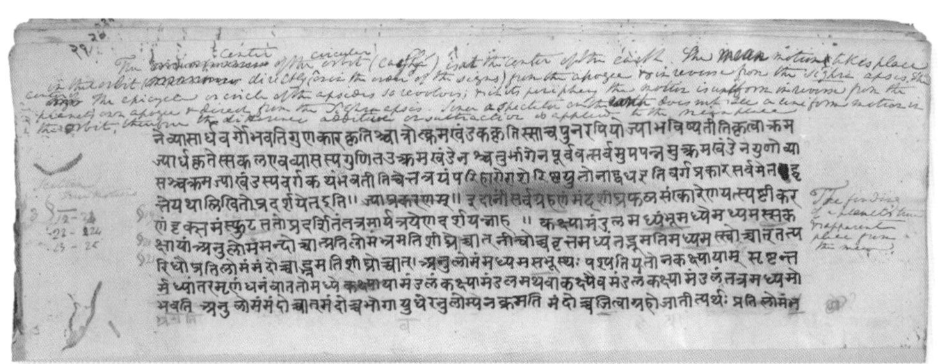

프리투다카Pṛthūdhaka, 『브라마굽타의 우주의 창조에 관한 해설서*Commentary on Brāhmasphuṭasiddhānta*』, 10세기

브라마굽타가 628년에 저술한 위대한 업적인 『우주의 창조』를 해설한 책. 헨리 토머스 콜브룩Henry Thomas Colebrooke 13은 『우주의 창조』를 영어로 번역할 때 이 해설서를 참고했다.

『우주의 창조』도 『구장산술』처럼 수학을 논리적인 증명의 결과로 제시하기보다는 사실을 진술하는 방식으로 다루었는데, 심지어 시의 형식을 취해서 내용이 한층 더 복잡하다. 『우주의 창조』가 중요한 책인 이유는 기하학의 다양한 탐구 결과가 담겨 있고, 대수학을 발전시켰다는 점에 있다. 한 예로 이 책에는 현대의 고등학생들에게 친숙한 2차 방정식의 해를 구하는 두 가지 방법 중 한 가지가 나온다. 『우주의 창조』에서 볼 수 있는 가장 중요한 혁신을 꼽는다면, 양이 아닌 정수를 다루었다는 점일 것이다. 즉 당시에는 널리 쓰이지 않았던 음수의 개념을 다루었을 뿐만 아니라, 영(0)을 위치와 상관없이 값이 없는 자리 표시자로만 보는 대신 하나의 숫자로 취급했다. 영 나누기 영(0÷0)을 영(0)이라고 한 것을 보면 브라마굽타도 영의 개념을 완전하게 이해하지는 못한 듯하다. 그러나 이런 한계와 상관없이 이처럼 새로운 개념을 도입한 것은 수학적으로 중대한 발전이었다. 영의 사용은 현대 수학의 발전에 꼭 필요한 단계였다.

아라비아 숫자는 인도에서 나왔고, 영을 (자리 표시자가 아닌) 숫자로 보는 개념 역시 인도에서 처음 등장했다. 이런 지식은 학문이 크게 번성한 이슬람 세계의 새로운 중심지들을 거쳐서 서양에 전달되었고, 그렇게 전해진 책 중에 특히 강한 영향을 끼친 책은 820년경 무함마드 이븐무사 알콰리즈미가 아랍어로 쓰고, 1145년에 체스터 출신의 로버트Robert of Chester가 라틴어로 번역한 『복원과 대비의 계산』이다. 알콰리즈미의 생애에 관해서는 확실하게 알려진 내용이 거의 없다. 780년경 페르시아에서 태어났고, 구체적인 출생지는 바그다드로 추정되며, 『복원과 대비의 계산』에 아바스 왕조의 칼리프(왕)였던 알마문al-Mamun에게 헌정한다고 쓴 것을 보면 왕이 바그다드에 세운 '지혜의 집'에서 일한 듯하다.

알콰리즈미와 그의 저서 『복원과 대비의 계산』은 우리에게 친숙한 수학의 전문 용어 두 가지를 남겼다. 바로 '알고리즘'과 '대수학'이다. '알고리즘algorithm'은 알콰리즈미의 이름을 라틴어로 옮긴 'Algorithmi'에서, '대수학algebra'은 책의 아랍어 원제 중 'al-ğabr'에서 유래했다. 『복원과 대비의 계산』이 큰 성공을 거둔 이유는 대수학의 탐구가 담겨 있기 때문이지만, 알콰리즈미가 인도 외에 다른 나라에서 대수학을 처음으로 연구한 사람은 아니었다. 3세기에 그리스 철학자 디오판토스Diophantos도 『산수론*Arithmetica*』이라는 저서에서 변수의 거듭제곱을 이용한 대수학 방정식의 풀이를 시도했다. 그러나 디오판토스는 형식이 동일한 모든 방정식에 적용할 수 있는 일반화된 해법을 찾지는 않았다. 알콰리즈미의 대수학을 디오판토스의 연구나 현재 우리의 풀이 방식과 비교해 보면, 디오판토스는 현대의 방정식에 더 가까운 식을 사용했고 알콰리즈미는 단어로만 설명했으므로 디오판토스의 방식이 현대의 방식과 더 비슷하다. 그러나 알콰리즈미는 일반화된 해법을 제시하려고 했으므로 그가 알려 준 방법은 광범위하게 활용할 수 있었다는 차이가 있다.

알콰리즈미가 남긴 또 한 권의 중요한 저서 『인도 숫자를 사용한 계산법*Algoritmi de numero Indorum*』은 라틴어 번역서만 남아 있다. 인도의 숫자 체계를 설명한 책으로(인도 숫자는 아랍을 통해 서양으로 전해졌고, 이런 이유로 지금까지도 아라비아 숫자라고 불린다), 인도/아라비아 수 체계는 이 책이 출간된 당시만 해도 서양에서 널리 쓰이지 않다가 13세기 초부터 피보나치Fibonacci의 『산술 교본*Liber Abaci*』(1202)(84~85쪽 참고)을 통해 재차 소개됐다. 이런 상황이었던 만큼, 『인도 숫자를 사용한 계산법』도 이 수 체계가 널리 쓰이기 전까지는 수학의 전체적인 발전에 크게 중요한 자료로 여겨지지 않았다.

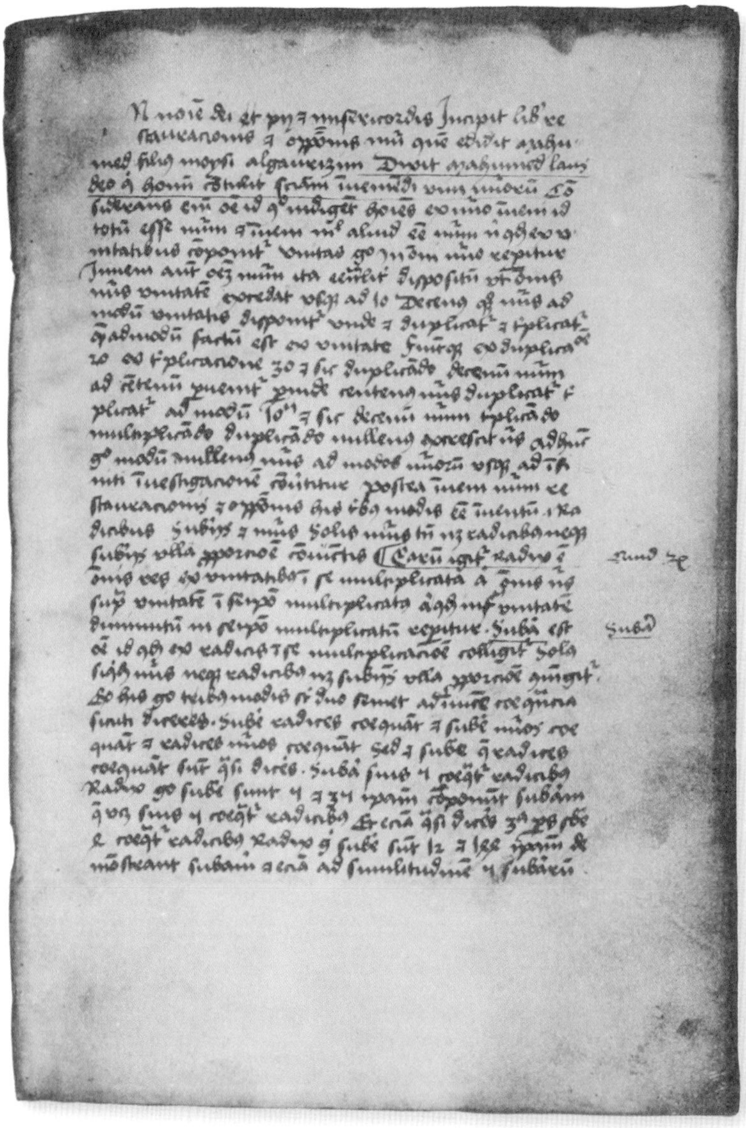

아부 자파 무함마드 이븐무사 알콰리즈미,
『복원과 대비의 계산』, 1145년경

체스터 출신 로버트가 스페인
세고비아에서 지낼 때 작업한 라틴어
번역서의 일부

아랍의 광학과 의학

후나인 이븐 이스하크Ḥunayn ibn Isḥaq는 고대 그리스의 저술을 아랍어로 번역하는 데 일조한 인물이다. 809년경에 현재의 이라크에서 태어난 그는 직업이 의사였던 만큼 의학 자료에 관심이 많았다. 그래서 광범위한 과학 문서를 번역했고, 직접 그런 글을 쓰기도 했다. 특히 『눈에 관한 열 가지 논문*Al-Ashr Makalat Fi'l'ayn*』(9세기)은 안과학 분야에서 현재까지 전해지는 자료 중 가장 오래되고 체계적인 교과서로 여겨진다. 이 책에 고대 그리스인들의 저술, 특히 갈레노스의 글이 많이 인용된 것을 보면 저자가 그러한 자료에서 큰 영향을 받았음을 확실하게 알 수 있으나 『눈에 관한 열 가지 논문』에는 그가 직접 실험하고 관찰한 결과와 인상적인 삽화도 함께 담겨 있다.

이슬람 문화권에서 크게 번성하여 서양으로 전해진 학문은 수학과 의학만이 아니었다. 빛에 관한 연구(광학)를 소개한 책도 많았고, 그중에서도 아부 알리 알하산 이븐 알하이삼Abū Alī al-Hasan ibn al-Haytham, 라틴어 이름으로는 알하젠Alhazen의 저술이 두드러진다. 965년에 현재의 이라크 바스라에서 태어난 알하이삼은, 다리 건설부터 전쟁에 필요한 기계 설계에 이르기까지 생전 처음 해 보는 일도 거뜬히 해낼 만큼 박학다식했던 이탈리아 르네상스 시대의 레오나르도 다빈치Leonardo da Vinci 같은 인물이었다고 전해진다.

알하이삼이 당시 칼리프였던 알하킴al-Hakim에게 나일강의 물줄기를 바꿔서 홍수와 농업용수 공급을 조절하겠다는 감당하기 힘든 약속을 했다가 지키지 못하게 되자 알하킴이 세상을 떠날 때까지 수년 동안 미친 척했다는 이야기도 있는데, 그보다는 알하이삼이 『지혜의 균형*Mizan al-Hikmah*』을 포함한 많은 저술을 남겼다는 이야기가 더 확실하다. 특히 주목할 만한 책은 『광학의 서*Kitāb al-Manāẓir*』(10~11세기경)다. 이 책에는 빛이 평면 거울과 곡면 거울에서 각각 반사되는 방식, 빛이 한 물질을 지나 다른 물질을 통과할 때 굴절되는(휘어지는) 방식 등 알하이삼이 직접 실험한 광범위한 관찰 결과와 더불어, 해가 지평선을 넘어간 후에도 하늘에 빛이 계속 남아 있는 것은 대기의 굴절 때문이라는 사실을 활용해서 대기의 두께를 추정한 내용도 나온다.

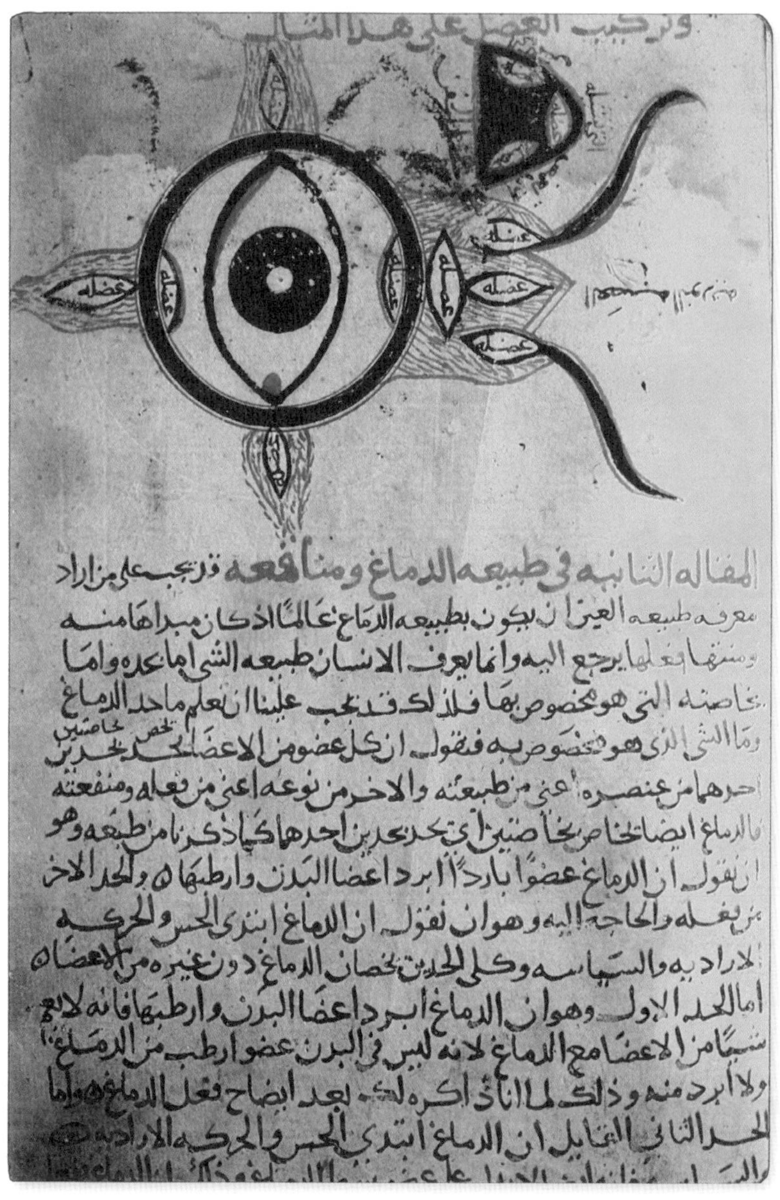

후나인 이븐 이스하크, 『눈에 관한 열 가지 논문』, 12세기

12세기 사본. 이븐 이스하크는 이 책을 9세기에 쓰기 시작했다. 눈의 구조, 질병, 치료법에 관한 연구 내용이 담겨 있다.

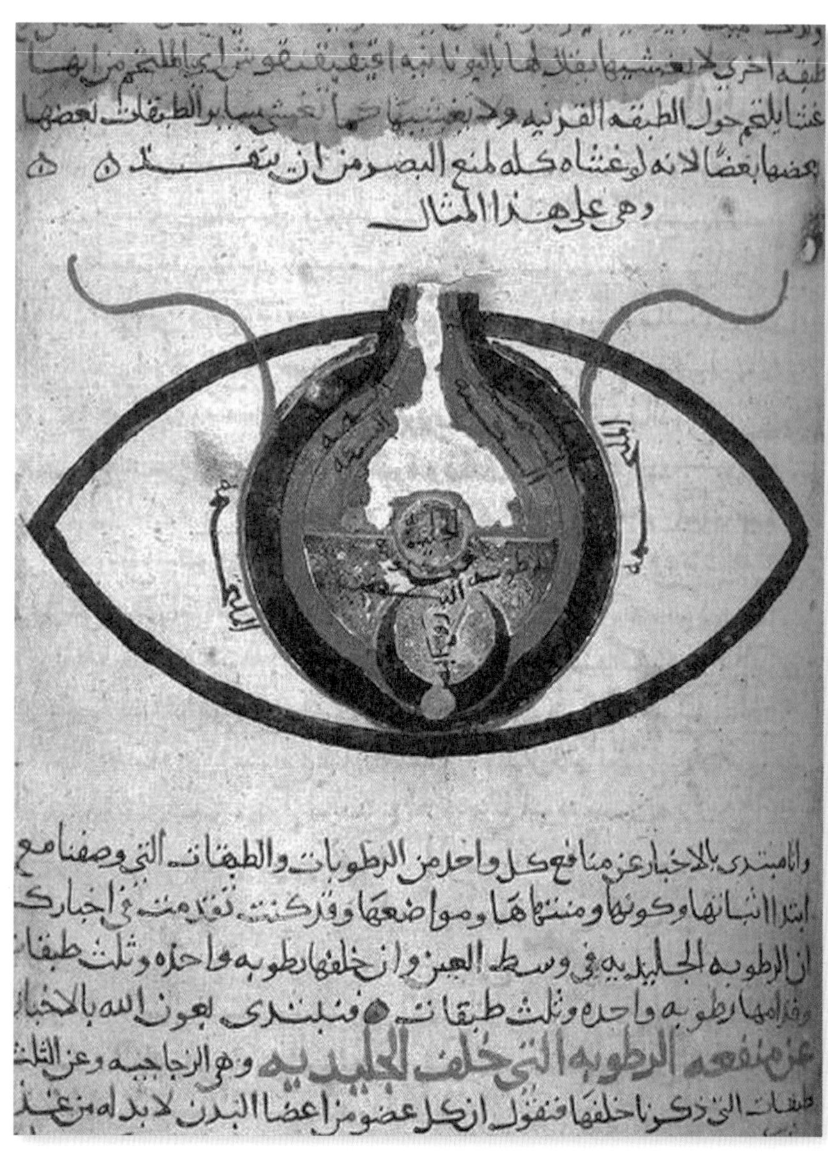

후나인 이븐 이스하크, 『눈에 관한 열 가지 논문』, 12세기

이븐 이스하크가 9세기에 쓴 이 책은 두 권의 필사본이 전해진다. 그중 한 권에 실린 눈의 형태를 나타낸 그림

이븐 알하이삼, 『광학의 서』, 13세기

광학에 관한 내용이 담긴 이 책은 10~11세기에 저술됐다. 사진은 13세기에 카말 알딘 알파리시Kamal al-Din al-Farisi가 개정한 사본 중 눈의 광학적 기능을 설명한 부분

알하이삼의 연구는 중세 시대 서양의 광학 연구에 큰 영향을 주었다. 그런데 그보다 훨씬 큰 영향을 남긴 또 다른 아랍 책이 있었다. 바로 이븐시나ibn Sīnā의 『의학 정전*al-Qānūn fī al-Ṭibb*』(11세기)이다. 서양에서는 아비센나Avicenna가 쓴 『의학 규범*Canon of Medicine*』으로도 알려졌으나 저자의 본명은 아부 알리 알후사인 이븐 압달라 이븐 알하산 이븐 알리 이븐시나*Abū ʿAlī al-Ḥusayn ibn ʿAbd Allāh ibn al-Ḥasan ibn ʿAlī ibn Sīnā*다. 980년에 현재의 우즈베키스탄에서 태어난 이븐시나는 주로 페르시아에 살면서 의사로 활동했다. 총 다섯 권으로 구성된 『의학 정전』은 이슬람 세계와 유럽 의료의 중심축이 되었다.

이븐시나, 『의학 정전』, 1632년

11세기에 저술된 『의학 정전』의 사본. 왼쪽은 의사가 한 여성의 맥을 짚는 모습을 나타낸 표지고, 아래 두 장은 각각 인체 내장 기관과 신경계를 나타낸 본문 그림이다.

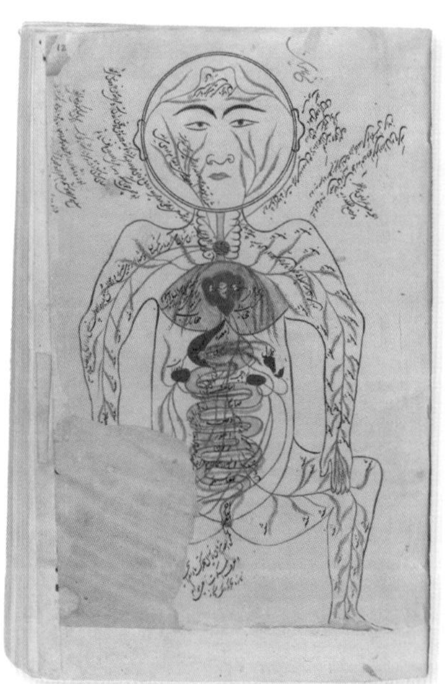

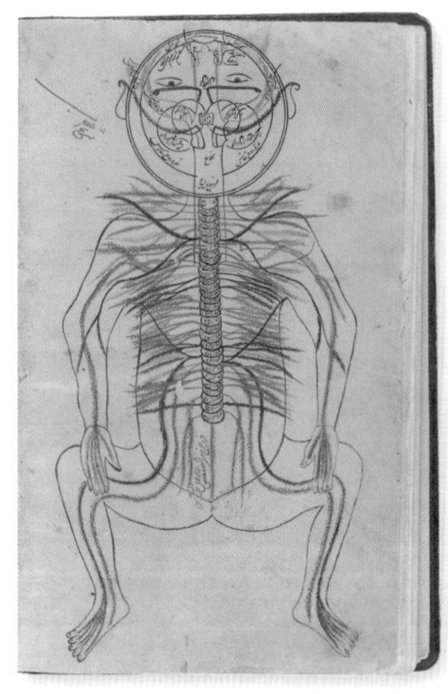

그 시대에 훌륭한 과학 저술을 남긴 다른 학자들처럼 이븐시나도 히포크라테스와 갈레노스 등 고대 그리스인들의 뛰어난 의학 자료에서 4체액설 등 폭넓은 지식을 얻었으나, 그는 여기에 아리스토텔레스의 자연철학을 반영하고 자신만의 생각도 추가했다. 그 결과 약으로 쓸 수 있는 자연 물질에 관한 지침(『의학 정전』 제2권 '약용 물질Materia Medica')을 저술하고 여러 성분을 혼합해서 약물을 만드는 조제법을 설명하는 중요한 업적을 남겼다. 이제는 그가 제시한 방법 대부분이 효과가 없다는(심지어 안전하지 않다는) 사실이 밝혀졌으나, 의학적으로 효과가 확실한 방법도 있었다.

수학의 발전

수학 지식을 널리 알린 건 아랍어권이지만, 그 지식 중 일부는 인도가 시초였다. 인도의 수학은 이슬람 세계에 널리 퍼지는 동안에도 가만히 정체되어 있지 않았다. 12세기에 인도에는 브라마굽타에 비견할 만한 수학 천재가 등장했다. 바스카라Bhāskara, 또는 7세기에 활동한 동명의 수학자와 구분하기 위해 바스카라 2세로도 많이 불리는 인물이다. 1114년에 현재의 인도 카르나타카주에서 태어난 바스카라는 『시단타 시로마니*Siddhānta Śiromaṇī*』라는 단 한 권의 중대한 저술을 남겼다. 제목을 직역하면 프톨레마이오스의 저서 『위대한 책』을 연상케 하는, '최고의 논문들'이라는 뜻이다.

『시단타 시로마니』는 네 부분으로 나뉘며 각각 산술, 측정, 대수학, 행성의 운동과 하늘의 회전을 다룬다. 1권에서는 이자 계산 같은 수학의 실용적인 활용법과 더불어 영, 음수 등 더 정교한 수 이론을 소개한다. (영 나누기 영은 무한대라고 주장한 것을 보면 바스카라도 브라마굽타처럼 영의 개념을 제대로 이해하지는 못한 듯하다.) 『시단타 시로마니』의 놀라운 특징은 2권에서 나타난다. 바스카라는 2권에서 과거의 어떤 수학 도서보다 훨씬 광범위한 방정식을 다루는 한편, 이전에 나온 일부 아이디어를 발전시켜 나중에 수학의 한 분야가 된 미적분학의 토대를 마련했다(현재 우리가 아는 미적분학은 17세기에 발달한

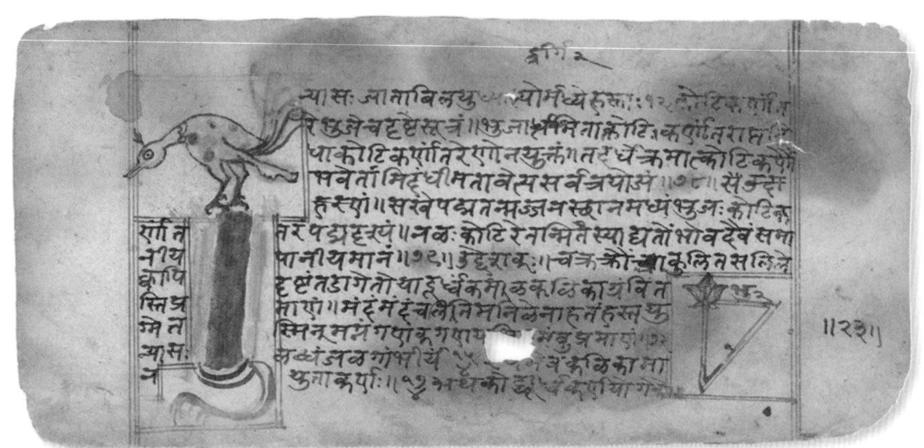

바스카라 2세, 『시단타 시로마니』 중 '릴라바티Lilavati', 1650년

『시단타 시로마니』 1권인 '릴라바티' 중 피타고라스 정리를 활용한 부분. 기둥 안에 있던 뱀이 아래로 빠져나와 다른 구멍을 향해 갈 때 기둥 위에 앉아 있던 공작이 뱀을 잡아먹으려면 빗변을 따라 이동해야 한다는 설명이 나온다.

내용이고, 이것이 『시단타 시로마니』의 영향을 받았다는 증거는 없다). 『시단타 시로마니』에 나오는 천문학적인 내용은 대부분 고대 그리스와 인도의 철학자들이 제시한 과거의 이론을 바탕으로 썼으나, 바스카라가 계산 과정을 개선해 더 정확한 값이 도출되었다고 평가된다.

비슷한 시기에 나온 영향력 있는 수학 도서 중에 이처럼 수학적인 기술이 중심인 책이 또 있다. 바로 1202년에 저술된 피보나치의 『산술 교본』이다. 1175년 피사에서 태어난 그의 정확한 이름은 '피사 출신 레오나르도'다(피보나치는 그의 별명이며 '보나치의 아들'이라는 뜻이다. 부친의 이름이 보나치였다). 이탈리아의 뛰어난 수학자였던 그의 저서는 그 시대에 나온 다른 수학 도서들처럼 이자 계산법 등 수학의 실용적인 활용법을 소개하는 한편, 현대의 분수와 더 비슷한 분수 표현 방식을 제시했다. 이전까지 분수는 분자를 1로 고정하고 그보다 큰 숫자는 분자로 쓰지 않아서 3/4은 1/2+1/4과 같이 표현했다. 앞의 두 숫자를 더한 숫자들로 이어지는 '피보나치수열'도 『산술 교본』에 나오는 개념으로, 피보나치는 토끼 한 쌍이 번식해서 개체 수가 점점 늘어나는 것에 비유하면서 이 수열을 설명했다.

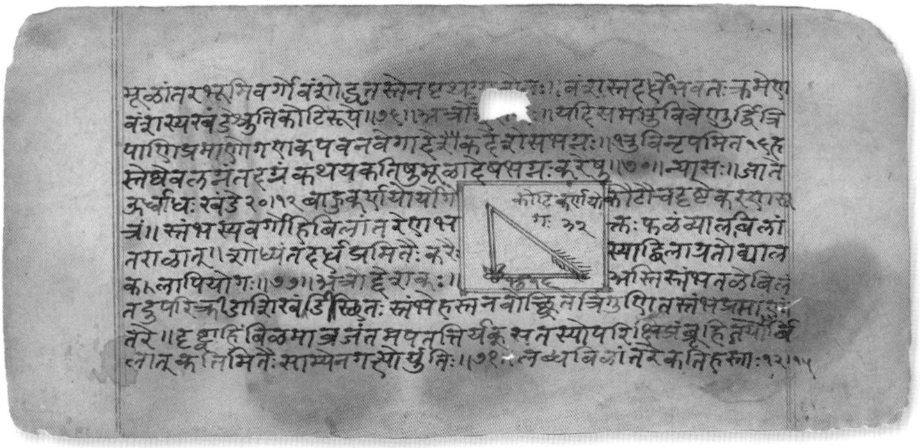

바스카라 2세, 『시단타 시로마니』 중 '릴라바티', 1650년

피타고라스 정리를 이용한 다른 예시가 나와 있다.

그러나 『산술 교본』이 명성을 얻은 중요한 이유는, 알 콰리즈미의 『복원과 대비의 계산』(76쪽 참고)이 번역되어 유럽에 소개된 후에도 널리 쓰이지 않던 아라비아 숫자가 이 책을 통해 비로소 널리 알려졌다는 점에 있다. 피보나치는 이 수 체계를 '인도의 방식'이라고 정확히 설명했고, 이로써 숫자를 단어나 투박한 로마 숫자로 표시하던 유럽에서 더 현대적이고 훨씬 실용적인 아라비아 숫자가 쓰이게 되었다. 그러나 앞서도 밝혔듯이 『산술 교본』이 인도의 수 체계가 가진 장점을 처음 칭송한 책은 아니며, 훨씬 전인 662년에 시리아의 한 주교가 인도의 수 체계가 가진 장점을 이미 강조한 적이 있다. 그러나 제대로 널리 알려진 건 『산술 교본』을 통해서였다.

『산술 교본』은 현대 수학의 발전에 필수 요소였던 영의 개념도 유럽에 처음 소개했다. 도입 초기에 숫자 영은 회계사들보다 수학자들 사이에서 더 많이 알려졌고, 형태상 6이나 8, 9로 쉽게 바꿔 쓸 수 있다는 이유로 사람들은 이 숫자를 의심스럽게 여겼다. 한 예로 1299년에는 이탈리아 피렌체 시의회가 바로 그런 이유로 회계 업무에 인도 숫자의 사용을 금지하는 일도 있었다. 시간이 훨씬 더 흐른 16세기 말에도 벨기에의 한 신부는 공급 업체와 계약하면서 수치는 단어로만 기재해야 한다고 통보했다.

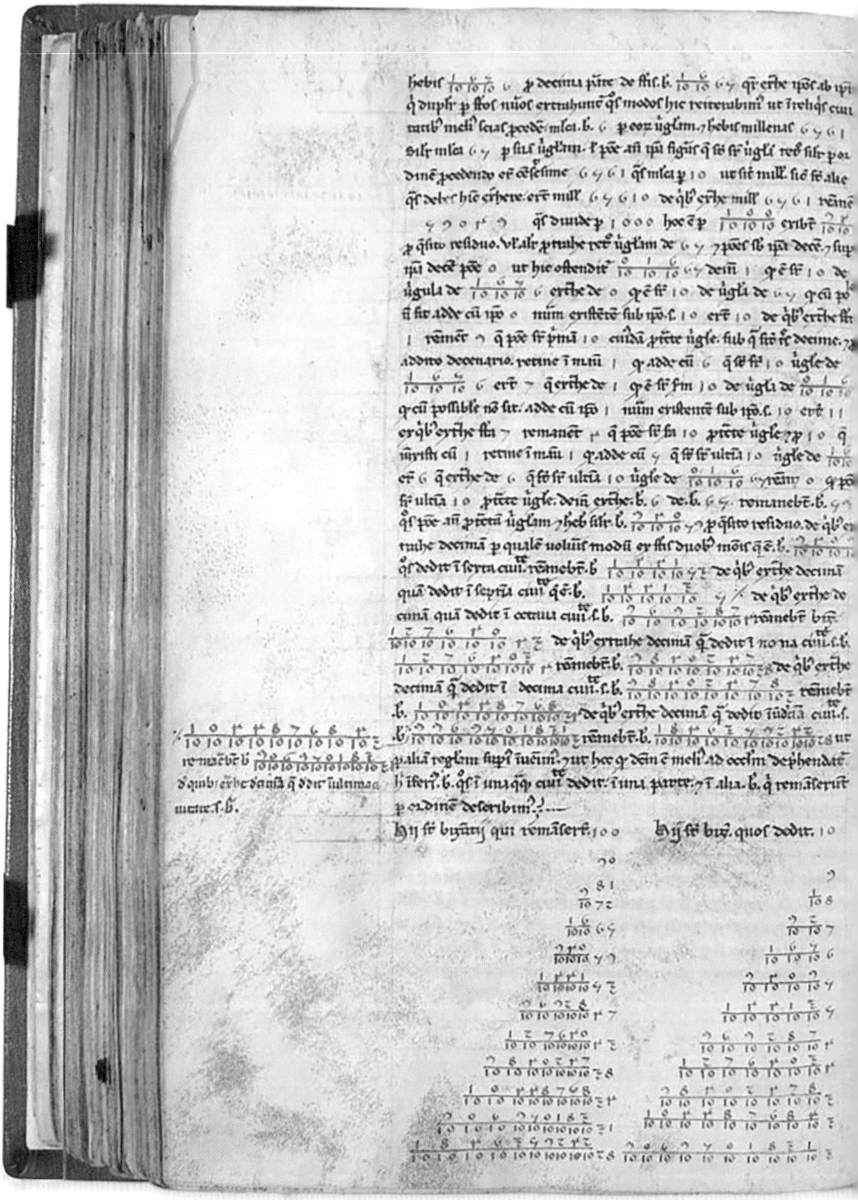

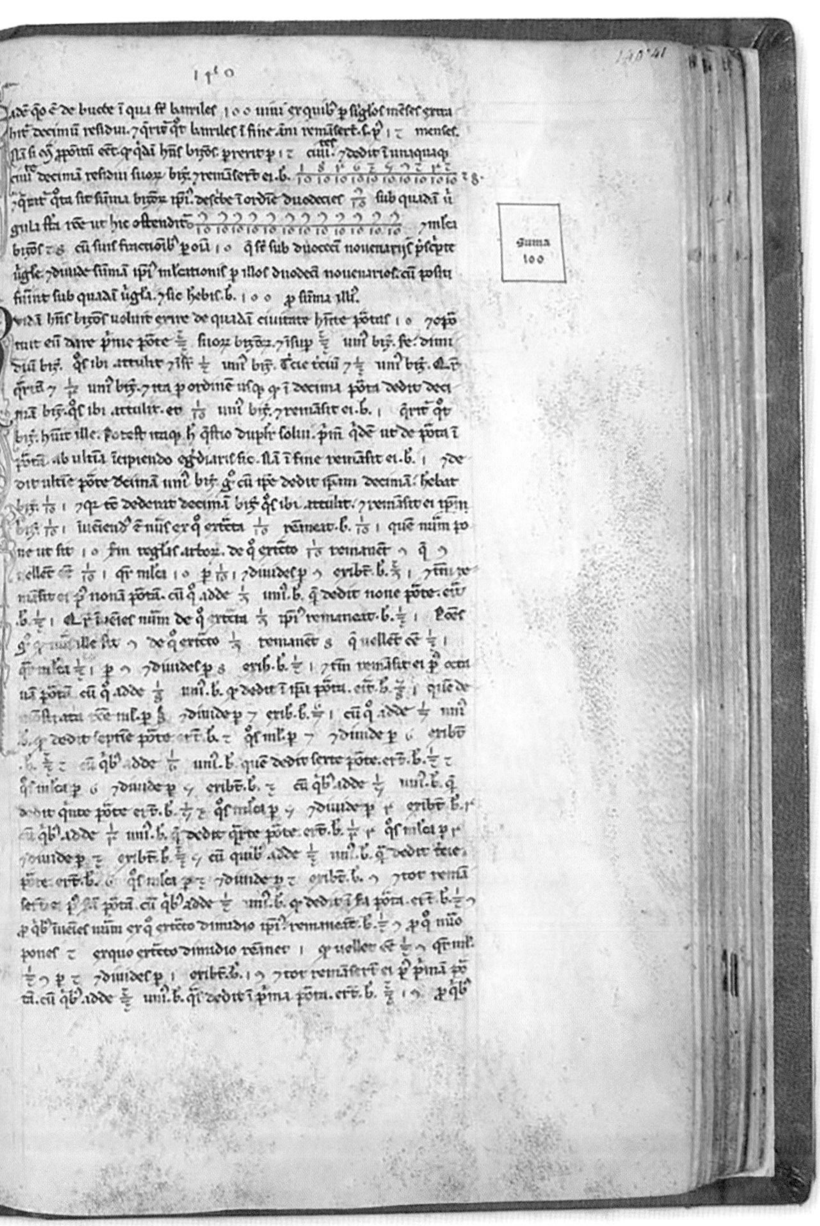

피사 출신 레오나르도(피보나치), 『산술 교본』, 1227년

피보나치수열이 처음 소개된 『산술 교본』은 아라비아/인도의 수 체계를 널리 알린 책이기도 하다. 사진은 분수 표현법을 설명한 부분이다. 이탈리아 피렌체 국립 도서관 소장

모든 역경을 딛고 일군 성과

로저 베이컨, 1617년

13세기 영국의 수도사이자 최초의 과학자, 저술가였던 로저 베이컨이 활동한 시대에는 그의 모습을 알 수 있는 자료가 남지 않았다. 이 그림은 미하엘 마이어Michael Maier(1568~1622)의 저서 『금제 벤치의 상징*Symbola Aureae Mensae*』에 실린 삽화 속 베이컨의 모습이다.

피보나치가 『산술 교본』을 쓴 13세기 유럽에서는 고대 그리스와 이슬람 국가들에서 번성한 과학 지식을 해설하면서 새로운 생각을 덧붙인 책들이 점점 늘어났다. 그중 오랫동안 영향을 끼친 책은 별로 없지만, 로저 베이컨의 『대서*Opus Majus*』는 그러한 도서 중에 가장 인상적이고 저자의 삶 자체도 놀라웠으므로 자세히 살펴볼 만하다.

1214년 또는 1220년에 태어났다고 알려진 베이컨은 (그의 생애가 언급된 유일한 자료가 이렇게 두 가지로 해석된다)

프란치스코회의 수도사로 영국 옥스퍼드에서 일생의 대부분을 보냈다. 그는 여러모로 추진력이 강한 성격이었던 듯하다. 당시 수도회에는 수도사의 책 집필을 금지하는 규칙이 있었으나, 베이컨은 과학 지식을 총망라하는 백과사전을 쓰기로 결심하고 교회의 허락을 얻기 위해 정치적으로 힘이 되어 줄 사람을 찾았다. 마침 프랑스의 기 드 풀크Guy de Foulques 추기경이 베이컨의 계획에 관심을 보였고, 베이컨은 그에게 수도회의 집필 금지 규칙에서 자신은 예외로 인정해 주고 집필에 필요한 자금을 일부 지원해 달라고 요청했다. 그러나 그의 요청이 전달되는 과정에 문제가 있었는지, 추기경은 2년이 지나서야 베이컨의 집필 계획을 지지한다는 뜻을 전해 온 데다, 설상가상으로 베이컨에게 (아직 다 쓰지도 않은) 책을 바로 보내 달라고 하면서 이 모든 일을 비밀에 부쳐야 한다고 당부했다. 베이컨이 프란치스코회의 규칙을 어기더라도 자신은 방패가 되어 줄 수 없다는 의미였다. 게다가 베이컨이 요청한 지원금은 전혀 제공하지 않았다. 그 시점에 이미 유산을 다 써 버린 베이컨의 입장에서 추기경의 답장은 청천벽력 같은 소식이었다.

그런데 이 암담한 상황은 엄청난 행운으로 바뀌었다. 놀랍게도 드 풀크가 교황으로 선출되어 클레멘스 4세가 된 것이다. 교황의 공식 승인을 받고 마침내 책을 쓰게 된 베이컨은 책의 전체 내용을 간략히 요약한 제안서부터 쓰기로 했는데 이 제안서 분량만 50만 단어에 이르렀으니, 그가 이 일에 푹 빠져 살았다는 표현도 부족할 정도였다. 제안서의 사본이 제작되는 동안 베이컨은 책 소개서를 쓰기 시작했고, 이것 역시 대작으로 완성됐다. 1266년부터 1267년까지 그가 2년 동안 쓴 소개서는 『대서』와 『소서*Opus Minus*』, 그리고 『제3서*Opus Tertius*』까지 총 세 권이었고 수학과 천문학, 광학, 지리학, 철학을 포함한 수많은 내용이 다루어졌다. 주목할 점은 한 장章을 통째로 할애해서 자연을 이해하려면 철학적 사색에만 의존할 게 아니라 경험과 실험이 중요하다고 설명했다는 것이다.

베이컨은 이 방대한 소개서의 첫 두 권을 교황에게 보냈다. 이때 소개서 마지막 권은 아직 사본이 제작 중이었을 가능성이 크다. 그런데 베이컨이 교황의 반응을 듣기도 전에, 교황이 사망했다는 소식이 먼저 전해졌다. 아마도

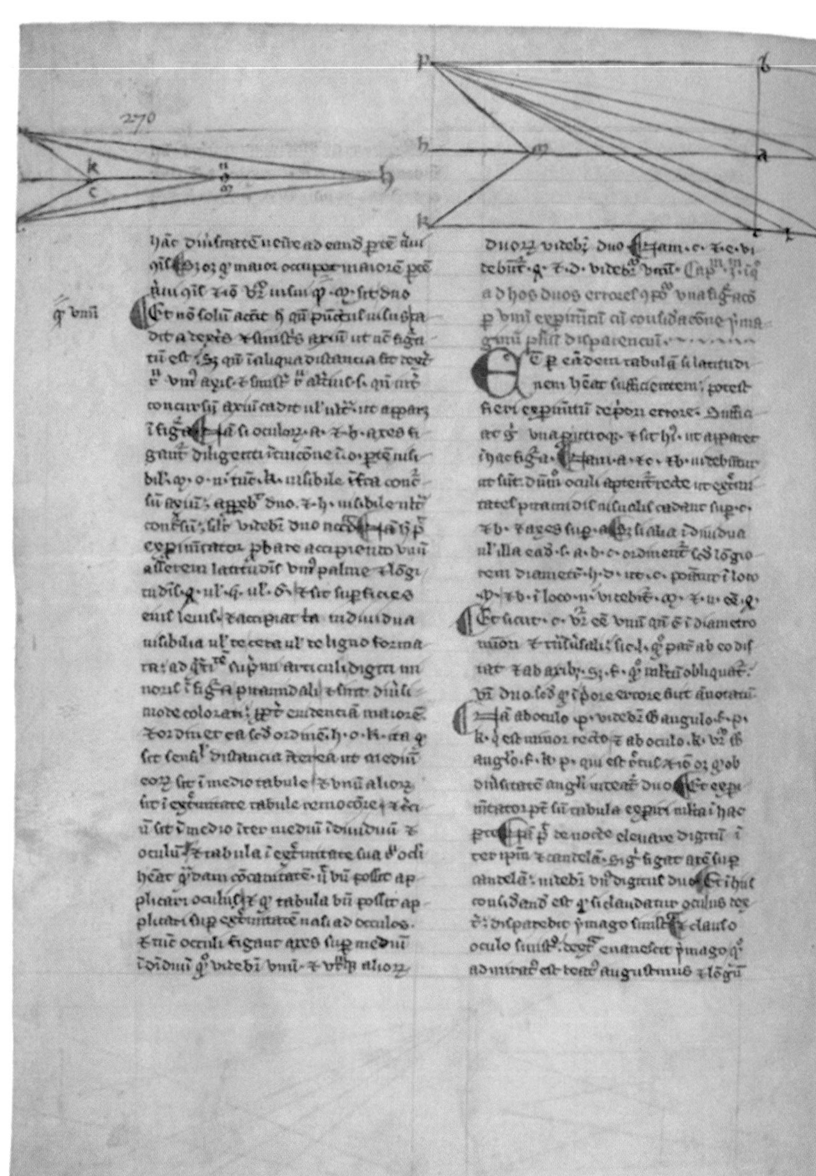

로저 베이컨, 『대서』, 15세기

1634년에 영국 옥스퍼드대학교 보들리 도서관에 기증된 후 지금까지 남아 있는 사본

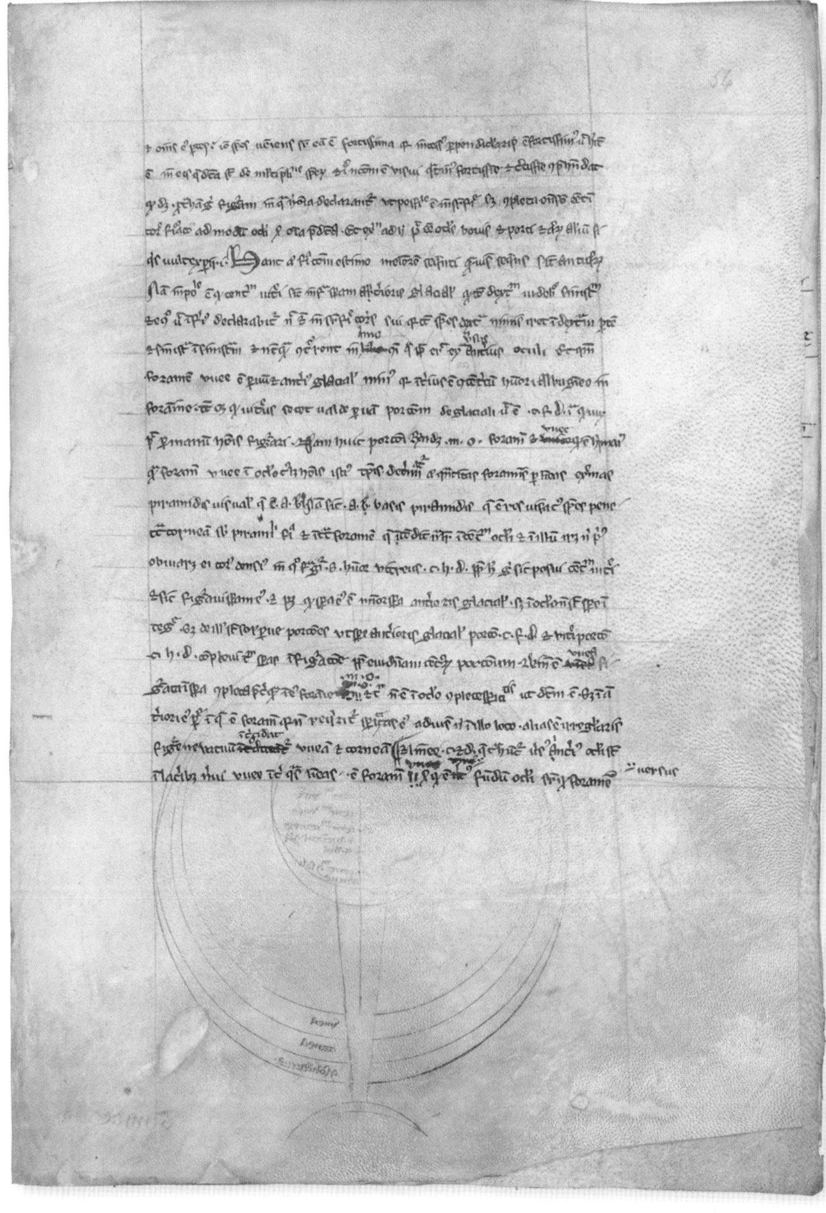

로저 베이컨, 『대서』, 13세기

런던 대영 도서관에 소장된 이 책은 현재까지 전해지는 베이컨의 저작 중 가장 오래된 사본이다. 사진은 이 책 제5부 중 '관점에 관한 논고'라는 소제목이 붙은 본문의 일부다.

클레멘스 4세는 베이컨의 이 놀라운 성과를 보지도 못했을 것으로 추정된다. 새로 선출된 교황은 과학에 관심이 없었다. 베이컨은 새 교황의 지시로 무려 13년을 감옥에서 보냈다고 전해지며, 그 기간에 베이컨의 책은 금서가 되었지만 놀랍게도 후대에 전해져서 그 시대의 과학을 보여 주는 특별한 자료가 되었다. 『대서』는 달력의 개혁 방안, 빛의 특성 등에 관한 베이컨의 독창적인 생각과 아리스토텔레스의 몇 가지 견해에 의문을 제기하는 대담함이 눈에 띄지만, 가장 중요한 특징은 베이컨이 펼친 드넓은 비전이다.

이번 장에서 소개한 책들은 모두 중요한 가치가 있으나, 글을 읽고 쓸 줄 아는 사람이 한정적이었고 사본 제작의 한계도 있어서 이 책들이 나온 당시에 실제로 읽은 사람은 많지 않았다. 책은 인쇄기가 등장하고 문맹률이 전체적으로 낮아진 후에야 이전보다 더 큰 결실을 거둘 수 있었다. 다음 장에서는 그런 책들을 살펴본다.

출판의 르네상스

책의 혁명

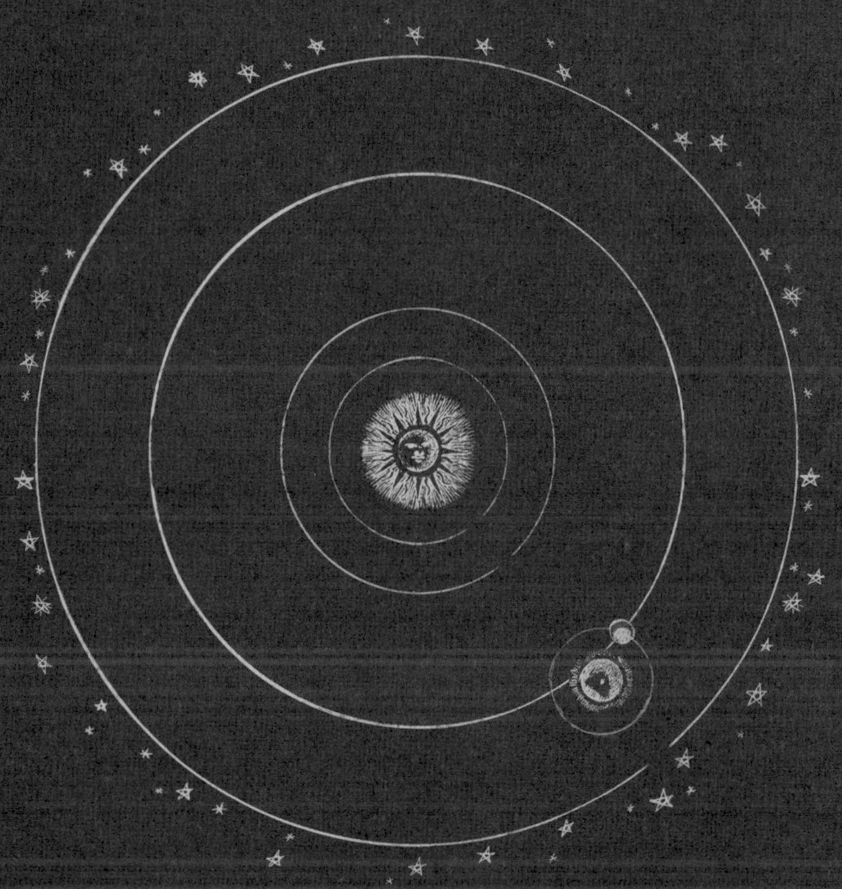

2

과학의 혁명에 관한 이야기는 늘 인기가 좋다. 이 장에서는 1200년경부터 18세기 말까지 과학에서 나란히 일어난 두 가지 혁명을 살펴본다. 활자 인쇄 기술이 도입되어 이전보다 훨씬 더 많은 사람에게 닿을 수 있게 된 과학책의 혁명, 그리고 코페르니쿠스와 뉴턴 등이 거둔 성취로 우주를 보는 시각과 과학을 수행하는 방식에 일어난 혁신적인 변화다. 자연철학이 과학으로 진화한 것도 이 시기였다.

콜럼버스의 편지, 1494년

스위스 바젤에서 목판 인쇄된 라틴어 버전의 편지. 콜럼버스가 1493년 2월 15일에 소형 범선 니나호에서 쓴 이 편지에는 스페인의 페르난도 왕에게 신대륙 발견을 알리는 내용이 담겨 있다.

과학 역사가 데이비드 우튼David Wooton은 2015년에 출간된 걸출한 저서 『과학이라는 발명*The Invention of Science*』에서 '발견'이라는 개념이 이 시기에 처음 발명되었다고 설명한다. 크리스토퍼 콜럼버스Christopher Columbus가 1492년에 중국을 향해 서쪽으로 항해하다가 우연히 신대륙을 봤을 때, 그런 상황을 표현할 수 있는 적당한 말이 없었다. 당시 유럽에서 쓰이던 언어 중에 '발견'이나 그와 같은 의미의 단어가 있는 언어는 포르투갈어가 유일했다(그마저도 생

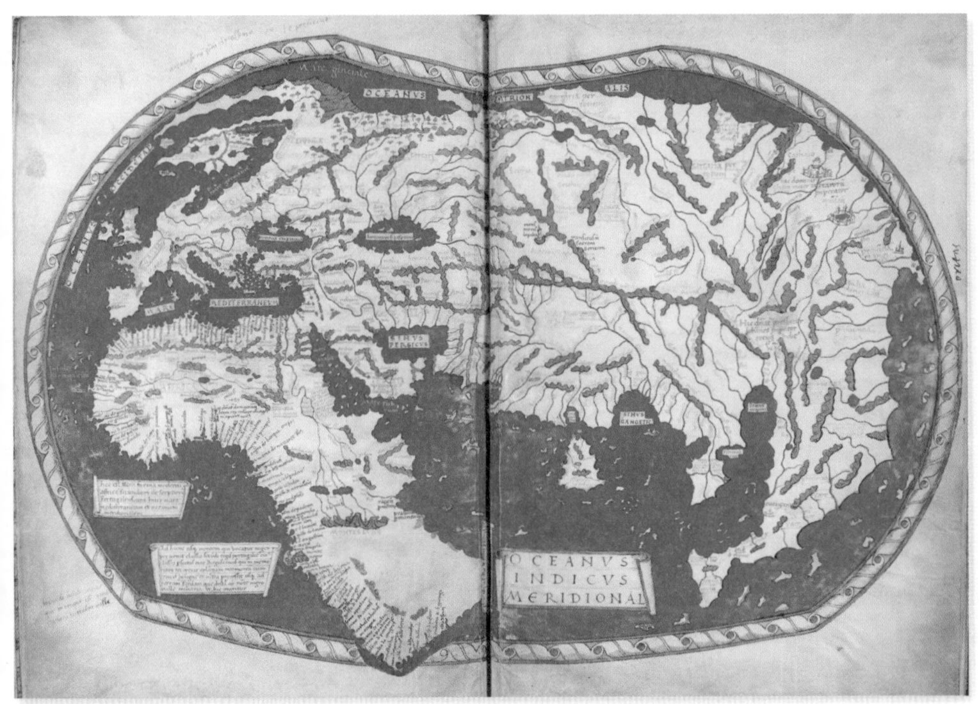

엔리쿠스 마르텔루스 게르마누스Henricus Martellus Germanus, 세계 지도, 1489년경

하인리히 해머Heinrich Hammer로도 알려진 독일의 지도 제작자 엔리쿠스 마르텔루스 게르마누스가 콜럼버스가 항해하던 시대에 제작한 세계 지도. 콜럼버스의 동생 바르톨로메오Bartolomeo가 그린 지도를 참고했을 가능성이 있다.

긴 지 몇 년밖에 안 된 단어였다). 시선을 밖으로 돌려 새로운 것을 발견하는 일은 과학사의 이 새로운 시대에 찾아온 대표적인 특징이었다. 그전까지는 시선을 안으로 집중해서 철학적인 사색에 몰두하거나 지나온 시간을 되짚으며 고대의 지혜를 활용하고 해석했으나, 르네상스는 새로운 것을 발견하려는 열망과 새로운 생각을 일으켰다.

한 번의 항해와 탐험으로 과학의 본질이 바뀌었다는 것이 의아할 수도 있다. 그러나 콜럼버스의 항해로 얻은 관찰 결과는 아리스토텔레스가 제시한 우주 모형을 확실하게 뒤집은 최초의 근거 중 하나였다. 아리스토텔레스는 세상이 네 가지 원소로 이루어지며 이 네 가지는 다양한 방식으로 결합할 수 있다고 했지만, 우주의 일차적인 구조에 관한 나름의 견해가 있었다. 그는 우주의 중심에 둥근 구 형태의 흙이 있고 물

CHOR
ZEPHIR
OCCEANVS OCCIDENTALIS
CLAVDII PTHOLOMEI
TOTA ISTA PROVINCIA INVENTA EST PER MANDATVM REGIS CASTELLE
APRICVS
LYBONOTH
VNIVERSALIS COSMOGRAPHIA
SECVNDVM PTHOLOMAEI TRA
DITIONEM
AFFRICA

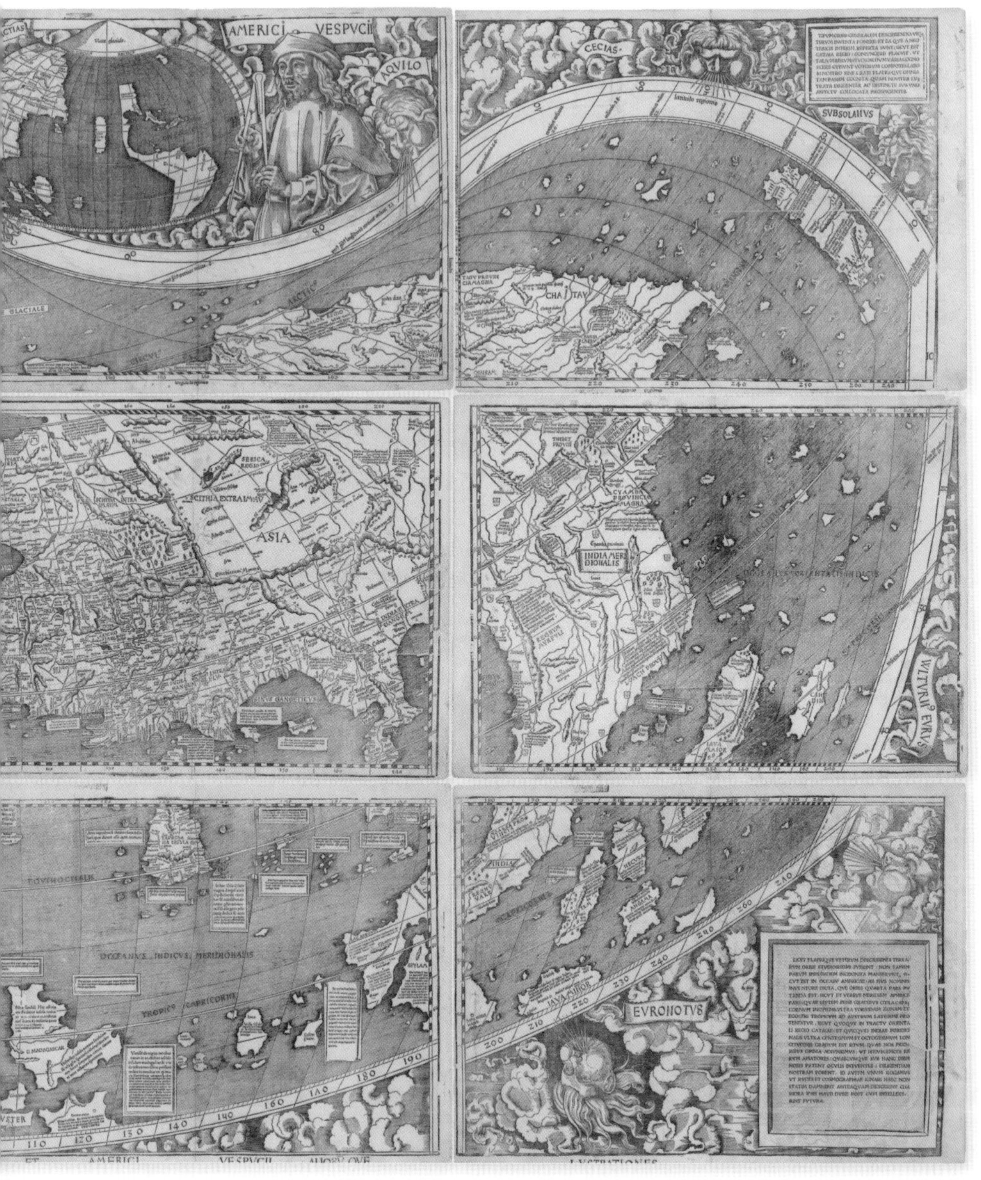

마르틴 발트제뮐러Martin Waldseemüller, 세계 지도, 보주 김나지움Vosgean Gymnasium 14 제작, 1507년경

독일의 지도 제작자 발트제뮐러가 만든 벽걸이 지도. '아메리카America'라는 명칭이 처음으로 등장한 지도다. 이 지도의 원제는 '프톨레마이오스의 전통 및 아메리고 베스푸치의 발견을 토대로 한 세계 지도'다.

이 이 구 전체를 둥글게 둘러싸며 또 다른 구를 이루고, 마찬가지로 공기와 불이 안쪽의 구를 차례로 둘러싸고 있다고 보았다. 또한 이 여러 겹의 구는 중심에서 멀어질수록 중심으로 향하는 경향성이 약하다고 했다.

지구가 이런 구조의 우주에서 완벽히 정중앙에 있다고 가정한다면, 지구의 수면 위로는 흙이 존재할 수 없고 따라서 육지도 있을 수 없다. 그대로였다면 아주 완곡하게 표현해서 대단히 살기 불편한 환경이 되었을 것이다. 아리스토텔레스는 지구가 우주의 정중앙에서 벗어난 위치에 있으므로 수면 위로 거대한 흙덩어리가 솟아올라 육지를 형성했다고 설명했다. 이 이론대로라면 지구에 육지와 다른 육지가 영국 해협 정도의 좁은 간격을 두고 떨어진 곳들은 있을 수 있어도 그 외에는 전부 한 덩어리로 이어져야 하는데, 콜럼버스의 항해에서 새로 발견된 신대륙은 유럽과 아주 멀리 떨어져 있었다. 아리스토텔레스의 우주 모형이 틀렸을 가능성이 더욱 커진 것이다. 이런 사실은 르네상스 시대의 가장 유명한 책으로 꼽히는 코페르니쿠스의 『천구의 회전에 관하여*De Revolutionibus Orbium Coelestium*』(1543)(108쪽 참고)가 좀 더 수월하게 받아들여지는 데 밑거름이 되었다.

발명의 대가

그러나 가장 먼저 살펴볼 책에는 과학적으로 새로운 내용이 없다. 게다가 저자가 책의 각 쪽에 직접 글을 써넣는 옛날 방식으로 아주 오래전에 만들어진 책이다. 그럼에도 과학과 기술의 역사를 상징하는 이 책은 바로 『레오나르도 다빈치 노트북*The Notebooks of Leonardo da Vinci*』이다. 레오나르도 다빈치의 업적은 구시대와 새로운 시대의 전환기를 완벽히 대표한다. 『레오나르도 다빈치 노트북』에 담긴 기록은 모두 활자 인쇄술이 발명된 이후에 작성되었지만, 애초에 출판할 계획이 없었으므로 전부 다빈치가 직접 그리고 썼다. 하지만 이 책은 공학자들은 물론 비전문가들의 시선까지 사로잡은 최초의 도서였는데, 더욱 아이러니한 점은 다빈치가 글자를 거울에 비친 형태로 쓰거나 자신만

레오나르도 다빈치, 〈자화상〉, 1512년경

붉은색 분필로 그려진 이 그림은 다빈치가 60세경 직접 그린 자화상이라는 의견이 많다(모두가 동의하는 건 아니다).

알아볼 수 있도록 메모를 남기는 등 일부러 남들이 읽지 못하도록 기록했다는 것이다.

다빈치의 이러한 저술 방식은 어떤 면에서 13세기 영국의 수도사였던 로저 베이컨을 떠올리게 한다. 베이컨은 1250년경 『기술과 자연의 경이로운 힘에 관하여*De Mirabile Potestate Artis et Naturae*』라는, 긴 제목을 가진(원제는 '기술과 자연의 비상한 힘, 마법의 무익함에 관한 편지'다) 짧은 내용의 저술에서 이런 말을 남겼다. "모든 현자가 글을 난해하게 쓰게 된 것은 군중이 지혜의 비밀을 조롱하고 무시하며, 극히 중요한 지혜도 전혀 사용할 줄 모르는 까닭이다. 그들은 어쩌다 위대한 진실을 알아차리면 자기 손아귀에 쥐고는 다른 사람들과 공동체에 여러모로 불이익이 되게끔 남용한다." 베이컨의 이 저술은 마술을 부릴 줄 안다고 주장하는 사기꾼들의 행각을 그가 관찰로 깨달은 자연과 과학의 경이로움과 대조하며 비판하는 것이 주된 내용이지만, 지식을 소수의 엘리트만 보유하고 대중은 접근하지 못하게 하는 일련의 방법도 함께 소개했다.

가령 이런 방법이 제시된다. "문자와 기호로 감추거나 수수께끼, 비유적인 표현 속에 숨긴다." 베이컨은 암호를 사용하거나 내용을 아는 사람만 이해할 수 있도록 애매하게 쓰는 방법도 있다고 제안했다(성경을 가까이에 두고 살아온 수도사였으니 그 자신이 비유적인 표현에 익숙했을 것이다). 그리고 화약 제조 방법을 예로 들며 자신이 제안한 방법대로 지식을 어떻게 감출 수 있는지 보여 주었다. 즉 이해하기 어려운 다양한 표현과 암호화된 문구로 제조 방법을 설명했는데, 그 내용은 지금까지도 정확히 해독된 적이 없다. 『레오나르도 다빈치 노트북』도 베이컨처럼 자신의 발견과 발명을 평범한 사람들에게 감추려는 다빈치의 의도가 느껴진다. 그렇게 남겨진 기록은 실로 놀라운 책이 되었다.

1452년에 이탈리아 피렌체 인근 빈치라는 마을에서 태어난 레오나르도 다빈치는 1476년에 화가 안드레아 델 베로키오Andrea del Verrocchio의 조수로 일한 것을 시작으로 화가, 발명가, 공학자로 르네상스 시대를 대표하는 활약을 펼쳤다. 그는 엄청난 양의 기록을 남겼다. 1519년에 사망할 때까지 남긴 기록이 책으로 치면 스무 권 분량에 달하고, 그 안에는 인체, 동물, 식물, 주변 지형의 스케치, 새로운 기술에 관한 아이디어가 담겨 있다. 다빈치가 기술의 세계에 처음 발을 들인 건 무대 장치를 제작하면서부터였다. 배우들이 무대에서 공중을 날아다니고, 잔뜩 기대하며 지켜보는 관객의 눈앞에서 굉장한 공연이 펼쳐지던 시대였으므로 무대 장치도 나날이 복잡해졌다.

다빈치의 노트는 회화 기법에 관한 자세한 설명부터(그의 제자였던 프란체스코 멜치Francesco Melzi는 다빈치의 노트에서 이 부분을 발췌해 『회화에 관한 논문*Trattato della Pittura*』이라는 책을 냈다) 그가 직접 고안한 기계 장치의 방대한 설계도에 이르기까지 다양한 내용으로 구성된다. 기계로 된 기사騎士 등 자동으로 움직이는 장치와 오른쪽으로 가도록 조종할 수 있는 '자율 주행' 수레에 관한 기록도 있다. 생물학적인 기록으로는 인체의 기능 방식을 기계론적으로 이해하는 현대적 접근 방식이 엿보이는 해부도를 남겼으며, 시력의 광학적 원리를 알아내기 위해 눈을 해부한 기록도 있다. 심지어 유클리드의 『원론』에서 많은 예시를 발췌해서 자신만의 스타일로 변형하여 노트에 그려 넣기도 했다.

다빈치의 노트에 담긴 기록 중에서 가장 정교하고 흥미로운 것은 기어(톱니바퀴)의 작동 원리를 나타낸 그림이다. 기어의 기술 수준이 아직 초창기였던 시대에 다빈치는 고정 장치가 있는 단순한 바퀴부터 정교한 웜 기어까지 다양한 기어를 고안했다. 다이빙복, 탱크 같은 발명품, 운하와 정교한 다리 설계도처럼 오늘날 도시공학에 해당하는 내용까지, 그의 기록은 정말 다채롭다. 다빈치의 물리학은 아리스토텔레스의 물리학과 큰 차이가 없었으나, 다빈치는 자신의 발명품에 그 지식을 담아냄으로써 물리학에 변화를 일으켰다.

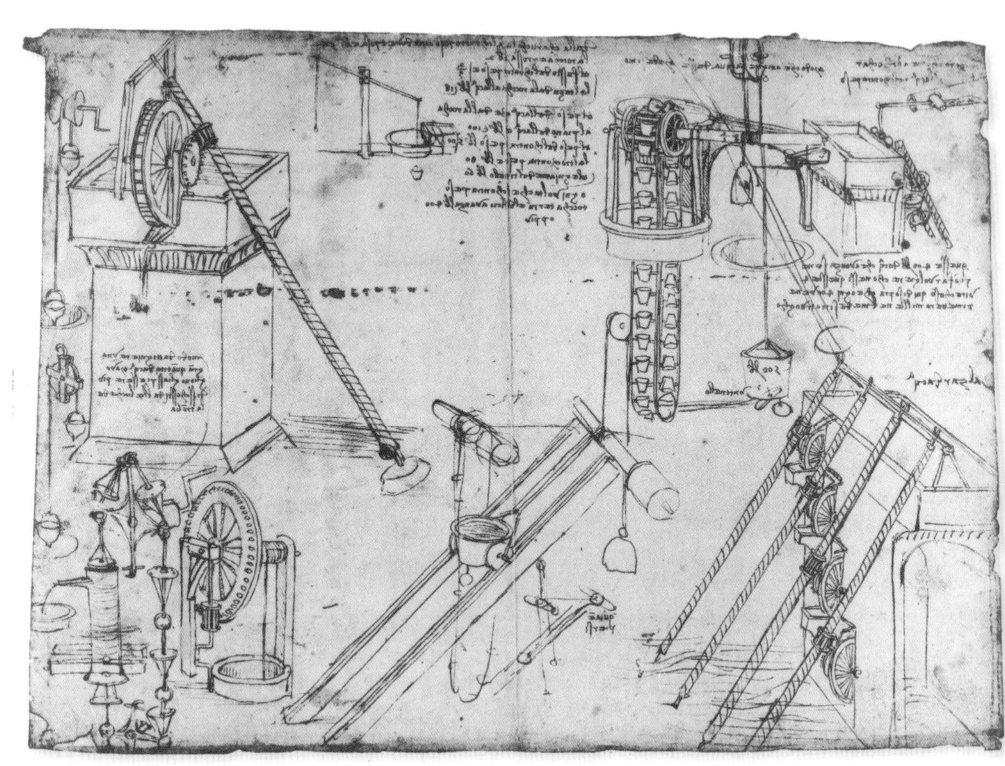

레오나르도 다빈치, 『코덱스 아틀란티쿠스』, 1478~1519년

다빈치의 여러 노트 중 한 권에 있는 그림. 바퀴와 기어가 달려 있고 수력으로 작동하는 수압 장치다.

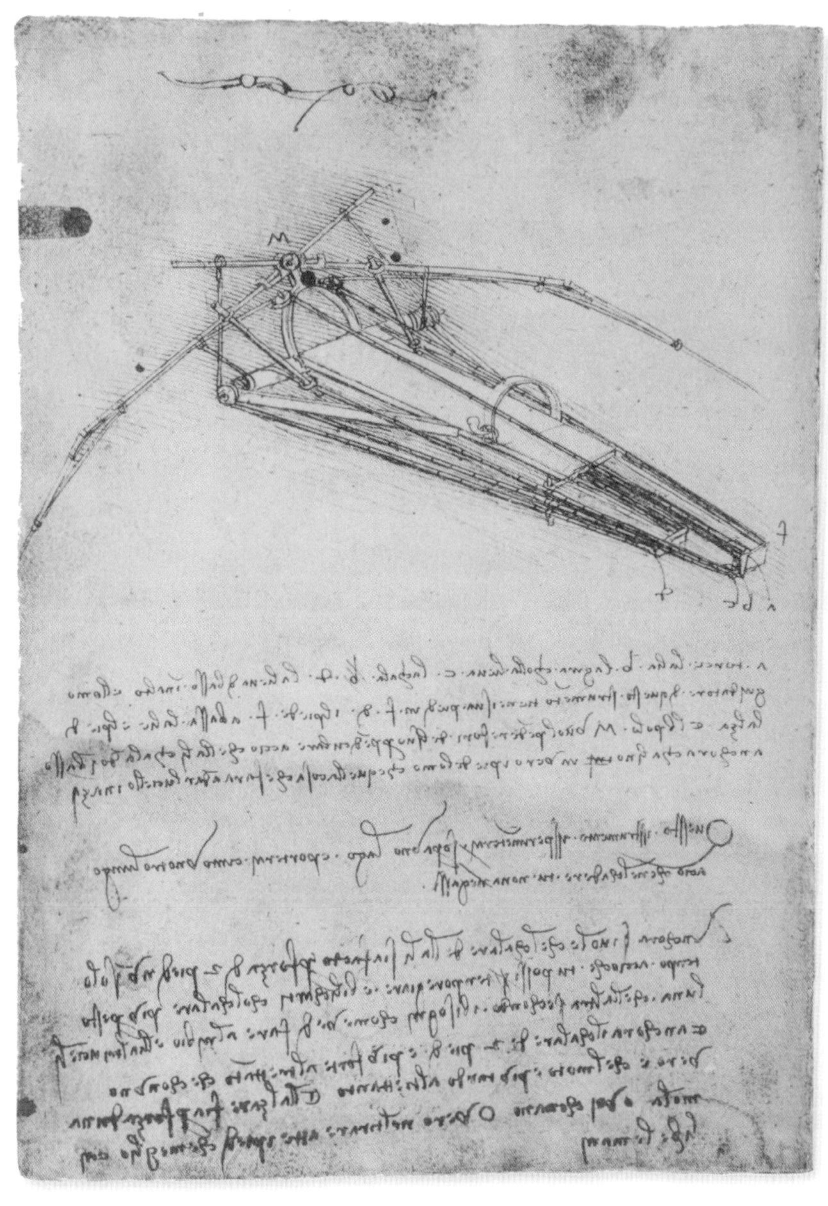

레오나르도 다빈치, 『코덱스 아틀란티쿠스』, 1478~1519년

'하늘을 나는 장치' 그림. 현대의 행글라이더와 매우 비슷하다.

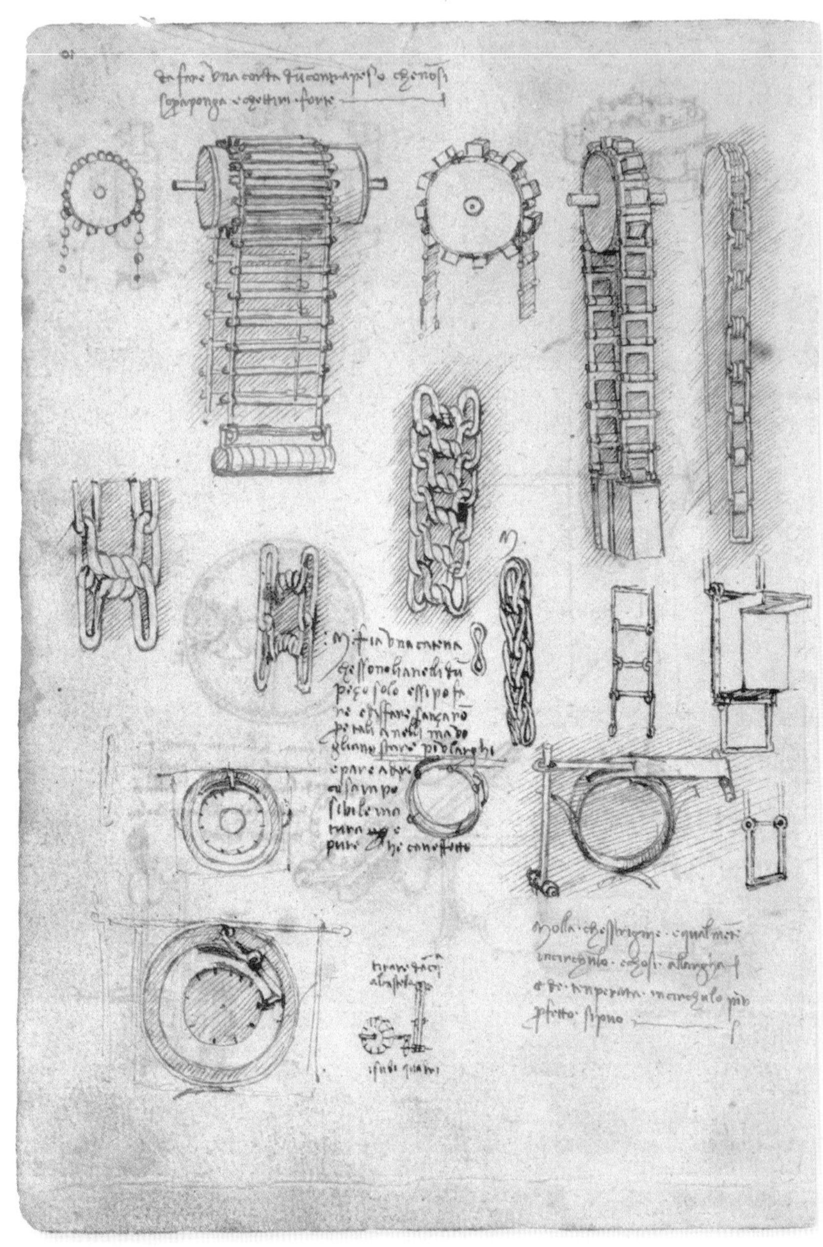

레오나르도 다빈치, 『마드리드 코덱스 1권*Códice Madrid I*』,[15] 1493년

다빈치가 스케치한 사슬, 연결 장치, 균형추

레오나르도 다빈치, 『아룬델 코덱스*Codex Arundel*』,[16] 1508년

잠수부용 호흡 장치에 관한 다빈치의 연구 내용

천체 지식의 혁신적인 변화

활자 인쇄술이 도입된 1440년대 유럽에는 세상을 변화시킨 책들이 연이어 등장했다. 과학을 대중의 손에 닿지 않게 하려는 베이컨식 관점이 완전히 사라지지는 않았으나, 이러한 책에 담긴 과학 지식은 교육 기회를 가진 사람들에게 훨씬 더 널리 전달됐다. 그중에서 (속도는 느렸어도) 극적인 영향을 미친 첫 번째 책이 니콜라우스 코페르니쿠스의 『천구의 회전에 관하여』다.

폴란드어로 미코와이 코페르니크Mikołaj Kopernik가 더 정확한 이름인 코페르니쿠스는 1473년 폴란드 토룬에서 태어났다. 표면적으로는 사제였지만 성직자로 활동한 적은 없고, 장기간 대학 공부를 이어 가면서(서른 살까지 공부했다) 삼촌의 주치의 역할도 했다. 시간이 지나면서 천문학에도 큰 흥미를

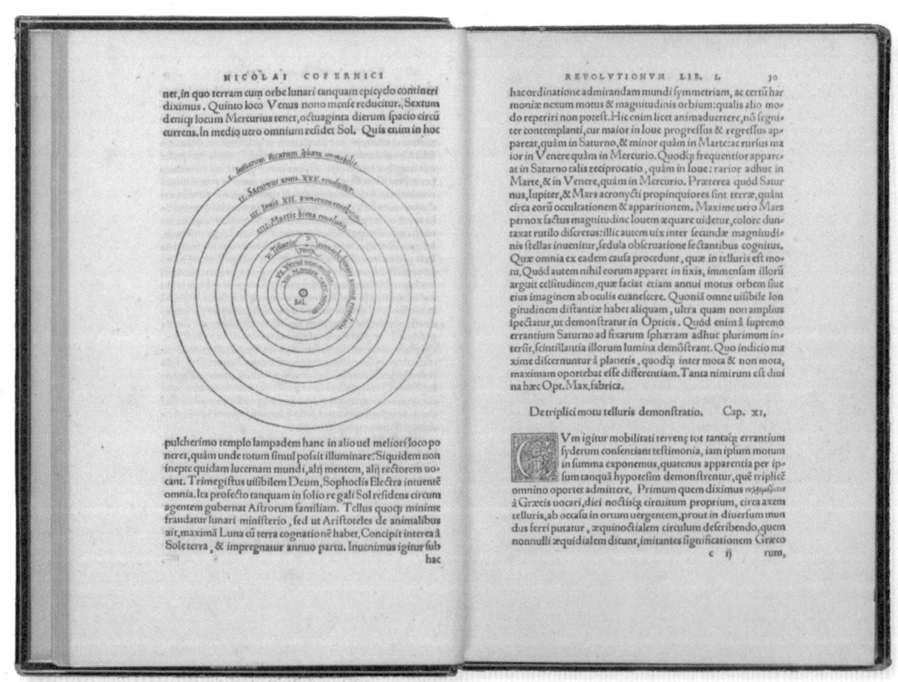
NICOLAI COPERNICI

net, in quo terram cum orbe lunari tanquam epicyclo contineri diximus. Quinto loco Venus nono menſe reducitur. Sextum deniq; locum Mercurius tenet, octuaginta dierum ſpacio circũ currens. In medio uero omnium reſidet Sol. Quis enim in hoc

pulcherimo templo lampadem hanc in alio uel meliori loco poneret, quàm unde totum ſimul poſsit illuminare? Siquidem non inepte quidam lucernam mundi, alij mentem, alij rectorem uocant. Trimegiſtus uiſibilem Deum, Sophoclis Electra intuentẽ omnia. Ita profecto tanquam in ſolio regali Sol reſidens circum agentem gubernat Aſtrorum familiam. Tellus quoq; minime fraudatur lunari miniſterio, ſed ut Ariſtoteles de animalibus ait, maximã Luna cũ terra cognationẽ habet. Concipit interea à Sole terra, & impregnatur annuo partu. Inuenimus igitur ſub hac

REVOLVTIONVM LIB. I. 30

hac ordinatione admirandam mundi ſymmetriam, ac certũ harmoniæ nexum motus & magnitudinis orbium: qualis alio modo reperiri non poteſt. Hic enim licet animaduertere, nõ ſegniter contemplanti, cur maior in Ioue progreſſus & regreſſus appareat, quàm in Saturno, & minor quàm in Marte: ac rurſus maior in Venere quàm in Mercurio. Quodq; frequentior appareat in Saturno talis reciprocatio, quàm in Ioue: rarior adhuc in Marte, & in Venere, quàm in Mercurio. Præterea quód Saturnus, Iupiter, & Mars acronycti propinquiores ſint terræ, quàm circa eorũ occultationem & apparitionem. Maxime uero Mars pernox factus magnitudine Iouem æquare uidetur, colore duntaxat rutilo diſcretus: illic autem uix inter ſecundæ magnitudinis ſtellas inuenitur, ſedula obſeruatione ſectantibus cognitus. Quæ omnia ex eadem cauſa procedunt, quæ in telluris eſt motu. Quòd autem nihil eorum apparet in fixis, immenſam illorũ arguit celſitudinem, quæ faciat etiam annui motus orbem ſiue eius imaginem ab oculis euaneſcere. Quoniã omne uiſibile longitudinem diſtantiæ habet aliquam, ultra quam non amplius ſpectatur, ut demonſtratur in Opticis. Quód enim à ſupremo errantium Saturno ad fixarum ſphæram adhuc plurimum interſit, ſcintillantia illorum lumina demõſtrant. Quo indicio maxime diſcernuntur à planetis, quodq; inter mota & non mota, maximam oportebat eſſe differentiam. Tanta nimirum eſt diuina hæc Opt. Max. fabrica.

De triplici motu telluris demonſtratio. Cap. XI.

CVm igitur mobilitati terrenę tot tantaq; errantium ſyderum conſentiant teſtimonia, iam ipſum motum in ſumma exponemus, quatenus apparentia per ipſum tanquã hypoteſim demonſtrentur, quę triplicẽ omnino oportet admittere. Primum quem diximus νυχθήμερινὸν à Græcis uocari, diei noctisq; circuitum proprium, circa axem telluris, ab occaſu in ortum uergentem, prout in diuerſum mundus ferri putatur, æquinoctialem circulum deſcribendo, quem nonnulli æquidialem dicunt, imitantes ſignificationem Græco

c ij rum,

니콜라우스 코페르니쿠스, 『천구의 회전에 관하여』, 1566년

1543년에 초판이 나오고 23년 후에 출간된 초기 판본. 태양을 중심에 두고 여러 행성의 궤도를 나타낸 그림이 나와 있다.

느끼게 되었고, 관측에 매진했다. 천문학자들이 아직 프톨레마이오스가 제안한 주전원의 개념, 즉 천동설(69쪽 참고)을 지지하던 시대였다. 코페르니쿠스는 천체의 알 수 없는 이상한 움직임을 더 정확하게 설명하려면 우주(현대의 의미로는 태양계)를 지구가 아닌 태양이 중심에 있는 구조로 처음부터 다시 생각하는 것이 유일한 방법임을 점차 깨닫게 되었다. 『천구의 회전에 관하여』는 이 생각을 밝힌 저술이었다.

코페르니쿠스는 이 유명한 저서의 집필을 1530년대에 이미 마치고도 출판을 주저했다. 책은 결국 1543년에 그가 세상을 떠나기 직전에야 인쇄되었고, 최종 인쇄본에는 루터교 목사였던 안드레아스 오시안더Andreas Osiander가 쓴 서문이 추가되었다. 오시안더는 코페르니쿠스가 제안한 우주의 구조가 프톨레마이오스의 모형보다 무조건 더 정확하다기보다는 계산이 더 수월한

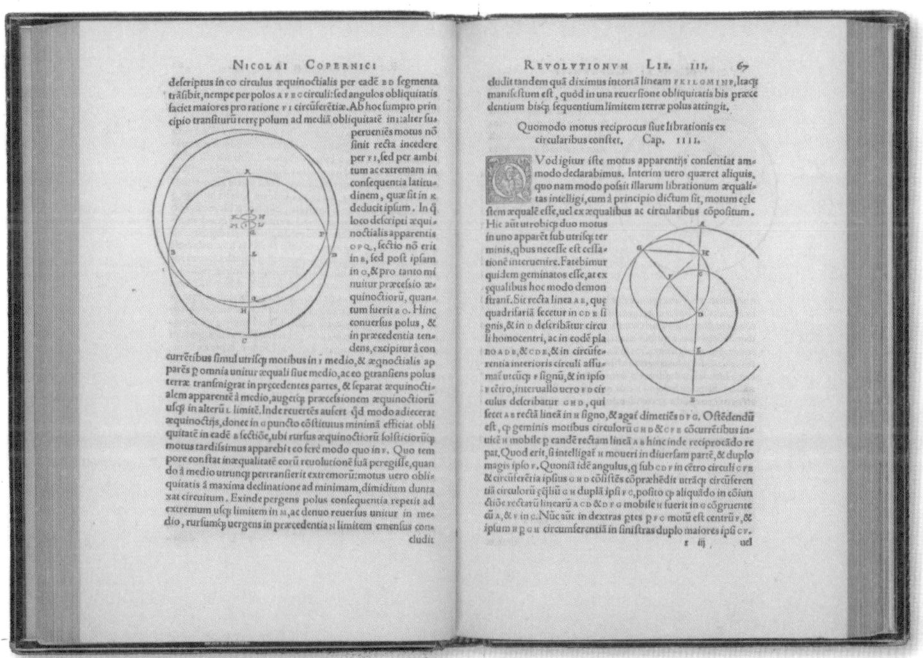

니콜라우스 코페르니쿠스, 『천구의 회전에 관하여』, 1566년

코페르니쿠스는 행성들의 궤도가 원형이라고 가정했고, 우주의 구조를 거기에 맞게 설명하기 위해 주전원과 이심원의 개념을 어느 정도 활용해야 했다.

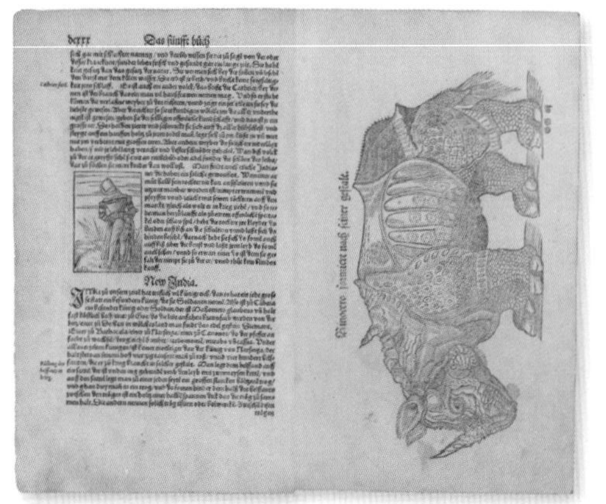

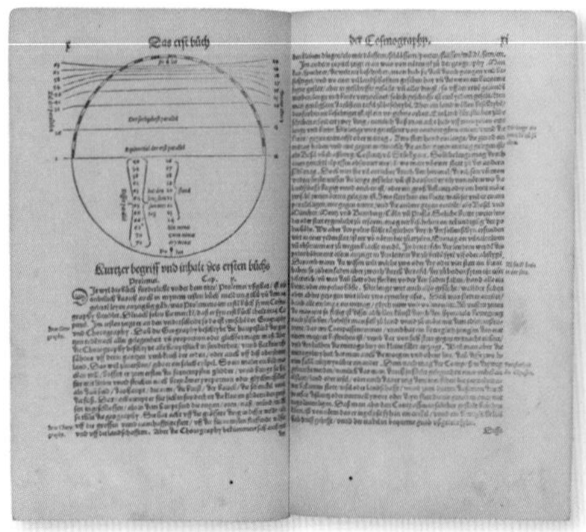

제바스티안 뮌스터, 『우주의 구조』, 헨리쿰 페트리Henrichum Petri 발행, 1544년

초판의 본문

모형이라고 명확히 썼다. (천주교가 1616년부터 1835년까지 『천구의 회전에 관하여』를 금서로 지정한 일로 코페르니쿠스의 이론을 반대한 종교는 천주교가 유일하다고 여기는 경우가 많지만, 초창기 개신교 지도자였던 마르틴 루터Martin Luther 역시 코페르니쿠스의 책을 혹평하며 그를 멍청한 자라고 일컬었다. 이러한 반응들은 지구가 자전하는 게 아니라 태양이 하늘에서 움직인다는 성경 구절에서 비롯됐다.)

코페르니쿠스가 프톨레마이오스의 우주 모형에서 현재 우리가 아는 내용으로 단번에 훌쩍 넘어왔다고 생각하기 쉽지만, 실제로는 그렇지 않았다. 그도 행성들이 완벽한 구 형태의 우주에 붙어 있고 원 궤도로 움직여야 한다는 생각을 놓지 않았다. 대신 그 중심에 태양을 두었고, 그 결과 지구가 중심에 있다고 가정했을 때 지구 궤도 바깥의 행성들에서 나타나는 이상한 역행 운동은 사라졌으나 원 궤도로는 우주 전체의 구조를 적절히 설명할 수 없었다. 그래서 코페르니쿠스도 관측 결과를 설명할 수 있는 이론을 세우기 위해 프톨레마이오스의 이심원 개념을 활용해야만 했다.

비슷한 시기에 천문학, 우주학을 다룬 다른 책도 등장했다. 그중 제바스티안 뮌스터Sebastian Münster의 『우주의 구조*Cosmographia*』는 코페르니쿠스의 저서는 물론, 성경을 제외하고 16세기에 출판된 모든 책을 통틀어 가장 많이 팔렸다. 1488년 독일 잉겔하임암라인에서 태어난 뮌스터는 본업이 히브리어

교수였고 자연철학에는 취미 정도로만 관심을 기울였지만, 천문학과 우주학에 대한 그의 남다른 열정과 탁월한 소통 능력이 그의 책을 베스트셀러로 만들었다.

뮌스터의 책이 그토록 잘 팔린 또 다른 이유이자 이후 1백 년 이상 지속된 과학책의 특징이 있다. 1544년에 출간된 『우주의 구조』의 독일어 원제는 '우주의 구조. 모든 땅에 관한 설명: 세계와 독일 전체의 관습, 신앙, 법률을 비롯해 모든 민족, 주권, 국가, 지명이 붙여진 땅을 포함'으로, 책값이 아깝지 않을 만한 이유를 제목에서부터 찾을 수 있다. 또한 이 책이 독일어로 쓰였다는 점도 주목해야 할 특징이다. 학구적인 내용이 담긴 과학책이 대부분 라틴어로 출간되던 시대에, 뮌스터는 자신의 책을 더 폭넓은 대중이 읽을 수 있도록 독일어로 썼다. 물론 라틴어로도(그 외에 다른 여러 언어로도) 번역됐지만, 중요한 건 처음부터 대중을 위해 쓴 책이라는 사실이다.

사실 『우주의 구조』는 1백 명이 넘는 사람들이 쓴 과학 저술을 집대성한 책이므로 뮌스터는 저자라기보다 편집자에 가까웠다. 과학이 주된 내용도 아니며, 다양한 나라와 지역의 지리 정보가 책의 전체 분량 중 상당한 비중을 차지했다. 그러나 천문학과 수학에 관한 내용이 먼저 나온 다음에 상세한 지리 정보와 여러 멋진 지도를 제시하는 구성이라 제목에 담긴 예고는 충실히 지켜졌다.

뮌스터의 책이 남긴 오랜 영향은 1백여 년 후에 나온 프랑스 공병工兵이자 지도 제작자였던 알랭 마네송 말레Alain Manesson Mallet의 저서에도 뚜렷하게 나타난다. 말레의 『우주에 관한 설명*Description de L'Univers*』은 1683년에 총 다섯 권으로 출간됐다. 그 시기에는 저술가가 자신의 모국어로 책을 쓰는 일이 예전보다 흔해지긴 했으나, 어쨌든 말레 역시 뮌스터의 방식을 따랐다(여러분이 읽고 있는 이 책의 표지 그림은 말레의 책에서 가져온 것이다). 『우주에 관한 설명』은 『우주의 구조』와 구성도 비슷했다. 천문학 지식과 방대한 지리 정보, 지도를 함께 제공하면서 관습, 종교, 법률에 관한 정보도 담았다.

독일어 판본만 최소 5만 권이 팔린 뮌스터의 베스트셀러와 같은 시대에 출간된 책 중에, 채 2백 권도 팔리지 않았으나 혁신이라는 표현이 딱 들어맞

Das erst general / inhaltend die beschreib
Circius
Latitudo Septen.
Chorus
Terra Florida
Europa
Mare mediter.
Cuba
Tropic.
Canci
Libya
Africa
Aethiopia
Zephirus
America vel Brasilij ins
Latitudo Merid.
Africus Lips

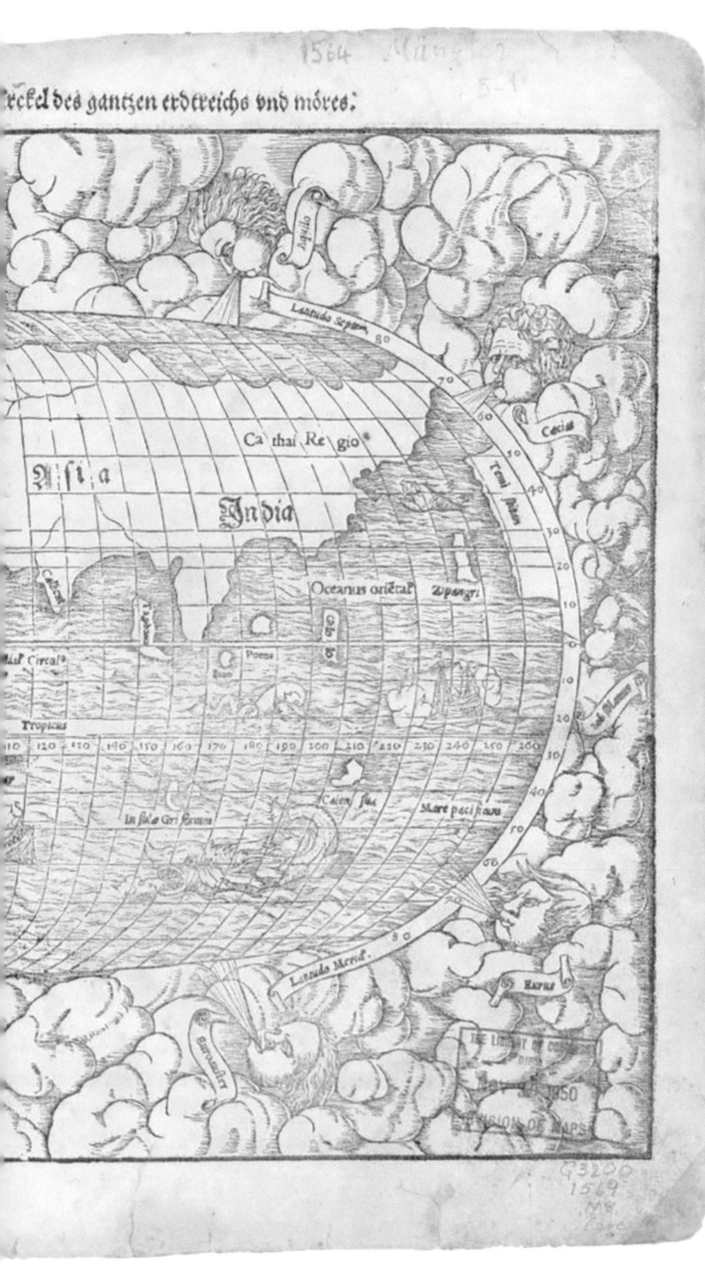

제바스티안 뮌스터, 『우주의 구조』, 헨리쿰 페트리 발행, 1564년

지리, 정치, 과학의 방대한 주제를 다룬 뮌스터의 백과사전에 있는 초기 세계 지도. 이 책의 초판은 1544년에 나왔고, 이 사진은 그로부터 약 20년 뒤에 출간된 판본이다.

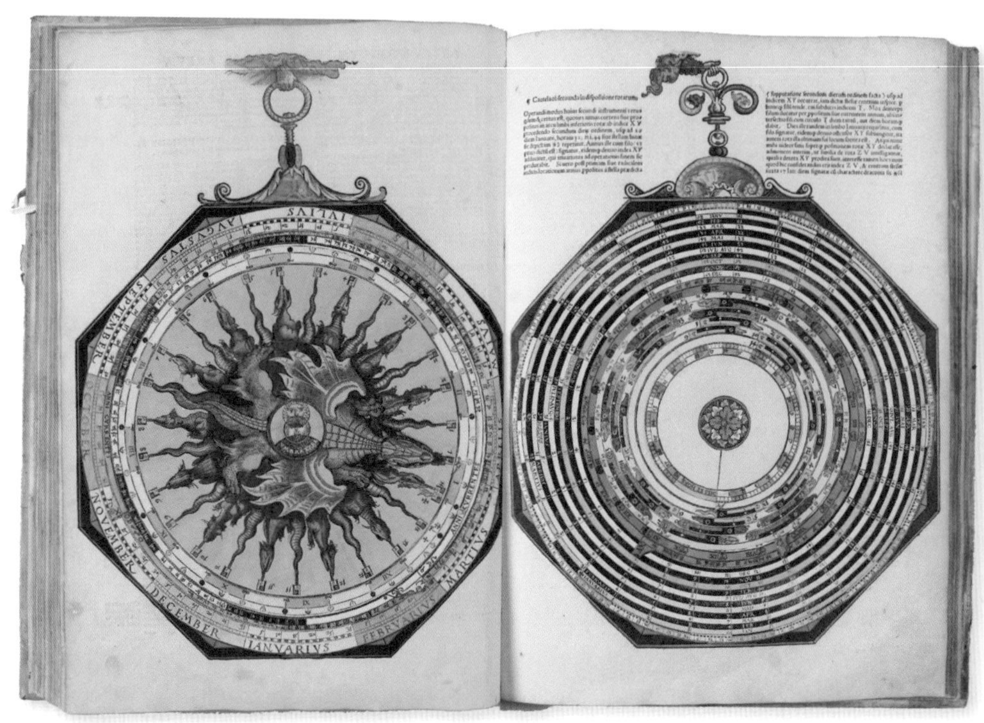

페터 비에네비츠, 『황제의 천문학』, 1540년

'볼벨volvelle'로도 불리는 다이얼 형태의 아름다운 입체 모형 서른다섯 점이 포함된 희귀한 책이다. 사진은 그중 두 점이다.

는 흥미로운 책이 하나 있다. 1540년에 나온 독일의 수학자 페터 비에네비츠Peter Bienewitz의 저서 『황제의 천문학 *Astronomicum Caesareum*』이다. 아피아누스Apianus라는 라틴어 별명으로도 알려진 비에네비츠의(독일어로 Biene는 '벌'이라는 뜻이고, '아피아누스'는 같은 뜻의 라틴어다) 이 책은 천문학의 새로운 지식은 전혀 없고 프톨레마이오스의 이론이 고스란히 소개되지만, 다른 인상적인 특징이 있다. 바로 다이얼 형태의 우주 구조 모형이 책 속에 포함되어 있다는 점이다. 손으로 돌리면 행성마다 각각 따로 움직이도록 멋지게 제작된 여러 모형이 본문 안에 있고, 독자는 날짜별로 행성 위치를 직접 확인할 수 있었다. 그중에는 일식과 달의 모양 변화를 계산할 수 있는 다이얼도 있고, 만년 달력도 있었다.

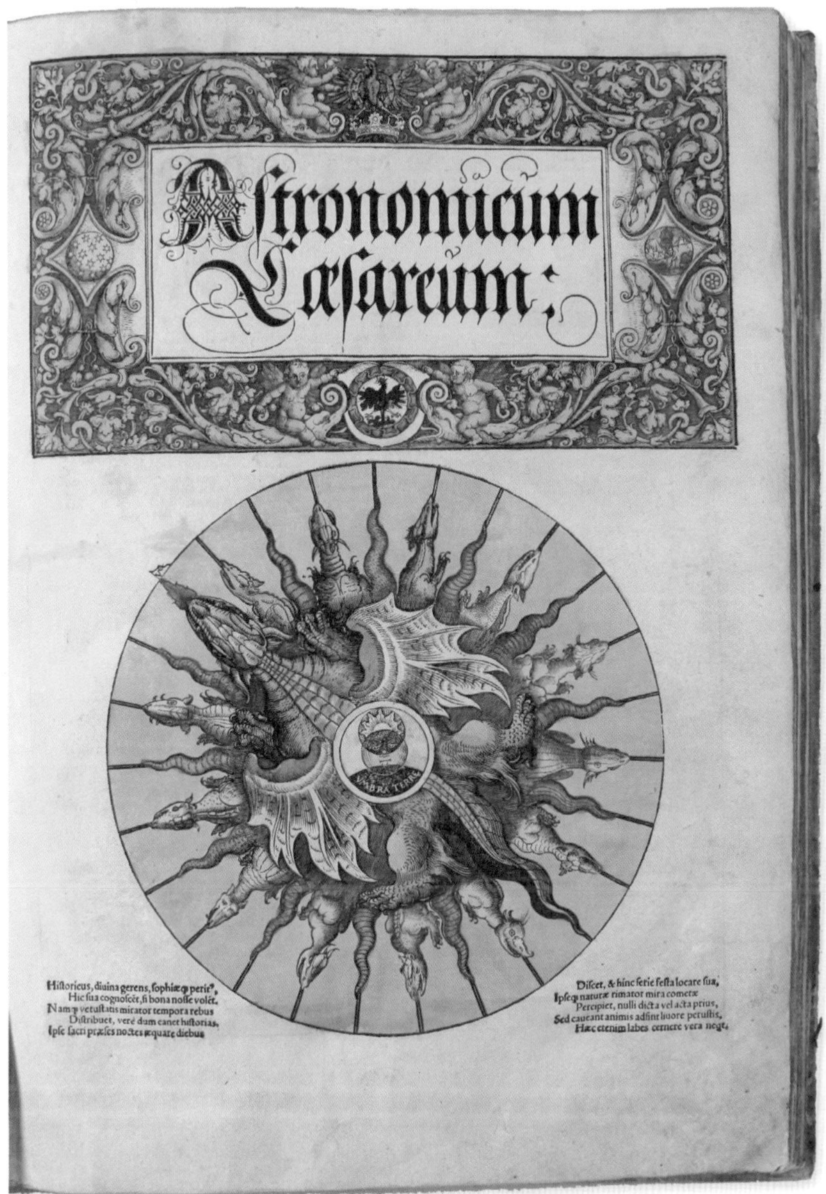

페터 비에네비츠, 『황제의 천문학』, 1540년

멋진 삽화가 포함된 속표지. 비에네비츠는 자신이 소유한 인쇄기로 이 책을 직접 인쇄했다. 프톨레마이오스의 우주론을 강경하게 지지했으나, 독자가 직접 만져 보고 활용할 수 있는 장치를 책 본문에 싣는 혁신적인 시도를 했다.

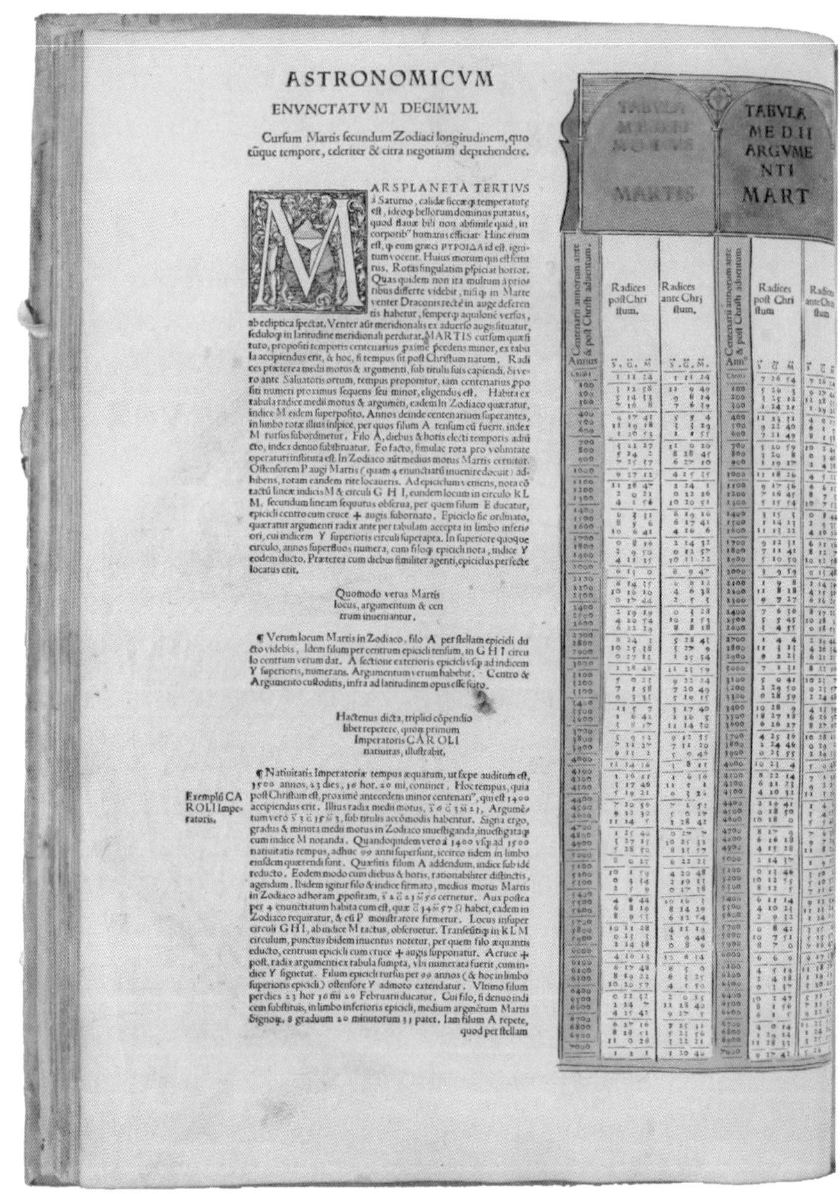

페터 비에네비츠, 『황제의 천문학』, 1540년

이 희귀한 도서의 또 다른 전면 삽화. 황도 12궁을 기준으로 화성의 위치를 계산할 수 있는 장치다.

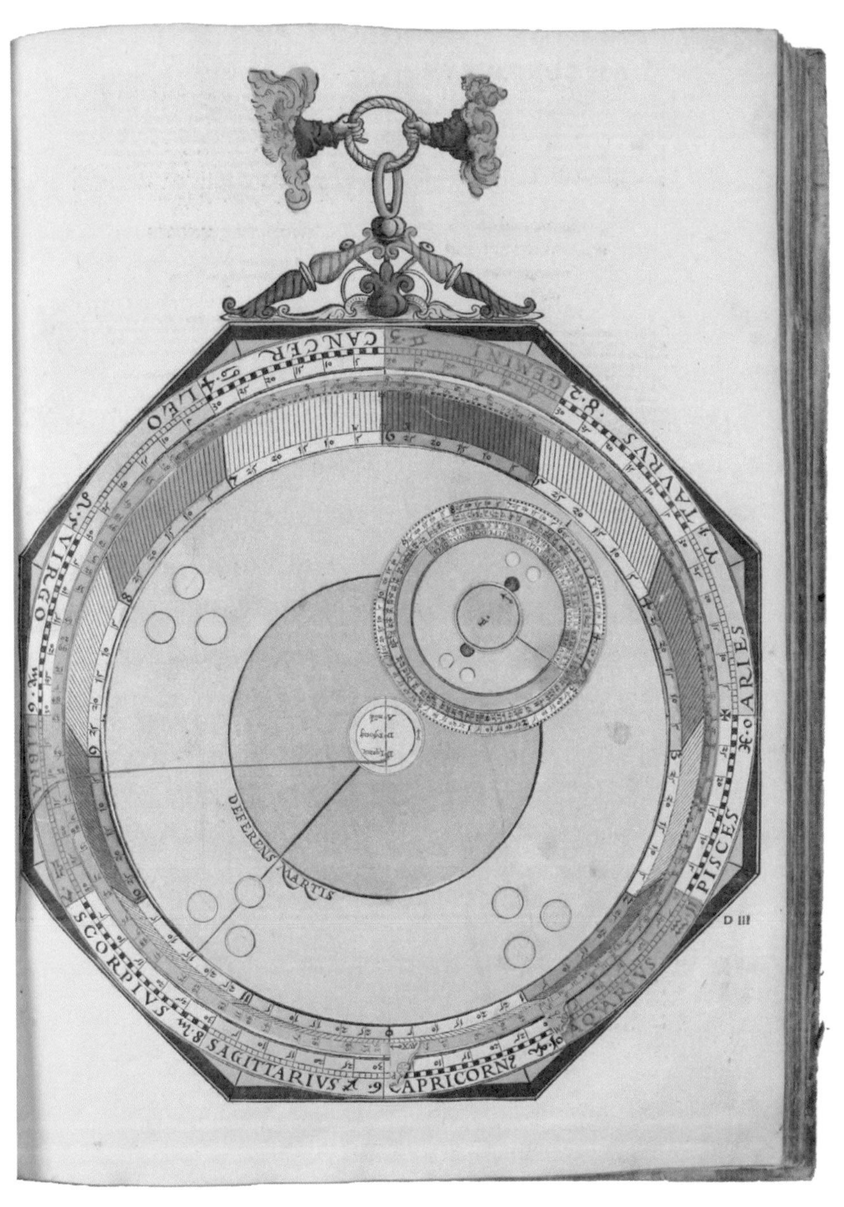
CANCER
GEMINI
LEO
TAVRVS
VIRGO
ARIES
LIBRA
PISCES
SCORPIVS
SAGITTARIVS
DEFERENS MARTIS
D III

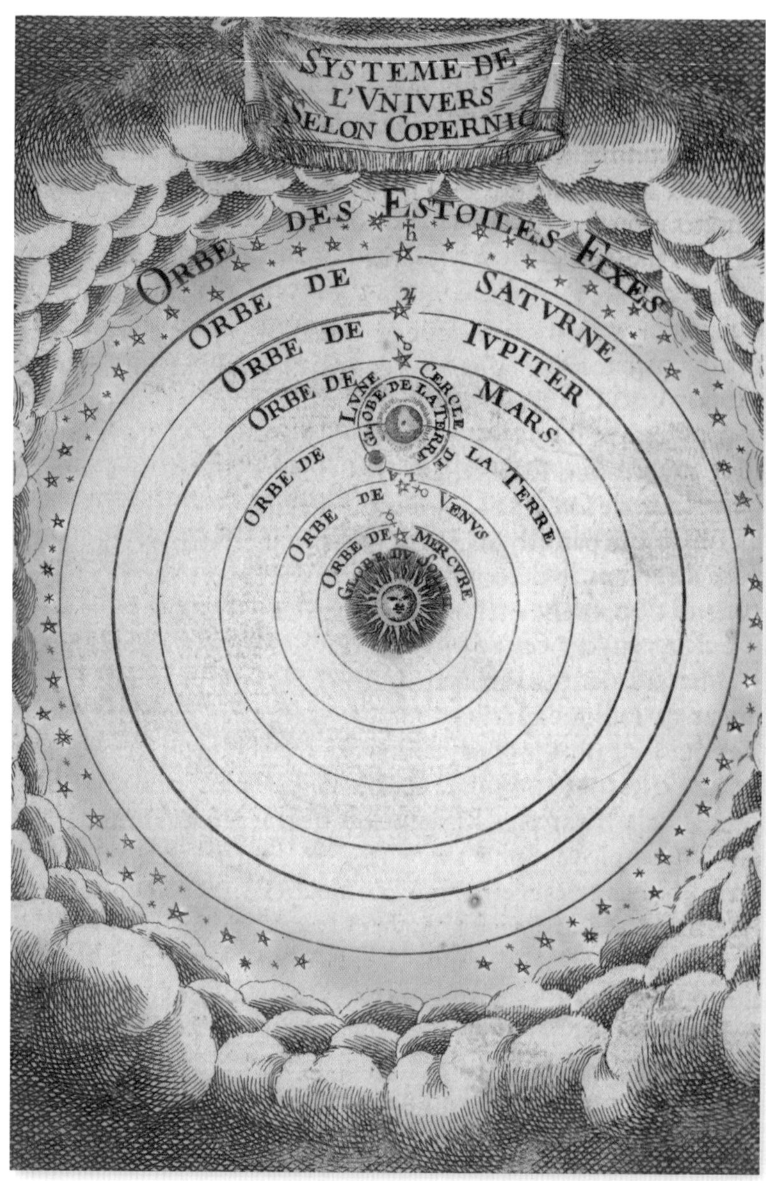

알랭 마네송 말레, 〈코페르니쿠스의 우주 체계Systeme de L'Univers selon Copernicus〉, 1683년경

1683년에 출간된 말레의 저서 『우주에 관한 설명』에는 코페르니쿠스가 제시한 우주 구조(108쪽 참고)를 나타낸 이 컬러 삽화가 있다. 『우주에 관한 설명』은 라틴어가 아닌 저자의 모국어로 쓰인 점이나 지리와 천문학을 함께 다룬 책이라는 점에서 뮌스터의 『우주의 구조』와 비슷하다.

광물, 수학 그리고 생각의 변화

게오르기우스 아그리콜라, 『금속에 관하여』, 니콜라움 에피스코피움 Nicolaum Episcopium / 히에로니뭄 프로베니움 Hieronymum Frobenium 발행, 1556년

지하에서 물을 퍼 올리는 기계(좌), 채굴 기술(중), 광석 용광로(우)의 모습을 나타낸 목판화. 이 삽화를 완성하느라 책의 출간이 늦어졌다.

뮌스터의 책이 독자를 천상에서부터 지상의 지리학에 이르는 여행으로 안내했다면, 또 다른 독일 저술가는 지구 안쪽 깊숙한 곳까지 내려가는 여정을 열었다. 광물학 연구를 처음 시작한 주요 학자인 게오르기우스 아그리콜라Georgius Agricola는 1494년 독일 글라우하우에서 태어나 자신의 저서가 출간되는 것을 보지 못하고 세상을 떠났다. 〔게오르기우스 아그리콜라는 '농부 조지'라는 뜻의 라틴어다. 광물학자에게 농부라니 좀 이상하게 들릴 수도 있지만, 그의 독일어 이름이 게오르크 바우어Georg Pawer고 독일어로 '바우어(이제는 Bauer라고 쓴다)'는 '농부'라는 뜻이다.〕

아그리콜라의 저서 『금속에 관하여*De Re Metallica*』(1556)는 순수 과학 도서라기보다는 공학 도서에 가깝다. 적절한 광물을 찾는 방법부터 광석의 채굴, 파쇄, 제련 방법과 혼합 광물에서 각 광물을 분리하는 방법 등 실용적인 정보가 담겨 있어서 18세기까지 광산공학의 중요한 지침으로 쓰였다. 아그

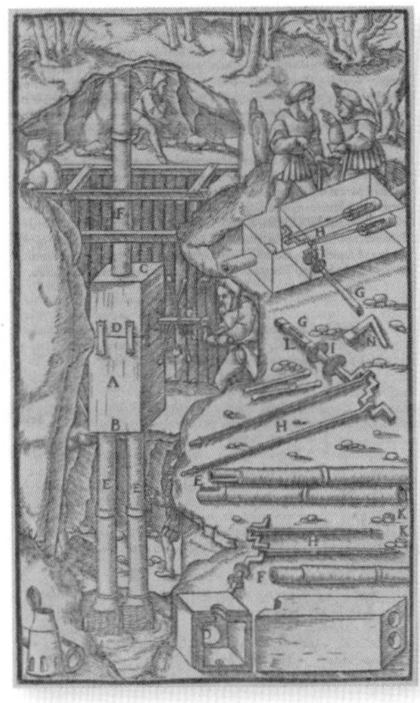

게오르기우스 아그리콜라, 『금속에 관하여』, 니콜라움 에피스코피움/히에로니뭄 프로베니움 발행, 1556년

광석 채굴부터 제련까지 전 과정을 보여 주는 목판화. 제작에 아주 오랜 시간이 걸렸다.

리콜라는 『금속에 관하여』를 쓰기 전에도 많은 책을 저술했다. 지질학적인 내용으로 볼 때 『금속에 관하여』보다 과학책에 더 가까운 『지하 물질의 원천과 원인*De Ortu et Causis Subterraneorum*』도 그중 하나로, 크게 주목받지는 못했다. 『금속에 관하여』는 1550년경 집필을 마쳤지만, 수많은 삽화를 목판에 새기느라 책이 인쇄되기까지 상당한 시간이 소요되었다. 목판화 제작은 아그리콜라가 세상을 떠난 이듬해인 1556년이 되어서야 마무리됐다.

16세기는 새로운 수학적 아이디어가 깨어나던 시대였다. 변화의 결실은 17세기로 넘어가서야 나타났고 그 중심지는 독일과 영국이었으나, 16세기 이탈리아에 수학계의 두 거장이 차례로 등장했다. 그 첫 번째는 1501년 파비아에서 태어난 지롤라모 카르다노Gerolamo Cardano다. 카르다노는 의사가 되는 데 필요한 요건을 다 갖추고도 사생아 출신에, 사교 활동에 필요한 예의범절이 부족하다는 이유로 자격증을 받지 못했다. 의학계에 생긴 이 큰 손실은 수학계의 큰 이득으로 돌아왔다. 왕성한 저술가였던 카르다노는 수학과 과학 도서를 2백 권 이상 썼다.

그 많은 저작 중에 단연 두드러지는 책이 두 권 있다. 하나는 1545년에 출간된 『아르스 마그나*Ars Magna*』(위대한 기술)로, 이전에 알려진 적이 없는 방정식의 해법들을 모은 대수학의 걸작이다(논란이 될 만한 사실은, 니콜로 타르탈리아Niccolò Tartaglia라는 수학자가 카르다노에게만 은밀히 알려 주면서 책으로 내지 말라고 요청한 3차 방정식 풀이법도 포함되어 있었다는 것이다). 당시에 수학에서 잘 사용되지 않던 음수를 광범위하게 활용한 점이나 음수의 제곱근을 토대로 허수라는 개념을 처음으로 활용한 점도 『아르스 마그나』의 특징이다. 그러나 중요도로 따지자면 이 책보다는 『확률 게임에 관한 책*Liber de Ludo Aleae*』이 앞선다. 1560년대에 집필되었으나 카르다노가 세상을 떠나고 오랜 세월이 지난 후인 1663년에 출간된 이 책이 더 중요한 이유는, 처음으로 확률을 체계적으로 정리하여 수학의 새로운 분야로 자리 잡는 길을 열었기 때문이다.

1525년경 볼로냐에서 태어난 라파엘 봄벨리Rafael Bombelli는 카르다노의 업적에 비견할 만한 인물은 아니지만 같은 시기에 활동한 또 한 명의 위대한 이탈리아 수학자다. 『대수학*Algebra*』(1572)이라는 간결한 제목으로 출간된 봄벨리의 저서에도 『아르스 마그나』에서 다루어진 지식이 담겨 있다. 『대수학』의 가장 주목할 만한 특징은 허수의 개념을 현대에 쓰이는 그대로 설명한 점이다. 수학에서 −1의 제곱근을 나타내는 기호로 쓰이는 i도 이 책에서 처음 쓰였다.

16세기는 과학철학, 즉 과학적인 방법이란 무엇인가에 관한 분석을 시도한 저술이 등장한 중요한 시기였다. 코페르니쿠스를 비롯해 과학자의 원형이 된 학자들은 로저 베이컨이 13세기에 강조한 대로 철학적 이론에만 기대기보다 관찰에 더 무게를 두는 방식으로 자연철학을 연구하려고 노력했다. 1561년에 런던에서 태어난 영국의 정치인 프랜시스 베이컨Francis Bacon(알려진 바로는 로저 베이컨과 아무 관련이 없다)은 다소 난해하지만 명확하고 설득력 있게 이러한 방식을 설명했다. 베이컨의 수많은 저서 중에 가장 두드러지는 책

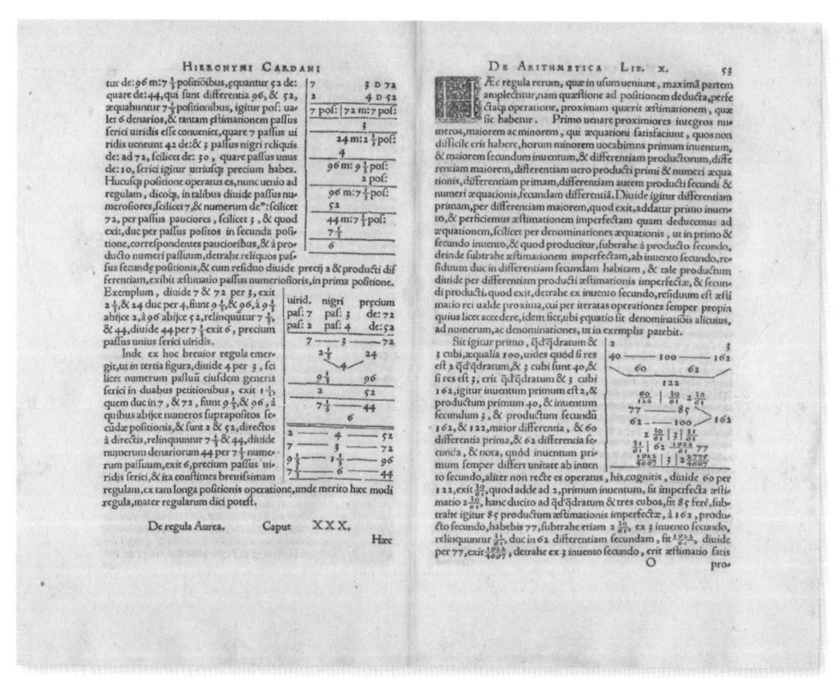

HIERONYMI CARDANI

tur de: 96 m: $7\frac{1}{3}$ positiõibus, ęquantur 52 de: quare de: 44, qui sunt differentia 96, & 52, æquabuntur $7\frac{1}{3}$ positionibus, igitur pos: ualet 6 denarios, & tantam ęstimationem passus serici uiridis esse conueniet, quare 7 passus uiridis ueneunt 42 de: & 3 passus nigri reliquis de: ad 72, scilicet de: 30, quare passus unus de: 10, serici igitur utriusq; precium habes. Hucusq; positione operatus es, nunc uenio ad regulam, dicoq;, in talibus diuide passus numerosiores, scilicet 7, & numerum de^rii: scilicet 72, per passus pauciores, scilicet 3, & quod exit, duc per passus positos in secunda positione, correspondentes paucioribus, & à producto numeri passuum, detrahe reliquos passus secundę positionis, & cum residuo diuide precij & producti differentiam, exibit æstimatio passus numeriosioris, in prima positione.

7	3 D 72
2	4 D 52
7 pos:	72 m: 7 pos:
	3
	24 m: $2\frac{1}{3}$ pos:
	4
	96 m: $9\frac{1}{3}$ pos:
	2 pos:
	96 m: $7\frac{1}{3}$ pos:
	52
	44 m: $7\frac{1}{3}$ pos:
	$7\frac{1}{3}$
	6

Exemplum, diuide 7 & 72 per 3, exit $2\frac{1}{3}$, & 24 duc per 4, fiunt $9\frac{1}{3}$, & 96, à $9\frac{1}{3}$ abijce 2, à 96 abijce 52, relinquũtur $7\frac{1}{3}$, & 44, diuide 44 per $7\frac{1}{3}$ exit 6, precium passus unius serici uiridis.

Inde ex hoc breuior regula emergit, ut in tertia figura, diuide 4 per 3, scilicet numerum passuũ eiusdem generis serici in duabus petitionibus, exit $1\frac{1}{3}$, quem duc in 7, & 72, fiunt $9\frac{1}{3}$, & 96, à quibus abijce numeros suprapositos secũdæ positionis, & sunt 2 & 52, directos à directis, relinquuntur $7\frac{1}{3}$ & 44, diuide numerum denariorum 44 per $7\frac{1}{3}$ numerum passuum, exit 6, precium passus uiridis serici, & ita constitues breuissimam regulam, ex tam longa positionis operatione, unde merito hæc modi regula, mater regularum dici potest.

uirid.	nigri	pręcium
pas: 7	pas: 3	de: 72
pas: 2	pas: 4	de: 52
7	3	72
$2\frac{1}{3}$	4	24
$9\frac{1}{3}$		96
2		52
$7\frac{1}{3}$	6	44
2	4	52
7	3	72
$9\frac{1}{3}$	$1\frac{1}{3}$	96
$7\frac{1}{3}$	6	44

De regula Aurea. Caput XXX.

Hæc

DE ARITHMETICA LIB. X. 53

HÆc regula rerum, quæ in usum ueniunt, maximã partem amplectitur, nam quæstione ad positionem deducta, perfectaq; operatione, proximam quærit æstimationem, quæ sic habetur. Primo uenare proximiores integros numeros, maiorem ac minorem, qui æquationi satisfaciunt, quos non difficile erit habere, horum minorem uocabimus primum inuentum, & maiorem secundum inuentum, & differentiam productorum, differentiam maiorem, differentiam uero producti primi & numeri æquationis, differentiam primam, differentiam autem producti secundi & numeri æquationis, secundam differentiã. Diuide igitur differentiam primam, per differentiam maiorem, quod exit, addatur primo inuento, & perficiemus æstimationem imperfectam quam deducemus ad æquationem, scilicet per denominationes æquationis, ut in primo & secundo inuento, & quod producitur, subtrahe à producto secundo, deinde subtrahe æstimationem imperfectam, ab inuento secundo, residuum duc in differentiam secundam habitam, & tale productum diuide per differentiam producti æstimationis imperfectæ, & secundi producti, quod exit, detrahe ex inuento secundo, residuum est æstimatio rei ualde proxima, cui per iteratas operationes semper propinquius licet accedere, idem fiet, ubi ęquatio sit denominatiõis alicuius, ad numerum, ac denominationes, ut in exemplis patebit.

Sit igitur primo, q̄d'q̄dratum & 3 cubi, æqualia 100, uides quód si res est 2 q̄d'q̄dratum, & 3 cubi sunt 40, & si res est 3, erit q̄d'q̄dratum & 3 cubi 162, igitur inuentum primum est 2, & productum primum 40, & inuentum secundum 3, & productum secundũ 162, & 122, maior differentia, & 60 differentia prima, & 62 differentia secunda, & nota, quód inuentum primum semper differt unitate ab inuento secundo, aliter non recte es operatus, his cognitis, diuide 60 per 122, exit $\frac{30}{61}$, quod adde ad 2, primum inuentum, fit imperfecta æstimatio $2\frac{30}{61}$, hanc ducito ad q̄d'q̄dratum & tres cubos, fit 85 ferè, subtrahe igitur 85 productum æstimationis imperfectæ, à 162, producto secundo, habebis 77, subtrahe etiam $2\frac{30}{61}$, ex 3 inuento secundo, relinquuntur $\frac{31}{61}$, duc in 62 differentiam secundam, fit $\frac{1922}{61}$, diuide per 77, exit $\frac{1922}{4697}$, detrahe ex 3 inuento secundo, erit æstimatio satis pro-

2 — 3
40 — 100 — 162
60 62
122
$\frac{60}{122}$ | $\frac{30}{61}$ $2\frac{30}{61}$
77 — 85 — 162
62 — 100
$2\frac{30}{61}$ | 3 | $\frac{31}{61}$
$\frac{31}{61}$ | 62 $\frac{1922}{61}$ 77
$\frac{1922}{4697}$ | 3 | $2\frac{2775}{4697}$

O

지롤라모 카르다노, 『아르스 마그나』, 요하네스 페트레이우스Johannes Petreius 발행, 1545년

이탈리아 수학자 카르다노가 대수학에 관해 쓴 걸작. 1545년에 초판이 나온 이 책에는 이전까지 알려지지 않았던 다양한 해법이 포함되어 있었다.

은 1620년에 나온 『신기관*Novum Organum Scientiarum*』(과학의 새로운 도구)으로, 특이한 문체와 과장법이 가득한 세부 내용보다는 그가 주장한 자연철학의 접근 방식이 이 책의 중요한 특징이다. 베이컨은 자연철학자는 의심할 줄 알아야 하며, 귀납적인 논리에 관찰을 더해서 지식을 쌓아야 한다고 주장했다.

베이컨은 과학적인 방법의 아버지로 묘사되는 경우가 많지만, 현대의 과학 역사가들은 과학사에서 그가 그 정도로 중요한 인물은 아니라고 보는 경향이 있다. 분명한 사실은 그의 책이 1660년에 설립되어 전 세계에서 가장 오래된 과학 기관으로 지금까지 남아 있는 영국 왕립학회의 창립에 지대한 영향을 주었다는 것이다. 또한 전통적으로 구분되던 인공과 자연을 구분할 필요가 없다는 중요한 관찰 결과도 제시했다. 이전까지 자연철학자들은 인위적으로 만든 무지개로는 자연에 나타나는 무지개에 관해 아무것도 알아낼 수 없다고 생각했다. 그러나 베이컨은 자연물과 인공물의 '형태나 본질'에 아무런 차이가 없다고 주장했다.

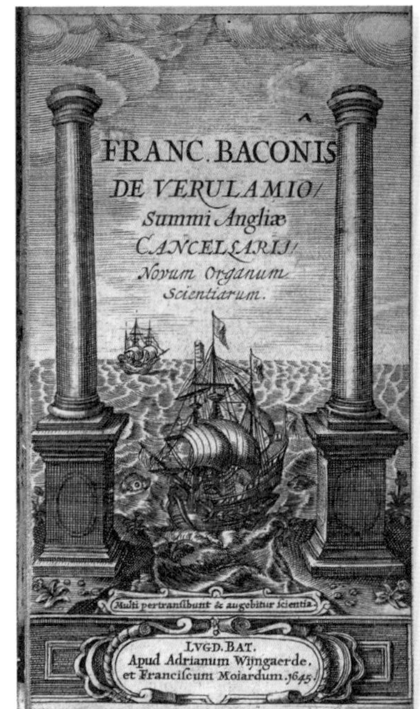

프랜시스 베이컨, 『신기관』, 프랑키스쿰 모이아르둠Franciscum Moiardum / 아드리아눔 비잉가이르데Adrianum Wijngaerde 발행, 1645년

베이컨의 가장 유명한 저서 머릿그림. 사진은 1620년 초판 발행 후 25년 뒤에 나온 판본이다.

자력과 우주

베이컨이 제시한 과학의 방식이 완전히 뿌리내리기까지는 오랜 시간이 걸렸다. 그 변화의 과정은 주전원 문제를 마침내 완전히 해결한 독일의 수학자 요하네스 케플러Johannes Kepler의 연구에 잘 나타난다. 케플러의 연구를 따라가면, 과학적 사고가 고대 그리스의 철학적 방식에서 벗어나 데이터를 중심에 두는 베이컨의 방식으로 변화하고, 안을 향하던 탐구의 시선이 밖을 향하기 시작했음을 알 수 있다. 케플러는 천문학과 우주학에 중대한 영향을 준 세 권의 책을 썼다. 그중 가장 먼저 나온 1596년의 저서 『우주 구조의 신비*Mysterium Cosmographicum*』는 코페르니쿠스의 이론을 지지하는 내용인데, 이 책에서 제시하는 태양계 구조에 관한 설명은 보기에는 그럴듯해도 오류가 있는 철학적 주장이었다.

한스 폰 아헨Hans von Aachen, 〈요하네스 케플러〉, 캔버스에 유화, 1612년경

독일의 수학자 케플러의 초상화

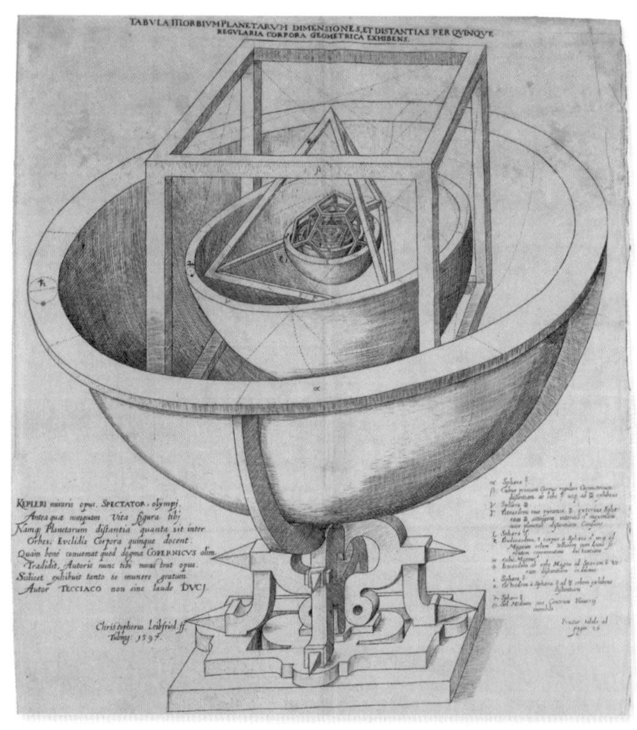

요하네스 케플러, 『우주 구조의 신비』, 에라스미 켐프페리Erasmi Kempferi / 고데프리디 탐파키 Godefridi Tampachii 발행, 1621년

케플러는 1596년에 초판이 나온 이 책에서 태양계의 구조에 정다면체가 포함되어 있다고 상상했다.

당시에 태양계 행성은 수성부터 토성까지 여섯 개만 알려져 있었다. 케플러는 이 여섯 개 행성이 각각의 구에 존재하며 이 여섯 개의 구 사이사이에 '플라톤 입체'로도 불리는 다섯 가지 정다면체(정삼각형, 정사각형 등 같은 정다각형으로 이루어진 입체를 말하며, 고대 그리스인들이 찾아냈다)가 하나씩 끼어 있다고 주장했다. 과학적인 추론이라기보다는 신학과 철학이 더 큰 비중을 차지하는 이론이었지만, 이 우주 모형은 케플러가 코페르니쿠스의 우주 구조 모형에 계속 걸림돌이 되던 주전원(109쪽 참고)에서 벗어나는 출발점이 되었다.

케플러의 두 번째 중요한 천문학 저서는 『새로운 별*De Stella Nova*』(1606)이다. 1604년 밤하늘에 새롭게 나타나 환하게 빛을 발하다가 차츰 사라진 초신성의 관측 기록을 정리한 책으로, 케플러는 이 새로운 별의 움직임에는 시차(예를 들어 우리가 한쪽 눈을 감고 한 눈으로 어떤 물체를 보다가 반대로 다른 쪽 눈으로 같은 물체를 보면 그 물체가 움직인 것처럼 보이는 현상)가 없었으며, 이는

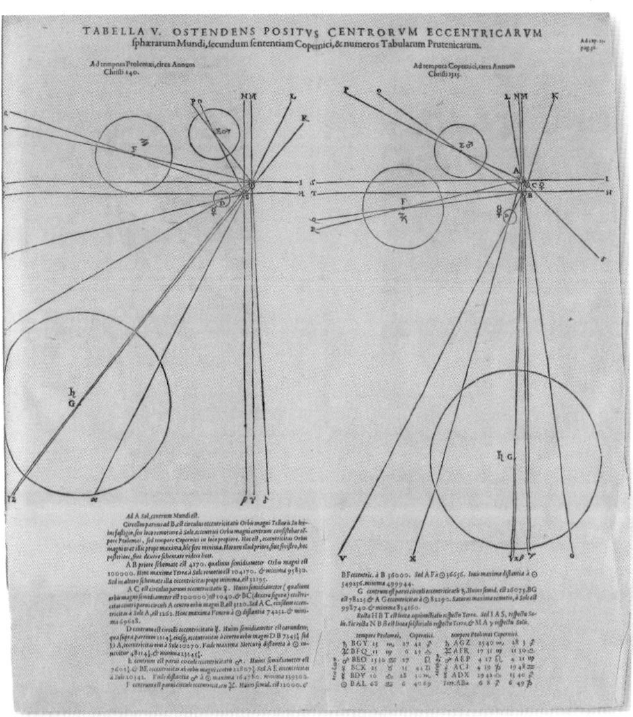
TABELLA V. OSTENDENS POSITVS CENTRORVM ECCENTRICARVM ſphærarum Mundi, ſecundum ſententiam Copernici, & numeros Tabularum Prutenicarum.

Ad tempora Ptolemæi, circa Annum Christi 140.

Ad tempora Copernici, circa Annum Christi 1525.

요하네스 케플러, 『우주 구조의 신비』, 에라스미 켐프페리 / 고데프리디 탐파키 발행, 1621년

'이심원의 중심'을 설명한 표와 그림. 케플러가 우주의 구조를 설명하려면 이 같은 원형이 아닌 타원형 궤도가 되어야 한다는 사실을 깨닫기 전에 쓴 책이다.

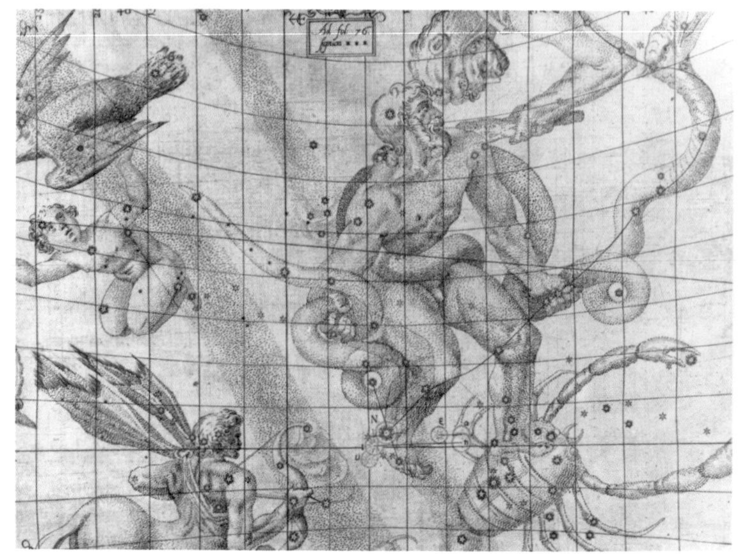

요하네스 케플러, 『새로운 별』, 파울 세시우스Paul Sessius 발행, 1606년

뱀주인자리에 있는 '새로운 별'의 위치를 나타낸 삽화

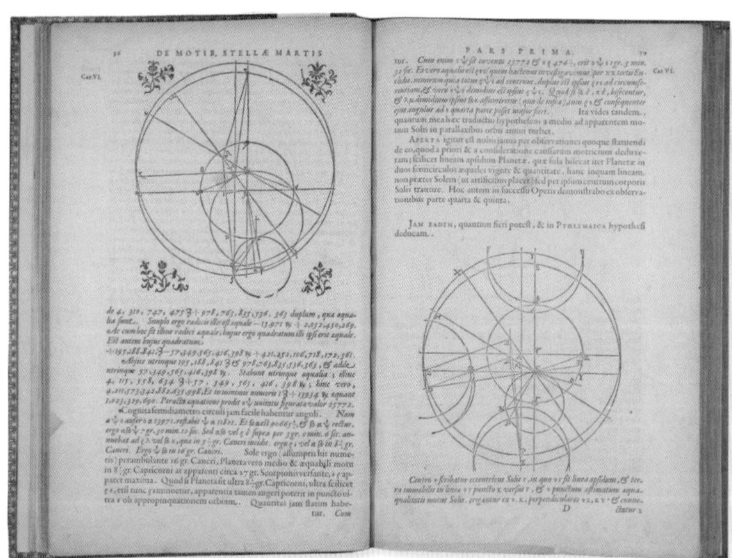

요하네스 케플러, 『새로운 천문학』, 고트하르트 푀겔린Gotthard Vögelin 발행, 1609년

케플러는 이 저서에서 행성의 궤도가 원형이라는 이론에서 벗어났고, 그 결과 태양계 구조를 이전보다 더 간단히 설명할 수 있었다.

이 별이 달 궤도 바깥에 아주 멀리 떨어져 있다는 의미라고 주장했다. 아리스토텔레스가 제시한 우주 구조 모형에서는 달 궤도 바깥에 있는 모든 것은 변하지 않는다고 설명했으므로, 케플러의 이런 주장은 아리스토텔레스의 이론을 뒤흔드는 또 하나의 근거가 되었다.

그러나 케플러가 천문학에 남긴 위대한 업적은 따로 있다. 주전원 이론에서 완전히 벗어나 천구의 개념을 지우고, 자신이 관찰한 결과를 토대로 각 행성은 그가 '궤도'라고 칭한 길을 따라 움직인다는 정확한 우주 모형을 새로 수립한 것이다. 케플러가 제시한 궤도는 원형이 아닌 달걀과 비슷한 타원이었다(지구 궤도를 포함한 일부 궤도는 원형에 가까운 타원이긴 하다). 이 새로운 우주 모형과 케플러가 수립한 행성 운동의 두 가지 법칙(하나는 각 행성은 태양을 중심으로 타원 궤도를 따라 돈다는 것, 다른 하나는 행성과 태양을 잇는 직선이 단위 시간당 훑고 지나가는 면적은 항상 동일하다는 것)은 1609년에 출간된 『새로운 천문학*Astronomia Nova*』에서 소개됐다. 이 책은 코페르니쿠스의 우주 모형이 수용되는 토대가 되었다.

케플러가 펼친 주장은 덴마크의 천문학자 튀코 브라헤Tycho Brahe가 얻은 양질의 관찰 결과에서 나온 내용이 많았는데, 아이러니하게도 천상의 구조에 관한 두 사람의 견해는 엇갈렸다. 브라헤는 달이 지구 주위를 돌고 행성들이 태양 주위를 도는 우주 구조에 어떤 장점이 있는지 이해하면서도, 지구는 특수하다고 보았다. 따라서 태양(그리고 태양과 연결된 행성들)이 지구 주위를 돈다는 주장을 고수했고, 아리스토텔레스의 물리학(더 넓게는 성경에 적힌 우주의 구조)을 거의 그대로 유지했다. 단, 달 궤도 바깥에서는 변화가 일어나지 않는다고 한 기존의 이론은 그도 틀렸다고 보았다.

위에서 소개한 세 권 외에도 케플러의 저서 중에 살펴볼 만한 책이 두 권 더 있다. 1619년에 나온 『우주의 조화*Harmonices Mundi*』는 각 행성의 간격에는 하모니를 구성하는 음표들과 동일한 관계가 나타난다고 설명한다(그는 행성을 실제 음표로 여기지는 않았지만 '천구의 음악'이라는 멋진 개념을 제시했다). 『우주 구조의 신비』를 떠올리게 하는 이 이론은 지금 우리가 보기에는 과학적인 주장이라기보다 철학적인 주장이지만, 이 책이 중요한 이유는 마지막 장에 있다.

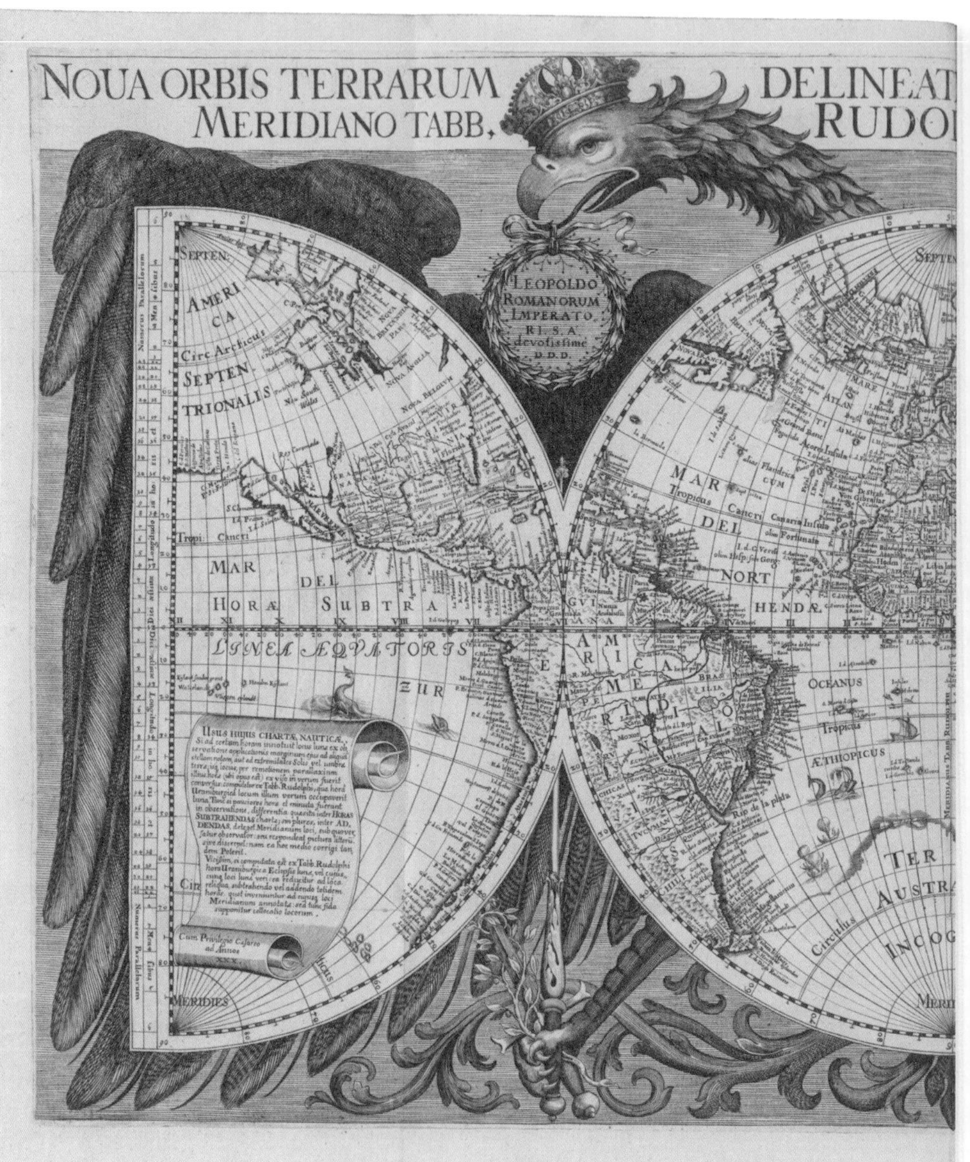

요하네스 케플러, 『루돌프 표』, J. 자우르J. Saur 발행, 1627/1658년

케플러의 의뢰로 필리프 에케브레히트Philip Eckebrecht가 그리고 J. P. 발슈J. P. Walsh가 판에 새겨서 완성한 멋진 세계 지도. 이 책의 초판은 1627년에 나왔고, 이후에 나온 판본에 이 판화가 추가됐다. 1630년부터 이 지도가 존재했다는 증거도 있으나, 최초로 출판된 시기는 1658년일 가능성이 높다.

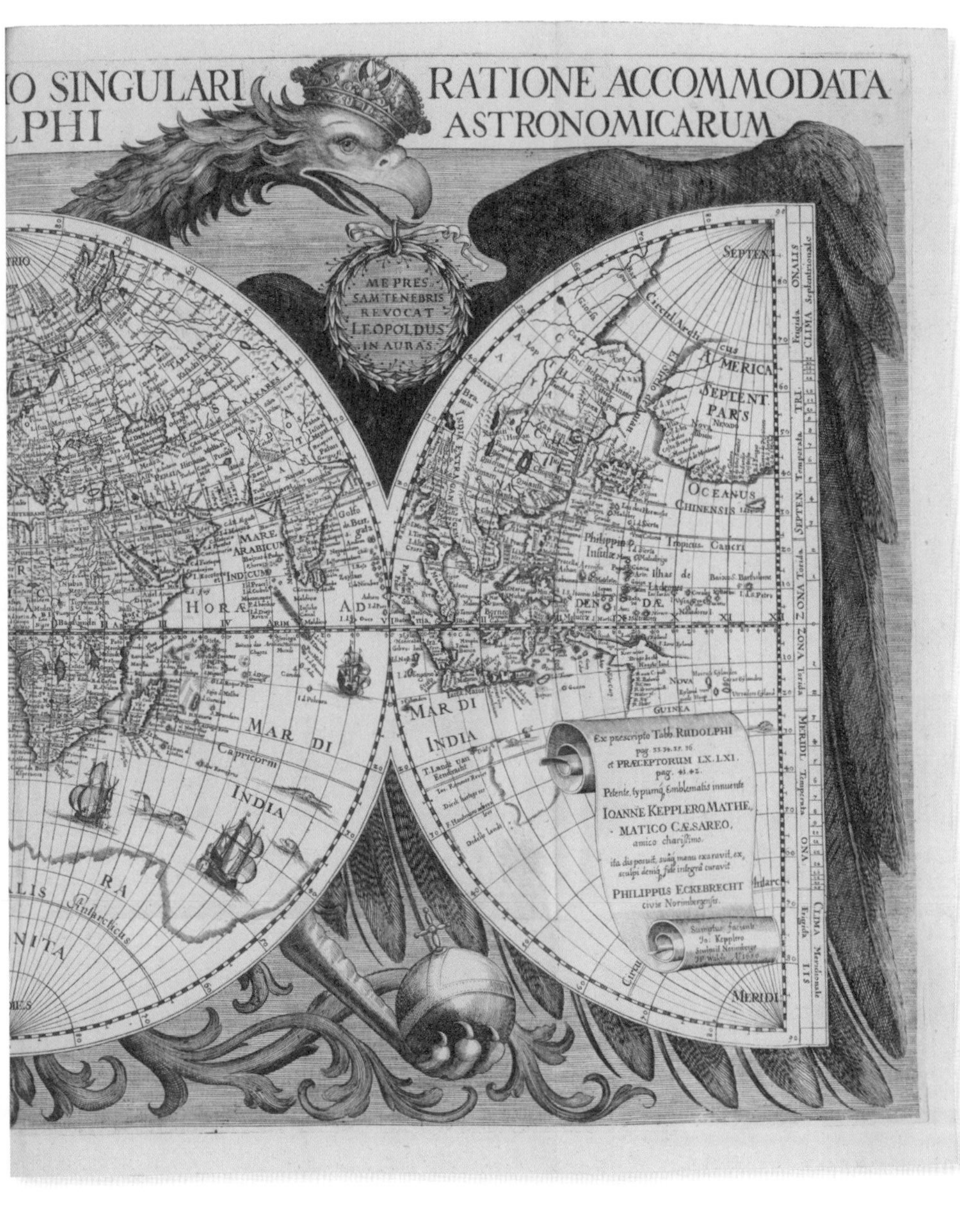
IO SINGULARI RATIONE ACCOMMODATA
LPHI ASTRONOMICARUM
ME PRES SAM TENEBRIS REVOCAT LEOPOLDUS IN AURAS
AMERICA SEPTENT PARS
OCEANUS CHINENSIS
MARE ARABICUM
MAR DI INDIA
Ex prescripto Tabb. RUDOLPHI
pag. 33.34.35.36
et PRÆCEPTORUM LX. LXI.
pag. 41.42.
Petente, typumq. Emblematis innuente
IOANNE KEPPLERO MATHE-
MATICO CÆSAREO,
amico charissimo.
ita disposuit, suâq. manu exaravit, ex-
sculpi deniq. fide integrâ curavit
PHILIPPUS ECKEBRECHT
civis Norimbergensis.
GUINEA
MERIDI

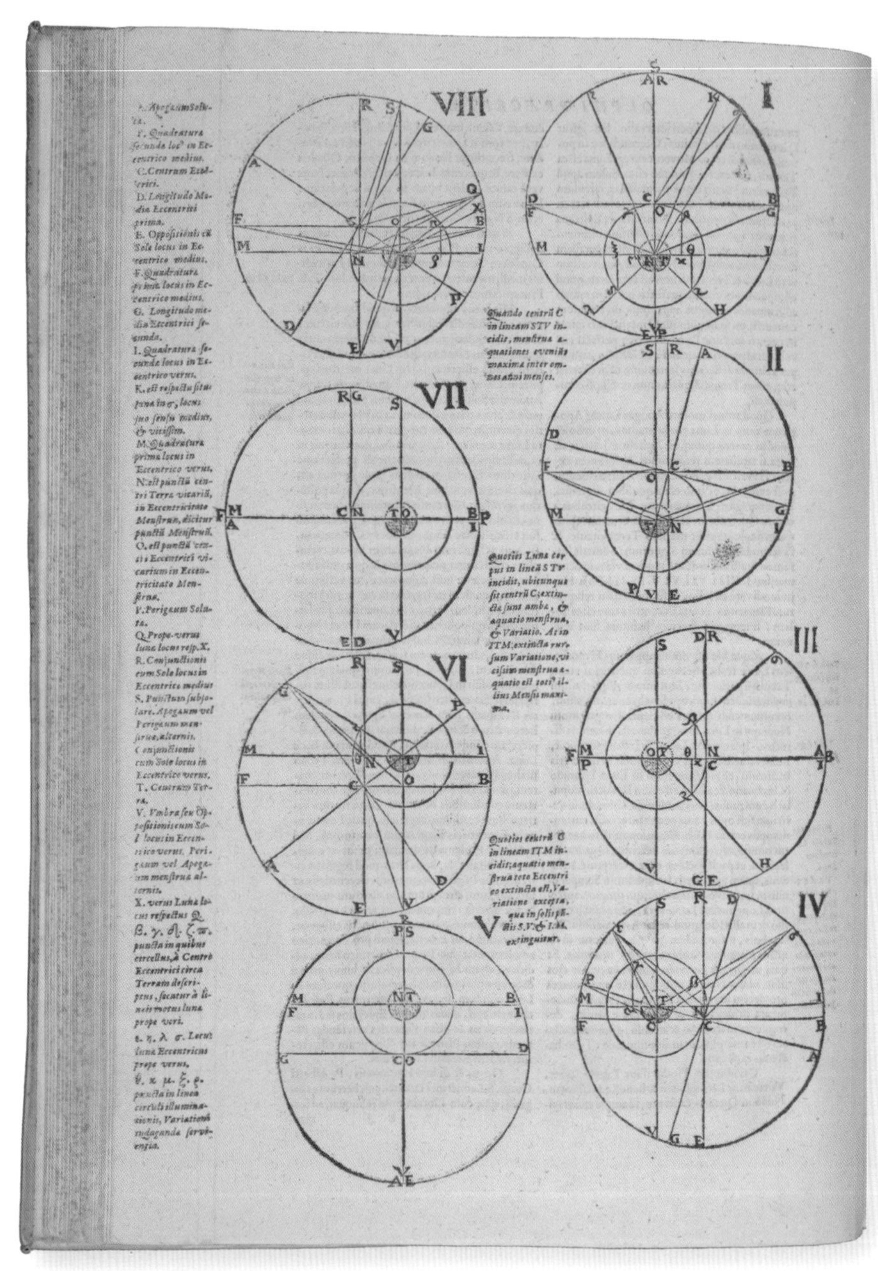

요하네스 케플러, 『루돌프 표』, J. 자우르 발행, 1627년

케플러가 정리한 항성 목록이 나온 본문과 속표지

TABULÆ

RUDOLPHINÆ,

QUIBUS ASTRONOMICÆ SCIENTIÆ, TEMPO-rum longinquitate collapsæ RESTAURATIO *continetur;*

A Phœnice illo Astronomorum

TYCHONE

Ex Illustri & Generosa BRAHEORUM *in Regno Daniæ familiâ oriundo Equite,*

PRIMUM ANIMO CONCEPTA ET DESTINATA ANNO CHRISTI MDLXIV: EXINDE OBSERVATIONIBUS SIDERUM ACCURATISSIMIS, POST ANNUM PRÆCIPUE MDLXXII, QUO SIDUS IN CASSIOPEJÆ CONSTELLATIONE NOVUM EFFULSIT, SERIÒ AFFECTATA; VARIISQUE OPERIBUS, CÙM MEchanicis, tùm librariis, impenso patrimonio amplissimo, accedentibus etiam subsidiis FRIDERICI II. DANIÆ REGIS, regali magnificentia dignis, tracta per annos XXV, potissimùm in Insula freti SUNDICI HUENNA, & arce URANIBURGO, in hos usus à fundamentis extructâ:

TANDEM TRADUCTA IN GERMANIAM, INQUE AULAM ET Nomen RUDOLPHI IMP. *anno MDIIC.*

TABULAS IPSAS, JAM ET NUNCUPATAS, ET AFFECTAS, SED MORTE AUTHORIS SUI ANNO MDCI DESERTAS,

JUSSU ET STIPENDIIS FRETUS TRIUM IMPPP.

RUDOLPHI, MATTHIÆ, FERDINANDI,

ANNITENTIBUS HÆREDIBUS BRAHEANIS; EX FUNDAMENTIS observationum relictarum; ad exemplum ferè partium jam exstructarum; continuis multorum annorum speculationibus, & computationibus, primùm PRAGÆ *Bohemorum continuavit; deindè* LINCII, *superioris Austriæ Metropoli, subsidiis etiam Ill. Provincialium adjutus, emendavit, perfecit, absolvit; adq; causarum & calculi perennis formulam traduxit*

IOANNES KEPLERUS,

TYCHONI *primùm à* RUDOLPHO II. *Imp. adjunctus calculi minister; indeq; trium ordine Imppp. Mathematicus:*

Qui idem de speciali mandato FERDINANDI II. IMP. petentibus instantibúsq; Hæredibus,

Opus hoc ad usus præsentium & posteritatis, typis, numericis propriis, cæteris & prælo JONÆ SAURII, *Reip. Ulmanæ Typographi, in publicum extulit, & Typographicis operis* ULMÆ *curator affuit.*

Cum Privilegiis, IMP. & Regum Rerúmq; publ. vivo TYCHONI ejúsq; Hæredibus, & speciali Imperatorio, ipsi KEPLERO concesso, ad annos XXX.

ANNO M. DC. XXVII.

궤도의 크기와 각 행성이 궤도를 완전히 도는 시간의 관계를 밝힌 행성 운동의 세 번째 법칙이 『우주의 조화』 마지막 장에 나온다. 그리고 마지막으로 소개할 케플러의 저서는 1627년에 나온 『루돌프 표*Tabulae Rudolphinae*』다. 로마 황제였던 루돌프 2세의 이름이 제목에 들어간 이 책에는 케플러가 브라헤의 데이터를 크게 참고하여 정리한 별의 일람표가 담겨 있다. 당시의 최신 과학 지식과 함께 인상적인 세계 지도도 볼 수 있는 책이다.

모든 행성이 투명한 천구 형태의 우주 안에 고정되어 있는 게 아니라면, 어떻게 각 행성의 위치가 유지될 수 있을까? 수많은 자연철학자가 그 정확한 원리를 밝혀내고자 했고, 여러 가능성 중에 자력, 즉 멀리 떨어진 단단한 물체에도 영향을 주는 자연의 힘이 관여하리라는 견해가 가장 큰 호응을 얻었다. 케플러도 1600년에 나온 영국의 자연철학자 윌리엄 길버트William Gilbert의 저서 『자석, 자성체, 거대 자석인 지구에 관하여*De Magnete, Magneticisque Corporibus, et de Magno Magnete Tellure*』(줄여서 『자석에 관하여』)를 근거로 그러한 견해에 동의했다.

길버트의 책은 중력에 관한 부분에는 오류가 있지만 자석을 과학적으로

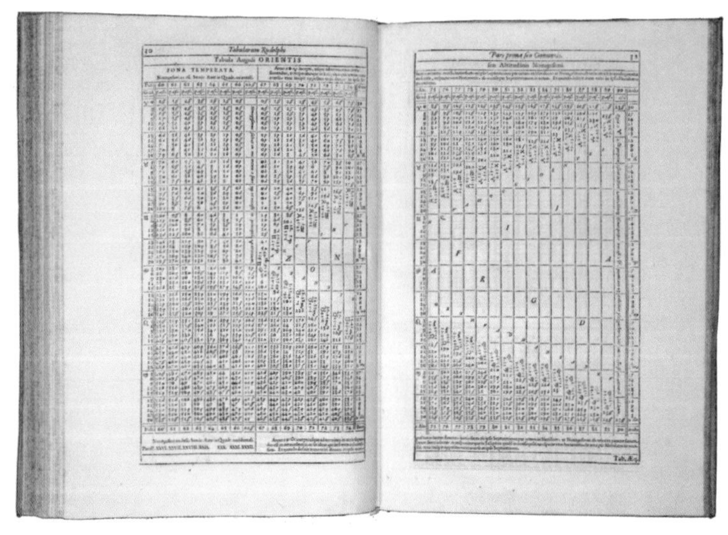

요하네스 케플러, 『루돌프 표』, J. 자우르 발행, 1627년

케플러가 튀코 브라헤의 데이터를 바탕으로 작성한 수많은 천문표 중 하나

상세하게 탐구한 최초의 책이라는 점에서 중요하다. 『자석에 관하여』에는 길버트가 지구상의 위치에 따라 지구의 자력으로 발생하는 영향이 달라진다는 사실을 설명하기 위해 수행한 다양한 실험이 나오는데, 그는 이러한 실험을 위해 '테렐라Terrella'라는 구 모양의 자석도 제작했다. 길버트의 이러한 시도는 인공물로 자연을 탐구할 수 있다고 한 베이컨의 주장을 확실하게 뒷받침했고, 이는 과학 실험이 온전히 받아들여지기 위해 꼭 필요한 단계였다. 길버트의 저서는 오늘날의 기준에서 최초의 진정한 과학책이라 할 수 있다.

길버트가 『자석에 관하여』를 집필 중이던 무렵부터 인쇄술이 과학과 정보의 분포에 미치는 영향이 뚜렷해지기 시작했다. 그때부터 지금까지 과학자와 일반 독자 모두에게 엄청난 골칫거리가 된, 정보 과잉의 문제를 처음 지적한 사람도 길버트였다. 그는 이 문제를 지식인들이 "바다처럼 방대한 책과 마주하게 되었으며 배움에 열심인 사람들이 그로 인한 괴로움과 피로에 시달리고 있다."라고 표현했다.

하지만 인쇄 기술이 과학의 소통에 끼친 영향은 의심의 여지 없이 단점보다 장점이 더 컸다. 자연철학자들은 새로운 생각을 공유할 수 있게 되어 서

윌리엄 길버트, 『자석에 관하여』, 피터 쇼트Peter Short 발행, 1600년

저자가 자석에 관해 설명한 부분. 오른쪽은 그가 '테렐라'라고 칭한 구 형태의 자석을 나타낸 그림이다.

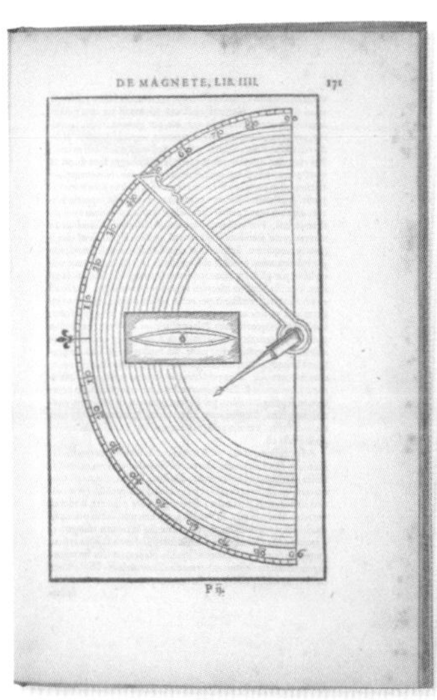

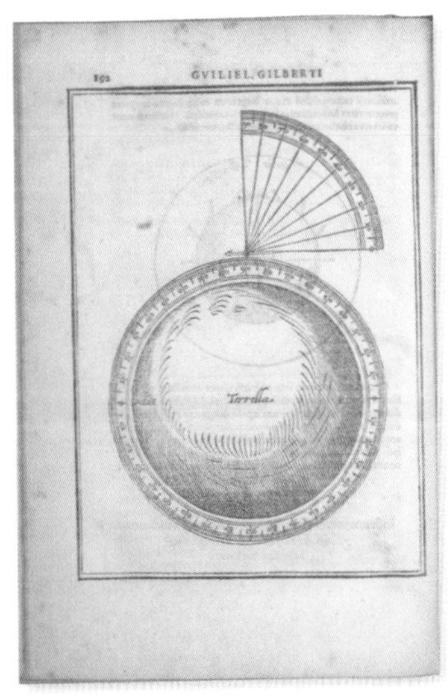

IMPRESSIO LIBRORVM.
Poteſt vt vna vox capi aure plurima:
Linunt ita vna ſcripta mille paginas.

얀 콜라르트 1세Jan Collaert I, 〈책 인쇄의 발명The Invention of Book Printing〉, 1600년경

책 인쇄소가 생겨나기 시작한 초창기에 그곳에서 일하는 사람들을 그린 그림. '현대의 새로운 발명'이라는 큰 제목으로 묶인 여러 작품 중 하나다.

로에게 영감을 주고 생각을 더욱 발전시킬 수 있었다. 한때 신성불가침처럼 여겨지던 아리스토텔레스의 견해에 반박하는 의견을 종이에 적힌 글로 밝힐 수도 있게 되었다. 책은 과학 지식을 전달하는 매개체가 되었을 뿐만 아니라, 대학에 각자 고립되어 동떨어져 지내던 사람들이 책을 통해 이전까지 생각지도 못했던 방식으로 토론을 벌일 수 있게 되었다.

사람의 몸속

천문학이 새로운 과학의 중추였던 건 사실이지만(일정 부분은 자력에 관한 연구도), 과학에서 유일하게 급속히 발전한 분야는 아니었다. 1543년, 플랑드르 의사 안드레아스 베살리우스Andreas Vesalius는 『사람 몸의 구조*De Humani*

안드레아스 베살리우스, 『사람 몸의 구조』, 요하네스 오포리누스Johannes Oporinus 발행, 1543년

베살리우스가 인체를 연구하고 그 결과를 일곱 권의 책에 정리한 저서의 마지막 권 초판 머릿그림. 화려한 색감의 이 목판화에는 베살리우스가 의과 대학에서 수업 중인 모습이 묘사되어 있다. 전면 컬러 판본은 사진에 나온 이 책이 유일하게 남아 있다.

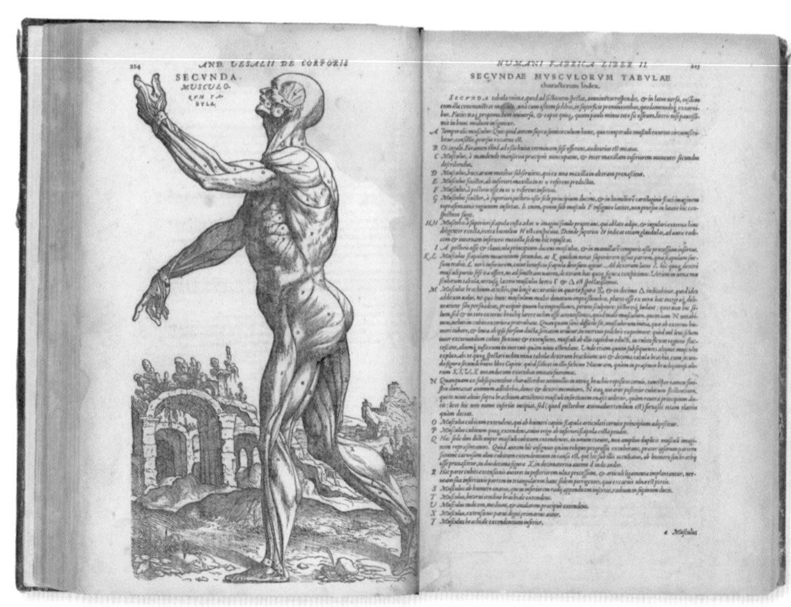

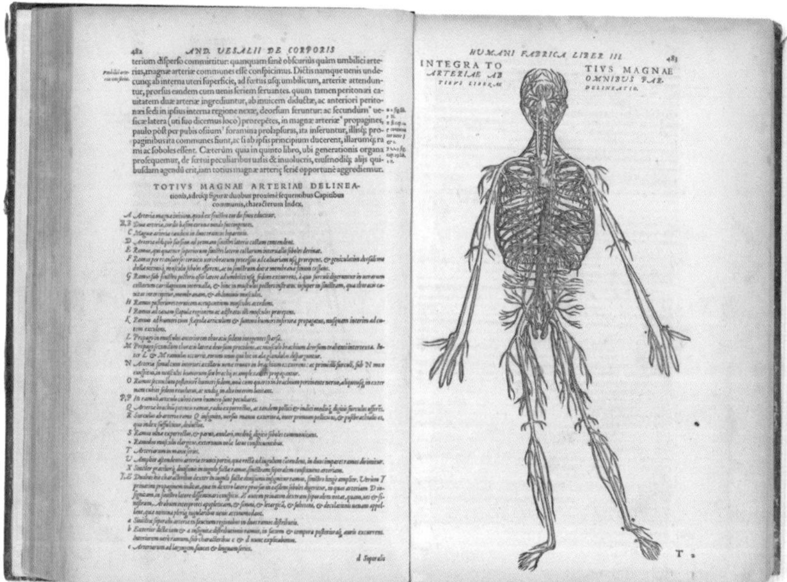

안드레아스 베살리우스, 『사람 몸의 구조』, 요하네스 오포리누스 발행, 1555년

1543년에 초판이 나오고 12년 뒤에 스위스에서 발행된 판본에 실린 인체 삽화

Corporis Fabrica Libri Septem』라는 책을 썼다(원제는 '사람 몸에 관한 일곱 권의 책'). 무려 레오나르도 다빈치의 그림을 능가할 정도로 훌륭한 인체 해부도가 담긴 저서였다. 물리학과 우주학에서 아리스토텔레스의 이론이 그랬듯 갈레노스와 히포크라테스의 이론이 수많은 한계에도 불구하고 의학을 지배하던 시대에, 베살리우스는 그 굴레에서 벗어나 자신이 직접 해부하고 관찰한 훨씬 정확한 결과를 바탕으로 기존 이론의 여러 해부학적 오류를 지적하며 새로운 해부 지식을 제공했다.

그로부터 1백 년도 지나지 않은 1628년에는 1578년 영국 포크스턴에서 태어난 윌리엄 하비William Harvey라는 의사가 쓴 책이 의학계에 획기적인 변화를 일으켰다. 전체 분량이 72쪽에 불과한 하비의 저서 『동물의 심장과 혈액의 운동에 관한 해부학적 연구*Exercitatio Anatomica de Motu Cordis et Sanguinis in Animalibus*』는 혈액이 전신을 어떻게 순환하는지 처음으로 상세히 분석한 책이다. 이 책에는 동물을 면밀히 관찰하고 실험하는 한편 사람의 몸에 끈을 묶어서(결찰結紮) 일시적으로 혈류를 차단하는 실험을 통해 얻은 결과가 담겨 있다. 이전까지 심장은 인체 기관의 하나로 여겨지기보다 영적으로 더 큰 의미가 부여되었는데, 하비는 심장이 혈액을 흐르게 만드는 일종의 펌프라는 사실을 분명하게 밝혔다. 또한 한 방향으로만 열리는 판막을 찾아냈고, 심장이 퍼내는 엄청난 양의 혈액이 다 처리되려면 순환이 필수임을 증명했다. 하비의 이 새로운 이론은 갈레노스부터 시작해 오랫동안 의학계가 수용한 생각과 부딪혔으므로, 널리 받아들여지기까지 수십 년이 걸렸다.

시간을 조금 빨리 돌려, 하비의 책과 대조되는 또 다른 의학 도서 한 권을 간단히 살펴보자. 니컬러스 컬페퍼Nicholas Culpeper가 쓴 『약초 도감*Complete Herbal*』(1652)이다. (초판 제목은 '영국의 의사The English Physitian'였다) 컬페퍼가 활동하던 시기에도 의학은 하비의 저서가 인체의 해부학적 특징에 관한 지식을 넓힌 것이 무색할 만큼 전반적으로 비과학적이고 심지어 몸에 해롭기까지 한 고대 그리스 시대의 지식에 여전히 얽매여 암흑기에 머물러 있었다. 1616년 런던에서 태어난 컬페퍼는 환자의 건강 개선에 실질적으로 도움이 될 수 있는 분야에 주목했다. 바로 약물학이었다.

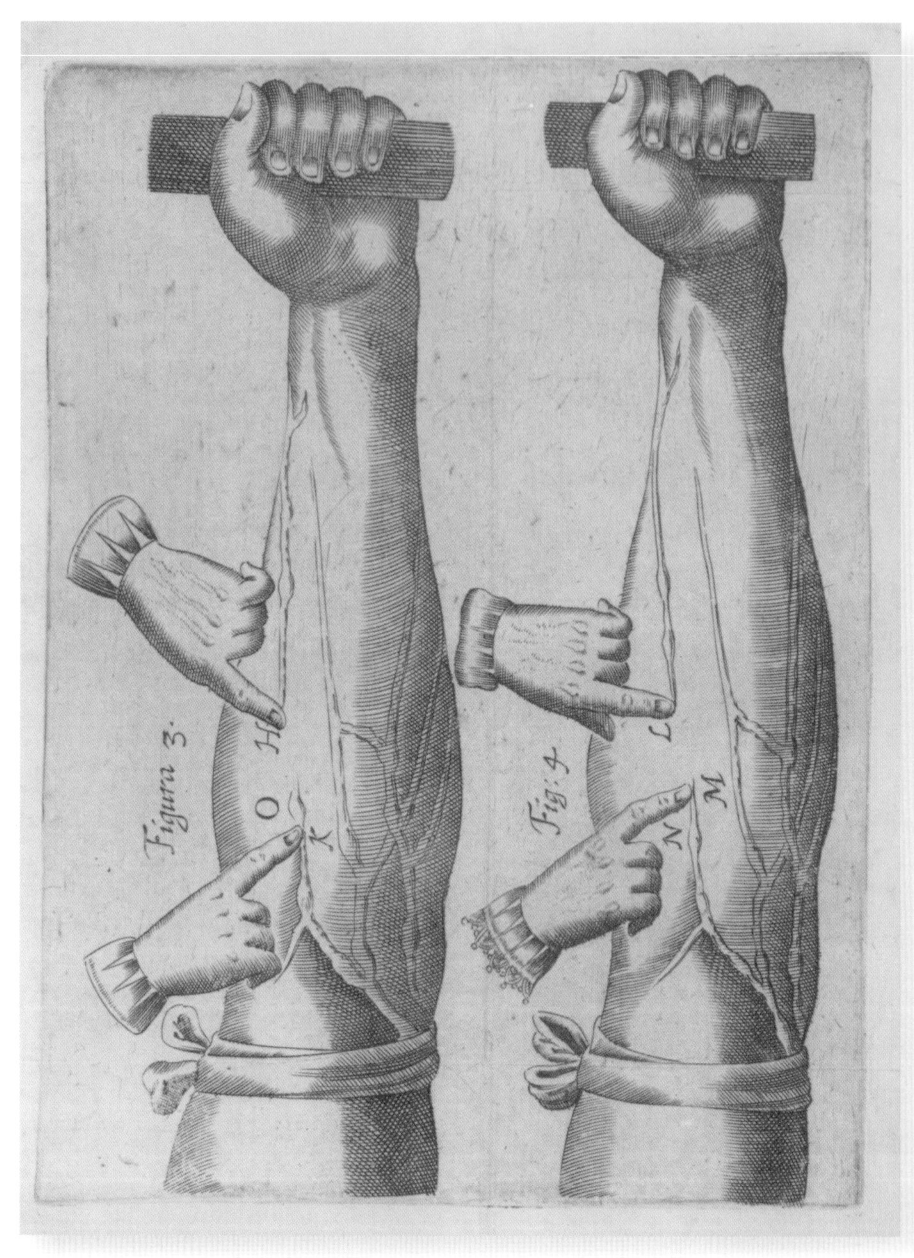

윌리엄 하비, 『동물의 심장과 혈액의 운동에 관한 해부학적 연구』, 도미니치 리차르디Dominici Ricciardi 발행, 1643년

1628년에 초판이 나오고 15년 뒤에 발행된 판본에 실린 삽화. 혈류를 차단하는 결찰 실험 과정이 나와 있다.

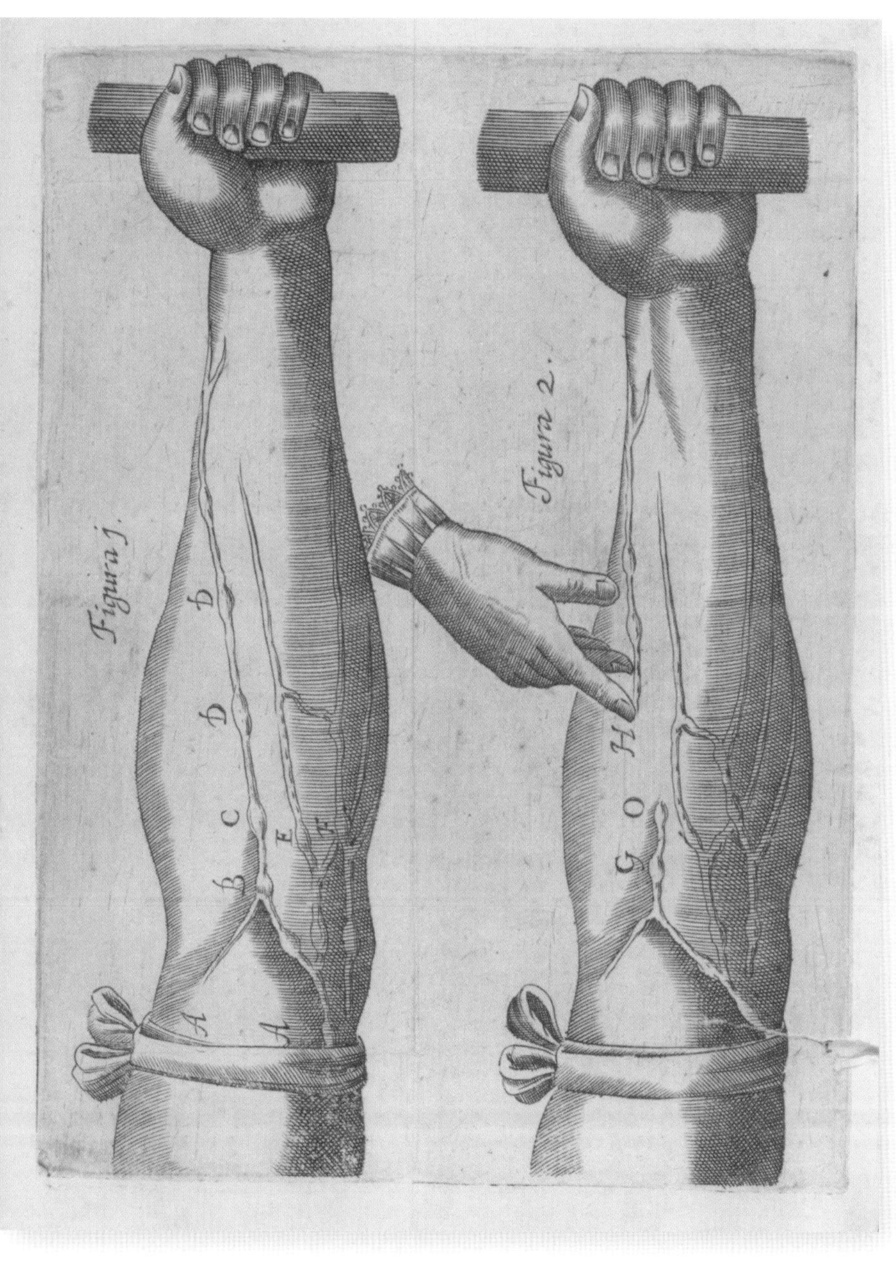
Figura 1.
Figura 2.

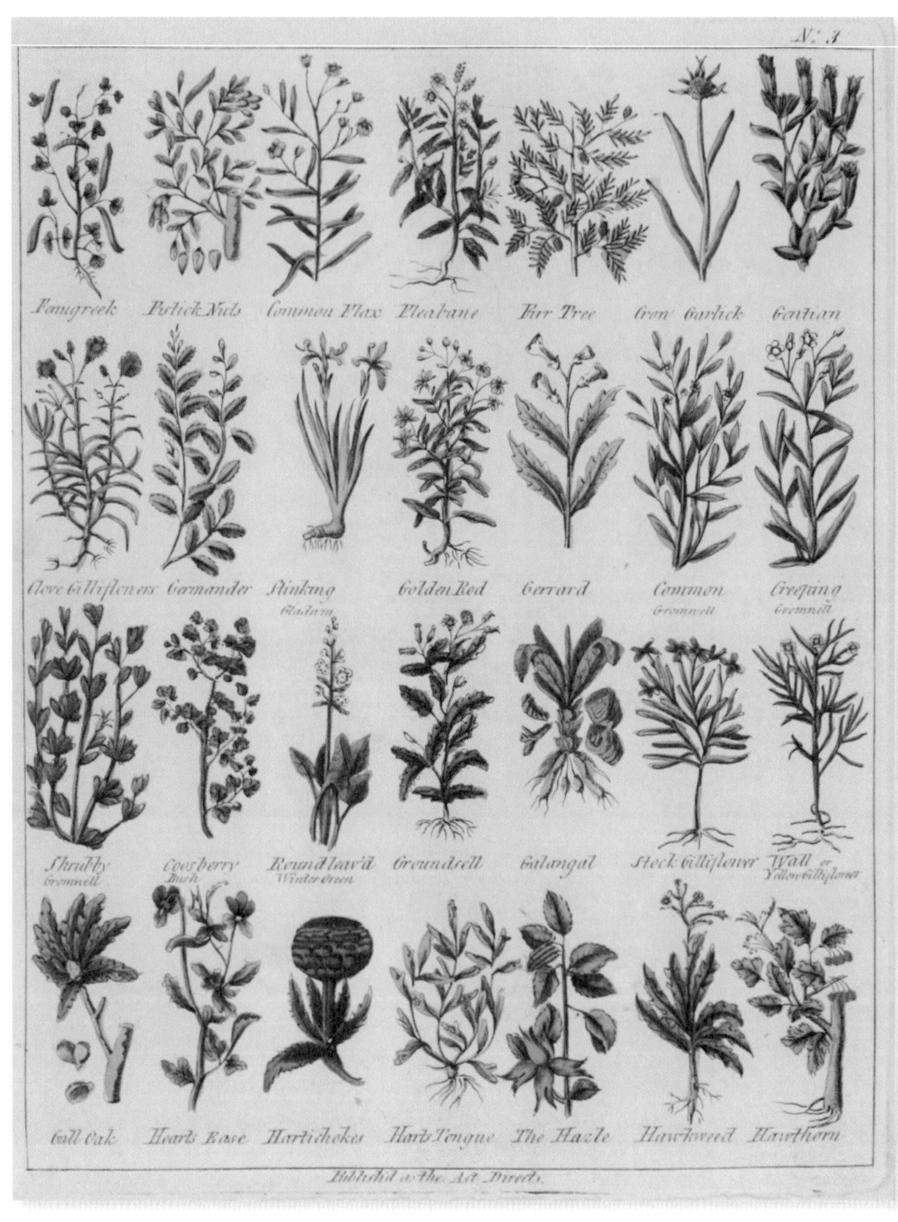

니컬러스 컬페퍼, 『약초 도감』, 에베네저 시블리Ebenezer Sibley 발행, 1789년

1652년에 초판이 발행되고 1백 년이 넘는 시간이 흐른 뒤에 나온 판본. 사람들이 야외에서 약초를 더 정확히 찾아낼 수 있도록 풍성한 삽화를 제공했다.

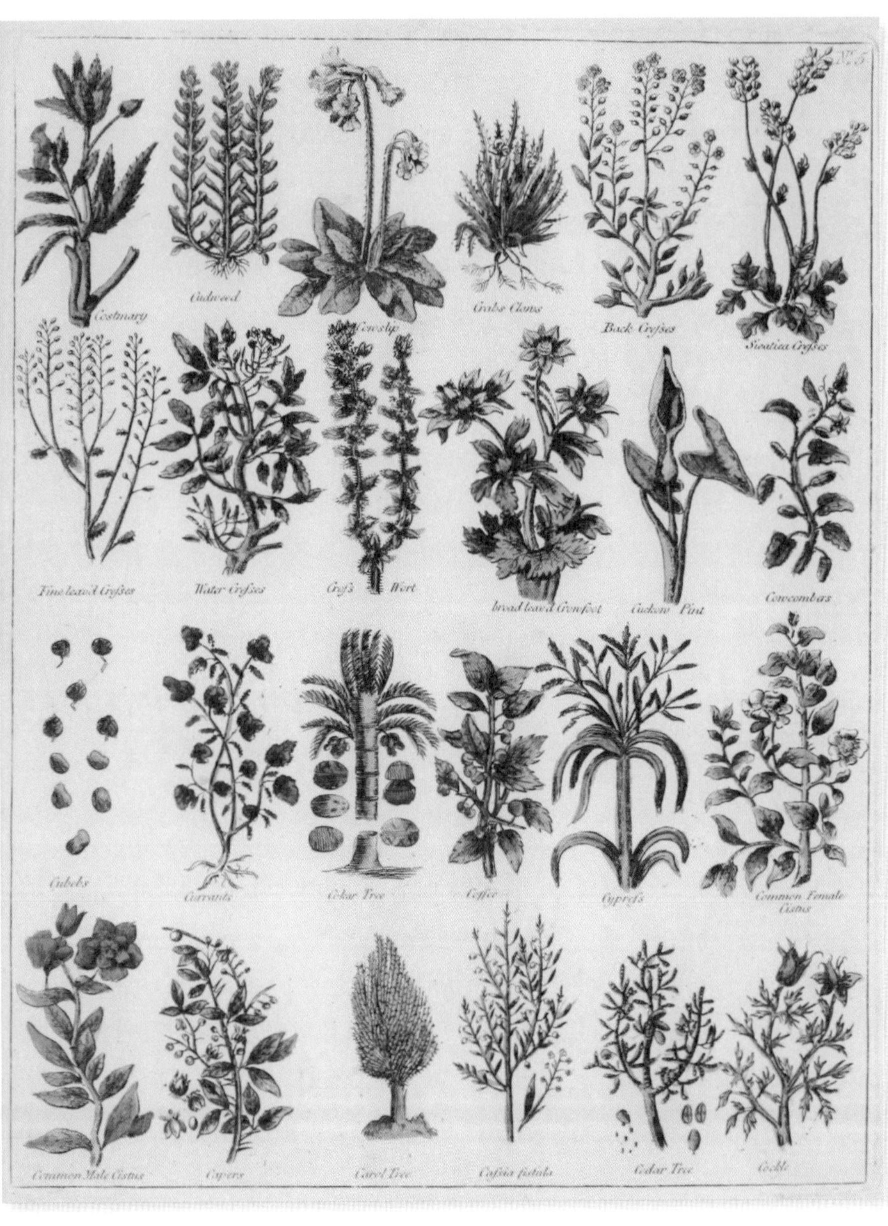
N.° 5
Costmary
Cudweed
Cowslip
Crabs Claws
Back Creſses
Sciatica Creſses
Fine leav'd Creſses
Water Creſses
Creſs Wort
broad leav'd Crowfoot
Cuckow Pint
Cowcombers
Cubebs
Currants
Cedar Tree
Coffee
Cypreſs
Common Female Cistus
Common Male Cistus
Capers
Carol Tree
Caſsia fistula
Cedar Tree
Cockle

컬페퍼가 쓴 책의 내용은 1652년에 나온 초판 제목인 '영국의 의사'보다 1653년에 붙여진 새로운 제목인 『약초 도감』과 훨씬 잘 어울리는, 약초학 중심의 약학 지침서였다. 컬페퍼는 약초로 병을 치료하는 일에 열정적으로 관심을 쏟았다. 그가 제시한 방법 중에는 실제로 의학적인 효과를 얻을 수 있는 것도 있었지만, 특정 행성의 영향과 잘 맞는 식물이 있다는 민간의 근거 없는 믿음이 반영되는 등 비과학적인 점성술의 영향에서 완전히 벗어나지 못한 시대라는 사실이 여실히 드러나는 부분도 있다는 것이 이 책의 흥미로운 특징이다.

이름을 두 번씩 부를 만큼 뛰어난 사람[17]

그러나 의학의 발전 속도는 더뎠고, 혁신의 빈도가 가장 높았던 과학 분야는 물리학과 우주학이었다. 다시 그 두 분야로 돌아와서, 르네상스를 대표하는 인물인 갈릴레오 갈릴레이의 저술을 살펴보자. 갈릴레오는 1564년에 이탈리아 피사에서 태어났다. 전문 음악가였던 그의 아버지는 악기의 과학적인 원리에 관심이 많았고, 이런 배경은 갈릴레오가 어릴 때부터 분석적인 시각을 갖는 데 영향을 주었다.

갈릴레오는 수학과 물리학, 천문학을 폭넓게 연구했다. 성격적으로는 기회주의자의 면모가 있었는데, 한 예로 그는 네덜란드의 어느 발명가가 직접 만든 망원경을 선보이러 베네치아에 온다는 소식을 접하고는 친구를 시켜 그가 오지 못하게 만들었다. 자신이 만든 망원경이 베네치아에 먼저 소개되도록 하기 위해서였다. 그러나 갈릴레오는 의심의 여지 없이 천재였고, 과학이 고대 그리스 시대부터 지속된 좁은 시각에서 벗어나도록 노력한 자연철학자 중 한 사람이었다.

갈릴레오는 중요한 책을 여러 권 썼다. 비전문가들에게도 처음으로 널리 알려진 책은 1610년에 출간된 『갈릴레오가 들려주는 별 이야기: 시데레우스 눈치우스*Sidereus Nuncius*』인데(엄밀히 말하면 책이라기보다 소책자에 더 가깝다), 이 책을 그의 가장 중요한 저술로 보기는 어렵다. '시데레우스 눈치우스'는 직역하면 '항성의 소식을 전하는 사람Sidereal Messenger'이지만 그보다는 '별의 소식을 전하는 사람Starry Messenger'으로 더 많이 알려져 있다. 원래 'sidereal'은 '별과 비슷한'이라는 의미였으나 시간이 흐르면서 고정된 별을 기준점으로 삼아 측정된 기간(즉 지구의 자전 주기)과 같은 전문 용어에 쓰이게 되었으므로, '별의 소식'이라는 표현도 잘 어울린다. 『시데레우스 눈치우스』에는 갈릴레오가 직접 만든 망원경으로 천체를 관측한 초기 결과가 요약되어 있다. 천문학에 망원경을 최초로 도입한 사람이 갈릴레오라고 많이 알려졌지만, 그건 사실이 아니다. 하지만 그가 목성의 가장 밝게 빛나는 위성 네 개를 발견하고 (토스카나 대공국이 이 성과를 좋게 평가해 주길 바랐던 그는 이 위성들을 당시의 군주 가문이던 메디치가의 이름을 따서 '메디치의 별들'이라고 불렀다) 달을 자세히 연구하는 등 중요한 관측을 한 것은 틀림없는 사실이다.

『시데레우스 눈치우스』에는 갈릴레오가 직접 그린 스케치를 토대로 제작된 멋진 판화와 함께 달의 형태에 관한 설명이 나온다. 아리스토텔레스는 달이 완벽한 형태고 표면이 평평하다고 했지만, 갈릴레오는 달 표면은 울퉁불퉁하며 다양하다고 밝혔다. 또한 망원경으로 관찰했을 때 달의 어두운 면과 밝은 면을 나누는 명암 경계선이 일직선이 아니라 삐뚤삐뚤한 것은 달 표면에 다른 곳보다 높은 부분들이 있다는 의미라고 설명했다. 즉 달 표면의 밝은 쪽에 고도가 높은 곳이 있고 거기에 그림자가 생겨 명암 경계선이 직선으로 이어지지 않는 것이므로, 달 표면에는 높은 산이 있다는 결론을 내렸다.

그런데 갈릴레오는 달을 그리면서 현대의 과학계 종사자들이 눈살을 찌푸릴 만한 오류를 남겼다. 그의 달 스케치 중에는 명암 경계선에 커다란 분화구가 있어서 달이 지구의 자연 위성이 아니라 영화 〈스타워즈Star Wars〉에 나오는 '죽음의 별'이라는 병기와 비슷해 보이는 그림이 몇 장 있다. 실제로는 없는 거대한 분화구가 그려진 것은, 갈릴레오가 작은 분화구를 자세히 보려고 망원경으로 확대해서 관찰하고는 이를 미처 반영하지 않은 기술적인 오류로 추정된다. 『시데레우스 눈치우스』는 크게 인정받지 못했다. 갈릴레오의 것보다 성능이 떨어지는 망원경으로 천체 관측에 나선 수많은 사람은 목성의 위성에 관한 갈릴레오의 설명을 이해하지 못하고 갈릴레오의 망원경 렌즈에

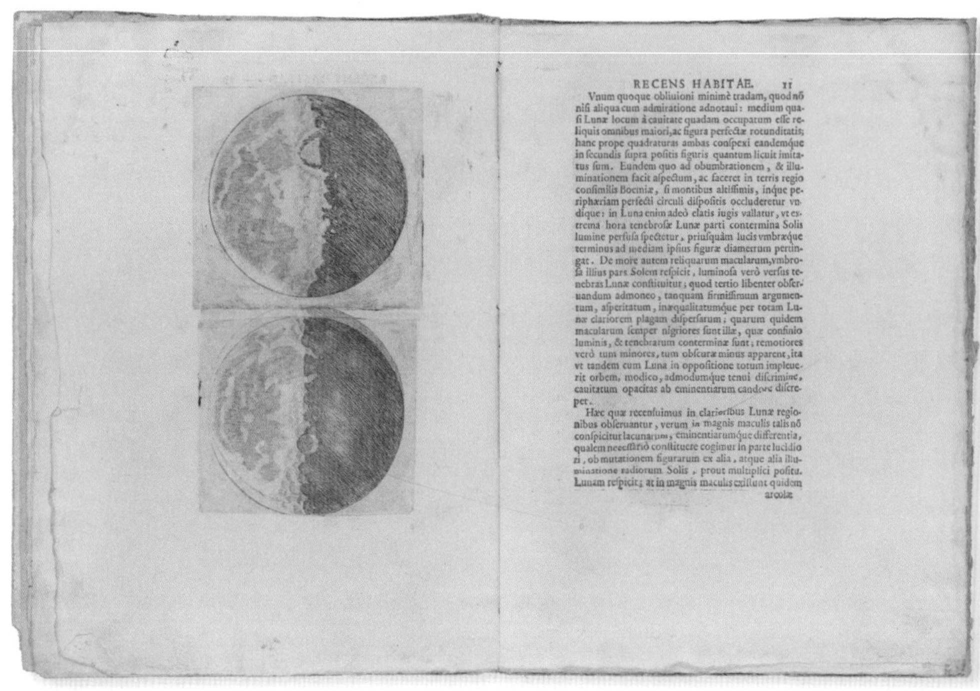

RECENS HABITAE. 11

Vnum quoque obliuioni minimè tradam, quod nō nisi aliqua cum admiratione adnotaui: medium quasi Lunæ locum à cauitate quadam occupatum esse reliquis omnibus maiori, ac figura perfectæ rotunditatis; hanc prope quadraturas ambas conspexi eandemque in secundis supra positis figuris quantum licuit imitatus sum. Eundem quo ad obumbrationem, & illuminationem facit aspectum, ac faceret in terris regio consimilis Boemiæ, si montibus altissimis, inque peripheriam perfecti circuli dispositis occluderetur vndique: in Luna enim adeò elatis iugis vallatur, vt extrema hora tenebrosæ Lunæ parti contermina Solis lumine perfusa spectetur, priusquàm lucis vmbræque terminus ad mediam ipsius figuræ diametrum pertingat. De more autem reliquarum macularum, vmbrosa illius pars Solem respicit, luminosa verò versus tenebras Lunæ constituitur; quod tertio libenter obseruandum admoneo, tanquam firmissimum argumentum, asperitatum, inæqualitatumque per totam Lunæ clariorem plagam dispersarum; quarum quidem macularum semper nigriores sunt illæ, quæ confinio luminis, & tenebrarum conterminæ sunt; remotiores verò tum minores, tum obscuræ minus apparent, ita vt tandem cum Luna in oppositione totum impleuerit orbem, modico, admodumque tenui discrimine, cauitatum opacitas ab eminentiarum candore discreper.

Hæc quæ recensuimus in clarioribus Lunæ regionibus obseruantur, verum in magnis maculis talis nō conspicitur lacunarum, eminentiarumque differentia, qualem necessariò constituere cogimur in parte lucidiori, ob mutationem figurarum ex alia, atque alia illuminatione radiorum Solis, prout multiplici positu Lunam respicit; at in magnis maculis existunt quidem

arcolæ

갈릴레오 갈릴레이,
『갈릴레오가 들려주는 별 이야기: 시데레우스 눈치우스』,
토마소 발리오니Tommaso Baglioni 발행, 1610년

갈릴레오의 달 스케치 중 두 장. 달 표면의 밝은 부분과 어두운 부분을 나누는 명암 경계선을 볼 수 있다.

문제가 있는 게 분명하다고 여겼다.

『시데레우스 눈치우스』에도 아리스토텔레스의 우주관에 반박하는 내용이 있었지만, 갈릴레오의 앞길을 가장 크게 가로막은 책이자 그가 쓴 모든 저서를 통틀어 대중에게 가장 많이 알려진 책은 1632년에 출간된 『대화: 천동설과 지동설, 두 체계에 관하여*Dialogo Sopra i due Massimi Sistemi del Mondo*』다. 갈릴레오가 이단으로 몰려 재판을 받고 세상을 떠나는 날까지 가택 연금형을 받은 발단이 된 바로 그 책이다. 갈릴레오는 천주교의 반대를 무릅쓰고 『대화』를 발표한, 일종의 순교자처럼 묘사되는 경우가 많다. 그러나 실제로는 그가 화를 자초한 부분도 분명히 있다. 『대화』에는 아리스토텔레스와 코페르니쿠스가 제시한 우주 구조를 비교해 설명하는 부분에 심플리치오Simplicio라는 가상의 아리스토텔레스 지지자가 등장하는데, 심플리치오는

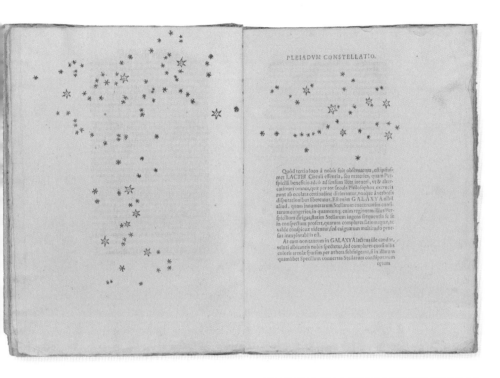

PLEIADVM CONSTELLATIO.

Quòd tertio loco à nobis fuit obſeruatum, eſt ipſiuſmet LACTEI Circuli eſſentia, ſeu materies, quam Perſpicilli beneficio adeò ad ſenſum licet intueri, vt & altercationes omnes, quæ per tot ſecula Philoſophos excruciarunt ab oculata certitudine dirimantur, noſque à verboſis diſputationibus liberemur. Eſt enim GALAXYA nihil aliud, quam innumerarum Stellarum coaceruatim conſitarum congeries; in quamcunq; enim regionem illius Perſpicillum dirigas, ſtatim Stellarum ingens frequentia ſe ſe in conſpectum profert, quarum complures ſatis magnæ, ac valde conſpicuæ videntur; ſed exiguarum multitudo prorſus inexplorabilis eſt.

At cum non tantum in GALAXYA lacteus ille candor, veluti albicantis nubis ſpectetur, ſed complures conſimilis coloris areolæ ſparſim per æthera ſubfulgeant, ſi in illarum quamlibet Specillum conuertas Stellarum conſtipatarum cętum

갈릴레오 갈릴레이,
『갈릴레오가 들려주는 별 이야기: 시데레우스 눈치우스』,
토마소 발리오니 발행, 1610년

갈릴레오가 그린 플레이아데스성단. 그가 새로 제작한 망원경으로 발견한, 이전까지 알려지지 않은 별들도 그림에 담겨 있다.

스테파노 델라 벨라Stefano della Bella, 『갈릴레오 갈릴레이 전집*Opere di Galileo Galilei*』의 머릿그림, 에칭화, 1656년

갈릴레오의 저작을 모아서 엮은 전집의 머릿그림. 갈릴레오가 망원경을 들고 있는 모습으로 그려졌다.

'머리가 둔하다'는 뜻의 이탈리아어와 수상할 정도로 흡사한 이름이다. 게다가 이 심플리치오가 이 책에서 코페르니쿠스의 우주 모형을 가리켜 계산에는 유용하지만 현실을 반영하지는 못하는 그럴듯한 수학 이론이라고 평가하는 말은 당시 교황이 실제로 한 말이었으니 상황은 더욱 나빠졌다. 교황을 아둔하다고 표현한 건 정치적으로 세심하지 못한 처사였다.

『대화』의 핵심이 되는 내용은 갈릴레오가 처음 떠올린 독창적인 생각이 아니며, 그가 한 일은 과거에 이미 나온 그 생각들의 근거를 제시한 것이다. 『대화』의 내용 중에 갈릴레오가 최초로 제시한 이론은 밀물과 썰물에 관한 내용이 유일한데, 아쉽게도 조수가 하루에 한 번만 발생한다는 완전히 틀린 주장이었다. 『대화』가 갈릴레오의 가장 유명한 저서임에도 간과되는 경향이 있는 것은 아마도 이 책의 가장 중요한 특징이 영향을 주었을 것이다. 『대화』는 뮌스터의 『우주의 구조』(110쪽 참고)처럼 라틴어가 아닌 대중의 언어(이 책의 경우 이탈리아어)로 쓰였다. 갈릴레오는 과학 지식이 더 많은 사람에게 전달되어야 한다는 사실을 누구보다 일찍 깨달은 과학 저술가였고, 이에 따라 그의 가장 중요한 저서 두 권을 모두 '통속적인 언어'라 불리던 모국어로 썼다.

독창성의 면에서 『대화』보다 훨씬 앞서는 갈릴레오의 또 다른 주요 저서는 가택 연금형이 내려진 후인 1638년에 출간된 『새로운 두 과학: 고체의 강도와 낙하 법칙에 관하여*Discorsi e Dimostrazioni Matematiche Intorno a Due Nuove Scienze*』다. 진자의 운동, 중력의 영향으로 물체의 움직임이 가속화되는 방식, 낙하 속도에 물체의 질량은 영향을 주지 않는다는 점, 발사체의 궤적 등 갈릴레오가 수립한 물리학의 핵심 이론이 정리된 책이다. 이와 함께 갈릴레오는 무한의 개념이 수학적으로 어떤 의미가 있는지에 관한, 미래의 수학자들에게 보탬이 된 생각을 처음으로 제시한 사람 중 하나였다.

갈릴레오가 피사의 사탑에서 무게가 다른 공 여러 개를 떨어뜨렸다는 전설은 사실이 아닐 가능성이 크다. 그러한 방식으로 공의 낙하 시간을 정확히 측정하기는 매우 어려웠을 것이기 때문이기도 하지만, 그가 정말로 그런 실험을 했다는 증거도 없다. 무거운 물체의 낙하 속도가 자연히 더 빠르다는 아리스토텔레스의 주장에 반박하기 위해 갈릴레오가 제시한 실험은 줄 양 끝에

갈릴레오 갈릴레이, 『대화』,
I. A. 후게탄I. A. Huguetan 발행,
1641년

우주의 구조에 관해 설명한 책.
초판은 1632년에 출간됐다.
사진은 나중에 발행된 판본의
머릿그림으로, 아리스토텔레스와
프톨레마이오스, 코페르니쿠스의
모습이 그려져 있다.

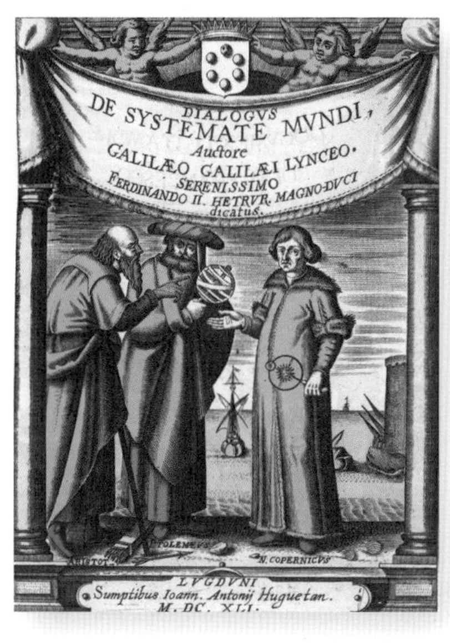

갈릴레오 갈릴레이, 『대화』,
바티스타 란디니Batista Landini
발행, 1632년

코페르니쿠스가 제시한 태양계
구조, 천체가 광원 주변을 도는
모습을 각각 나타낸 그림

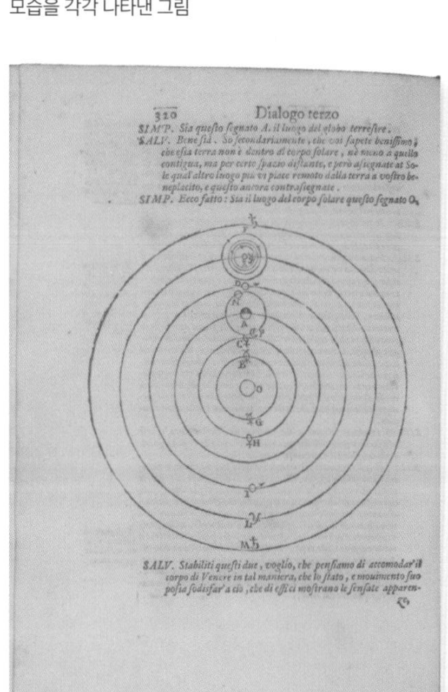

320 Dialogo terzo

SIMP. Sia questo segnato A. il luogo del globo terrestre.

SALV. Bene sta. So secondariamente, che voi sapete benissimo, che essa terra non è dentro al corpo solare, nè meno a quello contigua, ma per certo spazio distante, e però assegnate al Sole qual'altro luogo più vi piace remoto dalla terra a vostro beneplacito, e questo ancora contrassegnate.

SIMP. Ecco fatto: Sia il luogo del corpo solare questo segnato O.

SALV. Stabiliti questi due, voglio, che pensiamo di accomodar'il corpo di Venere in tal maniera, che lo stato, e movimento suo possa sodisfar'a ciò, che di essi ci mostrano le sensate apparenze

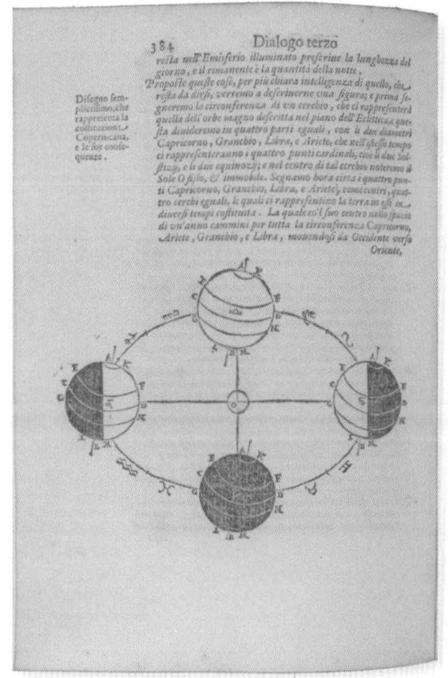

384 Dialogo terzo

resta nell'Emisferio illuminato prescrive la lunghezza del giorno, e il rimanente è la quantità della notte.

Disegno semplicissimo, che rappresenta la costituzione Copernicana, e le sue conseguenze.

Proposte queste cose, per più chiara intelligenza di quello, che resta da dirsi, verremo a descriverne una figura; e prima segneremo la circonferenza di un cerchio, che ci rappresenterà quella dell'orbe magno descritta nel piano dell'Eclittica, e questa divideremo in quattro parti eguali, con li due diametri Capricorno, Granchio, Libra, e Ariete, che nell'istesso tempo ci rappresenteranno i quattro punti cardinali, cioè li due Solstizij, e li due equinozij; e nel centro di tal cerchio noteremo il Sole O fisso, & immobile. Segniamo hora circa i quattro punti Capricorno, Granchio, Libra, e Ariete, come centri, quattro cerchi eguali, li quali ci rappresentino la terra in essi in diversi tempi costituita. La quale co'l suo centro nello spazio di un'anno cammini per tutta la circonferenza Capricorno, Ariete, Granchio, e Libra, movendosi da Occidente verso Oriente,

매달린 두 개의 물체의 낙하에 관한 기발한 사고 실험이었다. 기울어진 평면에 질량이 다른 공을 굴리는 실험(탑 위에서 공을 떨어뜨리는 것보다 조건이 훨씬 엄격히 통제된 방법) 결과도 그의 주장을 뒷받침하는 근거로 제시됐다.

갈릴레오는 『새로운 두 과학』도 그 시대의 다른 과학책들과 달리 이탈리아어로 저술했다. 지금 읽어도 술술 읽히고 누가 봐도 최대한 많은 독자가 이해할 수 있도록 쉽게 쓴 책인데도, 갈릴레오는 머리말에 출판하려고 쓴 책이 절대 아니며(네덜란드에 개혁 교회의 영향력이 막강했던 시기에 설립되어 지금까지 남아 있는 출판사 엘스비어Elsevier가 출판을 맡았다) 친구 몇 명에게 주려고 썼다가 출판까지 하게 되어 자신도 놀랐다는 장난스러운 말을 남겼다. 종교 재판을 피하려고 한 말이라고 하기에는 자신을 재판할 사람들을 별로 두려워하지 않는 기색이 분명히 느껴지는데, 어쨌든 이 책으로는 반격을 받지 않았다.

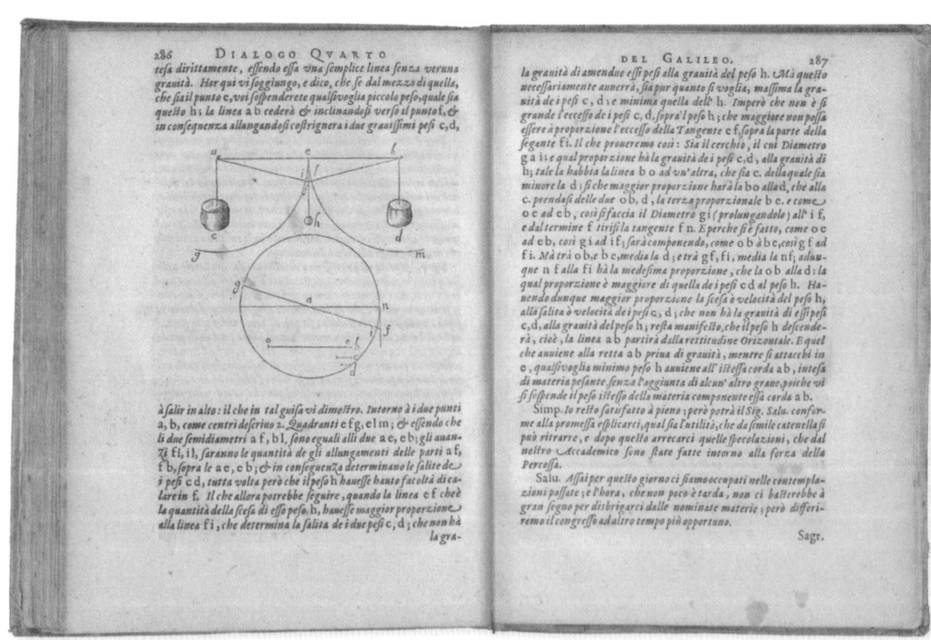
286 DIALOGO QVARTO

tesa dirittamente, essendo essa vna semplice linea senza veruna grauità. Hor qui vi soggiungo, e dico, che se dal mezzo di quella, che sia il punto c, voi sospenderete qualsivoglia piccolo peso, quale sia questo h; la linea a b cederà & inclinandosi verso il punto f, & in consequenza allungandosi costrignerà i due grauissimi pesi c, d,

à salir in alto: il che in tal guisa vi dimostro. Intorno à i due punti a, b, come centri descriuo 2. Quadranti e f g, e l m; & essendo che li due semidiametri a f, b l, sono eguali alli due a e, e b; gli auanzi f i, i l, saranno le quantità de gli allungamenti delle parti a f, f b, sopra le a e, e b; & in consequenza determinano le salite de i pesi c d, tutta volta però che il peso h hauesse hauto facoltà di calare in f. Il che allora potrebbe seguire, quando la linea e f che è la quantità della scesa di esso peso h, hauesse maggior proporzione alla linea f i, che determina la salita de i due pesi c, d; che non hà la gra-

DEL GALILEO. 287

la grauità di amendue essi pesi alla grauità del peso h. Mà questo necessariamente auuerrà, sia pur quanto si voglia, massima la grauità de i pesi c, d; e minima quella dell' h. Imperò che non è si grande l'eccesso de i pesi c, d, sopra'l peso h; che maggiore non possa essere à proporzione l'eccesso della Tangente e f, sopra la parte della segante f i. Il che prouveremo così: Sia il cerchio, il cui Diametro g a i: e qual proporzione hà la grauità de i pesi c, d, alla grauità di h; tale la habbia la linea b o ad vn' altra, che sia c. dellaquale sia minore la d; si che maggior proporzione harà la b o alla d, che alla c. prendasi delle due o b, d, la terza proporzionale b c. e come o c ad e b, così si faccia il Diametro g i (prolungandolo) all' i f, e dal termine f tirisi la tangente f n. E perche si è fatto, come o c ad e b, così g i ad i f; sarà componendo, come o b à b c, così g f ad f i. Mà trà o b, e b c, media la d; e trà g f, f i, media la n f; adunque n f alla f i hà la medesima proporzione, che la o b alla d: la qual proporzione è maggiore di quella de i pesi c d al peso h. Hauendo dunque maggior proporzione la scesa ò velocità del peso h, alla salita ò velocità de i pesi c, d; che non hà la grauità di essi pesi c, d, alla grauità del peso h; resta manifesto, che il peso h descenderà, cioè, la linea a b partirà dalla rettitudine Orizontale. E quel che auuiene alla retta a b priua di grauità, mentre si attacchi in e, qualsivoglia minimo peso h auuiene all' istessa corda a b, intesa di materia pesante senza l'aggiunta di alcun' altro graue, poiche vi si sospende il peso istesso della materia componente essa corda a b.

Simp. Io resto satisfatto à pieno; però potrà il Sig. Salu. conforme alla promessa esplicarci, qual sia l'utilità, che da simile catenella si può ritrarre, e dopo questo arrecarci quelle specolazioni, che dal nostro Accademico sono state fatte intorno alla forza della Percossa.

Salu. Assai per questo giorno ci siamo occupati nelle contemplazioni passate; e l'hora, che non poco è tarda, non ci basterebbe à gran segno per disbrigarci dalle nominate materie; però differiremo il congresso ad altro tempo più opportuno.

Sagr.

갈릴레오 갈릴레이, 『새로운 두 과학』, 엘스비어 발행, 1638년

갈릴레오가 물리학에 남긴 걸작. 갈릴레오의 가택 연금형으로 이탈리아에서는 출간할 수 없게 되자 네덜란드 출판사 엘스비어에서 발행했다.

기하학과 화학

프랑스의 철학자 르네 데카르트René Descartes는 갈릴레오 이후 르네상스 시대의 또 다른 비범한 인물인 아이작 뉴턴이 등장하기 전, 그 틈새를 채운 인물이다. 데카르트라고 하면 "나는 생각한다, 고로 존재한다"라는 말로 기억하는 사람들이 가장 많지만, 그는 그 외에도 다양한 과학 이론을 세우고 수학에 중대한 혁신을 일으켰다. 데카르트의 핵심 저서는 1637년에 출간된 『방법서설*Discours de la Méthode*』이다(원제는 '이성을 올바르게 이끌고 학문에서 진리를 추구하는 방법에 관한 논의'). 그에게 늘 따라다니는 그 유명한 말이 나오는 책이기도 한 『방법서설』은 데카르트가 과학적인 방법의 철학적 근거를 제시하고자 쓴 책인데, 사실 이 책에서 가장 중요한 부분은 부록에 있다. 여러 편으로 구성된 『방법서설』의 부록은 따로 엮어 책으로 내도 손색이 없을 만한 내용으로,

르네 데카르트, 『방법서설』, 요아네스 마이어Joannes Maire 발행, 1637년

이 책의 부록으로 포함된 「기하학」 중 데카르트 좌표계를 활용하여 대수학과 기하학을 연계한 설명이 나온 부분

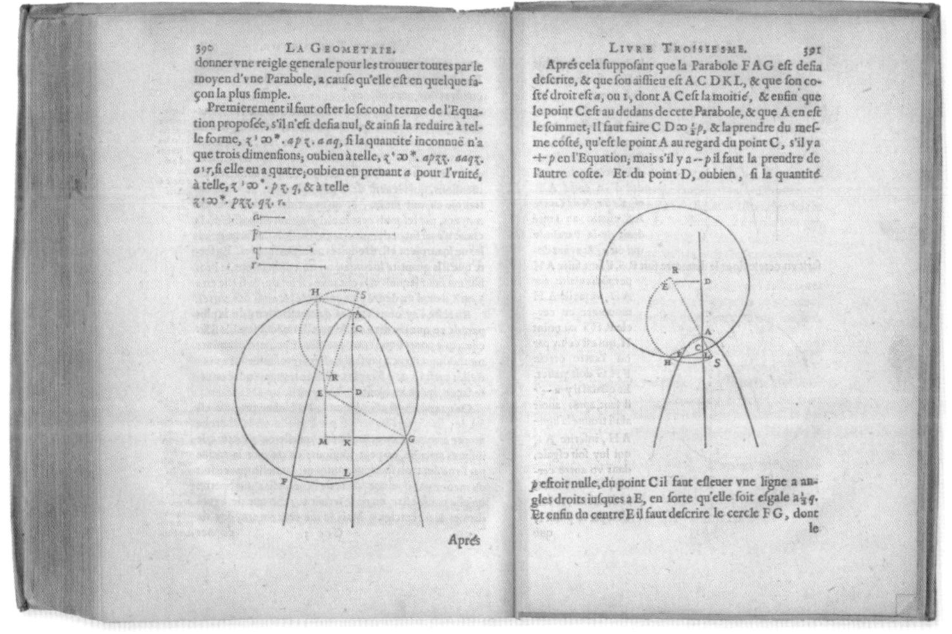

390 LA GEOMETRIE.

donner vne reigle generale pour les trouuer toutes par le moyen d'vne Parabole, a cauſe qu'elle eſt en quelque façon la plus ſimple.

Premierement il faut oſter le ſecond terme de l'Equation propoſée, s'il n'eſt deſia nul, & ainſi la reduire à telle forme, $z^3 \propto * . apz . aaq$, ſi la quantité inconnuë n'a que trois dimenſions; oubien à telle, $z^4 \propto * . apzz . aaqz . a^3r$, ſi elle en a quatre; oubien en prenant a pour l'vnité, à telle, $z^3 \propto * . pz . q$, & à telle $z^4 \propto * . pzz . qz . r$.

Aprés

LIVRE TROISIESME. 391

Aprés cela ſuppoſant que la Parabole F A G eſt deſia deſcrite, & que ſon aiſſieu eſt A C D K L, & que ſon coſté droit eſt a, ou 1, dont A C eſt la moitié, & enfin que le point C eſt au dedans de cete Parabole, & que A en eſt le ſommet; Il faut faire C D $\propto \frac{1}{2}p$, & la prendre du meſme coſté, qu'eſt le point A au regard du point C, s'il y a $+p$ en l'Equation; mais s'il y a $-p$ il faut la prendre de l'autre coſte. Et du point D, oubien, ſi la quantité p eſtoit nulle, du point C il faut eſleuer vne ligne a angles droits iuſques a E, en ſorte qu'elle ſoit eſgale a $\frac{1}{2}q$. Et enfin du centre E il faut deſcrire le cercle F G, dont le

데카르트는 자신이 제시한 방법을 적용하면 어떤 결과가 도출되는지를 이 부록에 담았다.

책 전체를 통틀어 가장 중요한 그 부록의 제목은 「기하학La Géométrie」이다. 제목만 보면 유클리드의 저서를 살짝 다듬어 정리한 것에 그칠 것 같지만, 실제로는 그보다 훨씬 중요한 내용이 담겨 있다. 수학에서 x축과 y축으로 된 좌표계가 '데카르트 좌표계'라고도 불리는 이유가 바로 이 부록에 있다(한 가지 반전은, 데카르트는 x축과 y축이라는 용어를 쓰지 않았고 나중에 후대의 수학자들이 그의 설명을 더 명료하게 전달하기 위해 추가했다는 것이다). 이전까지 기하학과 대수학은 전혀 다른 별개의 분야로 여겨졌는데, 데카르트는 「기하학」에서 기하학 곡선과 도형을 대수 방정식으로 나타낼 수 있음을 보여 줌으로써 기하학을 대수학으로 더 손쉽게 다루는 방법을 제시했다.

갈릴레오가 세상을 떠나고 1년도 지나기 전에 태어난 위대한 수학자이자 물리학자, 아이작 뉴턴은 갈릴레오의 저술과 데카르트의 이론에서 큰 영향과 가르침을 얻었다. 그런데 과학책의 역사에서 중요한 자리를 차지하는 뉴턴의 저서 『프린키피아』를 자세히 살펴보기에 앞서, 새로운 과학의 탄생을 확실하게 알린 다른 책부터 살펴볼 필요가 있다. 로버트 보일Robert Boyle의 『의심하는 화학자*The Sceptical Chymist*』(1661)다.

보일은 1627년 아일랜드 리스모어에서 영국 귀족 가문인 코크 백작의 열네 번째 자녀로 태어났다. 엄밀히 따지면 그도 귀족이었지만, 서열이 워낙 낮아서 돈을 벌 직업이 필요했다. 당시에 보일과 처지가 비슷한 사람들은 대부분 입대하거나 성직자의 길을 택했는데, 그는 다른 길을 가기로 했다. 보일은 10대 시절 유럽을 여행하면서 처음으로 과학에 관심이 생겼고, 이때 생긴 열정은 평생 사그라지지 않은 듯하다. 그 시대에 활동한 자연철학자 대다수가 그랬듯 보일도 다양한 과학 분야에 두루 흥미를 느꼈다. 그리고 1660년에 『공기의 탄성 조작과 그 영향에 관한 새로운 물리-역학 실험*New Experiments Physico-Mechanical, Touching the Spring of the Air, and its Effects*』이라는 중요한 저서를 냈다. '보일의 법칙'으로 알려진, 기체의 동태에 관한 법칙이 담긴 책이다. 그러나 보일은 이 연구보다 화학에 더욱 독창적인 변화를 일으켰다.

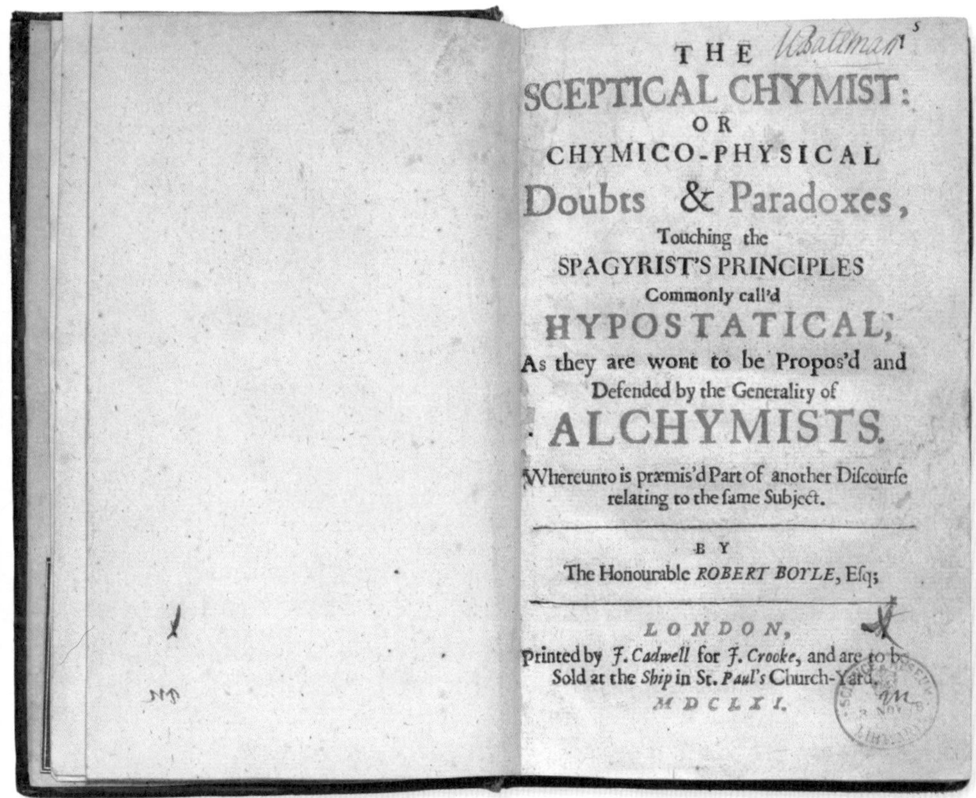

THE
SCEPTICAL CHYMIST:
OR
CHYMICO-PHYSICAL
Doubts & Paradoxes,
Touching the
SPAGYRIST'S PRINCIPLES
Commonly call'd
HYPOSTATICAL;
As they are wont to be Propos'd and
Defended by the Generality of
ALCHYMISTS.
Whereunto is præmis'd Part of another Diſcourſe
relating to the ſame Subject.

BY
The Honourable *ROBERT BOYLE*, Eſq;

LONDON,
Printed by *J. Cadwell* for *J. Crooke*, and are to be
Sold at the *Ship* in St. *Paul's* Church-Yard,
MDCLXI.

로버트 보일, 『의심하는 화학자』, J. 캐드웰J. Cadwell 발행, 1661년

초판 속표지. 화학을 연금술과 구분하고 별도의 분야로 본다는 설명이 나와 있다.

『의심하는 화학자』는 『공기의 탄성 조작과 그 영향에 관한 새로운 물리-역학 실험』이 나온 뒤 채 1년도 지나기 전에 나온 저서였다.

우리는 연금술과 화학을 확실하게 구분하는 시대를 살고 있다. 불로장생을 위한 묘약이나 현자의 돌을 만들고, 납과 같은 일반 금속을 귀금속으로 바꿀 방법을 찾기 위해 여러 물질을 혼합해 반응시키던 연금술은 물리적인 부분 못지않게 영적인 의미도 컸다. 화학은 이와 달리 물질이 반응하는 방식을 과학적으로 연구하는 학문이다. 그러나 보일이 살던 시대에는 이 두 분야가 뚜렷하게 구분되지 않았다.

보일의 연구 방식을 백 퍼센트 화학으로 보기는 어렵지만, 그는 연금술을 화학과 매우 비슷하게 만들었다. 화학자였지만 연금술사이기도 했으므로 그 역시 금속의 성질을 변화시키려고 했는데, 그의 방식은 전통적인 연금술보다는 현대의 과학 정신에 더 부합했다. 보일은 『의심하는 화학자』에서 화학을 연금술에 쓰는 도구 이상의 고유한 학문, 즉 다양한 물질이 결합해서 혼합물과 화합물을 이루는 방식을 탐구하는 별개의 학문으로 여겼다.

피터 렐리Peter Lely 유파, 〈로버트 보일 초상화〉, 캔버스에 유화, 1689년경

왼쪽은 보일의 초상화(화가는 요하네스 커스붐Johannes Kerseboom으로 추정된다), 오른쪽은 기술적인 문제로 괴로워하는 어느 연금술사를 그린 것으로, 화가 헨드릭 헤이르스홉Hendrick Heerschop의 17세기 작품이다.

또한 이 책에는 놀라울 정도로 현대적인 가설도 제시된다. 물질이 원자로 구성된다는 것으로, 아리스토텔레스의 주장(또는 시대) 이후로 사실상 거의 인정받지 못한 개념이었다(48쪽 참고). 보일은 원자의 결합으로 화합물이 만들어지며, 원자는 끊임없이 움직이고 원자끼리 충돌하면서 물질 간의 반응이 일어난다고 설명했다. 완벽하지는 않아도 선견지명이 담긴 생각이었다. 『의심하는 화학자』의 내용은 그 시대의 장비와 이론의 한계로 인해 세밀한 실험 분석의

결과라기보다는 저자의 영감에서 나온 추측에 가깝다. 가령 우리가 경험하는 모든 물질은 순수한 원소가 아닌 화합물로 존재한다고 주장한 내용도 그렇다. 그럼에도 보일의 탐구 방식은 동시대에 활동한 다른 수많은 학자에 비하면 실험 연구에 훨씬 근접했다.

전에 없던 과학

보일이 원자라는 작은 조각들로 이루어진 물질을 떠올렸다면, 그와 같은 시대에 활동한 로버트 훅Robert Hooke은 맨눈으로는 보이지 않는 작은 세상을 현미경으로 확대해 탐구하고, 자신이 본 것을 저서 『마이크로그라피아*Micrographia*』로 공개했다. 그에게 과학적인 발견은 즐거움을 주는 활동이었다.

훅은 1635년 영국의 아일오브와이트에서 태어났다. 사람들은 그를 뛰어난 업적을 남긴 과학자보다 뉴턴과 갈등을 빚고 서로를 조목조목 모욕했던 영국 왕립학회의 실험 큐레이터로 더 많이 기억하는 경향이 있다. 그러나 훅은 천문학 연구와 물리학 실험도 했고(용수철의 탄성을 설명한 '훅의 법칙'도 이러한 실험에서 나온 결과다), 1666년 런던 대화재 이후에는 설계와 측량을 맡아 도시 재건에 큰 힘을 보탠 인물이다. 『마이크로그라피아』는 그가 남긴 가장 인상적인 저술이다.

1665년에 '마이크로그라피아: 확대경으로 본 미세 구조에 관한 몇 가지 생리학적 설명 및 그에 관한 관찰과 탐구'라는 긴 제목으로 출간된 이 책은 일반 독자들에게 현미경 속 세상을 처음으로 선보였다. 언뜻 이 책은 오늘날의 기준에서는 거실에 장식용으로 둘 법한 책처럼 생겼다. 책 자체도 큼직한 데다, 일부 삽화는 속지를 펼치면 더 큼직하게 볼 수 있었다. 독자들은 이, 벼룩, 파리의 겹눈 등을 나타낸 훅의 크고 멋진 그림을 보며 즐거움과 공포를 동시에 느꼈다.

그렇다고 『마이크로그라피아』에 글의 비중이 작았던 것도 아니다. 훅은 이 책을 자신의 광범위한 과학적 관심을 두루 다룰 기회로 삼고 빛의 본질부터 화석의 기원까지 다양한 내용을 설명했다. 그러나 독자들의 마음을 가장

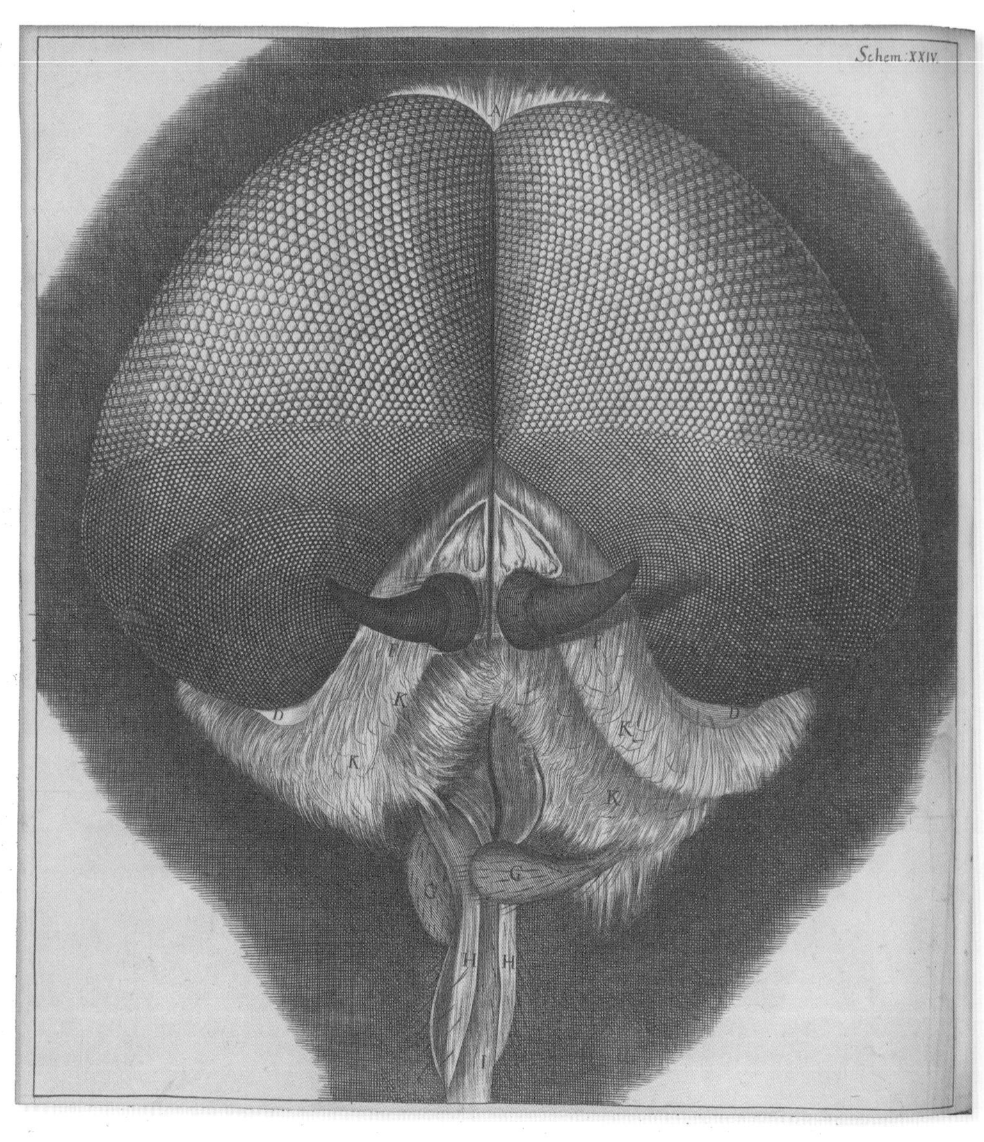

로버트 훅, 『마이크로그라피아』, 존 마틴과 제임스 앨러스트리John Martyn and James Allestry 발행, 1665년

책에 포함된 대형 삽화 중 일부. 차례대로 꽃등에의 눈과 머리(왼쪽 페이지), 해초(오른쪽 페이지 좌 상단), 코르크(우 상단), 개미(좌 하단), 검정파리(우 하단)의 모습이다.

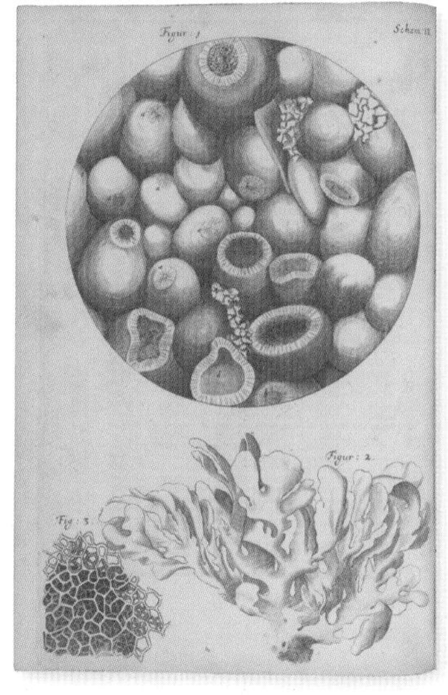

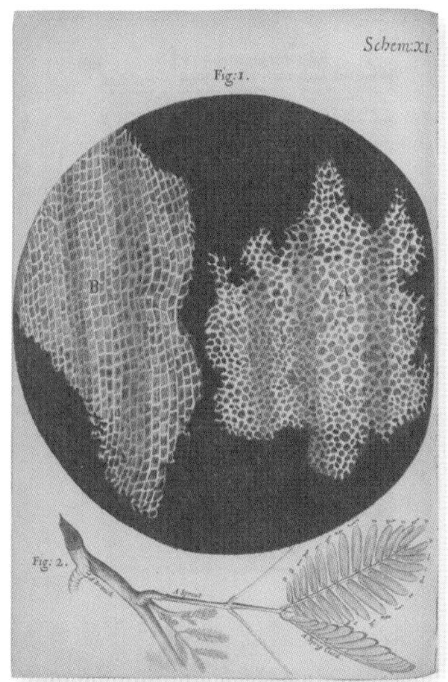
Schem:XI.
Fig:1.
Fig: 2.

Schem:XXVI.
Fig:1.
Fig:2.

사로잡은 건 훅이 그린 커다란 동판화들이었다. 일기 작가인 새뮤얼 피프스Samuel Pepys는 『마이크로그라피아』가 "평생 읽은 모든 책을 통틀어 가장 독창적"이라는 의견을 남겼다.

훅은 코르크 단면도 현미경으로 관찰했고, 그냥 보면 한 덩어리처럼 보이는 코르크가 실제로는 아주 자그마한 상자 모양의 구조물이 합쳐진 것임을 보여 주었다. 그 작은 상자 같은 구성 요소에 '세포cells'라는 이름을 처음으로 붙인 사람도 훅이었다. 그는 세포 여러 개가 합쳐진 구조를 벌집에 비유하기도 했지만, 세포라는 명칭은 수도사들의 거처를 가리키던 표현을 그대로 가져온 것으로 보인다. 당시 수도원은 크기가 동일한 방들이 한 줄로 쭉 배치된 곳이 많았다.

전에 없던 신기한 과학으로 대중의 상상력을 사로잡은 사람은 또 있었다. 1602년 독일 마그데부르크에서 태어난 과학자 오토 폰 게리케Otto von Guericke도 세상을 깜짝 놀라게 한 과학 실험을 했다. 1672년에 출간된 폰 게리케의 저서 『새로운 실험*Experimenta Nova*』 중 진공의 특성에 관한 광범위한 관찰 결과(그리고 정전기에 관한 연구 결과)와 함께 나오는 실험이다.

우리는 진공이 당연히 존재할 수 있다고 여기지만(예를 들어 우주 공간도 진공이다), 아리스토텔레스는 아무 물질도 없이 비어 있는 공간(진공)을 본질적으로 피해야 할 나쁜 것이라고 선언했고, 17세기까지 그런 공간은 존재할 수 없다고 여겨졌다. 폰 게리케는 초기 버전의 공기 펌프를 활용하여 진공에 관한 광범위한 실험을 했는데, 그의 이름이 널리 알려진 결정적인 계기는 마그데부르크 반구 실험이었다. 1654년에 실시된 이 실험에는 구리로 만든 지름 약 50센티미터 크기의 반구 한 쌍이 쓰였다. 폰 게리케는 이 두 개의 구리 반구를 맞붙여서 구로 만들고 내부의 공기를 최대한 제거해 진공 상태가 되도록 한 다음, 말 열다섯 마리가 구 양쪽에서 위의 반구와 아래의 반구를 잡아당기게 해도 두 반구로 분리되지 않는다는 사실을 보여 주었다. 구 내부가 진공일 때 외부 기압이 얼마나 강한지 증명한 것이다.

폰 게리케와 훅은 과학이 대중의 관심을 얻기 위해서는 단순히 이론을 설명하는 것 이상의 노력이 필요하다는 사실을 간파한 사람들이었다.

오토 폰 게리케, 『새로운 실험』, 요하네스 얀소니우스 발행, 1672년

마그데부르크에서 실시된 반구 실험을 설명한 부분에 실린 삽화. 내부의 공기가 모두 제거된 구를 분리하려고 말 여러 마리가 양쪽에서 잡아끄는 모습이 그려져 있다.

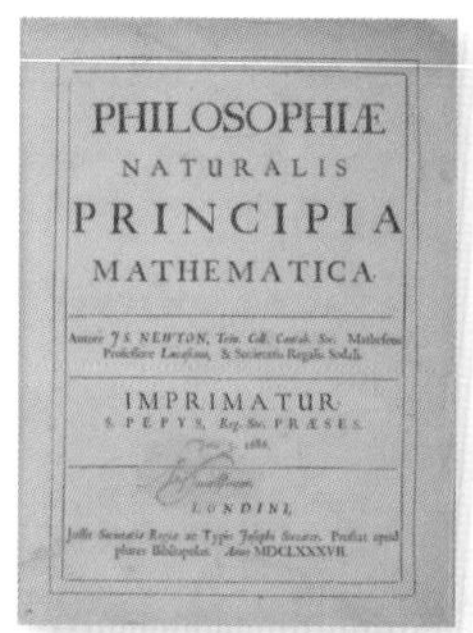

PHILOSOPHIÆ
NATURALIS
PRINCIPIA
MATHEMATICA

IMPRIMATUR

LONDINI

아이작 뉴턴, 『프린키피아』, 조지프 스트리터Joseph Streater 발행, 1687년

역사상 가장 유명한 과학 저술의 하나인 『프린키피아』의 속표지. 뉴턴의 운동 법칙과 만유인력의 법칙이 처음 소개된 책이다.

중력에 관한 연구

역사상 가장 영향력 있는 과학책으로 꼽히는 아이작 뉴턴의 『프린키피아』(원제는 '자연철학의 수학적 원리') 초고에는 훅의 이름이 꽤 여러 번 등장한다. 그러나 두 사람의 관계가 갈수록 나빠지자, 결국 뉴턴은 출간 전에 이 동료 과학자의 이름을 원고에서 전부 지워 버렸다.

아이작 뉴턴의 출생 연도는 어떤 역법을 적용하느냐에 따라 1643년 또는 1642년이고, 출생지는 영국 동부 링컨셔의 울스소프다. 영국은 1752년에 그레고리력을 채택했고, 해가 바뀌는 기준과 가까운 날짜는 종종 이런 혼란이 생긴다. 즉 뉴턴의 생일은 그가 태어났을 때 쓰이던 율리우스력으로는 1642년 12월 25일이지만, 현대에 쓰이는 그레고리력으로는 1643년 1월 4일이다. 뉴턴의 사망일은 더 복잡하다. 현대의 기준으로는 1727년 3월 31일이지만, 매년 3월 25일이 새해 첫날이던 당시의 역법으로는 1726년 3월 20일이 된다.

뉴턴이 과학에 공헌한 위대한 업적 세 가지는 빛과 색에 관한 연구(예를 들어 무지개색을 전부 합치면 백색광이 된다는 사실을 밝힌 것), 중력과 운동에 관한 연구 그리고 지금은 미적분으로 불리지만 그는 유율법method of fluxions이라고 칭한 수학 계산법이다. 뉴턴은 자신을 자연철학자보다는 수학자로 여긴 듯하지만(그리고 이 둘보다 연금술과 신학에 더 많은 시간을 쏟았다), 그가 수립한 빛, 중력, 운동에 관한 이론이 물리학에 남긴 영향은 아인슈타인 외에는 비견할 만한 사람이 없을 만큼 엄청났다.

그 세 가지 주요 연구 중에 뉴턴이 가장 먼저 몰두한 것은 빛과 색의 연구로, 그는 프리즘과 렌즈, 자신의 두 눈을 활용해 다양한 실험을 했다. 뉴턴은 연구 결과가 나와도 세상에 얼른 알리려고 서두르는 법이 없었다. 이 연구 결과를 정리한 『아이작 뉴턴의 광학*Opticks: or, A Treatise of the Reflexions, Refractions, Inflexions and Colours of Light*』도 연구를 마치고 수십 년이 지난 1704년

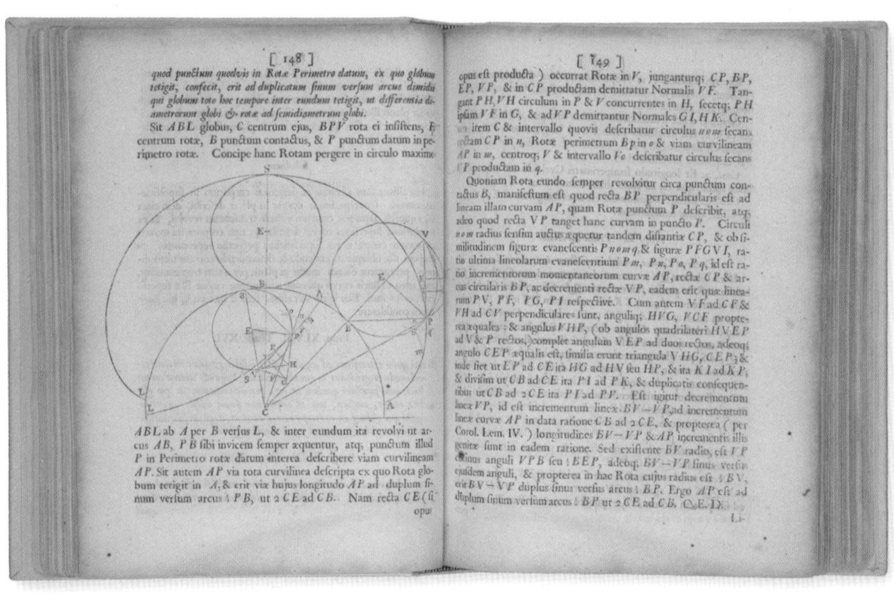

[148]

quod punctum quodvis in Rotæ Perimetro datum, ex quo globum tetigit, confecit, erit ad duplicatum sinum versum arcus dimidii qui globum toto hoc tempore inter eundum tetigit, ut differentia diametrorum globi & rotæ ad semidiametrum globi.

Sit ABL globus, C centrum ejus, BPV rota ei insistens, E centrum rotæ, B punctum contactus, & P punctum datum in perimetro rotæ. Concipe hanc Rotam pergere in circulo maximo ABL ab A per B versus L, & inter eundum ita revolvi ut arcus AB, PB sibi invicem semper æquentur, atq; punctum illud P in Perimetro rotæ datum interea describere viam curvilineam AP. Sit autem AP via tota curvilinea descripta ex quo Rota globum tetigit in A, & erit viæ hujus longitudo AP ad duplum sinum versum arcus ½ PB, ut 2 CE ad CB. Nam recta CE (si

opus

[149]

opus est producta) occurrat Rotæ in V, junganturq; CP, BP, EP, VP, & in CP productam demittatur Normalis VF. Tangant PH, VH circulum in P & V concurrentes in H, secetq; PH ipsam VF in G, & ad VP demittantur Normales GI, HK. Centro item C & intervallo quovis describatur circulus nom secans rectam CP in n, Rotæ perimetrum Bp in o & viam curvilineam AP in m, centroq; V & intervallo Vo describatur circulus secans VP productam in q.

Quoniam Rota eundo semper revolvitur circa punctum contactus B, manifestum est quod recta BP perpendicularis est ad lineam illam curvam AP, quam Rotæ punctum P describit, atq; adeo quod recta VP tanget hanc curvam in puncto P. Circuli nom radius sensim auctus æquetur tandem distantiæ CP, & ob similitudinem figuræ evanescentis Pnomq & figuræ PFGVI, ratio ultima lineolarum evanescentium Pm, Pn, Po, Pq, id est ratio incrementorum momentaneorum curvæ AP, rectæ CP & arcus circularis BP, ac decrementi rectæ VP, eadem erit quæ linearum PV, PF, PG, PI respective. Cum autem VF ad CF & VH ad CV perpendiculares sunt, anguliq; HVG, VCF propterea æquales; & angulus VHP, (ob angulos quadrilateri HVEP ad V & P rectos,) complet angulum VEP ad duos rectos, adeoq; angulo CEP æqualis est, similia erunt triangula VHG, CEP; & inde fiet ut EP ad CE ita HG ad HV seu HP, & ita KI ad KP, & divisim ut CB ad CE ita PI ad PK, & duplicatis consequentibus ut CB ad 2 CE ita PI ad PV. Est igitur decrementum lineæ VP, id est incrementum lineæ BV−VP, ad incrementum lineæ curvæ AP in data ratione CB ad 2 CE, & propterea (per Corol. Lem. IV.) longitudines BV−VP & AP incrementis illis genitæ sunt in eadem ratione. Sed existente BV radio, est VP cosinus anguli VPB seu ½ BEP, adeoq; BV−VP sinus versus ejusdem anguli, & propterea in hac Rota cujus radius est ½ BV, erit BV−VP duplus sinus versus arcus ½ BP. Ergo AP est ad duplum sinum versum arcus ½ BP ut 2 CE ad CB. Q.E.D.

Li-

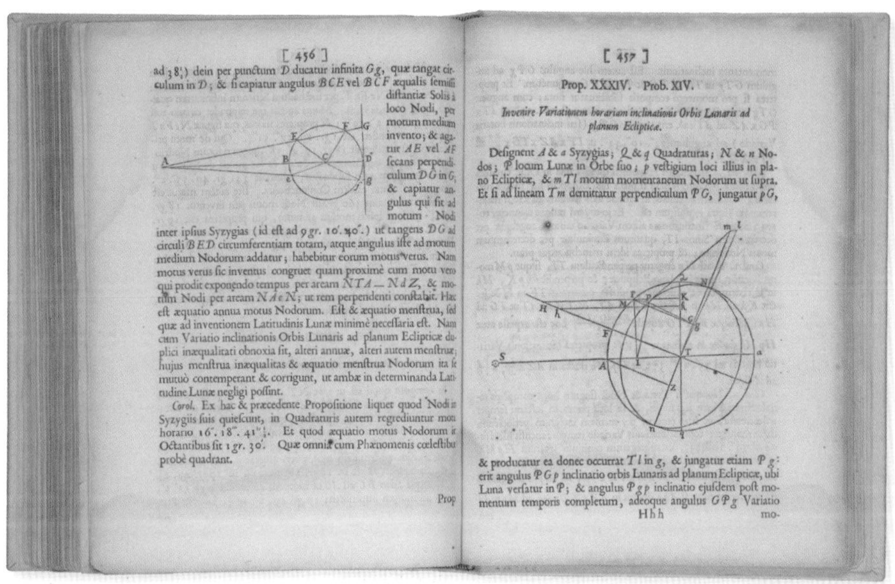

[456]

ad 38′.) dein per punctum D ducatur infinita Gg, quæ tangat circulum in D; & si capiatur angulus BCE vel BCF æqualis semissi distantiæ Solis à loco Nodi, per motum medium invento; & agatur AE vel AF secans perpendiculum DG in G, & capiatur angulus qui sit ad motum Nodi inter ipsius Syzygias (id est ad 9 gr. 10′. 40″.) ut tangens DG ad circuli BED circumferentiam totam, atque angulus iste ad motum medium Nodorum addatur; habebitur eorum motus verus. Nam motus verus sic inventus congruet quam proximè cum motu vero qui prodit exponendo tempus per aream NTA − NdZ, & motum Nodi per aream NAeN; ut rem perpendenti constabit. Hæc est æquatio annua motus Nodorum. Est & æquatio menstrua, sed quæ ad inventionem Latitudinis Lunæ minimè necessaria est. Nam cum Variatio inclinationis Orbis Lunaris ad planum Eclipticæ duplici inæqualitati obnoxia sit, alteri annuæ, alteri autem menstruæ; hujus menstrua inæqualitas & æquatio menstrua Nodorum ita se mutuò contemperant & corrigunt, ut ambæ in determinanda Latitudine Lunæ negligi possint.

Corol. Ex hac & præcedente Propositione liquet quod Nodi in Syzygiis suis quiescunt, in Quadraturis autem regrediuntur motu horario 16″. 18‴. 41⁗ ½. Et quod æquatio motus Nodorum in Octantibus sit 1 gr. 30′. Quæ omnia cum Phænomenis cœlestibus probè quadrant.

Prop

[457]

Prop. XXXIV. Prob. XIV.

Invenire Variationem horariam inclinationis Orbis Lunaris ad planum Eclipticæ.

Designent A & a Syzygias; Q & q Quadraturas; N & n Nodos; P locum Lunæ in Orbe suo; p vestigium loci illius in plano Eclipticæ, & mTl motum momentaneum Nodorum ut supra. Et si ad lineam Tm demittatur perpendiculum PG, jungatur pG, & producatur ea donec occurrat Tl in g, & jungatur etiam Pg: erit angulus PGp inclinatio orbis Lunaris ad planum Eclipticæ, ubi Luna versatur in P; & angulus Pgp inclinatio ejusdem post momentum temporis completum, adeoque angulus GPg Variatio

Hhh mo-

아이작 뉴턴, 『프린키피아』, 조지프 스트리터 발행, 1687년

뉴턴의 기하학적인 접근 방식이 나온 부분. 하지만 뉴턴의 법칙은 미적분으로 도출한 결과였다.
아래 사진에는 달 궤도의 시간별 기울기 변화를 설명한 34번(XXXIV) 명제가 나와 있다.

존 쿼틀리John Quartley, 〈크레인코트에서의 왕립학회 회의A Meeting of the Royal Society in Crane Court〉, 판화, 1878년

아이작 뉴턴이 왕립학회 회장이던 18세기 초에 런던 크레인코트에서 열린 회의 광경을 나타낸 판화. 그림 속 장식용 지팡이는 찰스 2세의 허가로 설립된 단체임을 나타내는 상징이다.

에야 출간됐다. 갈릴레오 이후로 과학 저술을 대중의 언어로 쓰는 것이 큰 인기를 얻었으므로 뉴턴도 이 책을 영어로 썼다. 그러나 1687년에 나온 뉴턴의 역작 『프린키피아』는 예외였다. 『아이작 뉴턴의 광학』보다 먼저 나온 『프린키피아』는 라틴어로 저술했을 뿐만 아니라 내용을 필요 이상으로 모호하게 썼다.

뉴턴은 총 세 권으로 구성된 『프린키피아』의 마지막 권을 일반 독자들도 쉽게 읽을 수 있도록 쓰려고 했으나, 영국 왕립학회 회원들의 반대로 결국 제3권도 앞선 두 권처럼 비과학자들은 이해하기 힘든 책이 되었다. 질량의 개념부터 그가 수립한 중력의 법칙(지금 쓰이는 것처럼 방정식 형식으로 제시되지는 않았다)까지 『프린키피아』에서 다루어지는 다양한 주제 중에서도 가장 탁월한 내용은 우리가 지표면에서 경험하는 중력을 지구가 태양 주위를 도는 힘, 그리고 달이 지구 주위를 도는 힘과 하나로 연결해 설명한 것이다.

뉴턴이 이런 놀라운 성과를 거둘 수 있었던 것은 그가 새로 고안한 수학 계산법인 유율법을 폭넓게 활용한 덕분인데, 그러한 계산법을 쓴 데다 전통적인 기하학적 논증도 최대한 활용해서 더욱 이해하기 어려운 책이 되었다. 『프린키피아』의 핵심인 중력의 영향을 계산한 부분을 보면, 현상이 일어나는 이유를 찾기 위한 가설보다 실제 현상에 관한 설명이 주를 이룬다. 뉴턴은 자신의 이런 방식을 강조하면서 "나는 가설을 세우지 않는다Hypotheses non fingo."라고 밝혔고, 이는 『프린키피아』를 대표하는 유명한 구절이 되었다. 당시에 'fingo'가 부정적인 의미로 쓰였다는 점을 근거로, 뉴턴이 중력의 작용에 관한 다른 학자들의 주장은 전부 지어낸 소리라는 의미로 이 말을 한 것이라고 해석하는 사람들도 있다.

뉴턴은 중력을 서로 떨어진 물체 사이에 작용하는 힘이며, 이 힘은 두 물체의 질량에 비례하고 둘 사이의 거리 제곱에 반비례한다고 설명했다. 그는 서로 간격을 두고 떨어져 있는 두 물체 사이에서 이 힘이 어떤 식으로 작용하는지는 자신의 관심사가 아니라고 주장했으나, 사실 나름의 이론이 있었다. 이런 주장에 대해 네덜란드의 자연철학자 크리스티안 하위헌스Christiaan Huygens 등 뉴턴과 같은 시대에 활동한 일부 학자들은 멀리 떨어진 물체 사이에 작용하는 힘이 있는데 그게 설명할 수 없는 숨겨진 힘이라면 '주술' 아니냐며 이 이론을 맹렬히 비난했다.

그러나 뉴턴의 수학은 정확했고, 물리학의 핵심으로 가는 길을 연 책인 『프린키피아』는 모든 물리학 연구자의 필독서가 되었다. 한 예로, 앞서도 소개했듯이(20~21쪽 참고) 18세기 프랑스의 수학자이자 물리학자였던 에밀리 뒤 샤틀레는 『프린키피아』를 프랑스어로 번역하고 직접 해설을 추가했다. 이 번역서는 샤틀레가 세상을 떠난 후인 1759년에 출간됐다.

자연의 체계

『프린키피아』에는 도표도 아주 많았지만, 가장 중요한 내용은 다 본문에 담겨 있었다. 반면 자연사는 물리학에 비하면 시각적으로 표현할 수 있는 내용이 더 많다고 여겨지는 경향이 있는데, 자연사 분야에서 최초의 진정한 과학 도서라 할 만한 책은 처음부터 끝까지 글밖에 없었다. 1735년에 초판이 나온 그 책은 바로 스웨덴의 자연학자 칼 폰 린네Carl von Linné의 『자연의 체계 *Systema Naturae*』다. 린나이우스Linnaeus라는 라틴어 이름으로도 잘 알려진 린네는 1707년에 로스훌트에서 태어났다. 그는 어떤 면에서 과거의 유물 같은 사람이었다. 『자연의 체계』는 주요 과학 도서 중에 라틴어로 저술된 마지막 책

마르틴 호프만Martin Hoffman, 〈카를루스 린나이우스Carolus Linnaeus〉, 캔버스에 유화, 18세기

라플란드 전통 의상을 입은 칼 린네를 그린 초상화

일 뿐만 아니라 두 부분으로 구성된 라틴어 이름을 붙여 생물 종을 구분한 것이 이 책의 핵심이다(우리가 익히 잘 아는 '호모 사피엔스Homo Sapiens'를 떠올려 보라). 린네가 제시한 이 같은 분류 체계는 이항 명명법(이명법)으로 불린다.

『자연의 체계』는 린네의 생전에 개정판이 총 12판까지 나왔다(그의 사후에도 계속 나왔다). 광범위한 동식물에 총 두 부분으로 이루어진(이항) 라틴어 종명을 부여한 이 책의 초판에서는 일부 생물만 다루었고, 새로운 개정판마다 생물의 수와 분류 체계의 범위가 점차 늘어나서 10판은 제목도 '자연의 세 범주를 강, 목, 속, 종으로 구분한 자연의 체계 및 특성, 차이점, 이명, 장소'로 변경됐다. 긴 제목만 봐도 얼마나 중요한 내용이 담긴 책인지 짐작 갈 정도다. 린네의 책은 이전부터 있었지만 널리 쓰이지 않던 생물의 라틴어 종명을 널리 알렸을 뿐만 아니라, 자연을 동물계와 식물계, (지금 우리에게는 낯설게 느껴지는) 광물계까지 세 범주('계')로 나누고 계층화한 체계(분류 체계)를 제시했다.

린네가 제안한 분류 체계는 시간이 흐르면서 계속 수정됐으나, 그가 적용한 기본적인 분류 방식은 지금도 쓰인다. 예를 들어 현재 우리가 쓰는 생물 분류 체계에는 '계kingdom'보다 더 상위 분류인 '역domain'이 있고, 역은 고균역, 세균역, 진핵생물역으로 나뉘며, 다세포 진핵생물은 동물계, 식물계, 균계로 세분된다. 생물 분류 체계가 린네가 제안한 방식 한 가지만 있는 건 아니다. 린네의 방식은 위에서부터 아래로 내려가는 하향식 분류 체계인데, 반대로 공통 조상을 가진 생물끼리 묶어서 아래에서부터 위로 올라가는 분계법(계통 발생 체계)이라는 방식도 있다. 분계법은 20세기 초에 처음 부각된 후 생물의 DNA 비교 분석이 가능해지면서 대폭 발전했다.

린네가 살던 시대에는 그런 기술이 없었으므로 눈에 보이는 유사성만을 단서로 삼아 동식물을 분류해야 했다. 그러니 자연히 중대한 오류가 생길 수밖에 없었다. 특히 식물의 분류에서 그런 오류가 많았다. 예를 들어 린네는 수술(화분이 만들어지는 부분)의 개수로 식물을 분류했으나, 이는 식물의 종을 체

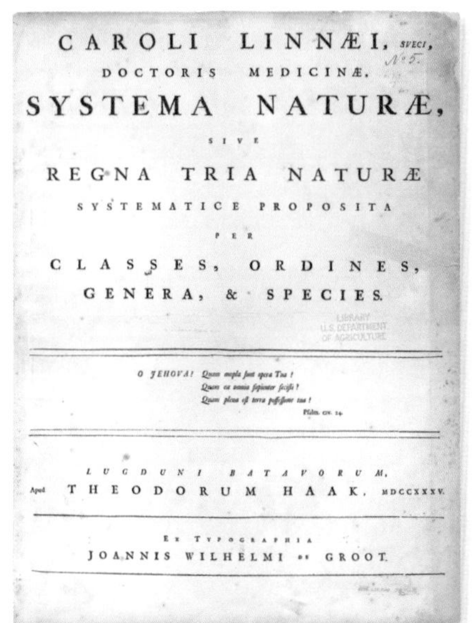
CAROLI LINNÆI, SVECI,
DOCTORIS MEDICINÆ,
SYSTEMA NATURÆ,
SIVE
REGNA TRIA NATURÆ
SYSTEMATICE PROPOSITA
PER
CLASSES, ORDINES,
GENERA, & SPECIES.

O JEHOVA! Quam ampla sunt opera Tua!
Quam ea omnia sapienter fecisti!
Quam plena est terra possessione tua!
Psalm. CIV. 24.

LUGDUNI BATAVORUM,
Apud THEODORUM HAAK, MDCCXXXV.
Ex Typographia
JOANNIS WILHELMI de GROOT.

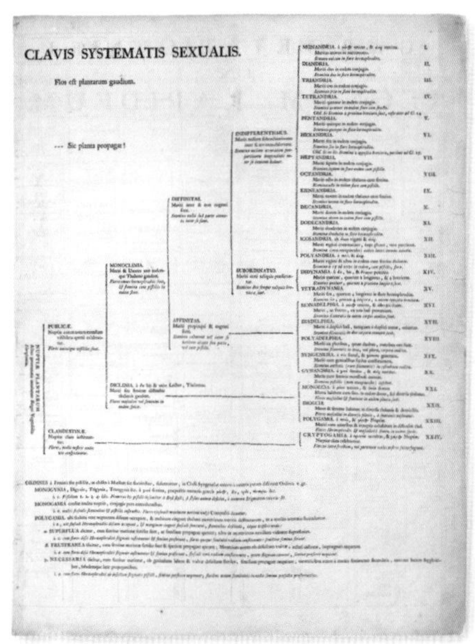
CLAVIS SYSTEMATIS SEXUALIS.

Flos est plantarum gaudium.

칼 린네, 『자연의 체계』, 요아니스 빌헬미 더흐로트Joannis Wilhelmi de Groot 발행, 1735년

초판 속표지와 책에 수록된 분류 체계 도표 중 하나

계화하는 기준이 될 수 없는 것으로 밝혀졌다. 이런 한계는 있지만, 『자연의 체계』에 담긴 1만여 종에 달하는 생물의 분류와 구조적 특징에 관한 설명은 현대 동물학과 식물학의 시초가 되었다.

린네의 가장 뛰어난 저서를 꼽는다면 두말할 것도 없이 『자연의 체계』겠지만, 그는 그 외에도 많은 책을 썼고 특히 식물학 분야에 많은 저술을 남겼다. 학생 시절에 썼지만 1737년에 출간된 『라포니카 식물상*Flora Lapponica*』에서는 생물의 학명과 구조적 특징을 처음으로 활용했고, 1753년에 나온 『식물의 종*Species Plantarum*』은 그가 저술한 모든 책을 통틀어 가장 많은 식물 종이 포괄적으로 정리되어 있다.

CAROLI LINNÆI
S:æ R:GIÆ M:TIS SVECIÆ ARCHIATRI; MEDIC. & BOTAN. PROFESS. UPSAL; EQUITIS AUR. DE STELLA POLARI; NEC NON ACAD. IMPER. MONSPEL. BEROL. TOLOS. UPSAL. STOCKH. SOC. & PARIS. CORESP.
SPECIES PLANTARUM,
EXHIBENTES
PLANTAS RITE COGNITAS,
AD
GENERA RELATAS,
CUM
DIFFERENTIIS SPECIFICIS,
NOMINIBUS TRIVIALIBUS,
SYNONYMIS SELECTIS,
LOCIS NATALIBUS,
SECUNDUM
SYSTEMA SEXUALE
DIGESTAS.
TOMUS I.
Cum Privilegio S. R. Mtis Sueciæ & S. R. Mtis Polonicæ ac Electoris Saxon.
HOLMIÆ,
IMPENSIS LAURENTII SALVII.
1753.

칼 린네, 『식물의 종』, 로렌티 살비Laurentii Salvii 발행, 1753년

린네의 식물 분류 체계가 담긴 책의 초판 속표지

칼 린네, 『자연의 체계』, 가브리엘 니콜라우스 라스페Gabriel Nicolaus Raspe 발행, 1773년

『자연의 체계』 제12판의 독일어 번역서에 실린 조류 삽화. 린네가 살아 있을 때 출판된 마지막 판본이다.

Tab. XXVII.
Fig. 2.
Fig. 3.
Fig. 5.

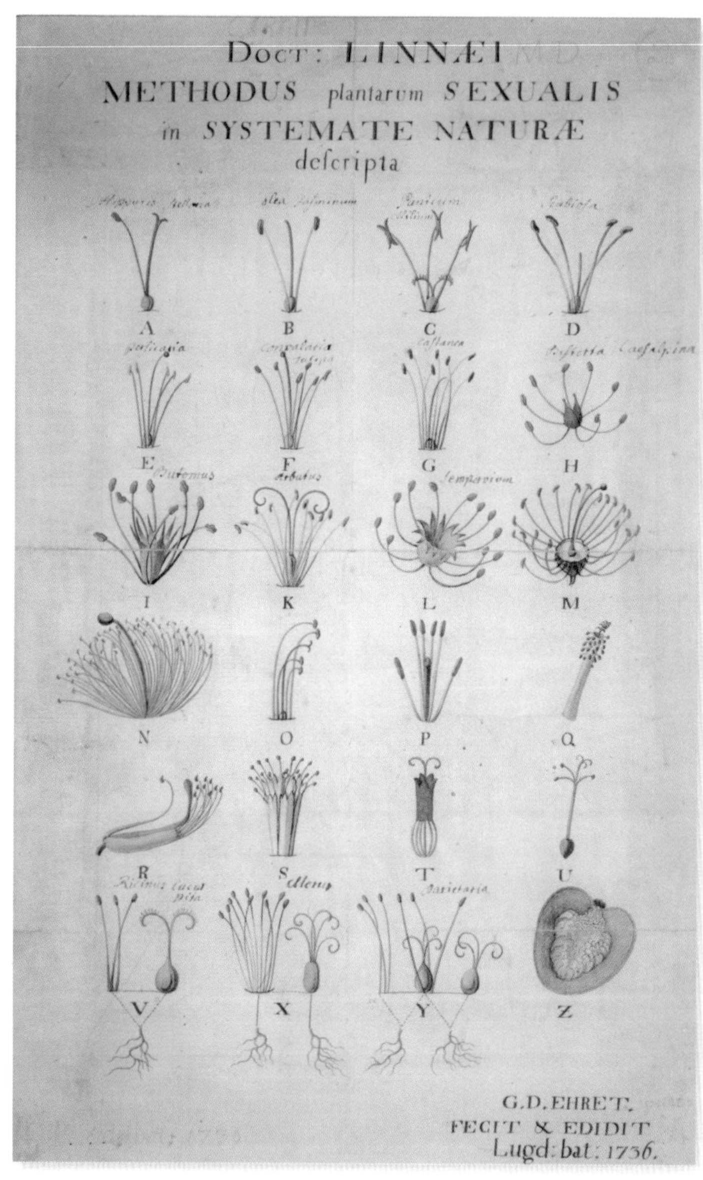

게오르크 에레트 디오니시우스George Ehret Dionysius, 〈수술이 여섯 개인 자연의 식물들Methodus Plantarum Sexalis in Sistemate Naturae Descripta〉, 수채화, 1736년

식물 분류 체계를 수립한 린네의 저서 『자연의 체계』에 포함된 수채화 삽화의 원본. 식물의 암수를 구분해서 분류하는 방법을 설명한 그림이다.

현대 화학의 등장

린네가 자연사에 질서를 부여했다면, 화학에서 그와 같은 일을 한 사람은 프랑스의 화학자 앙투안 라부아지에Antoine Lavoisier였다. 연금술과 화학의 사이에 있었던 로버트 보일과 달리, 라부아지에는 최초의 진정한 현대 화학자였다. 1743년 파리에서 태어난 그는 프랑스 혁명 때 단두대에서 처형됐다. 1789년에 출간된 그의 저서 『화학 원론*Traité Élémentaire de Chimie*』(원제는 '현대의 발견을 반영하여 새로운 체계로 정리한 화학의 원소들')은 현재 우리가 아는 화학의 기초가 된 책이다.

『화학 원론』이 거둔 중요한 성취는 논리적이고 과학적이라고 여겨지던 플로지스톤 이론에서 완전히 벗어났다는 점이다. 플로지스톤 이론은 가연성 물체에는 플로지스톤이라는 물질이 있고, 물체가 불에 타면 플로지스톤이 빠져나간다고 설명한 틀린 이론이다. 이 이론에서 산소(라부아지에가 붙인 이름)는 탈플로지스톤 공기라고 불렸다. 가연성 물질이 가진 플로지스톤을 흡수해서 그 물질이 불에 탈 수 있게 하는 공기라는 의미였다.

영국의 자연철학자 조지프 프리스틀리Joseph Priestley도 산소의 존재와 작용을 알았지만, 어디까지나 플로지스톤 이론 안에서 떠올린 생각이었다. 라부아지에는 그 이론에서 벗어나, 산소를 연소 과정에서 다른 원소들과 결합할 수 있는 독자적인 원소로 간주했다. 『화학 원론』에는 라부아지에의 생각과 동시대에 활동한 몇몇 학자의 생각이 종합되어 있으며 우리에게 친숙한 원소의 이름이 다수 등장한다. 화학의 정량적 연구 방식을 더 깊이 탐구하고 현대의 화학 반응식과 비슷한 형식을 처음 제시했다는 점도 이 책의 또 다른 특징이다.

화학의 초창기였던 만큼 오류가 생기는 건 불가피한 일이었다. 라부아지에가 찾은 33종의 원소 중 정확한 것은 23종이고(지구에 자연적으로 존재하는 원소는 총 92종이다), 그중에는 현재 우리에게 익숙한 이름이 아닌 다른 이름이 붙여진 것도 있다. 예를 들어 '질소'는 생명 유지에 도움이 안 된다고 여겨져서 '생명이 없다'와 비슷한 의미인 '아조트azote'로 불렸다. '산소oxygen'도

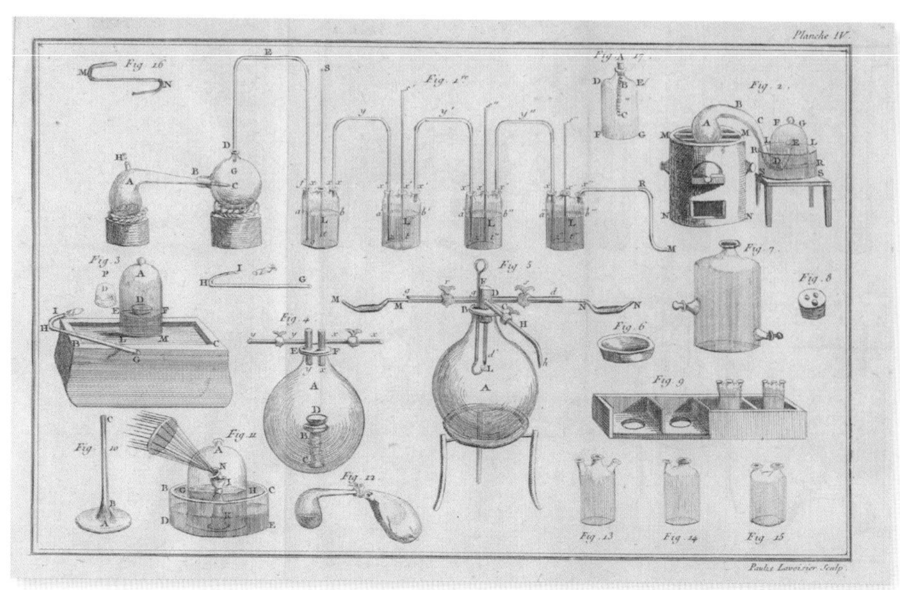

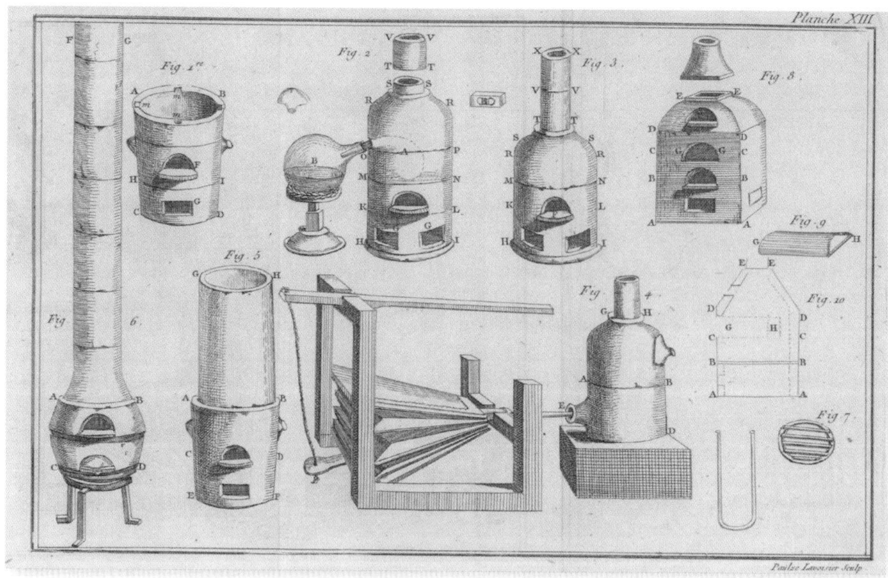

앙투안 라부아지에, 『화학 원론』, 퀴셰Cuchet 발행, 1789년

라부아지에의 중요한 화학 저서로 꼽히는 이 책에 실린 삽화 중 화학 실험 도구를 나타낸 그림

'산을 만드는 것'이라는 의미로, 산의 필수 요소라는 오해에서 비롯된 명칭이나, 역시나 그가 직접 이름을 지은 '수소hydrogen'는 '물을 만드는 것'이라는 뜻이다. 빛, 열소caloric(열을 전달하는 유체로 추정되던 물질), 석회(산화칼슘)와 여러 화합물을 원소로 오인하기도 했다.

18세기의 과학책 중에, 큰 영향력을 떨치지는 못했으나 여성도 과학에 흥미가 있다는 사실을 알렸다는 점에서 주목할 만한 책이 있다. 과학 도서가 이 책처럼 처음부터 '여성들을 위한' 책이라고 내세우는 것은 여성을 낮춰 보는 시각이 깔려 있다고 느껴지지만, 책을 쓰는 사람들도 자기 책을 읽을 독자는 당연히 남성뿐이라고 생각했던 시대에는 이조차 굉장히 이례적인 시도였다. 문제의 책은 1768년에 출간된 『독일 공주에게 보내는 편지*Lettres à une Princesse d'Allemagne*』다. 제목에 나오는 공주는 당시 프로이센 왕의 조카이자 안할트데사우의 공주였던 프리데리케 샤를로테Friederike Charlotte로, 『독일 공주에게 보내는 편지』는 1707년 스위스 바젤에서 태어난 수학자 레온하르트 오일러Leonhard Euler가 이 공주에게 보낸 편지들을 모아 엮은 책이다. 당시 과학계에서 가장 많이 알려진 견해들이 잘 정리된 이 책은 1795년에 헨리 헌터Henry Hunter가 영어로 옮긴 번역서가 출간되어 베스트셀러가 되었다.

헌터가 번역서에 쓴 서문은 다소 생색내는 듯한 태도가 느껴지긴 하지만 세태 변화도 잘 반영되어 있다. "여성의 정신이 개선되는 건 세상에 중요한 의미가 있다! 여성의 교육이 더 자유로워지고 교육 계획이 확대되는 것을 보게 되어 정말 기쁘다. 나는 늙은이라, 좋은 집안에서 태어난 젊은 여성들, 심지어 북부 여성들까지도 모국어를 글로 쓸 줄 알면서도 그런 일에는 관심이 없거나 글을 읽지 않는 게 일반적이던 시절을 기억한다. (…) 이제는 여성들이 이성적인 존재로 여겨지며, 사회도 그런 측면에서 이미 더 나은 곳이 되었다."[18]

그러나 헨리 헌터의 번역서가 나온 시기에도 과학은 남자들의 세계라는 인식이 보편적이었고 그 세계에 발을 들이는 여성은 오명을 쓸 각오를 해야 하는 분위기였으므로, 『독일 공주에게 보내는 편지』와 같은 책이나 과학의 세계에 실제로 관심을 가진 여성은 극소수였다. 성평등이 현저히 나아진 건 19세기 말이었다.

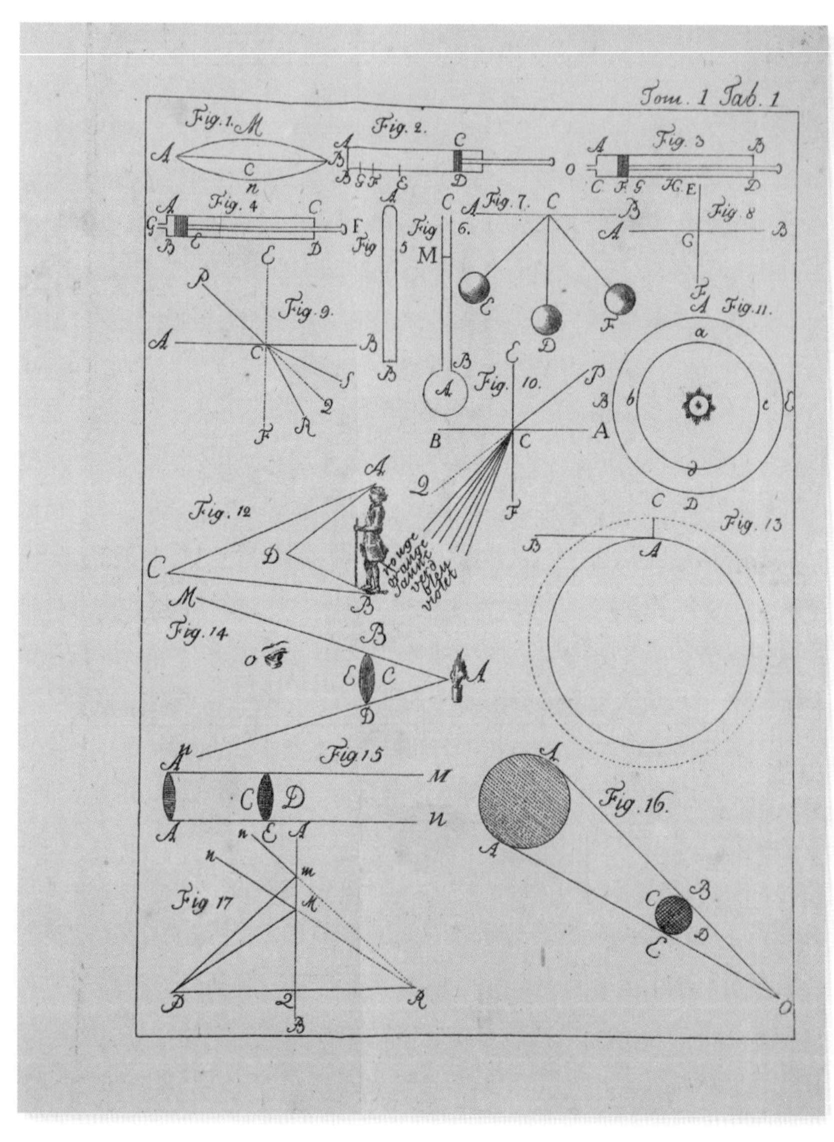

레온하르트 오일러, 『독일 공주에게 보내는 편지』, 바르텔미 키롤Barthélemy Chirol 발행, 1775년

1768년에 초판이 출간된 후 7년 뒤에 나온 판본의 삽화 중 광학, 일식 등 책에서 다루는 광범위한 주제를 나타낸 그림

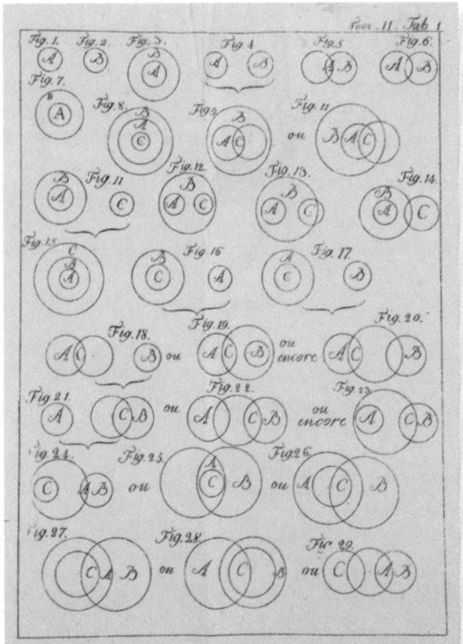

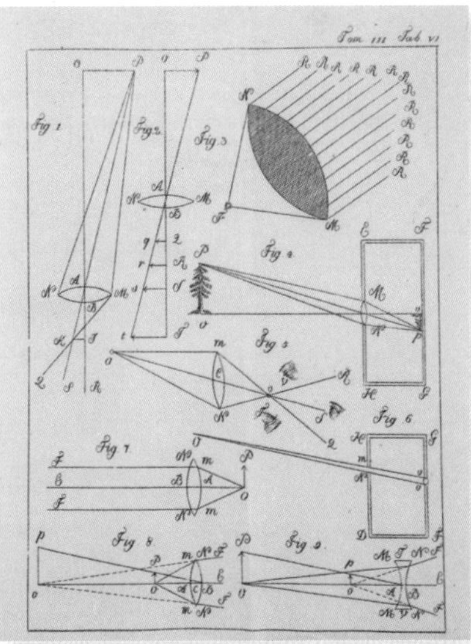

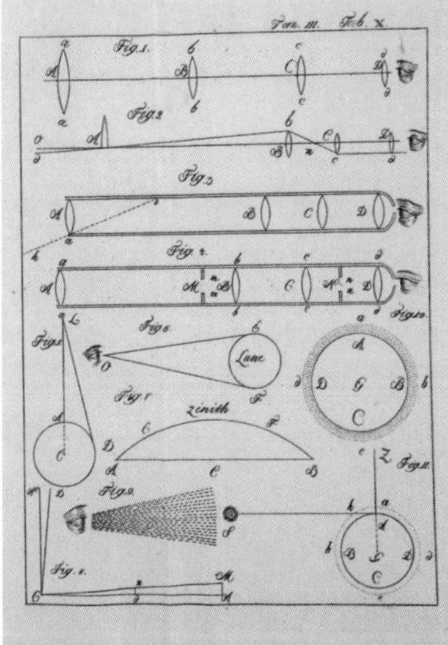

레온하르트 오일러,
『독일 공주에게 보내는 편지』,
바르텔미 키롤 발행, 1775년

오일러가 안할트데사우의 공주 프리데리케 샤를로테에게 보낸 편지들을 엮은 초기 대중 과학책. 사진은 책에서 다루는 다양한 주제를 나타낸 도표들이다.

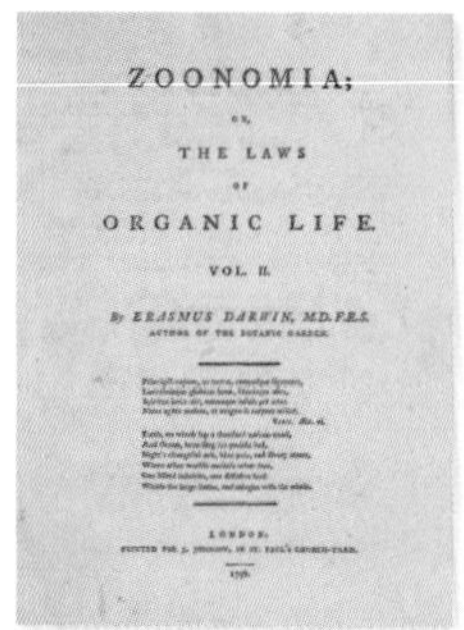
ZOONOMIA;

OR,

THE LAWS

OF

ORGANIC LIFE.

VOL. II.

By ERASMUS DARWIN, M.D. F.R.S.

AUTHOR OF THE BOTANIC GARDEN.

LONDON:

이래즈머스 다윈, 『동물생리학 또는 생물의 법칙』, 조지프 존슨Joseph Johnson 발행, 1796년

초판 출간 후 2년 뒤에 나온 판본의 속표지

시 쓰는 자연학자

18세기 말, 과학계에 친숙한 이름 하나가 등장했다. 다음 장에서도 나올 다윈으로, 이 시기에 먼저 등장한 이래즈머스 다윈Erasmus Darwin은 훨씬 유명한 인물인 찰스 다윈Charles Darwin의 조부다. 1731년 노팅엄셔의 엘스톤에서 태어난 이래즈머스 다윈은 원래 의사였으나 의학보다는 자연철학에 훨씬 더 깊은 흥미를 느꼈다. '버밍엄 만월회'(회원들의 원활한 귀가를 위해 보름달이 뜨는 날 모였던 단체)의 회원이자 매슈 볼턴Matthew Boulton, 조지프 프리스틀리, 조사이아 웨지우드Josiah Wedgwood 등 잉글랜드 중부 지역에서 활동하던 자연철학자, 산업계 거물 등으로 구성된 엘리트 집단의 일원이기도 했다.

과학적인 중요성으로 본다면, 1794년에 출간된 『동물생리학 또는 생물의 법칙*Zoonomia; or The Laws of Organic Life*』을 이래즈머스 다윈의 주요 저서로 꼽을 수 있다. 주된 내용은 의학과 해부학이지만, 진화의 초기 개념이 담겨 있어 현대에 새롭게 조명되는 책이기도 하다. 다윈은 이 책에서 포유류와 다른 모든 온혈 동물에게 단일한 공통 조상이 있다고 설명하면서 그 후보로 스스로 필라멘트filament라고 칭한 단순한 생물을 제시했다. 또한 나중에 장 바티스트 라마르크Jean-Baptiste Lamarck가 밝힌(204~206쪽 참고), 환경의 영향으로 동물에게 생긴 변화는 자손 세대에 전달된다는 개념도 이 책에서 다윈이 먼저 예견했다.

하지만 독자가 더 많았던 저서는 이보다 3년 앞서 출간된 『식물원*The Botanic Garden*』(1791)이다. 앞서 루크레티우스의 『사물의 본성에 관하여』(63쪽 참고)를 소개하면서 사람들에게 오랫동안 영향력을 발휘한 시 형식의 과학 저술이라고 소개했는데, 이래즈머스 다윈의 『식물원』 역시 그 시기의 독자들이 과학적인 생각에 좀 더 쉽게 다가갈 수 있도록 쓴 두 편의 시로 구성되었다. 그 첫 번째인 「식물의 경제」는 제목과 달리 광물 채굴과 그 시대 발명가들

에 관한 내용이 대부분이며, 노예 무역을 강력히 비난하고 프랑스와 미국에서 일어난 혁명을 지지하는 내용도 함께 담겨 있다. 두 번째 시 「식물의 사랑」에서는 우주의 탄생부터 식물의 본질적인 특성까지(당시에는 상스럽다고 여겨지던 식물의 생식 기능도 포함해서) 과학적으로 더 광범위한 주제를 다루고 진화론의 내용도 일부 제시했다.

이래즈머스 다윈, 『이래즈머스 다윈의 시 모음집*The Poetical Works of Erasmus Darwin*』
조지프 존슨 발행, 1806년

1806년에 컬러로 인쇄되어 출간된 다윈의 시 모음집 중 「식물의 사랑」이라는 시와 함께 실린 삽화. 이 시는 1789년에 별도로 처음 발표됐고 이후 『식물원』에 두 번째 장편시로 실렸다.

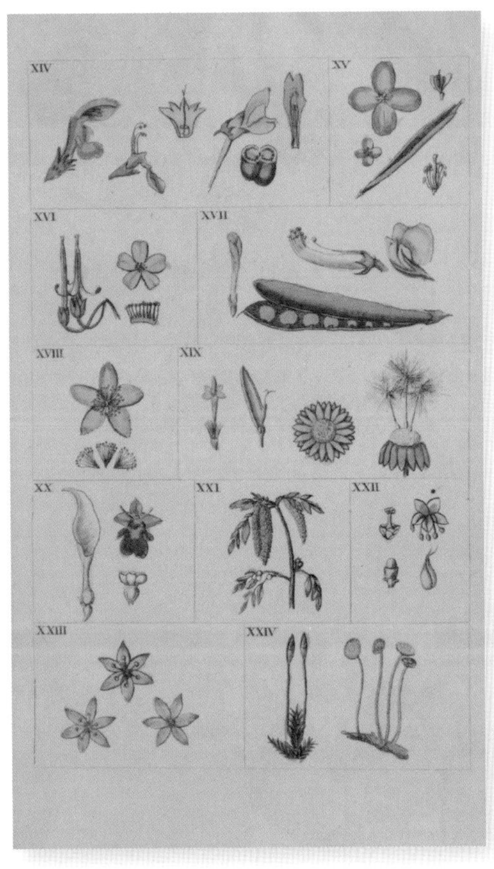

맬서스의 암울한 전망

1798년에 출간되어 18세기의 마지막을 깔끔하게 장식한 과학책은 토머스 맬서스Thomas Malthus의 『인구론*An Essay on the Principle of Population*』이다. 영국의 성직자인 맬서스는 1766년에 웨스트콧에서 태어났다. 이 책은 현대의 도서 분류 체계를 적용한다면, 내용의 정확성이 크게 떨어져도 큰 영향력을 발휘하는 분야인 미래학 도서에 해당한다.

처음에 익명으로 출간된 『인구론』은 인구 증가율이 식량 생산량이 증가하는 속도를 앞지를 것이므로 인류는 참담한 미래를 맞이할 것이라고 예견했다. 이 책에서 과학적이라고 할 만한 내용은 이러한 성장률과 증가율을 수학적으로 설명한 부분과 인구 변화가 임금과 인플레이션에 끼칠 영향을 경제학적으로 분석한 부분 정도다. 맬서스는, 전 세계 인구는 25년마다 두 배로 늘어나고 식량 생산량은 같은 기간에 몇 퍼센트밖에 증가하지 못할 것이므로, 인구가 식량의 생산과 공급 규모를 훌쩍 넘어 결국 굶주림을 겪게 되리라고 전망했다.

『인구론』이 남긴 가장 확실한 영향은, 이 책을 통해 인구 데이터가 부족하다는 사실이 부각되어 영국에 10년 주기의 인구 조사가 도입되었다는 것이다(이후 수많은 나라가 같은 조치를 마련했다). 또한 이 책에는 인구가 증가하면 노동력을 얻기 쉬워져서 임금이 계속 감소할 것이므로 식량 부족으로 겪게 될 굶주림에 빈곤까지 더해질 것이라는 경제학적인 분석도 나온다.

다행히 맬서스의 암담한 예측은 현실이 되지 않았다. 과학과 기술의 혜택이 주된 이유다. 맬서스는 과학과 기술이 식량 생산에 가져올 변화와 고용 시장의 확대, 피임법이 등장할 가능성을 무시했다. 이런 허점은 있지만, 『인구론』은 대중 과학책으로서는 최초로 통계학적인 내용을 다루었다는 점과 그때까지도 과학이 적용되지 않은 마지막 주제였던 인간의 행동에 처음으로 과학을 접목하려고 시도했다는 점에서 중요한 가치가 있다. 19세기에 들어서는 과학과 기술의 영향으로 사람들의 일상이 바뀌고 새로운 희망이 피어나는 동시에, 모든 전환기에 따르게 마련인 어려움도 많았으므로 초반까지는 맬서스의 암울한 예측대로 흘러갈 듯한 조짐도 엿보였다. 그러나 ‘과학자’라는 단어가 처음 등장한 이 새로운 시대에는 최고의 순간이 기다리고 있었다.

토머스 맬서스, 『인구론』, 조지프 존슨 발행, 1798년

왼쪽은 맬서스의 암울한 미래 전망이 담긴 저서의 속표지. 오른쪽은 조지 크룩생크George Cruikshank가 맬서스의 전망이 실현된 런던의 모습을 상상해서 1851년에 그린 에칭화

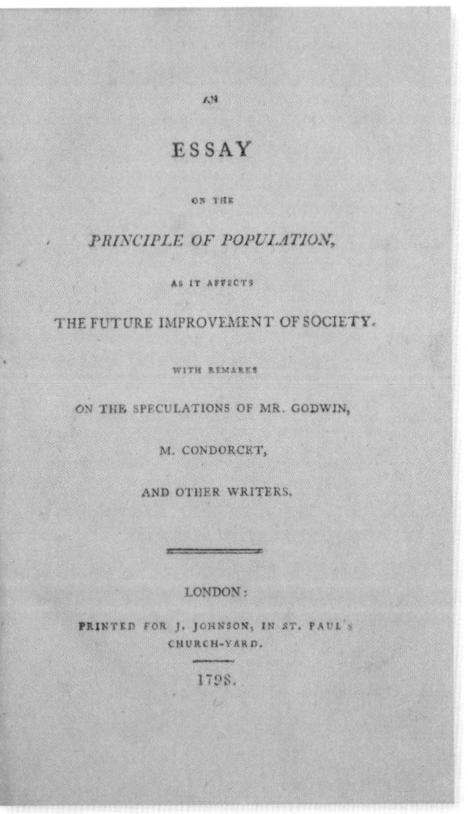

AN

ESSAY

ON THE

PRINCIPLE OF POPULATION,

AS IT AFFECTS

THE FUTURE IMPROVEMENT OF SOCIETY.

WITH REMARKS

ON THE SPECULATIONS OF MR. GODWIN,

M. CONDORCET,

AND OTHER WRITERS.

LONDON:

PRINTED FOR J. JOHNSON, IN ST. PAUL'S CHURCH-YARD.

1798.

근대의 고전

19세기의 안정

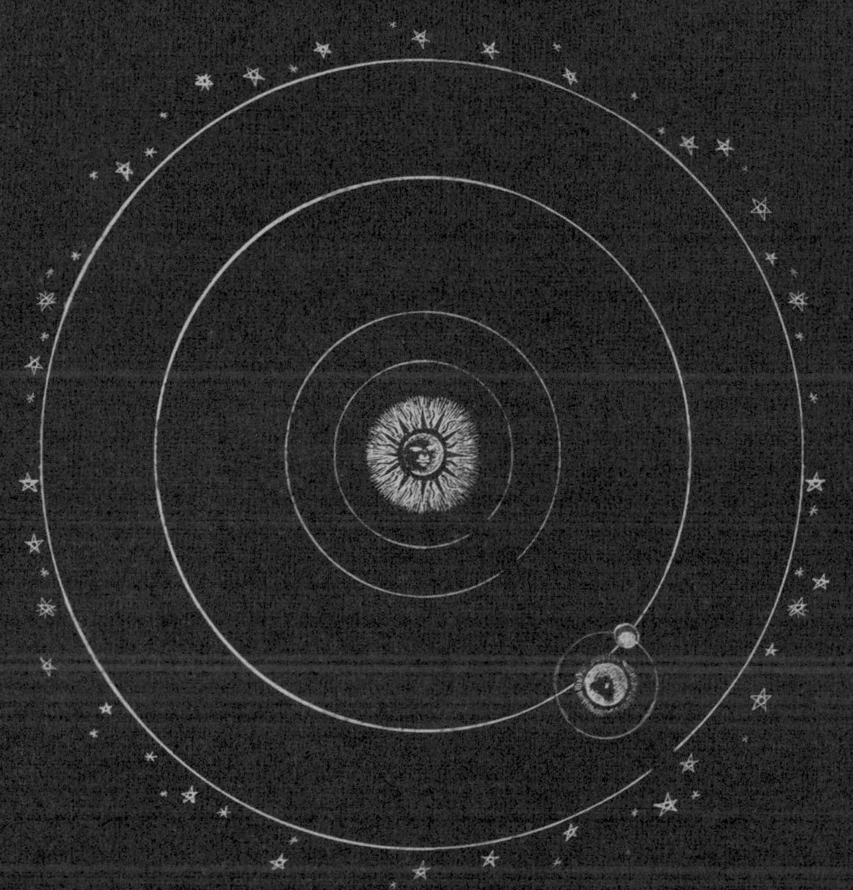

3

19세기에는 과학이 전문 분야로 입지를 더 단단히 다졌고, 과학책은 사람들의 인식에서나 실제로나 학계의 영역이었다. 영어로 '과학자'를 뜻하는 단어 'scientist'는 1834년에 처음 등장했다. (sciencer, scientician, scientman 등의) 다른 후보도 몇 가지 있었지만 예술가artist, 경제학자economist, 무신론자atheist와 어미가 같은 지금의 단어가 채택됐다. 이때까지도 '자연철학자'는 틈날 때 과학에 몰두하는 돈 많은 아마추어나 더 일반적인 범위의 철학자를 일컫는 말로 많이 쓰였다.

그러나 과학자가 직업의 하나로 발달하는 과정은 더디게 진행됐다. 마이클 패러데이Michael Faraday가 1813년에 런던 왕립학회에 들어와서 당시 학회의 핵심 인물이던 험프리 데이비Humphry Davy의 조수로 일할 때까지도(패러데이는 나중에 왕립학회장이 된다), 그의 지위는 데이비와 동등한 학자라기보다는 하인에 더 가까웠다(실제로 데이비는 유럽을 방문할 때 패러데이를 데려가면서 자신의 시중을 드는 일도 맡겼다).

초창기 직업 과학자들, 아마추어 자연철학자들은 다른 분야의 전문가들보다 지위가 낮았다. 대다수가 아마추어고, 전체적인 실력을 높이는 (노동 계급) 전문가가 몇몇 포함된 집단이었다는 점에서는 19세기와 20세기 초의 크리켓팀과 구성이 비슷했다. 이 장에서 소개할 주요 과학책은 전문가보다 아마추어가 쓴 책이 더 많다.

미스터 원자

19세기에 활동한 과학자는 아마추어가 많았지만, 가장 먼저 소개할 주요 과학 도서는 당시 새롭게 형성되기 시작한 전문 과학자 계층에서 나왔다. 존 돌턴John Dalton은 (패러데이와 마찬가지로) 과학에 개인적으로 흥미를 느끼고 대학 교육 없이 직업 과학자가 된 사람이다. 1766년 잉글랜드 북부 컴벌랜드의 이글스필드에서 태어난 돌턴과 패러데이의 또 한 가지 공통점은 가난한 집안 출신이라는 점이다. 당시 영국에서 대학은 영국 국교회 신도들에게만 열려

오거스터스 퓨긴Augustus Pugin, 토머스 롤런드슨Thomas Rowlandson, 〈왕립학회 도서관Library of the Royal Institution〉, 애쿼틴트화, 1809년

런던 앨버말가Albemarle Street의 왕립학회 도서관 풍경이 담긴 애쿼틴트 판화

윌리엄 헨리 워딩턴William Henry Worthington, 〈맨체스터의 존 돌턴John Dalton of Manchester〉, 판화, 1823년경

조지프 앨런Joseph Allen의 유화를 토대 삼아 판화로 제작된 존 돌턴 초상화

있었으므로 퀘이커교도였던 돌턴은 나중에 재산이 풍족해진 후에도 대학에 갈 수 없었다.

돌턴은 과학 연구가 아닌, 가르치는 일로 돈을 벌었다. 그러나 교사 일은 생계를 유지하는 수단일 뿐, 본업은 과학자였다. 이 시기의 과학자들이 대부분 그랬듯 돌턴도 기체의 동태부터 기상학, 색맹의 원인(돌턴 자신이 색맹이기도 해서, 한동안 '돌터니즘Daltonism'이라는 표현이 색맹이라는 뜻으로 쓰였다) 등 폭넓은 분야에 관심을 기울였다. 그러나 돌턴이 과학자로 큰 명성을 얻게 된 성취는 단연 1802년에 여러 편의 논문으로 처음 발표한 원자론이다.

그때까지도 원자는 논쟁의 대상이었다. 원자가 존재한다는 사실은 20세기에 아인슈타인의 논문으로 명백하게 입증된 후에야 온전히 수용되었고, 그전까지는 원자가 실재한다고 생각한 과학자들도 있었지만 원자의 개념이 계산에는 편리해도 실제로 존재하지는 않는다고 주장한 과학자들도 있었다(아마도 대다수가 후자였을 것이다). 철학적 관점에서 원자를 못마땅하게 여기는 이들도 있었다. 현실적인 관점을 철저히 고수했던 돌턴은 라부아지에의 화학 연구(167쪽 참고)를 적극 참고해서, 원자와 여러 개의 원자로 이루어진 화합물이 존재한다는 것을 바탕으로 물질의 본질에 관한 이론을 수립했다.

이미 밝혀진 것이라도 새로운 눈으로 보면 깨달음을 얻는 경우가 많다. 돌턴의 경우 원소를 이루는 각각의 원자에 고유한 질량이 있으리라는 획기적인 생각이 큰 영감으로 작용했다.

돌턴은 수소(가장 가벼운 원소)의 질량을 1로 정하고, 이를 기준으로 질소의 질량은 5, 산소의 질량은 7, 인의 질량은 9와 같이 다른 원소의 질량을 정했다. 지금도 많이 쓰이는 원자량이라는 용어는 이 상대적인 질량을 의미한다(의미가 헷갈리기 쉬운 용어다). 돌턴은 두 원소가 반응해서 하나의 화합물을 형성하는 것은 각 원소의 원자끼리 결합해서 분자를 이루는 것이므로, 화합물의 질량은 곧 원자의 질량을 합한 것과 같다고 설명했다. 그는 1802년에 연이어 발표한 여러 편의 논문, 그리고 1808년에 나온 저서 『화학 철학의 새로운 체계*A New System of Chemical Philosophy*』를 통해 자신의 이론을 계속해서 알리고 확장하는 한편, 각 원소를 자신이 정한 고유한 기호로 나타낸 멋진 원소 기호표도 만들었다.

그러나 돌턴의 연구에는 부족한 점들이 있었다. 그가 제시한 원자량은 그 시대의 기준으로도 품질이 좋지 않은 도구들로 직접 수행한 실험에서 얻은 결과라 부정확한 경우가 많았다. 모든 원자의 질량은 수소 질량의 배수로 나타낼 수 있다는 최초 이론을 발판 삼아 모든 원자는 수소 같은 구성 요소 여러 개로 이루어져 있다는 생각으로(실제로 그렇다) 크게 도약하지 못했다는 한계도 있다. 돌턴이 원자량의 비를 말할 때 항상 '거의 7 대 1'과 같이 표현한 것을 보면, 아마도 이 비율이 정확하지 않다고 생각한 듯하다. 돌턴은 원자가 제각기 크기가 다른 구 형태라고 확신했으므로 모든 원자가 수소와 같은 기초 단위 여러 개로 구성되었을 가능성은 그가 상상한 원자의 형태와 맞지 않았다.

돌턴도 라부아지에처럼 석회와 같은 몇 가지 화합물을 원소라고 착각했고, 분자를 구성하는 원자의 개수도 잘못 추정했다. 즉 그는 원소가 대부분 하나의 원자로 이루어진다고 생각했다. 예를 들어 물은 오늘날 널리 알려진 대로 산소 원자 하나와 수소 원자 두 개로 이루어지는데(H_2O), 돌턴은 산소와 수소 원자가 하나씩 결합해서(HO) 물이 된다고 보았다. 또한 산소가 원자 두개가 결합한 분자로 존재한다는 사실도 알지 못했다. 그리고 지금처럼 원소를 글자 기호로 나타내는 간편한 방식을 거부했다. 원소를 글자 기호로 표시하는 방식은 스웨덴의 화학자 옌스 야코브 베르셀리우스Jöns Jakob Berzelius가 처음 도입했고, 1808년에 베르셀리우스의 가장 중요한 저서인 『화학 교과서*Läroboken i Kemien*』가 출간되기 전부터 이미 활용되고 있었다. 돌턴은 이 글자 기호 대신 보기에는 멋지지만 일일이 기억하기 힘든 자신만의 기호를 고수했다.

그러나 돌턴이 이 분야의 개척자라는 사실을 잊지 말아야 한다. 처음부터 모든 것을 정확히 이해하기는 힘들다. 게다가 돌턴이 내놓은 결과들은 대학의 지원이나 당시 부유한 아마추어 과학자들이 쓰던 양질의 도구 없이 수

존 돌턴, 『화학 철학의 새로운 체계』 제2권, 로버트 비커스태프Robert Bickerstaff 발행, 1810년

제2권에 포함된 삽화. 분자 구조에 관한 돌턴의 견해와 화합물의 농도별 끓는점이 나와 있다.

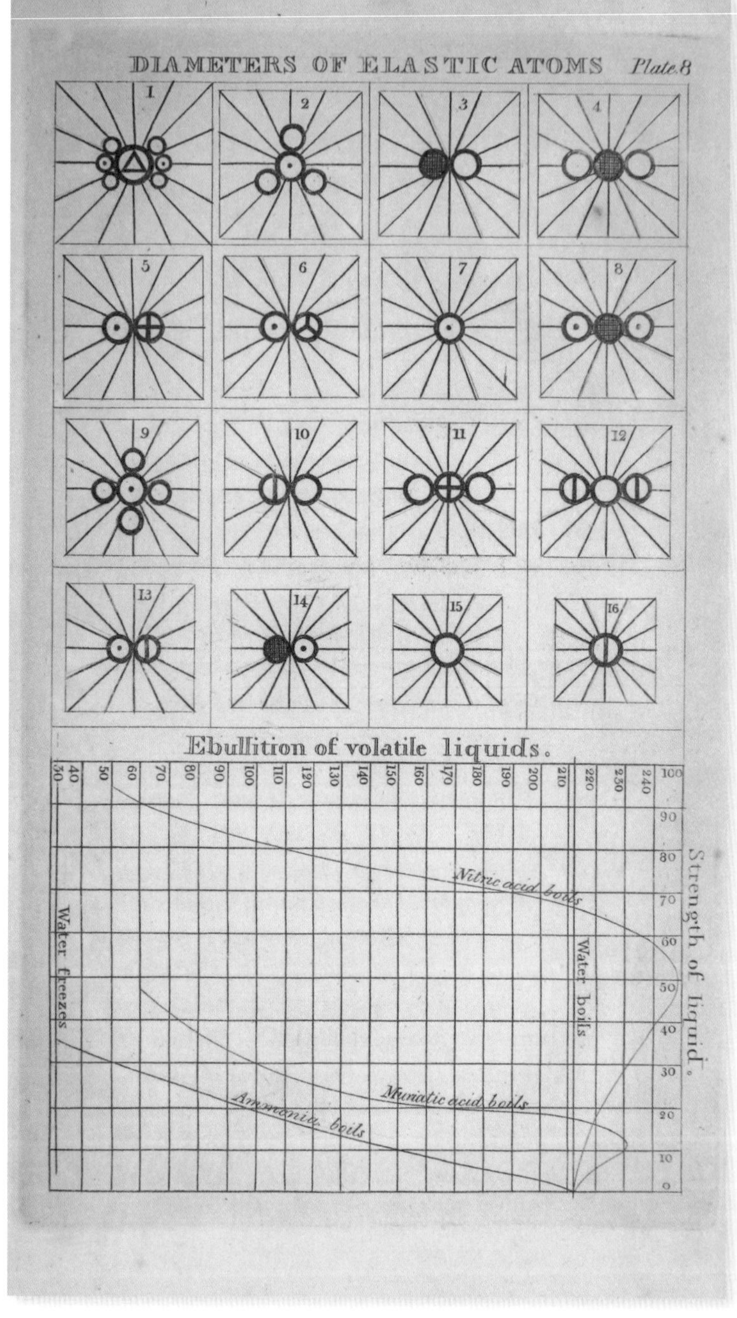

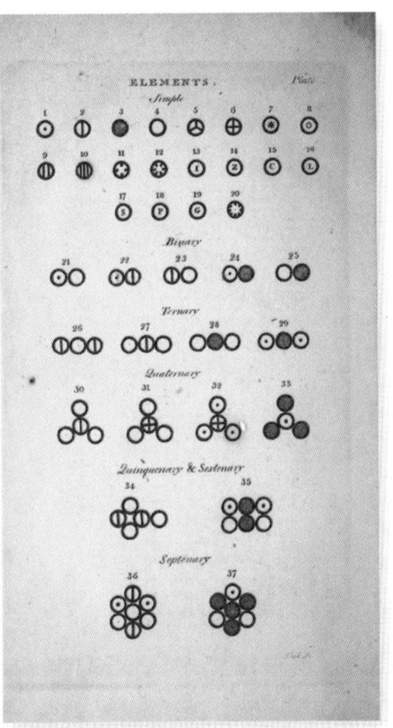

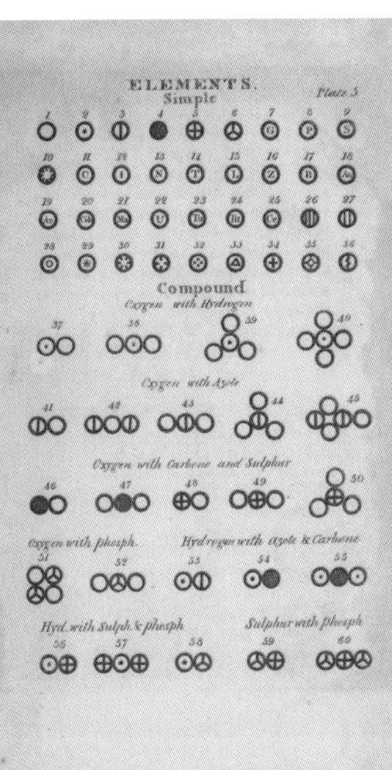

존 돌턴, 『화학 철학의 새로운 체계』 제2권, 로버트 비커스태프 발행, 1810년

제2권에 포함된 다양한 삽화. 돌턴이 원소를 표기할 때 사용한 기호들, 분자 구조에 관한 몇 가지 가설, 결정형 고체에 관한 생각을 표현한 그림들이다.

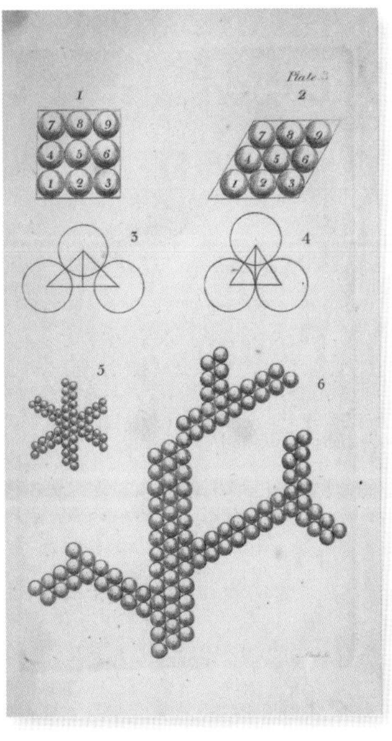

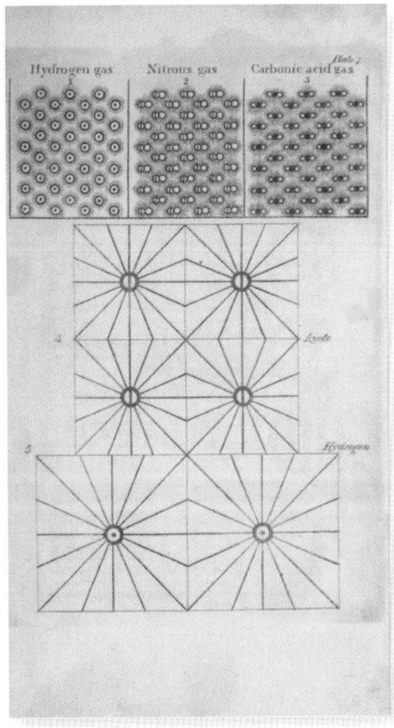

행한 연구로 얻은 것이고, 그는 산소, 질소 같은 원소가 발견된 지 얼마 안 된 시대에 활동했다는 점도 고려해야 한다. 돌턴의 책은 화학계에 전에 없던 엄밀함과 새로운 방식을 가져왔다.

존 돌턴, 원소 기호표, 1808년

돌턴이 강의에서 원자와 원자량을 설명할 때 사용한 도표. 각 원자의 상대적 질량과 돌턴이 각 원소를 표기할 때 쓰던 기호가 나와 있다.

최고의 새 관찰자

돌턴의 책처럼 여전히 다른 자연철학자들을 독자로 여기고 저술된 책들도 있었지만, 19세기에는 과학자는 물론 과학에 관심 있는 사람들, 나아가 더 폭넓은 독자의 마음을 사로잡은 책들이 하나둘 등장했다. 대표적인 예가 존 제임스 오듀본John James Audubon의 책 『북미의 새*Birds of America*』(1827)다. 출간 당시에 이 책은 오늘날 현대인들이 장식용으로 꽂아 두는 책(가령 허블 우주 망원경으로 관찰한 신기한 이미지들로 채워진 책처럼)과 같은 인상을 주었지만, 『북미의 새』가 광범위한 독자의 관심을 얻은 주된 이유는 책에 담긴 독창적인 그림들이 과학적인 목적으로 그려졌음에도 시각적으로 아름다웠기 때문이다. 훅의 『마이크로그라피아』 이후로 이런 책은 없었을 것이다.

오듀본은 아이티에서 태어난 프랑스인이자 (불법으로 입국한) 미국 시민권자였고, 『북미의 새』는 영국에서 열광적인 호응을 얻은 덕에 세상에 나올 수 있었으므로 이 책의 뿌리는 놀랍도록 여러 갈래였던 셈이다. 1827년에 가로 66센티미터, 세로 99센티미터의 거대한 판형으로 출간된 『북미의 새』는 다채로운 새들의 모습을 담은 435점의 그림으로 구성됐다. 책에 담긴 그림은 전부 일일이 손으로 채색한 판화였다. 미국에 온 직후인 1803년부터 아메리카 대륙에 서식하는 각양각색의 새들에 흥미를 느낀 오듀본은 새들을 관찰하고 그림으로 그리는 것으로 모자라, 박제 기술을 배우고 자연사 박물관까지 직접 세워서 조류를 포함한 미국의 각종 토착 생물을 전시했다. 본업은 상인이었으나 자연사 연구에 쏟는 열정이 그의 인생에서 갈수록 더 큰 부분을 차지했다.

오듀본의 삶은 동시대에 활동한 다른 과학자들과 달리 풍족함과는 거리가 멀었다. 1819년에는 투자한 지 얼마 안 된 제분소가 망하는 바람에 파산하고 채무자 감옥에 끌려가기도 했다. 그런데도 1820년, 그는 북미 대륙에 서식하는 모든 새를 그림으로 남기겠다는 큰 포부를 안고 또다시 길을 나섰다. 필라델피아에 도착한 1824년에는 그림이 3백 장을 넘어섰다. 오듀본은 그 그림들을 책으로 내고 싶었지만 출판하겠다고 나서는 곳이 없었다.

존 제임스 오듀본, 『북미의 새』, 로버트 하벨 앤드 선Robert Havell & Son 발행, 1827년

‘더블 엘리펀트판(2절판)’ 크기로 제작된 초판의 그림 중 멧새의 모습을 나타낸 53번째 그림. 이 책의 인쇄를 맡은 로버트 하벨 주니어와 부친 로버트 하벨이 오듀본의 그림을 판에 새기고 수작업으로 채색해 완성한 애쿼틴트 판화다.

존 제임스 오듀본, 『북미의 새』, 로버트 하벨 앤드 선 발행, 1827년

'더블 엘리펀트판' 크기의 초판에 실린 217번째와 386번째 그림. 삼색왜가리(상)와 대백로의 모습을 나타낸 애쿼틴트 판화로, 수작업으로 채색했다.

오듀본에게는 자신의 열정을 알아보고 함께 좋아해 줄 사람들이 필요했다. 한 친구의 권유로 영국을 여행하던 그는 마침내 그런 사람들과 만났고(이국적이고 어딘가 촌스러운 오듀본의 특색도 한몫했다), 그간의 멋진 성과를 책으로 출판할 자금도 확보할 수 있었다. 오듀본은 그림을 책 한 권에 몽땅 담아서 출판하는 대신 구독자를 모집하고 매회 그림 다섯 장을 주석 상자에 담아 제공하기로 했다. 당시 출판된 책 대부분이 그랬듯, 구독자가 이렇게 받은 낱장을 모아서 각자 자기 집 서재에 있는 책들과 동일한 표지를 입혀 제본했다. 오듀본의 책은 가격이 어마어마했다. 435장의 그림을 전부 사려면 당시 가격으로 1천 달러 정도를 내야 했는데, 이는 오늘날의 화폐 가치로 2만 파운드 또는 2만 6천 달러[19]에 달하는 금액이다. 2010년에 경매에 나온 『북미의 새』는 650만 파운드(1030만 달러)[20]에 팔렸다. 그림의 원본 크기에 맞춘 판본은 소량만 제작됐고, 가로 15.8센티미터, 세로 25.3센티미터의 그보다 작은 판형이 훨씬 더 많이 판매됐다.

오듀본은 그림만 이렇게 별도로 발행하고, 스코틀랜드 출신 박물학자 윌리엄 맥길리브레이William MacGillivray와 함께 저술한 본문은 다섯 권의 책으로 엮어 따로 발행했다. 영국에서 발행되는 모든 책은 왕립 도서관에 사본을 제출해야 했으므로 값비싼 삽화를 공짜로 제공하지 않기 위한 방책이었다.

과학적인 생산 기술

『북미의 새』를 현대의 관점에서 평가한다면, 자료 수집에 그쳤을 뿐 그 자료가 이론에 활용되지는 않았으므로 과학 발전에 별로 도움이 되지는 않았다. 그러나 이 책은 북미 대륙에 서식하는 조류의 자연사를 독특한 시각으로 조명했고, 과학적인 목적으로 만들어진 책인데도 일반 시민들이 소유욕을 느낄 만큼 시각적으로 멋진 책이었다는 점에서 두각을 나타냈다. 그로부터 5년 뒤에는 『북미의 새』와 확연히 다른 이유로 세상에 큰 영향을 끼친 책이 나왔다. 생산에 과학을 접목한 찰스 배비지Charles Babbage의 저서로, 이 책이 성공을 거둔 핵심은 그림이 아닌 이론이었다.

찰스 배비지, 1860년경

나이 지긋한 배비지의 모습. 사진 촬영일은 알 수 없다.

1791년에 런던에서 태어난 배비지는 초기 기계식 컴퓨터를 연구한 인물로 잘 알려져 있다. 하지만 그가 계획한 컴퓨터는 한 번도 완성된 적이 없으며, 배비지는 그 연구에 관해 책을 저술한 적도 없다. 그의 기계식 컴퓨터 연구 내용을 그나마 가장 자세히 확인할 수 있는 자료는 이탈리아의 장군이자 수학자 루이지 페데리코 메나브레아Luigi Federico Menabrea가 1842년에 「찰스 배비지가 발명한 해석 기관의 스케치Sketch of the Analytical Engine Invented by Charles Babbage(오거스타 에이다, 러브레이스 백작 부인의 부가 설명 포함)」라는 제목으로 발표한 논문이다. 이 논문은 원래 프랑스어로 쓰였는데, 배비지가 프로그래밍이 가능한 기계식 컴퓨터를 연구할 때 협력했던 러브레이스Lovelace 백작 부인(오거스타 에이다 킹Augusta Ada King)이 영어로 번역하면서 부가 설명을 덧붙여 총분량을 처음의 두 배로 만들었다.

배비지는 평생 계산 기계 연구에만 매달리지 않았다. 수학과 체계화의 원리를 일터에 도입하는 일도 그의 관심사였고, 배비지가 활용한 방식은 1940년대에 대폭 확장되어 응용수학의 한 분야가 되었다(당시의 명칭은 운용과학, 현재는 경영과학). 이어서 전쟁 문제 해결에 활용되었으며, 나중에는 산업계에도 적용됐다. 배비지는 산업계의 실무에 과학을 도입한 최초의 인물 중 한 사람이었다.

배비지의 저서 『기계와 제조의 경제에 관하여*On the Economy of Machinery and Manufactures*』는 1832년에 출간됐다. 이 책을 쓰려고 여러 공장을 직접 찾아가 관찰 조사를 벌이던 그는, 숙련된 노동자들이 특별한 기술이 필요 없는 단순 작업에 상당한 시간을 쓰고 있다는 사실을 알게 됐다. 이에 배비지는 작업 유형을 나누고 노련한 노동자가 보유한 기술을 집중적으로 쓰도록 하면 생산 효율이 높아질 것이라고 제안했다. 생산 비용을 세분해서 사업의 수익성을 파악하는 방식, 이익 공유의 장점을 최초로 제시한 사람 중 하나도 배비지였다.

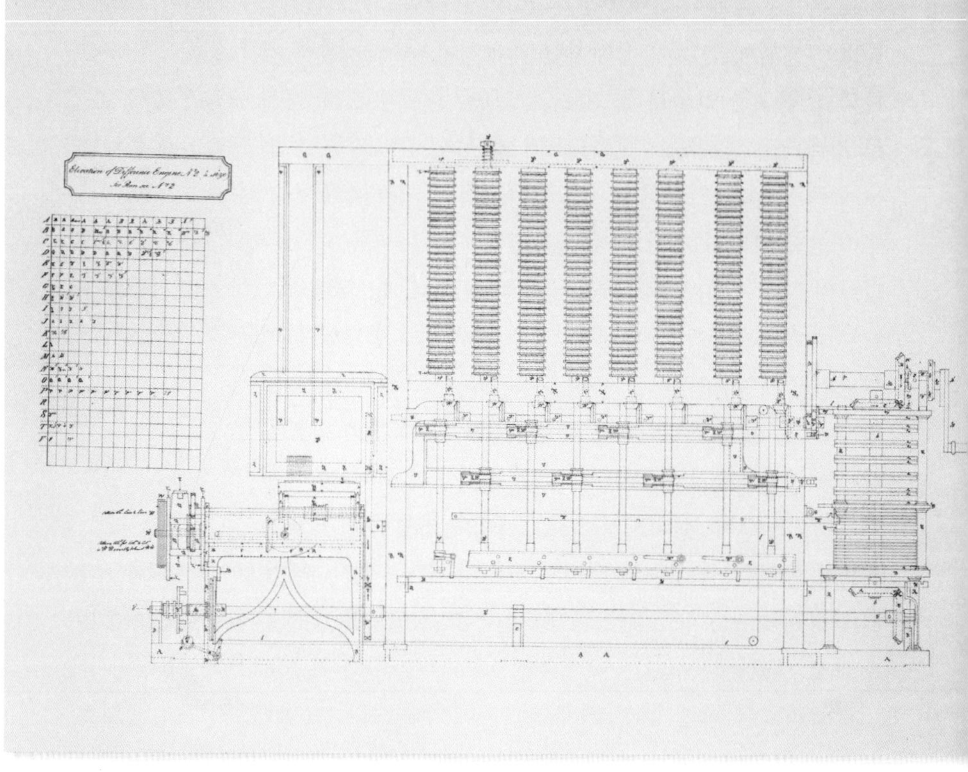

찰스 배비지, 차분 기관 2호, 1847년

배비지가 그린 차분 기관 2호의 도면. 계산 기계로 고안한 이 기관은 일부가 제작되었으나, 배비지가 더 발전된 기계인 해석 기관의 설계를 시작하면서 폐기됐다.

당시 산업계에 일어난 극적인 변화는 많은 부분 증기 엔진의 도입과 맞물려 있었으나, 혁신적인 기술로 여겨진 증기 엔진도 초기에는 과학적으로 아주 엉성했다. 그런데 이런 상황을 뒤집은 책이 등장했다. 1796년에 파리에서 태어나 콜레라로 서른여섯의 젊은 나이에 안타깝게 세상을 떠난 프랑스의 공학자, 니콜라 레오나르 사디 카르노Nicolas Léonard Sadi Carnot의 1824년 저서 『불의 동력과 그 동력의 발생에 적합한 기계에 관한 고찰*Réflexions sur la Puissance Motrice du Feu et sur les Machines Propres a Développer cette Puissance*』이다. 나중에 열역학으로 불리게 된, 물리학의 새로운 분야를 개척한 책이다.

찰스 배비지, 『기계와 제조의 경제에 관하여』, 찰스 나이트Charles Knight 발행, 1832년

왼쪽은 배비지가 제조 공정의 체계화를 주제로 저술한 책의 속표지. 오른쪽은 제임스 네이즈미스James Nasmyth가 1832년에 맨체스터 인근 자신의 주물 공장에 세운 증기 망치를 직접 그린 그림이다.

당시는 열이 '열소'라고 불리며 한 곳에서 다른 곳으로 이동할 수 있는 유체로 여겨지던 시대였다. 카르노도 처음에는 곧 구식이 된 이 이론을 연구했다. 그러다 증기 엔진처럼 열로 작동하는 엔진의 효율은 엔진의 뜨거운 부분과 차가운 부분의 온도 차이에 좌우된다는 사실을 깨닫고 물리학의 핵심 법칙 중 하나인 열역학 제2법칙의 토대를 마련했다. 이 법칙을 간단히 정리하면 같은 몸체에서 열은 온도가 더 높은 곳에서 낮은 곳으로 이동한다는 내용이고, 좀 더 자세

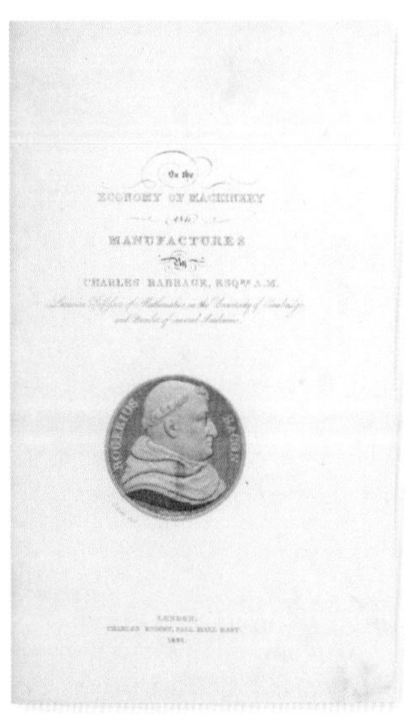

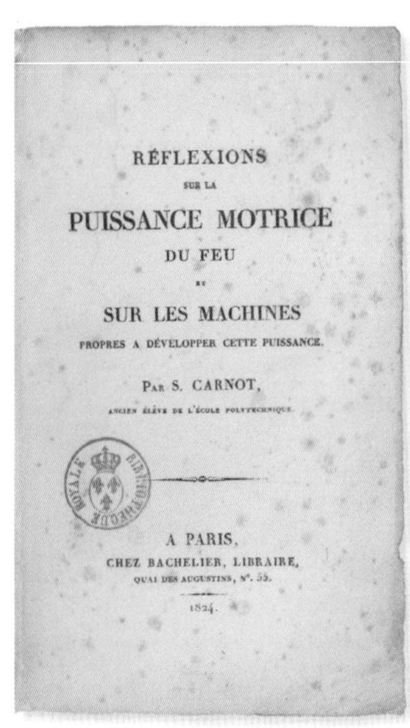

RÉFLEXIONS
SUR LA
PUISSANCE MOTRICE
DU FEU
ET
SUR LES MACHINES
PROPRES A DÉVELOPPER CETTE PUISSANCE.

PAR S. CARNOT,
ANCIEN ÉLÈVE DE L'ÉCOLE POLYTECHNIQUE.

A PARIS,
CHEZ BACHELIER, LIBRAIRE,
QUAI DES AUGUSTINS, N°. 55.
1824.

(46)

mentation de volume de l'air lorsqu'il est échauffé de 1° sous pression constante.

D'après la loi de MM. Gay-Lussac et Dalton, cette augmentation de volume serait la même pour tous les autres gaz; d'après le théorème démontré pag. 41, la chaleur absorbée par des augmentations égales de volume est la même pour tous les fluides élastiques: nous sommes donc conduits à établir la proposition suivante:

La différence entre la chaleur spécifique sous pression constante et la chaleur spécifique sous volume constant est la même pour tous les gaz.

Il faut remarquer ici que tous les gaz sont supposés pris sous la même pression, la pression atmosphérique, par exemple, et qu'en outre les chaleurs spécifiques sont mesurées par rapport aux volumes.

Rien ne nous est plus aisé maintenant que de dresser une table des chaleurs spécifiques des gaz sous volume constant, d'après la connaissance de leurs chaleurs spécifiques sous pression constante. Nous présentons ici cette table, dont la première colonne est le résultat des expériences directes de MM. Delaroche et Bérard, sur la chaleur spécifique des gaz sou-

(47)

mis à la pression atmosphérique, et dont la seconde colonne est composée des nombres de la première diminués de 0,300.

Table de la chaleur spécifique des gaz.

NOMS DES GAZ.	Chal. spéc. sous pression constante.	Chal. spéc. sous volume constant.
Air atmosphérique.	1,000	0,700
Gaz hydrogène.	0,903	0,603
Acide carbonique.	1,258	0,958
Oxigène.	0,976	0,676
Azote.	1,000	0,700
Protoxide d'azote.	1,350	1,050
Gaz oléfiant.	1,553	1,253
Oxide de carbone.	1,034	0,734

Les nombres de la première colonne et ceux de la seconde sont ici rapportés à la même unité, à la chaleur spécifique de l'air atmosphérique sous pression constante.

니콜라 레오나르 사디 카르노, 『불의 동력과 그 동력의 발생에 적합한 기계에 관한 고찰』, 바슐리에Bachelier 발행, 1824년

열역학의 시초가 된 카르노의 저서 속표지와 본문 일부. 기체별 비열을 나타낸 표가 나와 있다.

히 들어가면 하나의 계에서 나타나는 무질서의 정도인 '엔트로피'라는 개념이 나온다. 엔트로피는 정보 이론부터 우주의 종말까지 두루 관련이 있다.

하지만 카르노가 연구에서 가장 중점을 둔 것은 증기 엔진의 작동 방식을 개선하는 일이었다. 당시에 쓰이던 엔진은 연료를 태워서 얻는 에너지 중 극히 일부만 활용하고 나머지는 다 열로 소실될 정도로 효율이 형편없었다. 출간 후 전혀 주목받지 못했던 『불의 동력과 그 동력의 발생에 적합한 기계에 관한 고찰』은 19세기 중반이 지나서야 영향력을 떨치기 시작했다. 카르노는 배비지와 달리 자신의 연구를 알아보는 사람들을 만나지 못했다.

배비지의 절친한 친구인 존 허셜John Herschel도 비슷한 시기에 중요한 연구 결과를 발표했다. 천왕성을 발견한 천문학자 윌리엄 허셜William Herschel의 아들인 존 허셜은 1792년에 영국 슬라우에서 태어났다. 그는 배비지의 컴퓨터 연구에 영감을 준 사람으로도 추정되는데, 전해지는 이야기에 따르면 배비지는 허셜을 도와 숫자 표를 만드는 고된 작업을 하다가 이렇게 외쳤다고 한다. "이보게 허셜, 증기로 돌아가는 기계가 이 계산을 대신해 준다면 얼마나 좋을까!" 허셜은 『천문학에 관한 논문*A Treatise on Astronomy*』(배비지가 한탄하며 도운 바로 그 저술)을 비롯해 천문학적으로 중요한 저술을 다수 남겼고, 부친의 천문 연구 결과를 정리한 편람을 개정하기도 했다.

그러나 존 허셜의 가장 중요한 저서는 『자연철학 연구에 관한 예비 담론*A Preliminary Discourse on the Study of Natural Philosophy*』이다. 엄밀히 따지면 단독으로 출간된 책은 아니고 1831년에 나온 『라드너 캐비닛 백과사전*Lardner's Cabinet Cyclopaedia*』의 일부로, 이 백과사전은 이름이 암시하는 것처럼 한 권짜리 백과사전이 아니라 선별된 주제를 각각 다룬 개별 도서 133권으로 구성됐다. 허셜의 책은 그중 열네 번째 책이었다.

지구의 형성에 관한 현대적 해석

『북미의 새』가 성공을 거둔 핵심인 시각적인 아름다움은 지질학에서 과학 이론이 발전하는 데도 중요한 역할을 했다. 스코틀랜드 출신 지질학자 찰스 라이엘은 총 세 권으로 완성된 『지질학의 원리』를 다른 학자들이 볼 책으로 썼지만, 출간 후 더 폭넓은 독자에게 큰 인기를 얻었다. 그 이유 중 하나가 삽화였다. 1797년에 영국 앵거스의 키리뮤어 인근 부유한 가정에서 태어난 라이엘은 몇 년간 변호사 공부를 하다가 지질학 연구에 관심을 쏟기 시작했고, 1830년부터 1833년까지 해마다 한 권씩 낸 『지질학의 원리』로 입지를 굳혔다.

현대인의 시각으로는 지질학이 대중에게 그렇게까지 큰 흥미를 자아낼 만한 학문이 아닌 듯하지만, 라이엘이 활동한 시대에는 신문 1면을 장식할 만큼 큰 논란이 일어나고 대중의 관심이 쏠린 분야였다. 논란의 주제는 지구의 나이였다. 원래 지구의 나이는 성경 내용을 바탕으로 추정된 결과가 오랫동안 수용되었으나, 라이엘이 새로운 이론을 수립하고 확장해 기존의 생각을 뒤집은 게 발단이었다. '동일 과정설'로 불리는 라이엘의 이론은 같은 스코틀랜드 출신 지질학자인 제임스 허턴James Hutton이 처음 발전시킨 이론을 중심으로 도출한 결과였다. 이전까지 지구는 성경에 나오는 홍수 같은 격변이 연이어 일어나며 형성되었다고 여겨졌고, 이에 따라 「창세기」에 나오는 계보대로 노아부터 시작해 각 인물의 수명을 더하는 방식으로 계산하여 지구의 형성 시점은 기원전 4004년이라고 알려졌다. 그러나 동일 과정설은 산과 계곡이 매우 점진적이고 연속적인 과정으로 형성되었으며, 현재의 상태가 되기까지 수백만 년이 걸렸다는 내용이었다.

『지질학의 원리』에는 이 이론에 관한 상세한 설명이 담겨 있었고, 당시 젊은 청년이던 찰스 다윈은 이러한 지질학적 연대를 생물에도 적용할 수 있겠다는 영감을 얻었다(206쪽 참고). 다윈은 라이엘로부터 『지질학의 원리』 1권을 받았을 뿐 아니라 HMS 비글호(다윈은 이 배를 타고 그 유명한 탐사 항해를 떠났다) 선장이던 로버트 피츠로이Robert Fitzroy의 요청으로 라이엘의 이론을 뒷받침하는 지층을 조사하는 일도 도

찰스 라이엘, 『지질학의 원리』, 존 머리 발행, 1832년

큰 영향을 남긴 라이엘의 저서 제2권의 머릿그림. 시칠리아섬의 에트나산 주변 풍경을 나타낸 그림이다. 『지질학의 원리』는 총 세 권이며, 1830년부터 1833년까지 한 권씩 차례로 출간됐다.

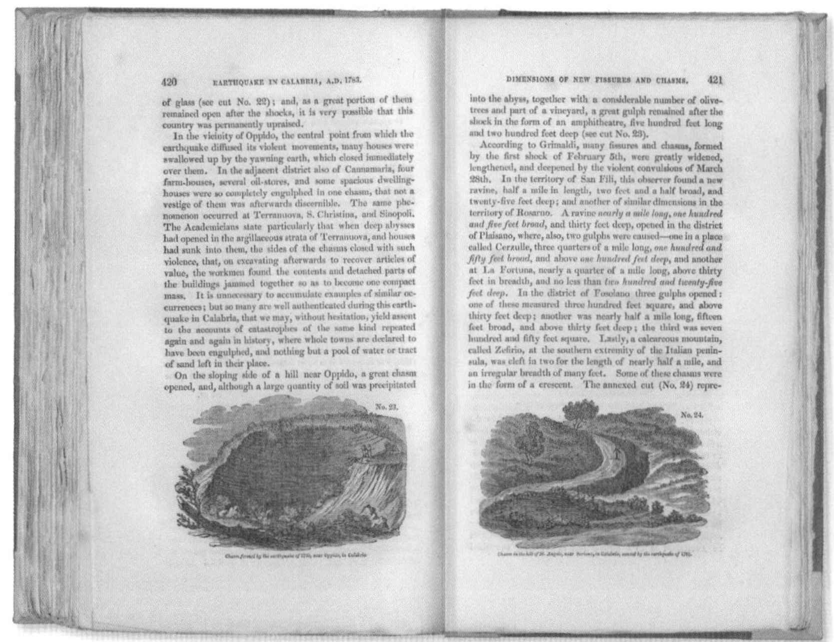

420 EARTHQUAKE IN CALABRIA, A.D. 1783.

of glass (see cut No. 22); and, as a great portion of them remained open after the shocks, it is very possible that this country was permanently upraised.

In the vicinity of Oppido, the central point from which the earthquake diffused its violent movements, many houses were swallowed up by the yawning earth, which closed immediately over them. In the adjacent district also of Cannamaria, four farm-houses, several oil-stores, and some spacious dwelling-houses were so completely engulphed in one chasm, that not a vestige of them was afterwards discernible. The same phenomenon occurred at Terranuova, S. Christina, and Sinopoli. The Academicians state particularly that when deep abysses had opened in the argillaceous strata of Terranuova, and houses had sunk into them, the sides of the chasms closed with such violence, that, on excavating afterwards to recover articles of value, the workmen found the contents and detached parts of the buildings jammed together so as to become one compact mass. It is unnecessary to accumulate examples of similar occurrences; but so many are well authenticated during this earthquake in Calabria, that we may, without hesitation, yield assent to the accounts of catastrophes of the same kind repeated again and again in history, where whole towns are declared to have been engulphed, and nothing but a pool of water or tract of sand left in their place.

On the sloping side of a hill near Oppido, a great chasm opened, and, although a large quantity of soil was precipitated

No. 23.

DIMENSIONS OF NEW FISSURES AND CHASMS. 421

into the abyss, together with a considerable number of olive-trees and part of a vineyard, a great gulph remained after the shock in the form of an amphitheatre, five hundred feet long and two hundred feet deep (see cut No. 23).

According to Grimaldi, many fissures and chasms, formed by the first shock of February 5th, were greatly widened, lengthened, and deepened by the violent convulsions of March 28th. In the territory of San Fili, this observer found a new ravine, half a mile in length, two feet and a half broad, and twenty-five feet deep; and another of similar dimensions in the territory of Rosarno. A ravine *nearly a mile long, one hundred and five feet broad*, and thirty feet deep, opened in the district of Plaisano, where, also, two gulphs were caused—one in a place called Cerzulle, three quarters of a mile long, *one hundred and fifty feet broad*, and above *one hundred feet deep*, and another at La Fortuna, nearly a quarter of a mile long, above thirty feet in breadth, and no less than *two hundred and twenty-five feet deep*. In the district of Fosolano three gulphs opened: one of these measured three hundred feet square, and above thirty feet deep; another was nearly half a mile long, fifteen feet broad, and above thirty feet deep; the third was seven hundred and fifty feet square. Lastly, a calcareous mountain, called Zefirio, at the southern extremity of the Italian peninsula, was cleft in two for the length of nearly half a mile, and an irregular breadth of many feet. Some of these chasms were in the form of a crescent. The annexed cut (No. 24) repre-

No. 24.

찰스 라이엘, 『지질학의 원리』, 존 머리 발행, 1830년

1830년과 1833년 사이에 출간된 『지질학의 원리』 3부작 중 제1권의 본문. 1783년에 이탈리아 칼라브리아에서 발생한 지진의 영향을 설명한 부분이다. 라이엘은 삽화를 활용하면 독자의 관심을 집중시킬 수 있음을 보여 주었다.

왔다. 나중에 다윈과 라이엘은 친구가 되었다.

『지질학의 원리』의 원제는 '지질학의 원리: 현재 지표면에 변화를 일으키고 있는 요인을 참고하여 지표면에서 일어난 과거의 변화를 설명하려는 시도'다. 제목 그대로 화산, 지진과 같은 현상으로 발생하는 지표면의 움직임에 주목해 그와 같은 지각의 변동과 변위가 장기적으로 어떤 영향을 남기는지 고찰하는, 새롭고 중요한 접근 방식을 제시했다.

그러나 지질학이 발전하면서 동일 과정설만으로는 지구의 형성 과정을 만족스럽게 설명할 수 없다는 사실이 드러났다. 화석 기록에서 현재 우리가 대량 멸종이라고 부르는 현상을 뒷받침하는 증거가 발견된 것이다. 이런 현상은 동일 과정설의 주장과 맞지 않는다는 것이 비판의 주된 내용이었는데, 이제는 대량 멸종이 갑작스러운 대대적 변화로 일어난 일이지만 지각 형성의 기본 원리는 아니며 예외적인 현상이라는 사실이 밝혀졌다.

찰스 라이엘, 『지질학의 원리』, 존 머리 발행, 1833년

여러 지층의 연대를 비교할 때 활용한 다양한 조개껍질 화석을 나타낸 삽화. 『지질학의 원리』 마지막 권인 제3권에 실린 그림이다.

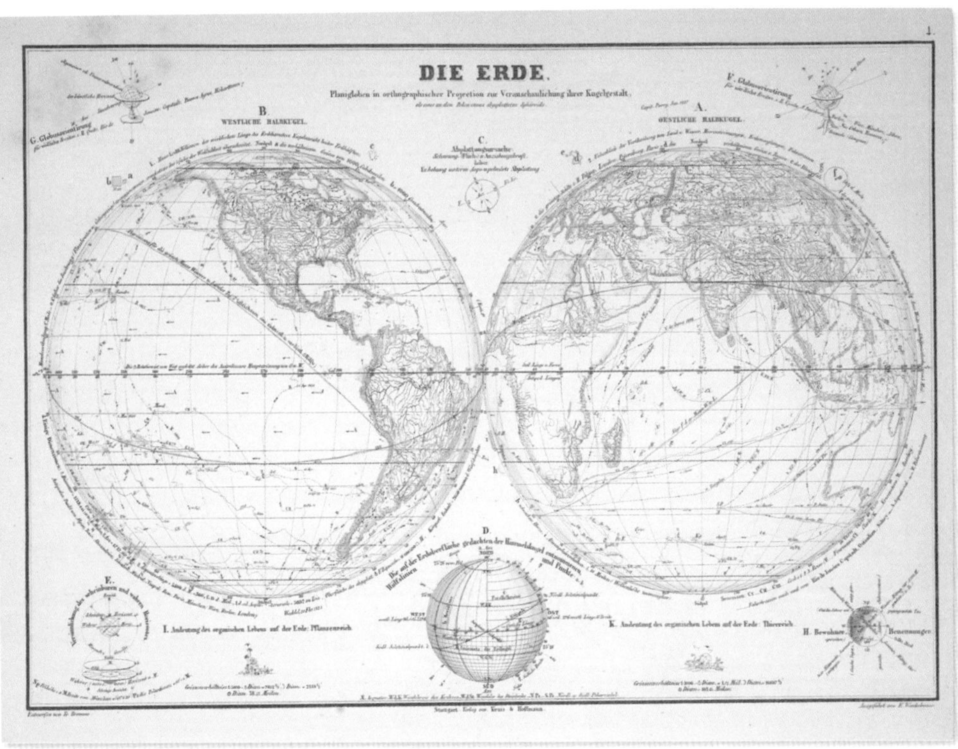

알렉산더 폰 훔볼트, 『코스모스』, 크라이스 운트 호프만Krais & Hoffmann 발행, 1851년

훔볼트의 유명한 저서에 실린 삽화. 지구 그림이다.

이 시기에 나온 지질학과 지구물리학 분야의 도서 중에 함께 살펴볼 만한 책이 하나 더 있다. 『지질학의 원리』보다 조금 늦은 1845년에 첫 권이 나온 것을 시작으로 1862년까지 총 5부작으로 완성된 『코스모스*Kosmos*』다. 1769년에 베를린에서 태어난 독일의 과학자 알렉산더 폰 훔볼트Alexander von Humboldt가 저술한 이 『코스모스』 역시 『지질학의 원리』처럼 관련 분야의 전문가들을 훌쩍 뛰어넘어 광범위한 독자들에게 큰 사랑을 받았다.

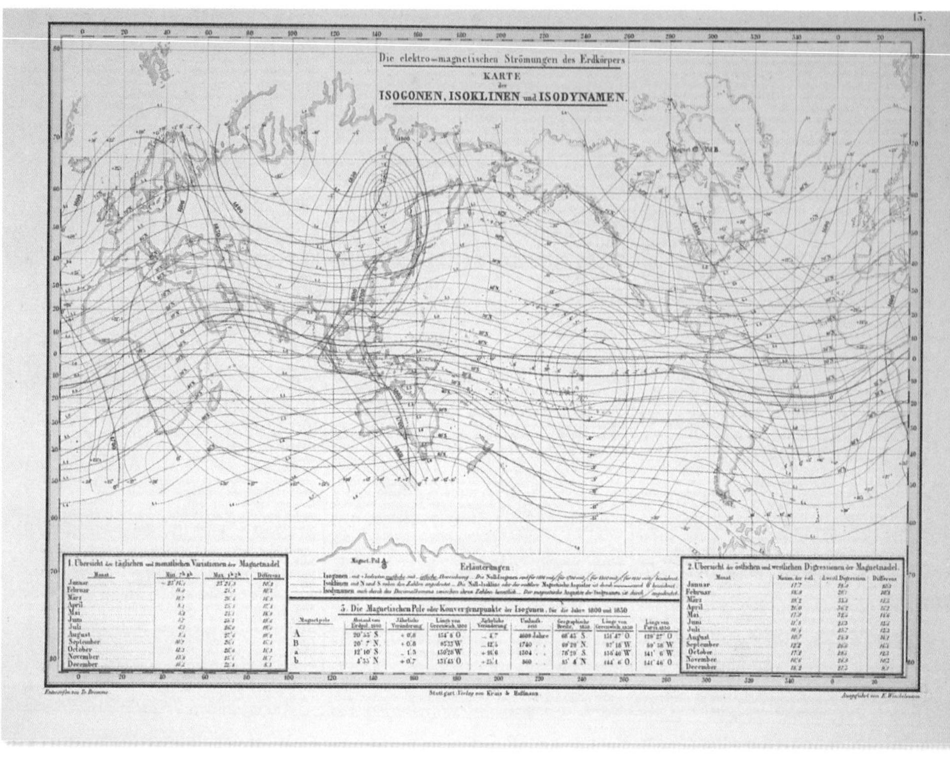

알렉산더 폰 훔볼트, 『코스모스』, 크라이스 운트 호프만 발행, 1851년

훔볼트의 저서에 실린 다양한 삽화. 그림만 봐도 이 책이 지구물리학(좌), 기상학(우 상단), 천문학(우 하단) 등 여러 분야를 다룬다는 사실을 알 수 있다.

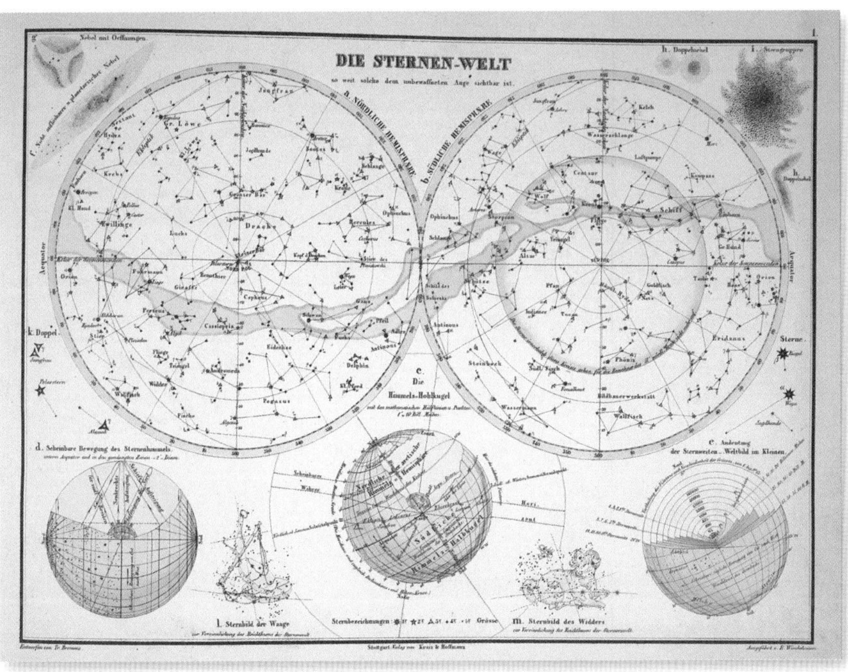
DIE STERNEN-WELT
so weit solche dem unbewaffneten Auge sichtbar ist.
a. NÖRDLICHE HEMISPHÄRE
b. SÜDLICHE HEMISPHÄRE
c. Die Himmels-Hohlkugel
d. Scheinbare Bewegung des Sternenhimmels
e. Andeutung der Sternwelten-Weltbild im Kleinen
l. Sternbild der Waage
m. Sternbild des Widders
Stuttgart. Verlag von Krais & Hoffmann

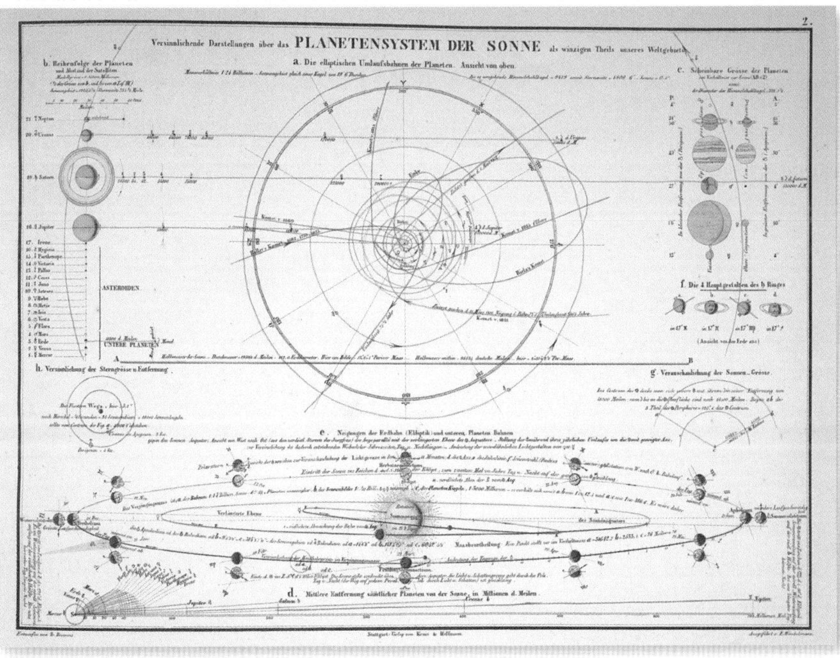
Versinnlichende Darstellungen über das PLANETENSYSTEM DER SONNE als winzigen Theils unseres Weltgebietes
a. Die elliptischen Umlaufsbahnen der Planeten. Ansicht von oben.
b. Reihenfolge der Planeten
c. Scheinbare Grösse der Planeten
f. Die 4 Hauptgestalten des ♄ Ringes
ASTEROIDEN
UNTERE PLANETEN
h. Versinnlichung der Sterngrösse u. Entfernung
g. Veranschaulichung der Sonnen-Grösse
e. Neigungen der Erdbahn (Ekliptik) und unteren Planeten Bahnen
d. Mittlere Entfernung sämtlicher Planeten von der Sonne, in Millionen d. Meilen
Stuttgart. Verlag von Krais & Hoffmann

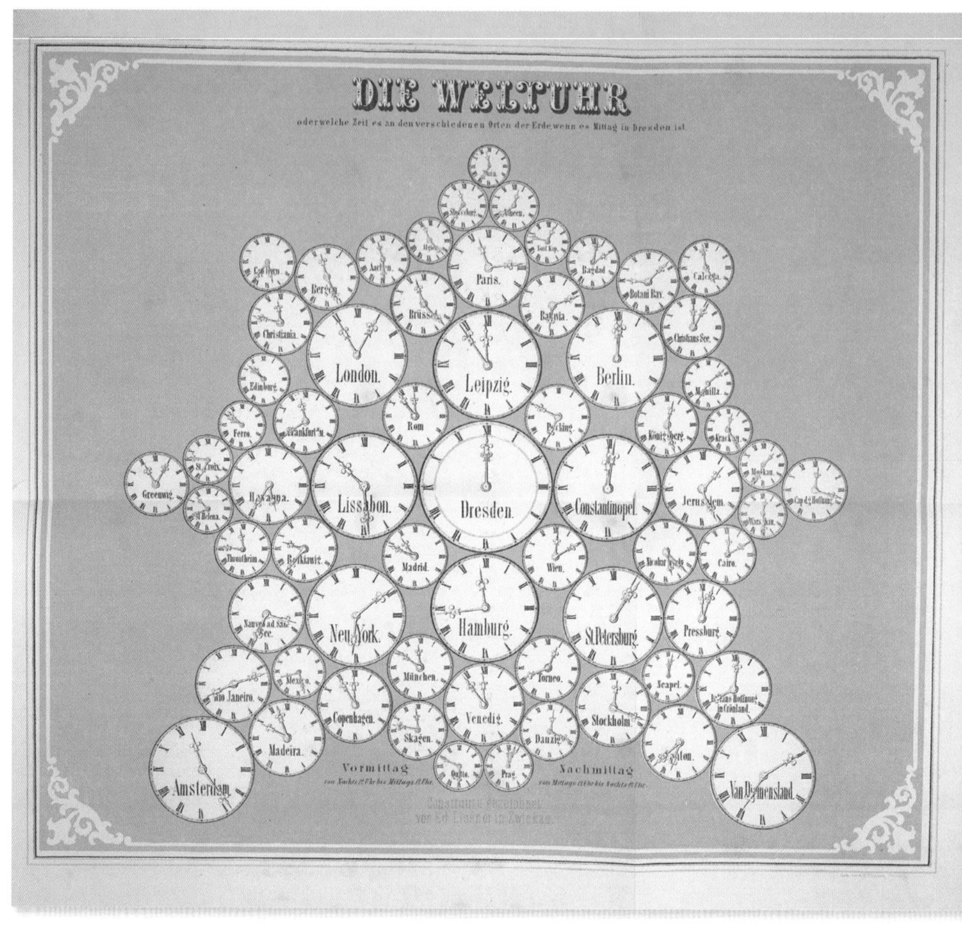

알렉산더 폰 훔볼트, 『코스모스』, 크라이스 운트 호프만 발행, 1851년

『코스모스』에 실린 또 다른 삽화. 드레스덴이 정오일 때 세계 각지의 시각을 나타낸 그림이다. 표준시가 도입되기 전에는 공통 기준 없이 각 도시가 알아서 현재 시각을 정했다.

『코스모스』는 훔볼트가 자신의 강의를 바탕으로 쓴 책이다. 그의 강의는 오늘날로 치면 방대한 주제를 다루는 TV 과학 다큐멘터리 시리즈와 비슷했다. 『코스모스』에는 우주의 질서와 구조가 지구에 전체적으로 어떻게 반영되어 나타나는지 설명하려는 시도가 엿보이는데, 이는 세계 각지를 탐험한 훔볼트의 경험에서 비롯된 것으로 보인다. 소수만 아는 난해한 그리스어 단어였던 'Kosmos'(영어로는 cosmos)가 지금과 같이 우주를 뜻하는 단어로 쓰인 첫 사례이기도 하다. 훔볼트의 저서는 1백 년 뒤에 출간된 제이콥 브로노우스키Jacob Bronowski의 『인간 등정의 발자취*The Ascent of Man*』(1973)(276쪽 참고)와도 여러모로 비슷하다. 자연의 질서와 인간의 해석, 아름다움에 관한 인식을 두루 다룬 『코스모스』는 우주에 관한 물리적 탐구이자 자연을 이해하고 감상하려는 인간의 역사적 시도에 관한 탐구였다.

프리드리히 게오르크 바이치Friedrich Georg Weitsch, 〈알렉산더 폰 훔볼트〉, 1806년경

독일의 자연학자이자 지질학자였던 알렉산더 폰 훔볼트의 초상화

훔볼트의 이름은 그가 했던 탐험으로 가장 많이 알려졌다. 그는 1799년부터 1804년까지 아메리카 대륙을 탐험하며 관찰한 동식물을(특히 전기뱀장어와의 만남이 인상적이다) 수많은 그림과 기록으로 남겼고, 이는 『식물지리학 시론 및 열대지역의 자연도*Essai sur la Géographie des Plantes*』, 『자연의 풍경들*Ansichten der Natur*』, 유명한 저서인 『신대륙의 적도 지역 여행*Voyage aux Regions Equinoxiales du Nouveau Continent*』 등 많은 책으로 세상에 알려졌다.

매력적인 생물학

라이엘의 동일 과정설에 가장 강경하게 반대한 학자 중에는 화석 연구 분야의 초기 전문가이자 중요한 생물학 저서를 저술한 사람도 포함되어 있었다. 나중에 비세습 귀족 작위를 하사받아 남작이 된 조르주 퀴비에Georges Cuvier다. 1769년에 스위스 국경과 가까운 프랑스 몽벨리아르에서 태어난 그가 과학자로서 거둔 가장 큰 성취는 당시의 한정된 화석 기록이 현존하는 동물과 어떤 관계인지 밝혀낸 고생물학 연구였다. 그의 가장 유명한 저서인 『동물계 *Le Règne Animal*』에서는 탐구 범위를 크게 넓혀 모든 동물을 단일한 체계로 정리하고자 시도했다.

1817년에 총 4부작으로 출간된 『동물계』는 린네의 『자연의 체계』에 상응하면서도 린네의 책이 나오고 1백여 년의 시간이 흐르는 동안 축적된 동물에 관한 지식을 더 많이 담아낸 책이었다. 퀴비에는 동물의 해부학적 특징에서 나타나는 닮은 점과 차이점을 기본 토대로 삼고 자신의 고생물학 연구 경험을 더해 더욱 정확한 분류 체계를 만들 수 있었다. 퀴비에가 제시한 분류 체계는 눈에 보이는 유사성에 의존하는 조악한 방식치고는 정확한 부분도 꽤 있지만, 많은 부분이 잘못됐다. 또한 퀴비에는 동일 과정설에 반대했을 뿐만 아니라 멸종된 매머드와 현존하는 코끼리의 연관성을 해부학적인 특징을 비교하는 방식으로 연구하고도 진화의 원리는 받아들이지 않았다. 이렇듯 개념적인 오류는 있으나, 『동물계』는 인상적이고 시각적으로도 즐거운 책이다.

조르주 퀴비에, 『동물계』, 포르탱, 마송 에 씨Fortin, Masson et cie 발행, 1836~1849년

1817년에 초판이 출간되고 19년 뒤에 나온 컬러 판본의 그림. 퀴비에는 서로 관련 있는 생물들을 모아 닮은 점과 다른 점을 멋진 삽화로 표현했다.

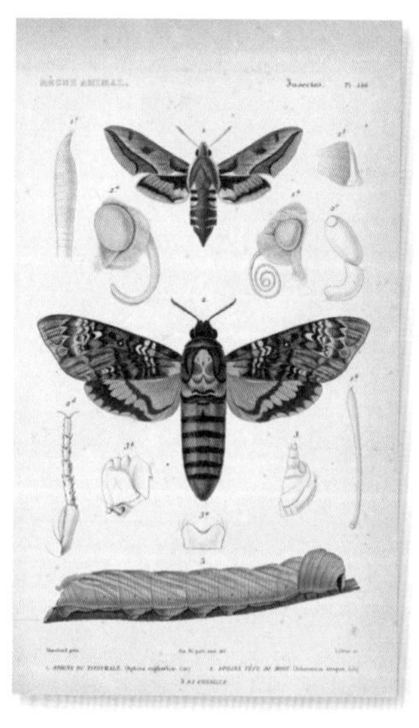

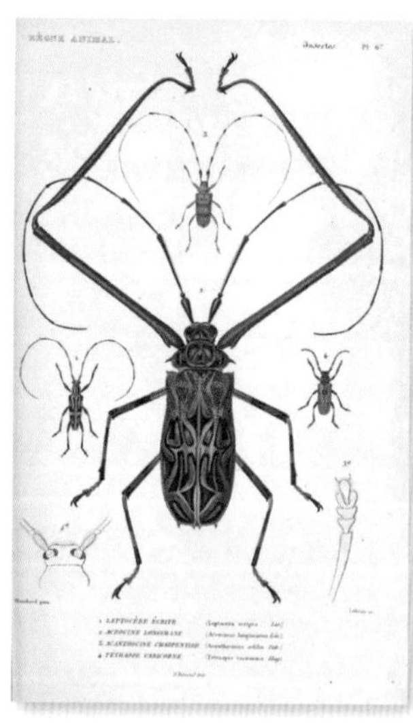

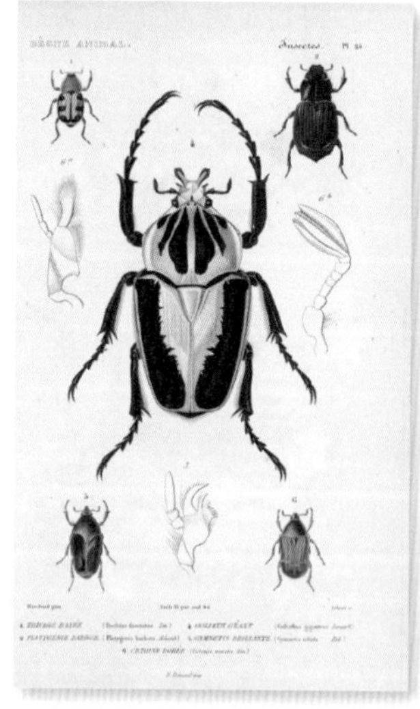

그런데 『동물계』보다 먼저 나온 책 중에 분량 면에서 훨씬 압도적인 책이 있었다. 총 서른여섯 권으로 완성된 『박물지, 왕실 소장품에 관한 설명 포함*Histoire Naturelle, générale et particulière, avec la description du Cabinet du Roi*』이다(나중에 여덟 권이 더 추가됐다). 프랑스 귀족인 조르주 루이 르클레르 뷔퐁 백작Georges-Louis Leclerc, Comte de Buffon이 1749년부터 1804년까지 학자로 활동하며 집필한 이 책은 동물을 과학적으로 체계화해 분류하려는 시도라기보다는 다양한 동물을 개별적으로 설명한, 일종의 잡동사니 모음집이었다. 자연사와 함께 물리학, 화학, 지질학적인 내용도 있는데, 이 책에서 다룬 동물은 네발 동물과 조류로 한정됐다. 책이 다룬 주제가 이처럼 무작위적인 것은 책 제목에 명시된 '왕실 소장품Cabionet du Roi'의 전체적인 특징이었다. 실제로 당시 왕실에는 전 세계에서 수집한 흥미로운 물건들을 특별한 체계 없이 모아둔 '호기심의 방'이 있었다.

뷔퐁 백작의 『박물지』를 훌륭한 과학책이라고 하기에는 무리가 있겠지만(자연철학자들보다는 일반 독자들의 반응을 기대하며 쓴 책이라, 출간 당시에도 내용에 미사여구가 많고 과학적인 깊이는 부족하다는 비판을 받았다), 이 책은 퀴비에를 비롯한 여러 중요한 과학 저술가들에게 큰 영향을 주었다. 삽화가 2천여

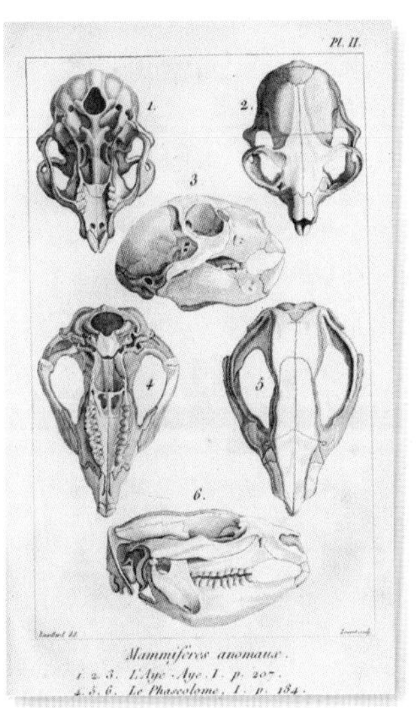

조르주 퀴비에, 『동물계』, 데터빌Déterville 발행, 1817년

초판에 실린 삽화. 각각 다양한 두개골과 물고기를 비교한 그림이다.

장에 이른다는 점도 그 시대의 책으로서는 손에 꼽힐 만한 특징이었다.

프랑스의 생물학자 장 바티스트 라마르크도 같은 시기에 활동한 영향력 있는 과학 저술가로, 1744년 프랑스 바장탱에서 태어난 그는 초기 진화 이론을 수립했다(비록 틀린 내용이었지만). 예를 들어 라마르크는 기린의 목이 긴 것은 나무에 달린 잎에 닿으려고 평생 목을 계속 길게 늘인 결과이며, 이렇게 발달한 특성은 자손에게도 전달될 수 있다고 보았다. 1809년에 출간된 그의 대표적인 저서 『동물 철학, 또는 동물의 자연사에 관한 설명*Philosophie Zoologique ou Exposition des considérations relatives à l'histoire naturelle des animaux*』은 이처럼 출생 이후에 생긴 특성이 다음 세대에 유전되는 현상을 중점적으로 다루었다.

자연 선택설의 등장과 유전학의 발전으로 후천성 형질의 유전에 관한 라마르크의 이론은 덮이고 그의 연구는 오랜 세월 외면됐다. 그러나 현대 생물학자들은 후성 유전의 가능성을 밝혀냈다. 외부 환경의 영향으로 유전자 발현이 활성화되거나 비활성화되는 현상이 반복될 수 있고 이 패턴은 환경에 따라 변화할 수 있으며, 이렇게 생긴 변화는 자손에게 전달될 수 있다는 사실이 밝혀진

뷔퐁 백작, 『박물지』, 왕립 인쇄소 발행, 18세기

왼쪽은 1750년에 나온 2판의 속표지, 오른쪽은 1763년경에 출판된 제4권의 코뿔소 삽화

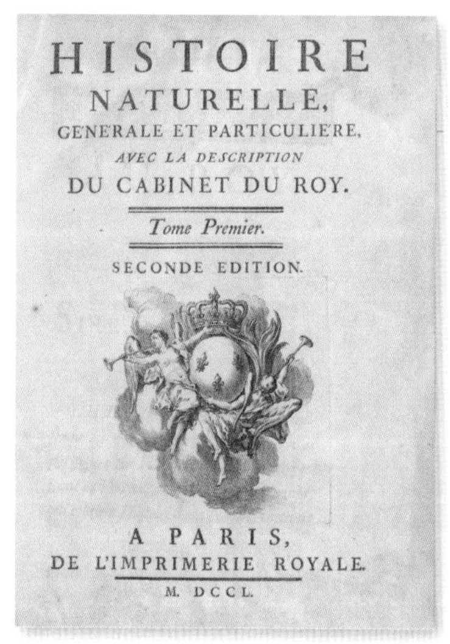
HISTOIRE
NATURELLE,
GENERALE ET PARTICULIERE,
AVEC LA DESCRIPTION
DU CABINET DU ROY.
Tome Premier.
SECONDE EDITION.
A PARIS,
DE L'IMPRIMERIE ROYALE.
M. DCCL.

것이다. 라마르크의 이론은 본질적으로 부정확한 내용이었지만, 최소한 그는 환경에 적응하는 능력과 적자생존이 모두 중요하다는 사실을 알고 있었다.

그러므로 아이디어로는 뷔퐁과 라마르크가 퀴비에보다 앞섰다고 할 수 있고, 두 사람의 책은 생물 종의 발달에 관한 역사상 가장 영향력 있는 과학책이 탄생하는 탄탄한 밑거름이 되었다. 그러나 찰스 다윈의 책으로 넘어가기 전에 살펴봐야 할 흥미로운 책이 하나 있다. 다윈이 이 책이 먼저 길을 닦아 놓은 덕분에 자신의 자연 선택설이 수용될 수 있었다고 언급하기도 한, 1844년에 출간된 세계적인 베스트셀러 『창조의 자연사가 남긴 흔적*Vestiges of the Natural History of Creation*』이다. 영국의 앨버트 왕자가 빅토리아 여왕 앞에서 이 책을 큰 소리로 낭독했다는 사실이 널리 알려진 것도 이 책의 인기에 분명 큰 몫을 했을 것이다. 익명으로 남아 있던 이 책의 저자는 출간 후 40년이 지나서야 스코틀랜드 피블스 출신 저술가이자 출판업자 로버트 체임버스Robert Chambers로 밝혀졌다.

『창조의 자연사가 남긴 흔적』은 별의 진화부터 시작해, 더 먼저 생겨난 것에서부터 더 나중에 생긴 것이 발달하

로버트 체임버스, 『창조의 자연사가 남긴 흔적』, 존 처칠John Churchill 발행, 1844년

왼쪽은 초판 속표지, 오른쪽은 1858년 미국에서 출판된 판본(하퍼 앤드 브라더스Harper & Brothers 발행)에서 등장 시기가 비슷하다고 추정된 동물과 암석을 나타낸 표

VESTIGES

OF

THE NATURAL HISTORY

OF

CREATION.

LONDON:

JOHN CHURCHILL, PRINCES STREET, SOHO.

MDCCCXLIV.

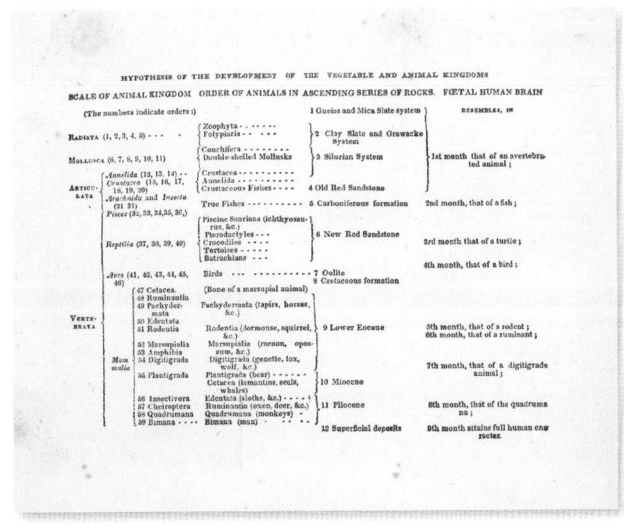

HYPOTHESIS OF THE DEVELOPMENT OF THE VEGETABLE AND ANIMAL KINGDOMS

SCALE OF ANIMAL KINGDOM (The numbers indicate orders :)	ORDER OF ANIMALS IN	ASCENDING SERIES OF ROCKS.	FŒTAL HUMAN BRAIN RESEMBLES, IN
		1 Gneiss and Mica Slate system	
RADIATA (1, 2, 3, 4, 5)	Zoophyta; Polypiaria	2 Clay Slate and Grawacke System	
MOLLUSCA (6, 7, 8, 9, 10, 11)	Conchifera; Double-shelled Mollusks	3 Silurian System	1st month that of an avertebrated animal ;
ARTICULATA: *Annelida* (12, 13, 14); *Crustacea* (15, 16, 17, 18, 19, 20); *Arachnida* and *Insecta* (21 31)	Crustacea; Annelida; Crustaceous Fishes	4 Old Red Sandstone	
VERTEBRATA: *Pisces* (32, 33, 34, 35, 36,)	True Fishes	5 Carboniferous formation	2nd month, that of a fish ;
Reptilia (37, 38, 39, 40)	Piscine Saurians (ichthyosaurus, &c.); Pterodactyles; Crocodiles; Tortoises; Batrachians	6 New Red Sandstone	3rd month that of a turtle ;
Aves (41, 42, 43, 44, 45, 46)	Birds	7 Oolite	4th month, that of a bird ;
		8 Cretaceous formation	
Mammalia: 47 Cetacea.	(Bone of a marsupial animal)		
48 Ruminantia; 49 Pachydermata; 50 Edentata; 51 Rodentia; 52 Marsupialia; 53 Amphibia; 54 Digitigrada	Pachydermata (tapirs, horses, &c.); Rodentia (dormouse, squirrel, &c.); Marsupialia (racoon, opossum, &c.); Digitigrada (genette, fox, wolf, &c.)	9 Lower Eocene	5th month, that of a rodent ; 6th month, that of a ruminant ; 7th month, that of a digitigrade animal ;
55 Plantigrada	Plantigrada (bear); Cetacea (lamantins, seals, whales)	10 Miocene	
56 Insectivora; 57 Cheiroptera; 58 Quadrumana; 59 Bimana	Edentata (sloths, &c.); Ruminantia (oxen, deer, &c.); Quadrumana (monkeys); Bimana (man)	11 Pliocene	8th month, that of the quadrumana ;
		12 Superficial deposits	9th month attains full human character.

는 방식으로 세상 만물이 생겨난 과정을 전체론적 관점으로 설명한다. 이처럼 변화가 자연적이고 연속적으로 일어났다는 것은 천지 창조론과 어긋나는 내용이었으나 그렇다고 신의 존재를 부정하지도 않았으므로, 이 책은 전반적으로 좋은 평가를 받았다. 그러나 과학적으로는 시대에 뒤떨어진 내용도 일부 있고 심지어 출간 당시에도 그런 의견이 나왔다. 가령 후천적 형질의 유전에 관한 라마르크의 이론과 생물의 자연 발생설을 모두 지지했던 저자는 썩은 고기 같은 물질에서도 생물이 생겨날 수 있다고 주장했다. 이런 한계는 있으나, 체임버스의 저서가 막강한 영향을 남긴 건 분명한 사실이다.

과학 저술의 진화

1859년, 아마도 지금까지 세상에 나온 모든 과학책을 통틀어 가장 유명한 책이 마침내 나왔다. 자연 선택으로 일어나는 진화의 개념을 대중에게 소개한 찰스 다윈의 책, 『종의 기원*On the Origin of Species*』이다(원제는 '자연 선택에 의한 종의 기원, 또는 생존 투쟁에서 유리한 종이 보존되는 현상'). 앞서 살펴보았듯이 진화론의 일부 내용은 이미 두 세대 전부터 논의되었지만, 전체적인 그림을 처음으로 제시한 사람은 다윈이었다.

진화론은 당시의 시대정신과 상당 부분 일치했다. 모든 게 밝혀진 지금은 진화가 자연 선택으로 이루어진다는 것이 너무 당연한 일로 여겨진다. 기초적인 과학 지식이 있고 생물의 유전 정보가 한 세대에서 다음 세대로 어떻게 전달되는지를 알면, 환경에 더 적합한 자손이 그렇지 않은 자손보다 생존에 더 유리할 것임을 누구나 예상할 수 있다. 더 유리한 유전적 변화가 생긴 개체가 번식해서 후대가 생기고, 환경에 적응하면서 생긴 그 유리한 특징이 다음 세대로 전달되리라는 것 역시 충분히 예상 가능하다. 그러나 다윈이 살던 시대에는 이러한 유전학적 지식이 없었으므로, 생각의 도약도 훨씬 어려웠다. 그럼에도 다윈의 조부가 살던 시대부터 이미 진화에 관한 여러 생각이 나오기 시작했고(172쪽 참고), 찰스 다윈이 자신의 이론을 확립할 무렵에는 다른 학자들도 그의 뒤를 바짝 쫓아오고 있었다. 가장 대표적인 학자가 『종의 기원』이 완성되기 전에 다윈과 매우 비슷한 견해를 밝힌 영국의 자연학자 앨프리드 러셀 월리스Alfred Russel Wallace였다. 월리스와 다윈은 공동 저술한 논문을 발표하기도 했다.

1809년 영국 슈루즈베리에서 태어난 다윈은 원래 의사가 되려고 의학 공부를 시작했으나, 학업을 뒷전으로 미룰 만큼 자연사에 큰 흥미를 느꼈다. 잘 알려진 대로 HMS 비글호의 로버트 피츠로이 선장으로부터 자연학자 자격으로 함께 항해를 떠나자는 제안을 받았고, 이 일은 다윈의 이름이 역사에 길이 남는 결정적인 사건이 되었다. 다윈은 5년 가까이 이어진 기나긴 여정에서 유대목 동물부터 갈라파고스 제도의 되새류까지 광활한 야생과 만났다. 특히 갈라파고스 제도의 새들을 관찰하다가 이 섬과 환경이 다른 인접한 섬들의 새들로부터 갈라져 나왔음을 알 수 있는 뚜렷한 특징을 발견한 일은 나중에 『종의 기원』을 저술하는 데 영감을 주었다.

다윈이 진화론을 처음 떠올리고 이를 1859년에 출판된 『종의 기원』에 정리하기까지는 20년이 넘는 시간이 걸렸

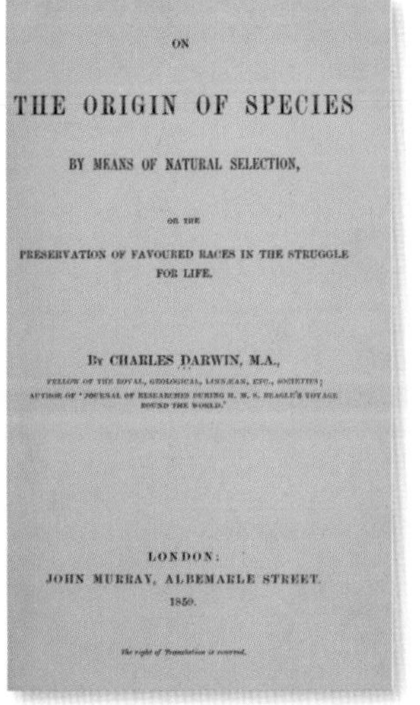

ON

THE ORIGIN OF SPECIES

BY MEANS OF NATURAL SELECTION,

OR THE

PRESERVATION OF FAVOURED RACES IN THE STRUGGLE FOR LIFE.

BY CHARLES DARWIN, M.A.,

FELLOW OF THE ROYAL, GEOLOGICAL, LINNÆAN, ETC., SOCIETIES;
AUTHOR OF 'JOURNAL OF RESEARCHES DURING H. M. S. BEAGLE'S VOYAGE ROUND THE WORLD.'

LONDON:
JOHN MURRAY, ALBEMARLE STREET.
1859.

The right of Translation is reserved.

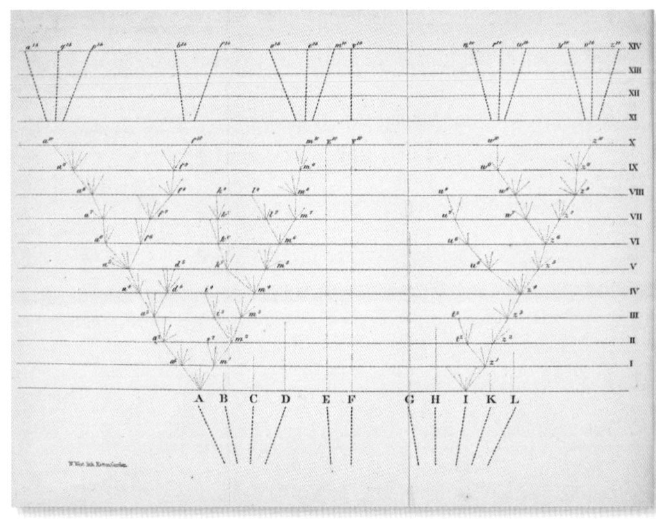

찰스 다윈, 『종의 기원』, 존 머리 발행, 1859년

왼쪽은 다윈의 유명한 저서 초판 속표지, 오른쪽은 초판에 포함된 유일한 삽화. 유사성을 기준으로 한 계통도이며, 윌리엄 웨스트William West가 석판화로 제작했다.

갈라파고스 제도의 되새류, 1890년

왼쪽은 다윈이 비글호 항해 기록을 모아 출판한 책(1839년에 초판 발행)의 삽화 중 갈라파고스 제도에서 관찰한 되새의 다양한 부리 모양을 나타낸 그림. 오른쪽은 다윈이 59세였던 1868년에 사진작가 줄리아 마거릿 캐머런Julia Margaret Cameron이 촬영한 사진

다(비글호가 영국으로 돌아온 해는 1836년이었다). 진화에 관한 생각은 라이엘 등 다른 학자들을 비롯해 해부학자이자 고생물학자인 리처드 오언Richard Owen 등 뼈 화석을 연구해 온 학자들과 만나면서 점차 발전했다. 진화는 그가 연구한 핵심 주제라기보다는 남는 시간에 탐구하던 주제였다는 점도 『종의 기원』의 완성이 그토록 늦어진 이유 중 하나다. 비글호 항해에서 돌아온 그는 탐험을 정리한 책(1839년에 출판된 『일지와 의견*Journal and Remarks*』이 대표적이며, 나중에 붙여진 『비글호 항해기*The Voyage of the Beagle*』라는 제목이 더 유명하다)과 그 탐험에서 관찰한 동식물에 관한 책을 여러 권 쓴 데 이어, 따개비 연구에 거의 집착에 가까울 정도로 정신이 팔렸다. 그러다 월리스가 보낸 편지를 한 통 받았고, 그가 자신과 매우 비슷한 생각을 하고 있다는 사실을 깨닫고는 마침내 자신의 걸작을 마무리하기로 마음먹었다.

『종의 기원』은 출간 후 큰 인기를 얻었다. 미국의 일부 지역에서는 지금도 이 책의 내용을 두고 논란이 벌어지고 있지만, 놀랍게도 출간 직후에는 그런 분위기가 아니었다. 『종의 기원』을 둘러싼 논란은 어느 정도 시간이 흐른 후, 특히 1860년에 있었던 악명 높은 옥스퍼드 '토론' 이후부터 거세게 일어났다(다윈은 이 토론에서 전면에 나서지 않았다). 엄밀히 말해 토의에 더 가까웠던 옥스퍼드 토론에는 다윈 지지자 여럿이 참석했는데, 사람들은 이 토론을 진화론을 강력히 지지한 생물학자 토머스 헉슬리Thomas Huxley와 윈체스터의 주교 새뮤얼 윌버포스Samuel Wilberforce 간에 벌어진 언쟁으로 가장 많이 기억한다. 윌버포스는 헉슬리에게 원숭이나 유인원이 조부모(또는 증조부, 증조모)라는 사실이 아무렇지 않으냐고 물었고(정확한 기록이 없어서 윌버포스가 어떤 표현을 썼는지는 불확실하다), 헉슬리는 거뜬히 받아쳤다고 알려진다.

다윈이 『종의 기원』에 이어 1871년에 발표한 『인간의 기원*The Descent of Man, and Selection in Relation to Sex*』은 의외로 전작만큼 부정적인 반응을 일으키지는 않은 듯하다. 진화론

찰스 다윈, 『인간의 기원』, 존 머리 발행, 1871년

초판 제2권에 실린 삽화. 조류에서 성 선택으로 일어난 깃털 색 변화와 극단적인 깃털 구조를 나타낸 그림이다.

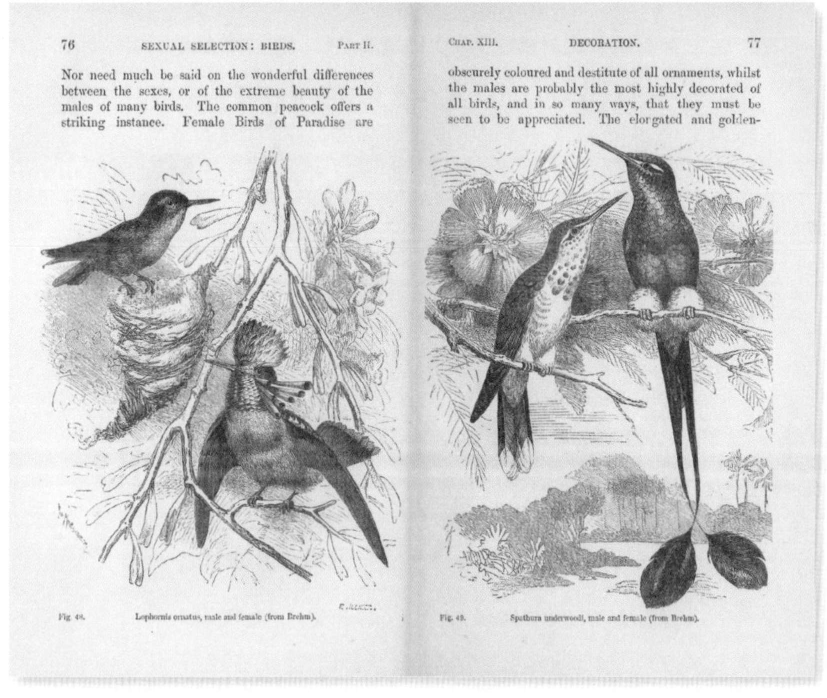
76 SEXUAL SELECTION: BIRDS. PART II.

Nor need much be said on the wonderful differences between the sexes, or of the extreme beauty of the males of many birds. The common peacock offers a striking instance. Female Birds of Paradise are

Fig. 48. Lophornis ornatus, male and female (from Brehm).

CHAP. XIII. DECORATION. 77

obscurely coloured and destitute of all ornaments, whilst the males are probably the most highly decorated of all birds, and in so many ways, that they must be seen to be appreciated. The elongated and golden-

Fig. 49. Spathura underwoodi, male and female (from Brehm).

을 인간에게 어떻게 적용할 수 있는지를 집중적으로 다루면서 성 선택을 자연 선택의 추가적인 메커니즘으로 제시한 이 책이 똑같이 큰 인기를 얻고도 『종의 기원』만큼 부정적인 반응을 일으키지 않은 이유는, 그사이 10년 이상이 흐르는 동안 진화가 인류의 기원에 어떤 영향을 주었는지 철저히 논증되었기 때문으로 보인다. 즉 인류는 모두에게 익숙한 모습 그대로 창조되었고 선조라고 할 만한 생물은 없다는 이전의 주장이 설득력을 잃은 것이다. 『인간의 기원』에 담긴 유일하게 낯선 생각은, 동물의 특성은 계속 변화하며 공작의 꼬리처럼 자연 선택에는 불리해도 짝짓기 확률을 높이는 변화가 일어날 수도 있다는 성 선택의 개념 정도였으나 일반 독자들의 걱정을 유발하기에는 너무 전문적인 내용이었다.

마지막으로 소개할 다윈의 대표적인 저서는 그가 세상을 떠나고 5년 뒤인 1887년에 출간된 자서전 『나의 삶은 서서히 진화해왔다*The Autobiography of Charles Darwin*』이다. 원래 '나의 생각과 성격 발달에 관한 회상'이라는 제목으로 다윈이 자녀들에게 남긴 글이라, 빅토리아 시대의 일반적인 저술과 달리 글이 딱딱하지 않다. 다윈이 사냥에 열중하던 시절부터 아마추어 지질학자를 거쳐 독학으로 자연학자가 되기까지의 과정을 자기 비하적 시선을 담아 멋지게 설명한 이 자서전 속의 다윈은 오늘날 영웅처럼 숭배되는(또는 악마로 묘사되는) 다윈의 모습과 사뭇 대조적이다. 또한 이 책에서 다윈은 비글호 탐험기를 자세히 다루기보다는 자신이 자연 선택과 진화를 더 깊이 탐구하기에 앞서 라이엘의 지질학 연구에서 볼 수 있는 과학적 엄격함과 가설을 세우지 않고 사실을 수집한 프랜시스 베이컨의 접근 방식을 자신의 연구에 적용하기 위해 어떤 노력을 했는지 설명했다.

유전학과 학술 논문

다윈이 확실하게 잘못 짚은 한 가지는 미시적인 수준에서 진화가 일어나는 방식이다. 그는 양친의 특성이 어떤 식으로든 혼합되리라고 추측했는데, 만약 그레고어 멘델Gregor Mendel의 『식물의 잡종에 관한 실험*Versuche über*

Pflanzenhybriden』을 읽었다면 엄청난 도움이 됐을 것이다. 사실 멘델의 이 저술은 분량이 50쪽 정도라 엄밀히 따지면 책이라기보다는 학술 논문에 가깝지만, 추가 자료와 함께 책으로 출판됐다.

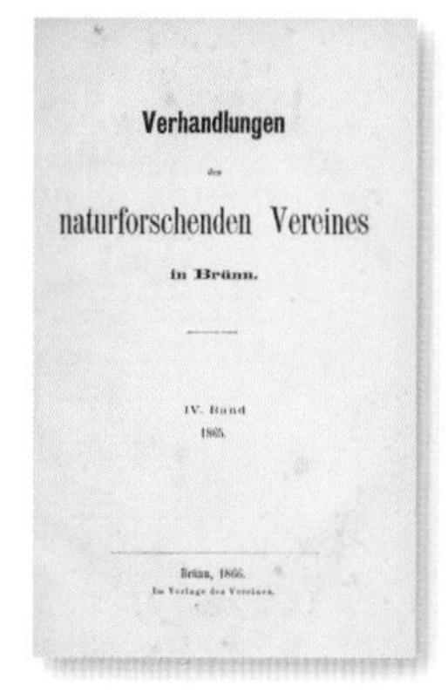

그레고어 멘델, 『식물의 잡종에 관한 실험』, 브르노 자연사학회 발행, 1866년

1866년에 발행된 『브르노 자연사학회지』에 실린 멘델의 이 논문은 당시에 거의 아무런 관심도 얻지 못했다.

멘델의 연구 결과는 다윈이 끝내 찾지 못한 퍼즐 조각이었다. 오스트리아의 수도사였던 멘델은 1822년에 하인첸도르프 바이 오드라우에서 태어났다(지금은 체코공화국의 영토다). 그는 키나 꽃의 색깔 등 형질이 다른 완두 식물을 교차 교배해서 현재 우리가 유전자라고 부르는 특정한 인자가 있음을 깨닫고, 그것이 자손 세대에 각각의 형질이 전해지는 방식을 결정한다는 사실을 알아냈다. 다윈의 진화론이 이치에 맞으려면 반드시 수반되어야 하는 메커니즘이었다.

멘델의 이 연구 결과는 1866년에 거의 알려지지 않은 어느 자연사 학회의 학회지에 발표되어 아무런 영향도 발휘하지 못하다가 20세기 초가 되어서야 재발견됐다. 다윈과 그의 동료들에게는 참으로 안타까운 일이었다. 『식물의 잡종에 관한 실험』은 책으로 출간된 후에도 지금까지 비판이 끊이지 않는다. 실험 결과가 멘델이 실험 전에 예상한 결과와 지나칠 정도로 일치한다는 것이 비판의 핵심으로, 그가 실험 결과를 자신의 이론에 부합하도록 손썼을 가능성도 있다는 의미다. 그러나 이런 의혹이 사실인지와 상관없이, 멘델의 글은 과학 저술의 역사에서 특별한 자리를 차지할 만하다.

『식물의 잡종에 관한 실험』은 과학계의 소통 방식에 일어난 변화가 19세기에 들어 가속화되었음을 잘 보여 주는 책이다. 과학자들이 학술지에 논문을 발표하는 방식은 과학자끼리 서로 편지를 주고받던 것에서 비롯됐다. 이메일과 사회관계망 서비스가 일상의 한 부분인 지금 같은 시대에는 과거에 편지가 얼마나 중요한 소통 수단이었는지 잊기 쉽다. 한 예로 제임스 클러크 맥스웰이 동료들과 주고받는 서신이 엄청나다는 사실을 인지한 스코틀랜드 우체국은 맥스웰의 시골 영지에 그의 전용 우체통을 설치했다.

1603년 로마에 린체이 아카데미가 설립되고,[21] 1660년에는 런던에 왕립학회가 생기는 등 과학계에 전문 단체가 생겨난 후부터는 이런 단체들이 과학 지식을 교환하는 중심축이 되었다. 그러한 지식은 서신으로 학회에 전달되었고, 각 학회는 서신의 내용을 공식적으로 발표하는 일에 주력하기 시작했다. 영국 왕립학회가 1665년부터 발행하기 시작한 세계 최초의 과학 학술지 『철학 회보*Philosophical Transactions*』(지금도 발행된다)는 논문을 공식 발표하기 전에 다른 자연철학자들이 먼저 내용을 검토하고 적절히 비평하는 전문가 검토 절차를 처음 마련했다.

학계 단체와 민간 출판사가 그런 식으로 발행하는 학술지는 더욱 늘어났고, 번성했다. 학술지에 논문이 실리는 과정은 책을 집필하는 것보다 훨씬 간단했다. 학술지가 계속 승승장구하자, 발표되는 논문이 너무 많아서 무슨 내용이 나왔는지 다 따라가기도 힘들 정도가 되었다. 그러자 초록으로 이런 상황을 타개하려는 시도가 나왔다. 논문을 아주 짧게 요약한 초록만 따로 모아 출판해서 사람들이 가장 중요한 최신 정보를 쉽게 확인하도록 하고, 거기에 담긴 특정한 내용을 더 자세히 알고 싶은 사람은 논문의 전문을 요청하도록 하는 방식이었다. 그러나 그 후에도 멘델의 경우처럼 무명 학술지에 발표되는 논문은 여전히 간과되기 일쑤였다.

과학의 새로운 발견이 가속화될수록 학술지로 아이디어를 공유하는 것이 더욱 자연스러운 방식으로 자리 잡았고, 과학자들이 고생해서 책을 집필할 필요성은 그만큼 줄어들었다. 학술적인 내용의 과학책이 과학자들끼리 소통하는 방식의 하나로 계속 활용되었지만, 더 이상 자신의 연구를 인정받기 위해 반드시 거쳐야 하는 경로는 아니었다.

논리부터 해부까지

다윈이 활동한 시기에 수학계에서는 두 저명한 수학자의 책이 출판되어 큰 영향을 끼쳤다. 논리에 기호로 접근하는 방식(컴퓨터가 작동하는 핵심 원리),

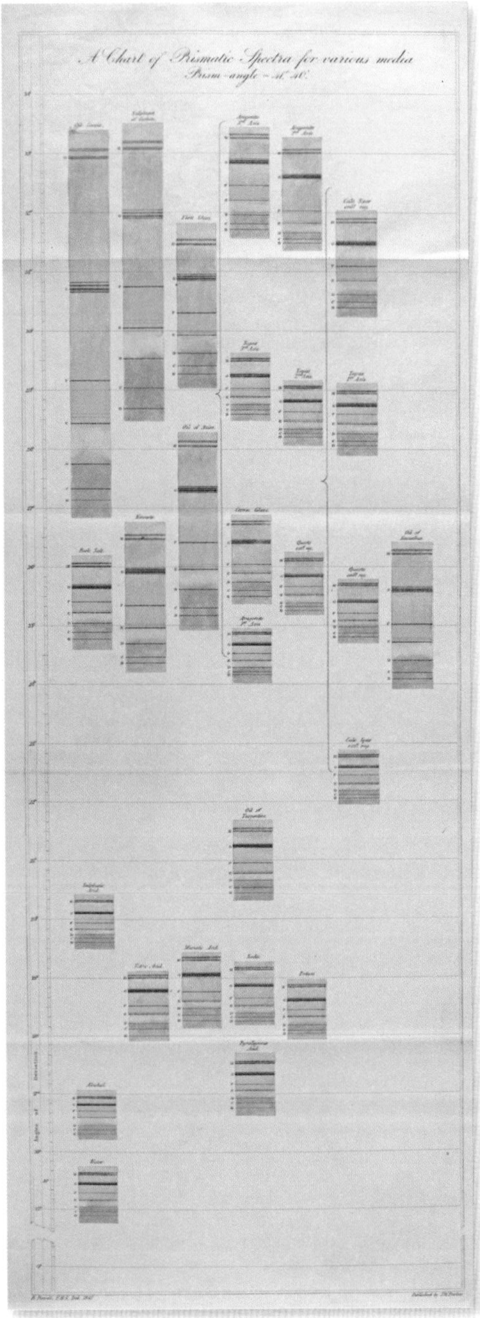

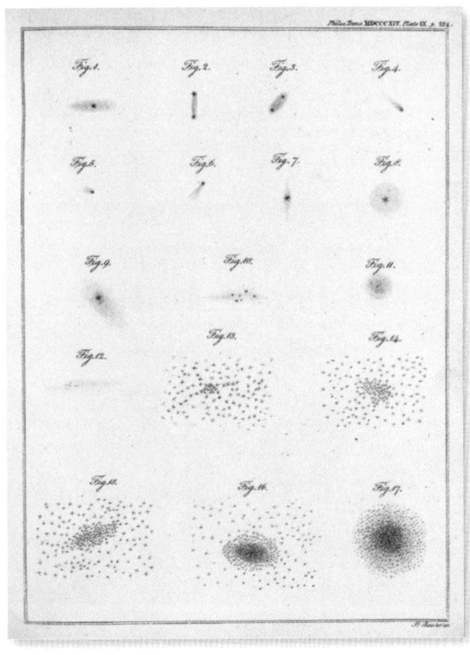

(좌) 베이든 파월Baden Powell, 『파동 이론에 관한 일반적이고 기본적인 관점*A General And Elementary View of the Undulatory Theory*』, 존 W. 파커John W. Parker 발행, 1841년

파월이 실험으로 얻은 이 스펙트럼 차트는 학술지 『철학 회보』에 게재된 논문을 통해 처음 공개됐고, 파월이 광학 연구 결과를 정리한 이 책에도 실렸다.

윌리엄 허셜, 「하늘의 항성에 관한 천문학적 관찰Astronomical Observations Relating to the Sidereal Part of the Heavens」, 영국 왕립학회 『철학 회보』 104권, 1814년

『철학 회보』에 실린 허셜의 논문 중 성운을 나타낸 그림

그리고 논리적인 연관성을 단순한 도표로 나타내는 방식을 제시한 업적으로 기억되는 조지 불George Boole과 존 벤John Venn의 책이다. 1815년에 영국 링컨에서 태어난 불은 1854년에 출간된 『논리 및 확률에 관한 수학 이론의 기초적 사고 법칙 탐구*An Investigation of the Laws of Thought on Which are Founded the Mathematical Theories of Logic and Probabilities*』로 처음 이름을 알렸다. 고대 그리스 시대부터 글자로만 다루어지던 논리에 수학의 기호를 도입한 '불 대수'는 컴퓨터의 기본 요소인 논리 게이트의 핵심이 되었다. 우리가 컴퓨터에 검색어를 입력할 때마다 쓰이는 기능이다.

존 벤은 1834년 영국 헐에서 태어났다. 그의 주요 저서는 1866년에 나온 『가능성의 논리*The Logic of Chance*』로, 확률의 개념이 발전하는 데 중대한 역할을 했다. 벤은 어떤 일이 일어날 확률을 그 일을 아주 많이 시도할 때 실제로 일어나는 횟수로 파악하는 수학적인 방식을 택했다. 이것이 그가 수학에 남긴 중요한 업적이지만, 벤의 이름은 1881년에 나온 『기호논리학*Symbolic Logic*』에서 처음 소개된 '벤 다이어그램'으로 더 많이 기억된다. 불 대수에서 다루는 관계를 도형으로 나타낸 이 친숙한 도식은 보통 같은 공간에서 서로 겹치는 부분이 있는 두 개 이상의 원으로 표현된다. 각 원에는 특성이 부여되고, 여러 원의 관계에 따라 그 각각의 특성이 논리적으로 어떻게 조합되는지를 나타낸다.

'그레이 아나토미Gray's Anatomy'도 '벤 다이어그램'이나 '불 검색'처럼 사람 이름이 들어간 유명한 명칭 중 하나다. 헨리 그레이Henry Gray가 쓴 『해부학*Anatomy*』은 책의 영문 제목을 그대로 제목에 붙인 미국 드라마의 인기 덕분에 역사상 가장 유명한 의학 교과서가 되어, 1858년에 초판이 나온 후 지금도 개정판이 계속 나오고 있다.

영국의 외과 의사였던 헨리 그레이는 1827년 런던에서 태어났다. 과거에 외과 의사는 다른 의사들보다 수준이 훨씬 낮은 직업으로 여겨졌다. 사람의 몸을 해부학적으로 다룬 경험이라고 해 봐야 임시방편으로 몇 번 해 본 게 전부인, 이발사보다 실력이 조금 나은 정도의 사람들이 외과 의사의 시초였기 때문이다. 그러다 과학자가 전문 직업의 하나로 자리 잡기 시작하면서 외과 수술도 좀 더 과학적인 기반에서 시작해야 한다는 분위기가 형성됐다. 그

AN INVESTIGATION

OF

THE LAWS OF THOUGHT,

ON WHICH ARE FOUNDED

THE MATHEMATICAL THEORIES OF LOGIC AND PROBABILITIES.

BY

GEORGE BOOLE, LL.D.

PROFESSOR OF MATHEMATICS IN QUEEN'S COLLEGE, CORK.

DOVER PUBLICATIONS, INC.

조지 불, 『논리 및 확률에 관한 수학 이론의 기초적 사고 법칙 탐구』, 도버 출판사Dover Publications 발행, 1854년

불이 논리를 수학적으로 나타낸 불 대수를 처음 소개한 책의 속표지

존 벤, 『가능성의 논리』, 맥밀란 출판사Macmillan and co. 발행, 1888년

확률 개념을 정립한 중요한 책으로, 초판은 1866년에 나왔다. 사진은 1888년에 나온 제3판 속표지와 벤이 '주정뱅이의 걸음'으로 칭한 수학적 개념인 무작위 걸음을 나타낸 삽화

THE

LOGIC OF CHANCE

AN ESSAY

ON THE FOUNDATIONS AND PROVINCE OF THE THEORY OF PROBABILITY,

WITH ESPECIAL REFERENCE TO ITS LOGICAL BEARINGS AND ITS APPLICATION TO

MORAL AND SOCIAL SCIENCE, AND TO STATISTICS,

BY

JOHN VENN, Sc.D., F.R.S.,

FELLOW AND LECTURER IN THE MORAL SCIENCES, GONVILLE AND CAIUS COLLEGE, CAMBRIDGE.

LATE EXAMINER IN LOGIC AND MORAL PHILOSOPHY IN THE UNIVERSITY OF LONDON.

"So careful of the type she seems
So careless of the single life."

THIRD EDITION, RE-WRITTEN AND ENLARGED.

London:
MACMILLAN AND CO.
AND NEW YORK
1888

[All Rights reserved.]

118 *Randomness and its scientific treatment.* [CHAP. V.

character of the rows of figures displayed by the incommensurable or irrational ratios in question.

As it may interest the reader to see an actual specimen of such a path I append one representing the arrangement of the eight digits from 0 to 7 in the value of π. The data are taken from Mr Shanks' astonishing performance in the calculation of this constant to 707 places of figures (*Proc. of R. S.*, XXI. p. 319). Of these, after omitting 8 and 9, there remain 568; the diagram represents the course traced out by following the direction of these as the clue to our path. Many of the steps have of course been taken in opposite directions twice or oftener. The result seems to me to furnish a very fair graphical indication of randomness. I have compared it with corresponding paths furnished by rows of figures taken from logarithmic tables, and in other ways, and find the results to be much the same.

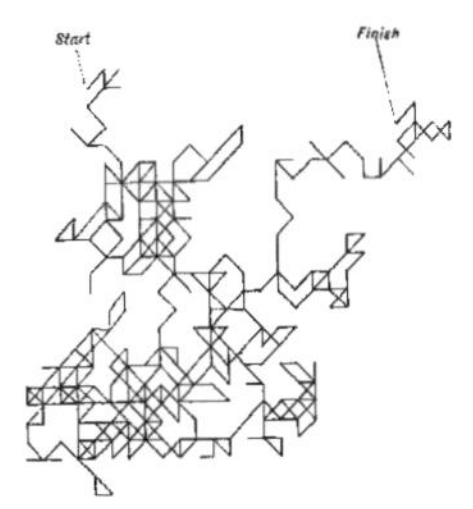

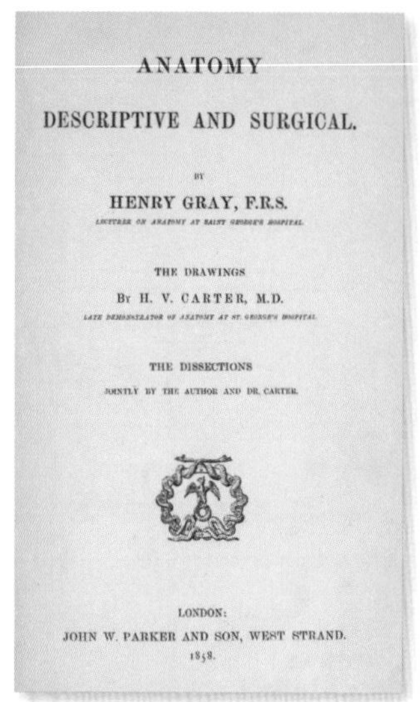

ANATOMY

DESCRIPTIVE AND SURGICAL.

BY

HENRY GRAY, F.R.S.

LECTURER ON ANATOMY AT SAINT GEORGE'S HOSPITAL.

THE DRAWINGS

BY H. V. CARTER, M.D.

LATE DEMONSTRATOR OF ANATOMY AT ST. GEORGE'S HOSPITAL.

THE DISSECTIONS

JOINTLY BY THE AUTHOR AND DR. CARTER.

LONDON:

JOHN W. PARKER AND SON, WEST STRAND.

1858.

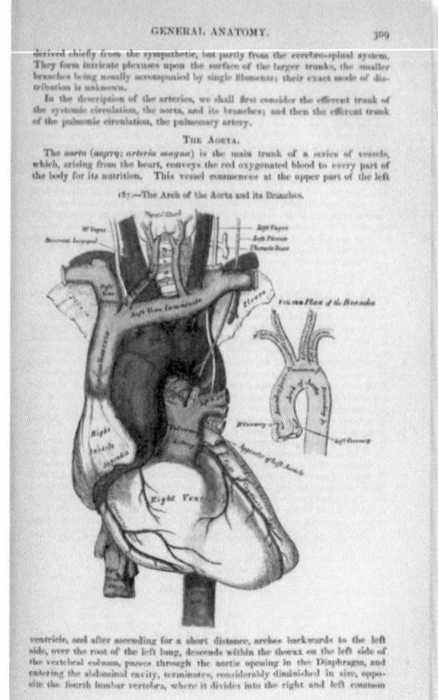

GENERAL ANATOMY. 309

derived chiefly from the sympathetic, but partly from the cerebro-spinal system. They form intricate plexuses upon the surface of the larger trunks, the smaller branches being usually accompanied by single filaments; their exact mode of distribution is unknown.

In the description of the arteries, we shall first consider the efferent trunk of the systemic circulation, the aorta, and its branches; and then the efferent trunk of the pulmonic circulation, the pulmonary artery.

THE AORTA.

The *aorta* (*ἀορτή*; *arteria magna*) is the main trunk of a series of vessels, which, arising from the heart, conveys the red oxygenated blood to every part of the body for its nutrition. This vessel commences at the upper part of the left

187.—The Arch of the Aorta and its Branches.

ventricle, and after ascending for a short distance, arches backwards to the left side, over the root of the left lung, descends within the thorax on the left side of the vertebral column, passes through the aortic opening in the Diaphragm, and entering the abdominal cavity, terminates, considerably diminished in size, opposite the fourth lumbar vertebra, where it divides into the right and left common

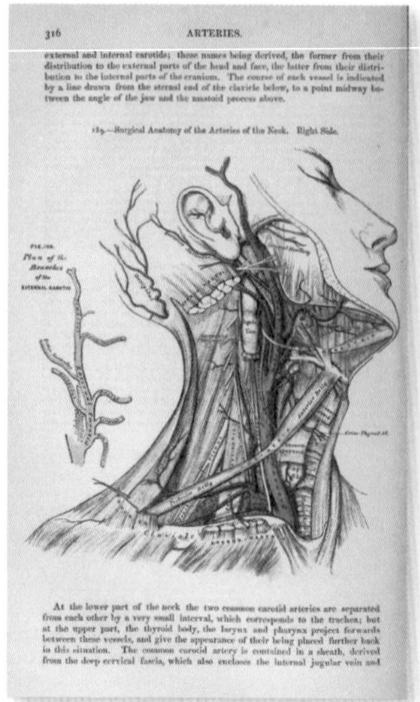

316 ARTERIES.

external and internal carotids; these names being derived, the former from their distribution to the external parts of the head and face, the latter from their distribution to the internal parts of the cranium. The course of each vessel is indicated by a line drawn from the sternal end of the clavicle below, to a point midway between the angle of the jaw and the mastoid process above.

189.—Surgical Anatomy of the Arteries of the Neck. Right Side.

At the lower part of the neck the two common carotid arteries are separated from each other by a very small interval, which corresponds to the trachea; but at the upper part, the thyroid body, the larynx and pharynx project forwards between these vessels, and give the appearance of their being placed further back in this situation. The common carotid artery is contained in a sheath, derived from the deep cervical fascia, which also encloses the internal jugular vein and

헨리 그레이, 『해부학』, 파커 앤드 선Parker and Son 발행, 1858년

그레이의 유명한 저서 속표지와 이 책에 실린 다양한 컬러 해부도

레이는 사람의 몸을 여러 번 해부한 결과를 토대로, 같은 외과 의사이자 성공한 삽화가였던 헨리 밴다이크 카터Henry Vandyke Carter와 함께 『해부학』을 집필했다. 그러나 안타깝게도 초판이 나오고 겨우 3년 후, 천연두에 걸린 조카를 치료하다 병이 옮는 바람에 서른네 살의 나이로 세상을 떠났다. 그러므로 그레이의 『해부학』이 지금까지 남아 있는 건 거의 다 이 책을 발판 삼아 다른 해부학 책을 쓴 사람들 덕분이라고 할 수 있다. 그레이의 이름은 앞으로도 늘 '해부학(아나토미)'과 한 묶음으로 기억될 것이다.

그레이의 『해부학』은 의학계의 중요한 시기에 나왔다. 『해부학』 초판이 출간되고 3년 뒤에는 아이 낳는 여성들의 목숨을 수없이 살린 책이 등장했다. 1818년 헝가리 부다에서 태어난 의사 이그나즈 제멜바이스Ignaz Semmelweis의 책 『산욕열의 원인, 이해, 예방*Die Ätiologie, der Begriff und die Prophylaxis des Kindbettfiebers*』이었다. 당시 유럽에서는 출산하다 목숨을 잃는 여성이 많았고, 상황이 최악일 때는 여성 열 명 중 거의 네 명이 출산으로 사망할 정도였다. 나중에야 생식관 감염이 원인으로 밝혀졌다.

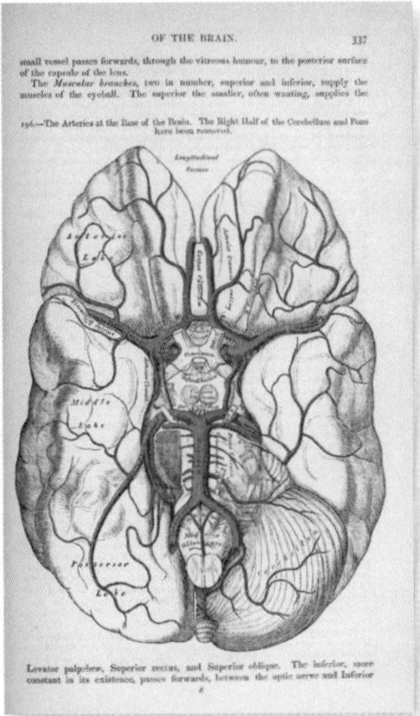

OF THE BRAIN. 337

small vessel passes forwards, through the vitreous humour, to the posterior surface of the capsule of the lens.

The *Muscular branches*, two in number, superior and inferior, supply the muscles of the eyeball. The superior the smaller, often wanting, supplies the

196.—The Arteries at the Base of the Brain. The Right Half of the Cerebellum and Pons have been removed.

Levator palpebræ, Superior rectus, and Superior oblique. The inferior, more constant in its existence, passes forwards, between the optic nerve and Inferior

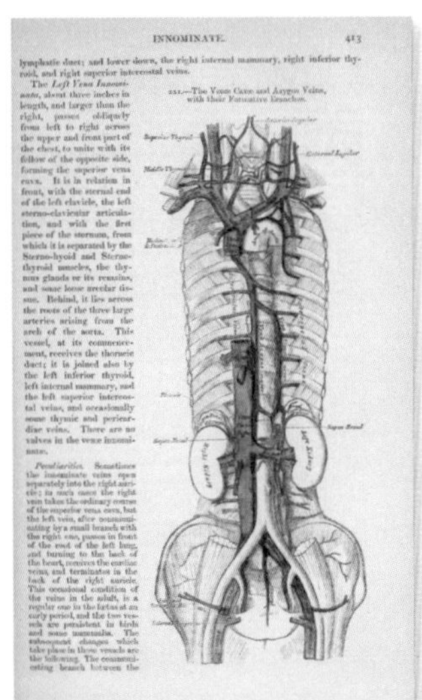

INNOMINATE. 413

lymphatic duct; and lower down, the right internal mammary, right inferior thyroid, and right superior intercostal veins.

The *Left Vena Innominata*, about three inches in length, and larger than the right, passes obliquely from left to right across the upper and front part of the chest, to unite with its fellow of the opposite side, forming the superior vena cava. It is in relation in front, with the sternal end of the left clavicle, the left sterno-clavicular articulation, and with the first piece of the sternum, from which it is separated by the Sterno-hyoid and Sterno-thyroid muscles, the thymus glands or its remains, and some loose areolar tissue. Behind, it lies across the roots of the three large arteries arising from the arch of the aorta. This vessel, at its commencement, receives the thoracic duct; it is joined also by the left inferior thyroid, left internal mammary, and the left superior intercostal veins, and occasionally some thymic and pericardiac veins. There are no valves in the venæ innominatæ.

Peculiarities. Sometimes the innominate veins open separately into the right auricle; in such cases the right vein takes the ordinary course of the superior vena cava, but the left vein, after communicating by a small branch with the right one, passes in front of the root of the left lung, and turning to the back of the heart, receives the cardiac veins, and terminates in the back of the right auricle. This occasional condition of the veins in the adult, is a regular one in the fœtus at an early period, and the two vessels are persistent in birds and some mammalia. The subsequent changes which take place in these vessels are the following. The communicating branch between the

221.—The Venæ Cavæ and Azygos Veins, with their Formative Branches.

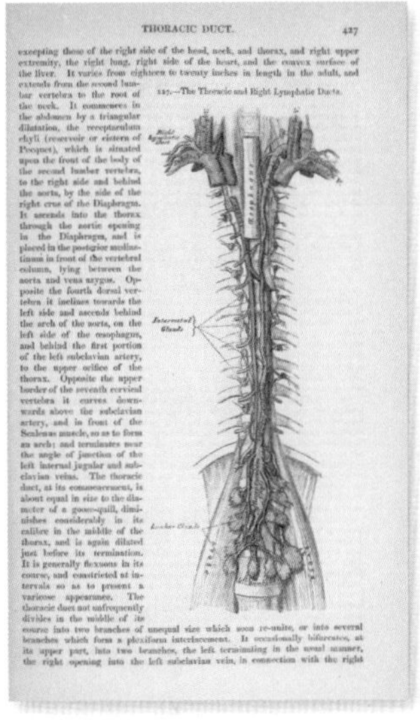

THORACIC DUCT. 427

excepting those of the right side of the head, neck, and thorax, and right upper extremity, the right lung, right side of the heart, and the convex surface of the liver. It varies from eighteen to twenty inches in length in the adult, and extends from the second lumbar vertebra to the root of the neck. It commences in the abdomen by a triangular dilatation, the receptaculum chyli (reservoir or cistern of Pecquet), which is situated upon the front of the body of the second lumbar vertebra, to the right side and behind the aorta, by the side of the right crus of the Diaphragm. It ascends into the thorax through the aortic opening in the Diaphragm, and is placed in the posterior mediastinum in front of the vertebral column, lying between the aorta and vena azygos. Opposite the fourth dorsal vertebra it inclines towards the left side and ascends behind the arch of the aorta, on the left side of the œsophagus, and behind the first portion of the left subclavian artery, to the upper orifice of the thorax. Opposite the upper border of the seventh cervical vertebra it curves downwards above the subclavian artery, and in front of the Scalenus muscle, so as to form an arch; and terminates near the angle of junction of the left internal jugular and subclavian veins. The thoracic duct, at its commencement, is about equal in size to the diameter of a goose-quill, diminishes considerably in its calibre in the middle of the thorax, and is again dilated just before its termination. It is generally flexuous in its course, and constricted at intervals so as to present a varicose appearance. The thoracic duct not unfrequently divides in the middle of its course into two branches of unequal size which soon re-unite, or into several branches which form a plexiform interlacement. It occasionally bifurcates, at its upper part, into two branches, the left terminating in the usual manner, the right opening into the left subclavian vein, in connection with the right

227.—The Thoracic and Right Lymphatic Ducts.

제멜바이스는 산모의 사망률이 이토록 극단적으로 높은 이유는 의사들이 손을 씻지 않고 산모를 검진하기 때문이며, 특히 산과 병동에서 그런 식으로 여러 산모와 잇따라 접촉하는 것이 문제라고 믿었다. 이에 제멜바이스는 의사들에게 다른 환자를 검진하기 전에 소독제로 손을 씻으라고 권했고, 그의 권고가 실행되자 산모 사망률은 대폭 감소했다. 손 씻기의 중요성은 1795년에 스코틀랜드 의사 알렉산더 고든Alexander Gordon이 쓴 논문의 결론에도 나오는 등 제멜바이스가 처음 떠올린 조치는 아니지만, 1847년경부터 자신이 일하던 빈Wien 종합병원에서 다양한 방법을 시도하며 산모들이 겪는 문제를 체계적으로 조사한 사람은 제멜바이스였다.

1861년 『산욕열의 원인, 이해, 예방』이 출판될 무렵, 제멜바이스는 산모 사망률이 증가한 시기와 의사의 정기적인 체내 검진이 도입된 시기가 일치하며 의사들이 염소가 포함된 용액으로 손을 씻으면 분만이 안전하게 끝날 확률이 훨씬 높아진다는 확실한 증거를 확보했다. 그러나 안타깝게도 의학계에는 그의 견해를 조롱하는 사람들이 많았고, 그런 사실을 밝힌 후에도 초반에는 유럽 대부분 지역이 그의 권고를 받아들이지 않았다. 정신 건강에 문제가 생긴 제멜바이스는 병세가 점점 심해져 결국 시설에서 지냈는데, 그곳에서 상처에 감염이 생겨 1865년에 사망했다. 제멜바이스의 권고는 수십 년이 지나서야 온전히 수용됐지만, 손 씻기를 실천해서 나쁠 게 없다는 사실을 많은 의사가 받아들이자, 1860년대부터 산모의 감염률은 빠르게 감소했다.

강의를 담은 책

이번 장을 열면서 소개한, 19세기의 위대한 과학자 중 한 사람인 마이클 패러데이는 1791년 런던의 가난한 집안에서 태어났다. 첫 직업이 제본소의 수습 직원이었고, 정규 교육은 조금밖에 받지 못했다. 이런 배경 때문인지, 그의 이름이 들어간 책은 많아도 대부분 그가 발표한 논문을 모은 것이거나 영국 왕립연구소에서 성황리에 진행된 그의 강의 내용을 담은 것이다. 그렇게 나온 책인 『촛불의 과학*The Chemical History of the Candle*』은 초기 대중 과학책의 대표적인 예로 주목할 만하다.

1861년에 출판된 『촛불의 과학』에는 패러데이가 1848년에 했던 여섯 건의 강의 내용이 담겨 있고, 그중에는 패러데이를 필두로 지금도 이어지고 있는 왕립연구소의 어린이 대상 크리스마스 특별 강연도 포함되어 있다. 패러데이는 초라는 평범한 물건을 출발점으로 삼아 초가 탈 때 불꽃에서 무슨 일이 일어나고 어떤 결과가 발생하는지, 대기의 어떤 특징이 촛불을 타오르게 하는지 등을 설명한다. 가정에서 직접 해 볼 수 있는 다양한 실험도 소개되는데, 실제로 패러데이의 강의와 크리스마스 특별 강연에서는 늘 다양한 주제의 흥미진진한 실험이 진행됐다. 『촛불의 과학』은 출간 초기에 일반적인 책으로 인정받지 못했다. 그러나 비전문가를 고려한 내용과 가벼운 접근 방식은 20세기에 많은 사람이 읽을 수 있는 대중 과학책이 발전하는 토대가 되었다.

패러데이의 책을 소개하는 김에 함께 살펴볼 만한 책이 있다. 1820년 아일랜드 레이린브리지에서 태어나 영국 왕립연구소에서 일했던 물리학자 존 틴들John Tyndall의 저서 세 권이다. 오늘날 틴들은 하늘이 파란 이유를 설명하

레이턴 브로스Leighton Bros, 〈왕립연구소의 패러데이 Faraday at the Royal Institution〉, 1855년경

알렉산더 블레이클리Alexander Blaikley의 그림을 바탕으로 제작된 유색 석판화. 크리스마스 특별 강연 중인 마이클 패러데이의 모습이다. 객석에 아들과 함께 앉아 있는 앨버트 공의 모습도 보인다.

고 광섬유의 기본 원리를 발견한 인물로 가장 많이 알려졌는데, 왕립연구소에서 물리학 교수로 일할 당시에 그 역시 패러데이처럼 과학 대중화의 필요성을 굳게 믿었다.

틴들이 자신의 강의 자료를 모아서 낸 세 권의 '학습서'는 당시 물리학에서 가장 중요한 기초 주제였던 열과 빛, 소리를 각각 다룬다. 틴들의 목표는 사람들이 이 세 가지 주제에 더 쉽게 접근할 수 있도록 돕는 것이었다. 그 첫 번째 책인 『소리: 여덟 편의 강의*Sound: Delivered in Eight Lectures*』(1867) 머리말에는 다음과 같은 설명이 나온다. "나는 과학 문화를 전혀 모르는 사람들을 포함한 모든 지성인이 소리에 관한 과학적인 설명을 흥미롭게 느낄 수 있도록 이 책을 쓰려고 노력했다. (…) 전 세계 모든 문명사회에서 과학 문화를 향한 관심이 점차 커지고 있다. 이는 자연스러운 일이며 현 상황에서 불가피한 일이기도 하다. 한 시대의 지식과 실질적 행위에 막강한 영향력을 발휘하는 것은 사람들의 관심을 사로잡고 상상력을 자극하게 마련이다." 이 책에 이어 1868년에 『열: 운동 방식*Heat: A Mode of Motion*』, 1873년에는 『빛에 관한 여섯 편의 강의

마이클 패러데이, 『촛불의 과학』, 하퍼 앤드 브라더스 발행, 1861년

패러데이의 '강연 기록'을 모은 이 책의 본문 중 증기가 응결하면 압력이 감소한다는 내용과 날숨에 포함된 이산화탄소를 수집하는 방법을 설명한 부분

74 CONTRACTION OF STEAM WHEN CONDENSED.

take place, I will take this tin flask, which is now full of steam, and close the top. We shall see what takes place when we cause this water or steam to return back to the fluid state by pouring some cold water on the outside. [The lecturer poured the cold water over the vessel, when it immediately collapsed.] You see what

Fig. 12.

has happened. If I had closed the stopper, and still kept the heat applied to it, it would have burst the vessel; yet, when the steam returns to the state of water, the vessel collapses, there

170 PRODUCTS OF RESPIRATION.

and by means of a pipe I get my mouth over it so that I can inhale the air. By putting it

Fig. 33.

over water, in the way that you see, I am able to draw up this air (supposing the cork to be quite tight), take it into my lungs, and throw it back into the jar: we can then examine it, and see the result. You observe, I first take up the air, and then throw it back, as is evident from the ascent and descent of the water; and now, by putting a taper into the air, you will see the state in which it is by the light being extinguished. Even one inspiration, you see, has completely spoiled this air, so that it

존 틴들, 『소리』, 롱맨 출판사Longmans, Green And Co 발행, 1869년

패러데이의 책처럼 틴들의 영국 왕립연구소 강연 시리즈 내용을 정리한 책. 초판은 1867년에 나왔다.

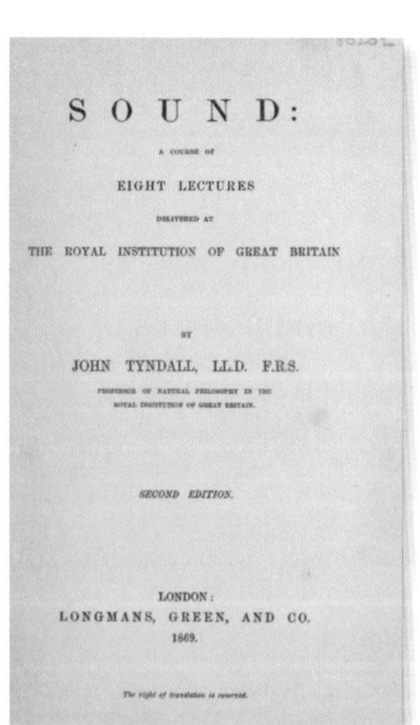

SOUND:

A COURSE OF

EIGHT LECTURES

DELIVERED AT

THE ROYAL INSTITUTION OF GREAT BRITAIN

BY

JOHN TYNDALL, LL.D. F.R.S.

PROFESSOR OF NATURAL PHILOSOPHY IN THE ROYAL INSTITUTION OF GREAT BRITAIN.

SECOND EDITION.

LONDON:
LONGMANS, GREEN, AND CO.
1869.

The right of translation is reserved.

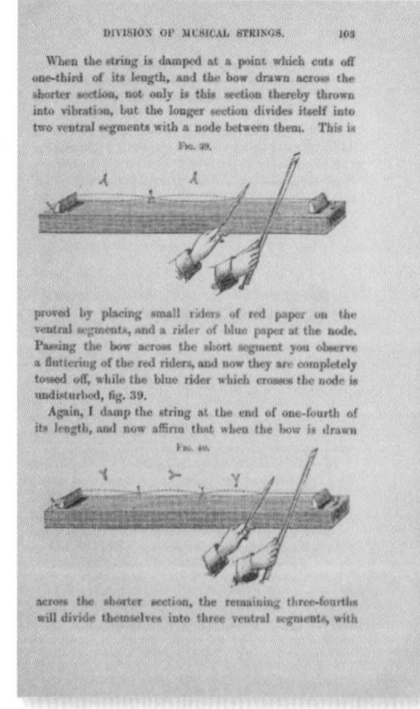

DIVISION OF MUSICAL STRINGS. 103

When the string is damped at a point which cuts off one-third of its length, and the bow drawn across the shorter section, not only is this section thereby thrown into vibration, but the longer section divides itself into two ventral segments with a node between them. This is

FIG. 39.

proved by placing small riders of red paper on the ventral segments, and a rider of blue paper at the node. Passing the bow across the short segment you observe a fluttering of the red riders, and now they are completely tossed off, while the blue rider which crosses the node is undisturbed, fig. 39.

Again, I damp the string at the end of one-fourth of its length, and now affirm that when the bow is drawn

FIG. 40.

across the shorter section, the remaining three-fourths will divide themselves into three ventral segments, with

CHLADNI'S FIGURES. 143

FIG. 65.

Six Lectures on Light』가 차례로 출판됐다. 틴들은 이 세 권을 모두 대중이 읽을 수 있도록 쉽게 쓰면서도 과학계의 가장 최신 지식을 최대한 담으려고 노력했다.

전자기의 대가

19세기의 위대한 물리학자 중 한 명인 마이클 패러데이는 여러 면에서 선구자였음에도 크게 알려진 인물은 아니었다. 1831년 에든버러에서 태어난 제임스 클러크 맥스웰은 그와 달리 스물다섯 살에 대학교수가 되었고 여러 대학에서 일할 때는 물론 학계를 잠시 떠나 스코틀랜드에서 지낼 때도 연구를 이어 가며 계속해서 훌륭한 경력을 쌓았다. 이를 발판으로 케임브리지대학교 실험물리학과에서 선임 교수직인 캐번디시 교수가 된 맥스웰은 세계적으로 유명한 '캐번디시 연구소'를 설립했다. 그리고 마흔여덟이라는 너무 이른 나이에 세상을 떠났다.

학자로 활동하던 당시에 맥스웰은 분자의 통계적 거동으로 기체의 작용을 설명한 통계역학 연구와 색 지각 연구, 그리고 이를 토대로 한 색 모형 개발로 가장 많이 알려졌다. 이 색 모형은 지금도 컬러 TV와 컴퓨터 화면에 쓰인다. 그의 가장 유명한 저서는 1871년에 초판이 나온 『열 이론』으로, 교과서지만 부제('공립 학교와 과학 학교의 전문가 및 학생들이 활용할 수 있도록 다듬은 책')에 걸맞게 학자들과 다양한 일반 독자들 간의 지식 격차를 좁히기 위해 비교적 쉽게 쓴 책이었다.

그러나 맥스웰의 가장 위대한 연구이자 미래 세대에 가장 큰 의미가 있는 연구 주제는 전자기였다. 빛이 전자기파, 즉 전자기에 의해 발생하는 파동이라는 사실을 밝혀낸 사람이 바로 맥스웰이다. 또한 전기와 자기를 설명하는 역학 모형과 수학 모형을 수립하고, 그 둘을 하나로 묶어 전자기라는 단일 개념으로 만들고, 전자기의 작용을 수학적으로 설명하고, 나중에는 이를 네 개의 짧은 방정식으로 요약했다. 이런 내용을 어릴 때부터 배우고 자란 현대의 물리학자들은 맥스웰의 수학 모형을 자연스럽게 이해하지만, 그가 활동

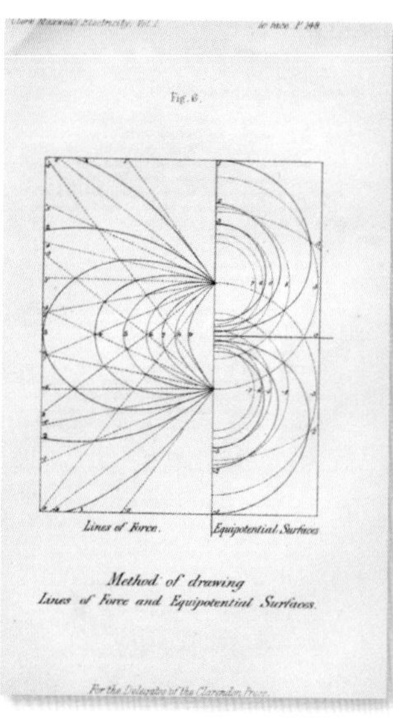

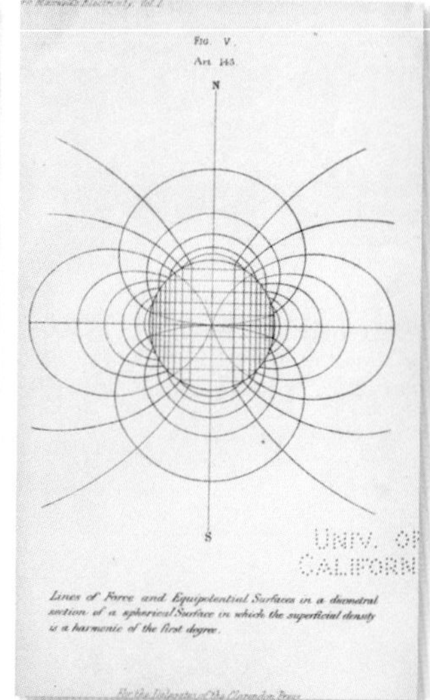

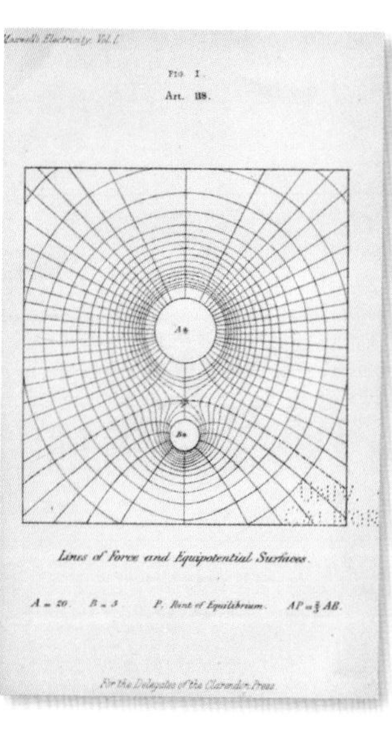

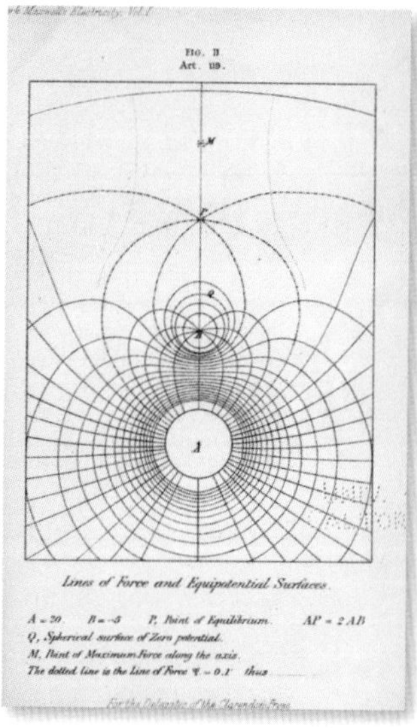

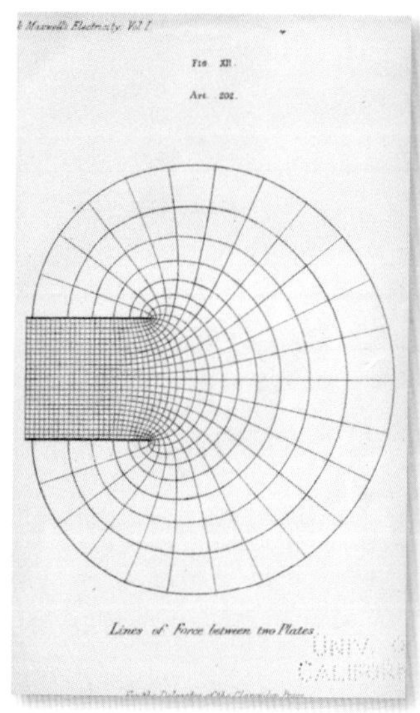

제임스 클러크 맥스웰, 『전자기학』, 클래런던 프레스Clarendon Press 발행, 1873년

전자기에 관한 맥스웰의 대표적인 저서에 포함된 삽화들. 마이클 패러데이가 도입한 '역선(힘의 선)' 개념을 설명한 그림도 포함되어 있다.

하던 당시에는 스코틀랜드 출신 동료 과학자인 켈빈 경Lord Kelvin 같은 여러 위대한 물리학자들도 맥스웰의 추상적인 이론을 쉽게 이해하지 못했다. 맥스웰의 위대한 업적이 그의 사후에야 제대로 인정받은 것도 이런 이유 때문일 것이다.

같은 이유로, 이제는 『열 이론』이 나오고 2년 뒤인 1873년에 출판된 『전자기학*Treatise on Electricity and Magnetism*』이 맥스웰의 가장 영향력 있는 저서로 여겨진다. 『전자기학』은 20세기에 오랫동안 교과서로 쓰였고, 아인슈타인은 이런 말을 남겼다. "전자기에 관한 맥스웰 방정식이 없었다면 현대 물리학도 없었을 것이다. 나는 그 누구보다 맥스웰에게 큰 빚을 졌다." 미국의 물리학자 리처드 파인먼Richard Feynman도 비슷한 말을 했다. "인류의 역사를 먼 옛날부터, 가령 1만 년 전부터 지금까지 흐름을 쭉 짚어 보면 19세기의 가장 중요한 사건은 단연 맥스웰이 전자기역학 법칙을 발견한 일일 것이다." 『전자기학』은 맥스웰이 그 발견을 상세히 밝힌 책이다.

예술과 과학의 접점

수학을 물리학의 중심으로 만든 맥스웰의 획기적인 책을 기점으로, 19세기 과학 저술은 정점에 올랐다. 그런데 비슷한 시기에, 맥스웰의 책만큼 세상을 떠들썩하게 하지는 않았으나 별난 매력으로 오랫동안 사람들의 눈길을 끈 책이 등장했다. 에드윈 애벗 애벗Edwin Abbott Abbott이라는 독특한 이름의 저자가 쓴 『이상한 나라의 사각형: 플랫랜드—다양한 차원 이야기*Flatland: A Romance of Many Dimensions*』다.

애벗은 1838년에 런던에서 태어났고, 경력의 대부분을 차지한 직업은 학교 교장이었다. 사제 서품을 받은 성직자이기도 했던 그는 주로 영어에 관한 책을 썼는데, 1884년에 나온 『이상한 나라의 사각형』이라는 이 얇은 책은 독자를 2차원 세상으로 안내한다.

『이상한 나라의 사각형』은 사회 계급과 관습에 관한 풍자가 주된 내용이다. 그런데 저자는 그 틀 안에서 2차원 도형 간의 상호 작용과 2차원 세상에서 사는 것, 3차원 물체가 2차원 세상에 나타났을 때 발생하는 영향을 묘사함으로써 독자가 수학자의 관점에서 차원의 개념을 경험하게 한다. 심지어 아인슈타인의 상대성 이론에 4차원이 언급되기 한참 전에 나온 이 책에서 4차원의 개념도 살짝 다루어진다. 애벗의 문체는 현대인들에게 다소 지루하게 느껴질 수도 있지만 그의 글에 담긴 아이디어는 여전히 참신하다.

물리학과 수학 분야의 과학책이 한 단계 더 발전한 19세기 말에는 생물학 도서도 어느 생물학자에 힘입어 함께 성장했다. 린네, 퀴비에의 뒤를 잇는 동시에 다윈의 연구를 반영하여 자연사의 지식을 새롭게 다진 그 생물학자는 에른스트 헤켈Ernst Haeckel이다. 1834년 독일 포츠담에서 태어난 헤켈은 맥스웰과 거의 비슷한 시기에 태어났지만, 20세기에도 계속 저서를 낼 만큼 그보다 훨씬 오래 살았다.

어찌 보면 헤켈의 연구는 "모든 과학은 물리학과 우표 수집 둘 중 하나다."라고 한 물리학자 어니스트 러더퍼드의 모욕적 언사를 뒷받침하는 전형적인 예시였다. 헤켈의 위대한 업적으로 꼽히는 것이 생물 분류이기 때문이다. 헤켈은 린네가 수립한 분류 체계에 수천 종의 생물을 추가하고 '생태계ecology', 생물 분류 단위의 하나인 '문phylum'과 같은 새로운 용어도 많이 도입했다. 그러나 선대의 학자들과 달리 그는 다윈의 연구 결과를 토대로 여러 생물 종을 포괄하는 계통도를 최초로 만들었다(계통도를 뜻하는 영어 'family tree'의 표면적인 뜻 그대로 나무와 나뭇가지의 형태로 표현했다[22]). 헤켈이 남긴 가장 유명한 생물학 이론은 반복 발생설일 것이다. 배아는 선조 생물이 진화하면서 나타난 다양한 형태를 모두 거친 다음에 현재의 모습으로 태어난다는 이 이론은 틀린 내용으로 밝혀졌지만, 이런 오류와 상관없이 헤켈이 끼친 영향은 대단했다.

헤켈은 과학자, 철학자인 동시에 출중한 재능을 가진 예술가였다. 그의 가장 유명한 저서인 『자연의 예술적 형상*Kunstformen der Natur*』도 과학적인 발견의 깊이보다는 그가 직접 그린 삽화가 얼마나 뛰어난지를 잘 보여 주는 책이다. 이 책은 먼저 1899년에 여러 장의 판화를 묶은 형태로 처음 발행되었

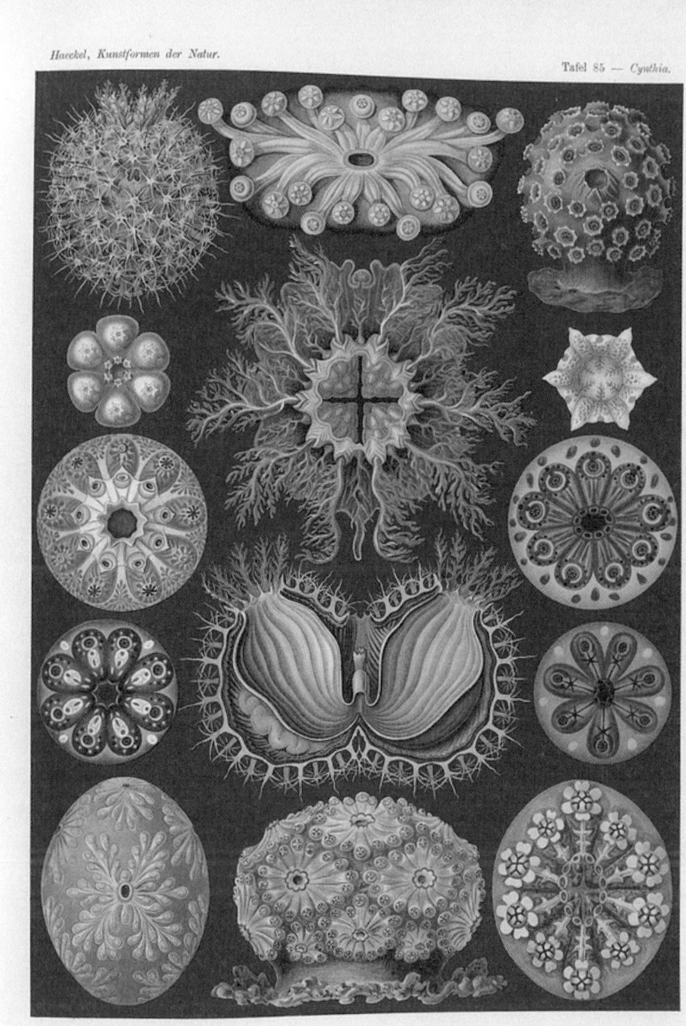

에른스트 헤켈, 『자연의 예술적 형상』, 비블리오그라피셴 인스티투츠Bibliographischen Instituts 발행, 1899~1904년

헤켈의 이 판화 모음집에 담긴 그림 중 해초강 또는 원삭동물로 알려진 해양 무척추동물들을 나타낸 아름다운 그림

에른스트 헤켈, 『자연의 예술적 형상』, 비블리오그라피셴 인스티투츠 발행, 1899~1904년

왼쪽은 녹조류의 하나로, 육지 식물의 시초가 된 먼지말목의 여러 생물을 나타낸 그림. 오른쪽은 방산충류 원생생물 중 무기질로 된 단단한 외골격이 있는 방사극충강의 모습

에른스트 헤켈, 『자연의 예술적 형상』, 비블리오그라피셴 인스티투츠 발행, 1899~1904년

왼쪽은 보석과 비슷한 구조를 가진 여러 방산충류를 나타낸 그림. 오른쪽은 성게와 비슷한, 바다꽃봉오리강이라는 멸종된 바다 생물의 모습이다.

고, 1904년에 한 권의 책으로 엮여 출판됐다. 『자연의 예술적 형상』에는 생물 간의 관계와 생물에서 나타나는 구조적 대칭의 중요성 등 헤켈이 자신의 이론을 설명하기 위해 고안하고 체계화한 1백 장의 그림이 대부분 컬러로 담겨 있다. 그의 그림은 대부분 서로 관련 있는 생물들끼리 하나로 모여 있어서, 예술 작품으로서는 물론 자연사를 보여 주는 예시로도 훌륭하다. 『자연의 예술적 형상』은 당시의 수많은 예술가, 직물 디자이너들에게 큰 영향을 주었다.

프랑스의 곤충학자 장 앙리 파브르Jean Henri Fabre는 시각적인 표현에 주력한 헤켈과는 대조적인 접근 방식을 택했다. 곤충이 주제인 파브르의 책이 큰 인기를 끈 이유는 그림이 아닌 독자를 사로잡은 그의 문체였다. 1823년 프랑스 생레옹에서 태어난 파브르는 독학으로 곤충학을 공부했다. 독자들은 곤충과 곤충의 생애를 의인화하지 않으면서도 전기와 비슷한 방식으로 서술한 그의 글을 친근하게 느꼈다. 1879년에 초판이 나온 『파브르 곤충기 *Souvenirs Entomologiques*』는 그가 쓴 다양한 저술 중에 가장 유명한 책이며 초판 이후 20년이 넘도록 꾸준히 개정판이 나왔다.

20세기를 20년 앞두고, 책에 자연을 삽화로 담아내는 새로운 방식이 등장했다. 과학적인 활용도 가능하고 예술 작품이 될 수도 있는 이 방식은 스케치도 아니고 회화를 복제하는 이전의 방식과는 전혀 다른, 바로 사진이었다. 그 시작은 에드워드 마이브리지라는 인상적인 영국인이 열었다.

1830년에 킹스턴어폰템스에서 태어난 마이브리지는 사진가로 활동한 시절의 대부분을 미국에서 보냈다. 처음에는 샌프란시스코에서, 나중에는 필라델피아에서 지냈고 풍경 사진가로 일을 시작했는데, 아내의 연인을 살해한 자로 악명을 떨쳤다(재판에서 배심원단은 정당한 반응이었다고 판단해 무죄 결정을 내렸다). 이후 그는 카메라 여러 대로 여러 장의 사진을 빠른 속도로 연속 촬영하는 메커니즘을 고안해 사진 분야와 과학계에서 명성을 얻었다. 마이브리지는 이 기술로 먼저 말을 촬영했고, 나중에는 다양한 동물을 같은 방법으로 촬영해서 동물의 움직임을 분석했다. 저서에 이렇게 연속 촬영한 사진을 순서대로 배치한 마이브리지의 방식은 사진 기술의 역사에 길이 남은

장 앙리 파브르, 1900년경

프랑스의 한 사진작가가 연구 중인 파브르를 촬영한 사진

상징적인 예시가 되었다. 또한 연속 사진을 회전 원반 위에 올리고 빠른 속도로 회전시켜서 만든 아주 짧은 길이의 활동사진은 영화의 시초가 되었다.

마이브리지는 야생 동물들과 거북이의 박동하는 심장, 다양한 일을 수행 중인 사람들(근육이 드러나도록 벌거벗은 경우가 많았다) 등 다양한 피사체의 연속 사진을 방대하게 촬영했다. 그도 헤켈처럼 처음에는 사진을 여러 장 묶어서 판매했다. 그의 역작으로 꼽히는 『동물의 운동*Animal Locomotion*』도 어떻게 보면 이 묶음 판매 덕분에 완성될 수 있었다. 『동물의 운동』은 책이 아니라 사진 목록과 소개 글이 추가된 사진 모음집이다. 가로 61센티미터, 세로 48센티미터 크기의 사진 781장이 담겨 있고, 각 사진은 최대 24장의 연속 이미지로 이루어진 이 모음집은 6백 달러라는 엄청난 고가였고, 대부분 기관과 단체에 판매됐다. 이와 별도로 사진 1백 장을 모아서 가죽 겉표지를 입혀 1백 달러에 판매하기도 했다.

『동물의 운동』이 책으로 출판되지 않은 이유는, 이 모음집이 나온 1887년에는 사진을 복제해 책으로 인쇄하는 기술이 기초적인 수준이었기 때문이었다. 그런데 그도 모르는 사이에 그의 사진이 다른 책에 먼저 쓰이는 바람에 경력이 위기에 처하는 일이 발생했다. 런던에서 자신의 활동사진을 선보이는 행사를 성공적으로 이어 가던 1882년, 마이브리지는 왕립학회로부터 강연 요청을 받았다. 학회 측에서는 그에게 제이컵 데이비스 배브콕 스틸먼Jacob Davis Babcock Stillman이 쓴 『말의 움직임*The Horses in Motion*』이라는 책을 청중에게 소개해 달라고 부탁했는데, 그 책에는 마이브리지가 촬영한 사진을 밑그림 삼아 제작한 판화가 담겨 있었지만 마이브리지의 이름은 어디에도 없었다. 알고 보니 스틸먼의 이름으로 나온 이 책의 실질적인 저자는 과거 마이브리지의 후원자였던 철도 산업의 거물이자 스탠퍼드대학교 설립자인 릴런드 스탠퍼드Leland Stanford였다. 그 책에 마이브리지의 이름을 밝히지 않은 것은 왕립학회가 마이브리지를 연속 촬영 기술의 발명자가 아닌 그 기술을 쓸 줄 아는 기술자 정도로 여긴다는 의미였다. 마이브리지는 릴런드 스탠퍼드를 고소했지만, 이 사태는 거의 아무것도 해결되지 않았다. 다행히 스틸먼의 책은 판매가 저조했고 마이브리지는 펜실베이니아대학교에서 뛰어난 사진을 꾸준히 제작해 그만의 전문성을 인정받았다.

19세기의 막바지에 이르자 기술도 더욱 발전했다. 마이브리지의 사진들도 두 권의 책으로 출판되어 훨씬 더 많은 독자가 그의 사진을 볼 수 있게 되었다. 1899년과 1901년에 영국에서 출판된 『동물의 움직임*Animals in Motion*』과 『사람의 움직임*The Human Figure in Motion*』에 실린 사진들은 앞서 판매된 『동물의 운동』보다 사진의 품질이 떨어졌지만, 사진 기술에 관한 글이 함께 담겨 있고 과학적으로도 유용한 사진들이라 폭넓은 독자의 관심을 모았다. 『사람의 움직임』은 나체 사진의 비중이 큰 탓에, 1901년 12월에 발행된 주간지 『더 그래픽*The Graphic*』에는 "(이 분야를 공부 중인 학생이 아닌 이상) 소년, 소녀들이 보기에는 적합하지 않은 책이므로 거실 탁자에 아무렇게나 올려 두면 안 된다"라는 경고가 실리기도 했다.

에드워드 마이브리지, 『동물의 운동』, 펜실베이니아대학교 발행, 1887년

권투 선수들과 날뛰는 노새의 스톱 모션 사진. 마이브리지가 왕립연구소에서 권투 선수들의 사진을 연결한 활동사진을 선보이자, 당시의 영국 왕세자가 '즐거워했다'고 전해진다.

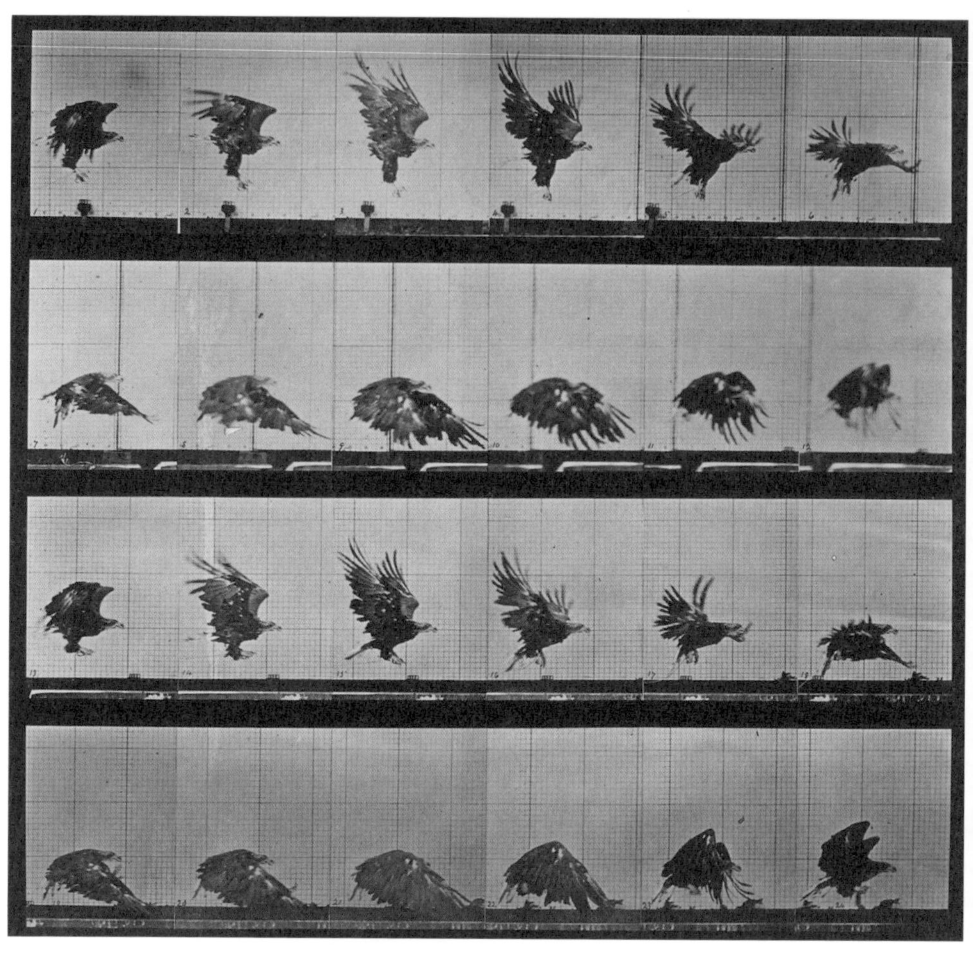

에드워드 마이브리지, 『동물의 운동』, 펜실베이니아대학교 발행, 1887년

날아가는 독수리의 모습. 마이브리지가 필라델피아 동물원에서 흰색 천과 5센티미터 규격의 모눈종이를 배경으로 연속 촬영한 사진이다.

수학과 대륙의 기반을 밝힌 책들

이번 장에서는 19세기 전반에 걸쳐 자연철학자들의 소통 수단으로만 쓰이던 과학책이 과학계와 대중을 연결하는 다리로 점차 변모한 과정을 쭉 살펴보았다. 사람들이 헤켈의 『자연의 예술적 형상』에 담긴 생물학적인 내용이나 마이브리지가 활용한 마술처럼 복잡한 사진 기술까지 전부 이해하지는 못했을지 몰라도, 그러한 책의 예술성은 얼마든지 즐길 수 있었다. 하지만 이런 변화가 일어났다고 해서 과학의 특정 분야만 다룬 책들이 완전히 사라진 건 아니었다.

초등학생부터 대학원생까지 학생들에게 필요한 교과서만 하더라도, 예나 지금이나 전문적인 내용을 다룬다. 또한 과학자 대다수가 동료들과의 정보 교환 수단으로 학술지에 실리는 논문을 활용하게 된 후에도 자기 생각을 제대로 전달하려면 책을 집필하는 수고로움을 자처해야 할 때가 있었다.

유클리드 기하학이 현대에 활용된 시초로 여겨지는 독일의 수학자 다비트 힐베르트David Hilbert의 1899년 저서 『기하학의 기초*Grundlagen der Geometrie*』도 그런 책이었고, 더 확실한 예는 1910년부터 1913년까지 수학자 앨프리드 노스 화이트헤드Alfred North Whitehead와 철학자 버트런드 러셀Bertrand Russell이 총 3부작으로 공동 집필한 『수학의 원리*Principia Mathematica*』다. 『수학의 원리』는 라틴어로 된 제목과 달리 본문은 영어로 쓰였다(뉴턴의 영향이 느껴지는 특징이다). 그러나 이 책의 목표는 수학의 가장 기초적인 형태인 기호논리학의 몇 가지 단순한 전제(공리)를 출발점으로 삼아 수학의 계층 구조를 최대한 세분해서 수립하는 것이었으므로, 사실 이 책의 언어는 수학이라고 하는 게 더 정확하다.

두툼한 『수학의 원리』에서 가장 유명한 내용은 초판 기준 1권의 379쪽에 이르러서야 나오는 다음 문장이다. "지금까지 정의한 대로 덧셈하면, 이 명제에 따라 1 더하기 1은 2가 된다." 이런 식이니, 두 저자가 마지막 권을 다 쓴 후에 총 세 권에 걸쳐 다룬 내용들은 수학의 극히 일부에 지나지 않는다며 처음 정한 목표를 이루지 못했음을 인정한 것도 그리 놀랍지 않다. 아

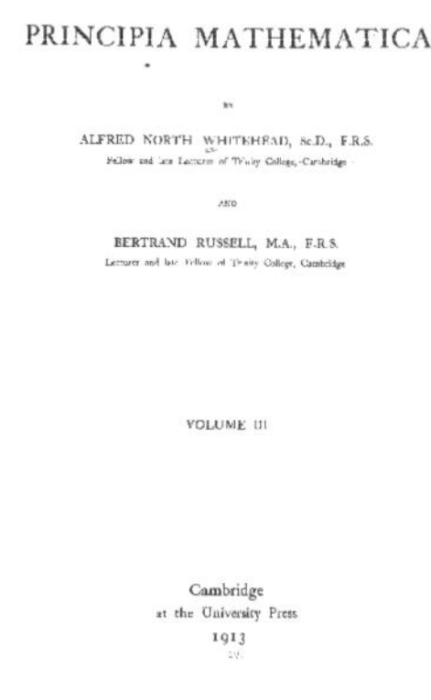
PRINCIPIA MATHEMATICA

BY

ALFRED NORTH WHITEHEAD, Sc.D., F.R.S.
Fellow and late Lecturer of Trinity College, Cambridge

AND

BERTRAND RUSSELL, M.A., F.R.S.
Lecturer and late Fellow of Trinity College, Cambridge

VOLUME III

Cambridge
at the University Press
1913

앨프리드 노스 화이트헤드와 버트런드 러셀, 『수학의 원리』, 케임브리지대학교 출판부 발행, 1913년

가장 왼쪽은 수학 저술의 걸작으로 꼽히는 화이트헤드와 러셀의 3부작 『수학의 원리』 중 마지막 권 속표지. 가운데 사진은 1925년경 화이트헤드의 모습이고, 오른쪽은 1927년 잡지 『배니티 페어*Vanity Fair*』에 실린 러셀의 모습이다.

이러니하게도 1931년에 오스트리아의 수학자 쿠르트 괴델Kurt Gödel은 수학의 모든 체계는 일관성이 없거나 불완전하다는 사실을 증명했다. 수학 전체를 체계적으로 정리한 책은 절대로 존재할 수 없다는 의미였다. 그럼에도 『수학의 원리』는 수학의 기본 원리를 밝힌 중요한 기점이 된 책이다.

『수학의 원리』 마지막 권이 출판되고 2년 뒤에는 시대를 앞서간 매우 흥미로운 책이 등장했다. 1880년에 베를린에서 태어난 지구물리학자이자 기상학자, 알프레트 베게너Alfred Wegener의 저서 『대륙과 해양의 기원*Die Entstehung der Kontinente und Ozeane*』이다. 베게너가 이 책에서 제시한 이론은 1930년에 그가 세상을 떠나고 최소 20년이 지나서야 널리 받아들여졌다. 1915년에 초판이 나온 『대륙과 해양의 기원』은 단단해 보이는 지구 표면이 실제로는 상대적인 움직임이 일어나고 있는 거대한 암석 판이라는 놀라운 주장이 핵심 내용이었으므로 그럴 만도 하다.

베게너가 떠올린 이 위대한 생각은 아메리카 대륙을 아프리카, 유럽 대륙과 나란히 놓고 보면 직소 퍼즐 조각들처럼 가장자리가 서로 맞물리는 듯한 형태임을 알아챈 것에서 시작됐다. 그는 대륙의 형태뿐만 아니라 바다

알프레트 베게너, 『대륙과 해양의 기원』, 프리드리히 피베크 운트 존Friedrich Vieweg & Sohn 발행, 1920년

(말 그대로) 지각 변동을 일으킨 대륙 이동설이 소개된 베게너의 저서 제2판 표지. 그가 제시한 '판 구조론'은 그의 사후에야 받아들여졌다. 이 책의 초판은 1915년에 출판됐다.

를 사이에 두고 서로 떨어져 있는 양쪽 대륙에서 발견된 화석 기록에도 두 대륙이 한때 한 덩어리였음을 암시하는 유사성이 있다는 사실에도 주목했다. 이에 베게너는 각 대륙이 매우 느린 속도로 이동하며 지질학적인 시간 흐름에 따라 새로운 대륙 구조가 생기거나, 있던 대륙이 분리될 수도 있다고 보았다.

베게너의 이론이 그의 생전에 수용되지 않은 데는 여러 이유가 있다. 당시에 베게너는 지질학자가 아닌 기상학자였고, 그린란드 탐험가로 더 유명했다. 생의 마지막 순간도 그린란드 탐험을 떠났다가 북극의 혹독한 날씨 속에서 물품이 바닥나는 바람에 맞이했다. 또한 베게너는 지각이 그토록 방대한 규모로 이동한다고 주장하면서도 어떻게 그런 움직임이 일어나는지 설득력 있는 메커니즘을 제시하지 못했고, 대륙의 이동 속도를 1백 배나 과대평가했으므로 사람들이 큰

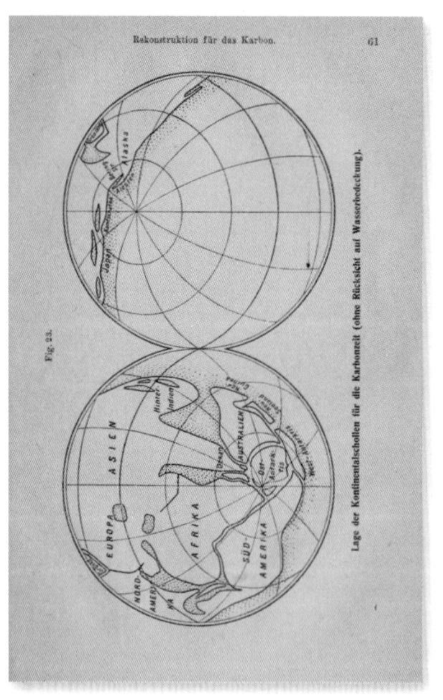

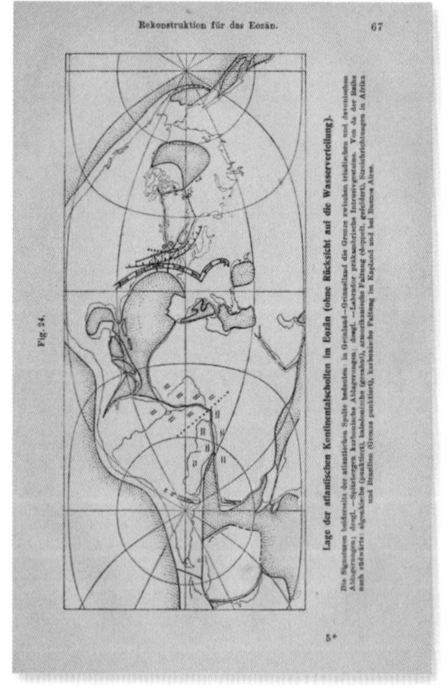

알프레트 베게너, 『대륙과 해양의 기원』, 프리드리히 피베크 운트 존 발행, 1920년

사진은 제2판에 실린 여러 그림을 원서에 실린 방향 그대로 가져온 것이다. 각 대륙이 처음에 어떤 형태였는지, 이후 어떻게 분리되었는지에 관한 베게너의 견해가 담겨 있다.

의구심을 가진 건 어쩌면 당연한 결과였다. 시간이 흘러 지구에 관해 더 많은 사실이 알려진 후에야 베게너의 이론이 실제 사실과 얼마나 정확히 일치하는지도 밝혀졌고, 『대륙과 해양의 기원』도 그가 남긴 걸작으로 평가됐다.

여성의 빈자리

이번 장을 마무리하기 전에, 이 시기의 과학계와 과학 저술에서 여성의 입지는 어떠했는지 다시 살펴볼 필요가 있다. 혁신이 느리게나마 진행된 19세기에도 여성이 저술한 과학책은 여전히 극소수였다. 그 이유는 19세기에 등장한 과학계의 영웅 중 한 사람인 찰스 다윈이 한 말에서도 찾을 수 있다. 이 시기에 여성은 지적으로 열등하다는 인식이 팽배했고 다윈도 여러 저서에서 그런 생각을 드러냈는데(정작 자신은 가족 구성원 중 여성들로부터 큰 지원을 받고

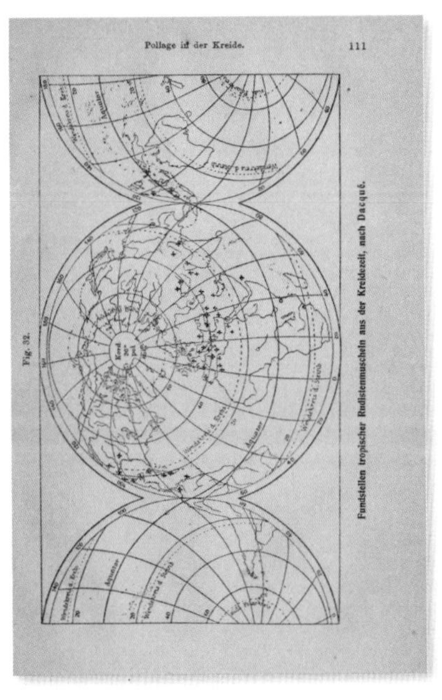

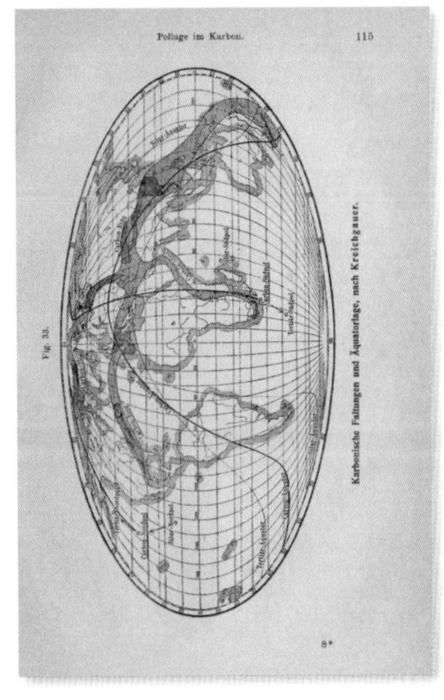

도), 특히 『인간의 기원』에서 두드러진다. 그 책에는 다음과 같은 구절이 나온다. “시, 회화, 조각, 음악, (…) 역사, 과학, 철학에서 가장 뛰어난 인물들을 여성과 남성으로 나누어 각각 목록으로 작성한다면, 두 목록은 비교 불가일 것이다.”

앙투아네트 브라운 블랙웰, 『일반 과학 연구』, G. P. 퍼트넘 앤드 선G. P. Putnam And Son 발행, 1869년

블랙웰의 저서 속표지. 다윈은 (이유는 모르겠지만) 이 책의 저자가 남성이라고 착각하고 긍정적인 반응을 보였다.

미국인 저술가 앙투아네트 브라운 블랙웰Antoinette Brown Blackwell은 다윈의 이런 견해에 반박했다. 블랙웰은 자신의 첫 번째 저서인 『일반 과학 연구*Studies in General Science*』(1869)를 다윈에게 보냈는데, 뜻밖에도 다윈은 매우 긍정적인 반응이 담긴 답장을 보내왔다. 나중에야 블랙웰은 그가 자신을 남성으로 착각했다는 사실을 깨달았다. 1875년에 출간된 블랙웰의 책 『자연 전체의 성*The Sexes throughout Nature*』은 여성이 열등하다는 견해에 직접적으로 이의를 제기했다. 이 책에 다윈이 어떤 반응을 보였는지 알 수 있는 기록은 없다.

다윈의 명성을 회복시키려는 사람들은 그가 여성을 지적으로 동등한 존재로 여겼음을 알 수 있는 서신도 많다고 주장해 왔다. 그러나 다윈이 또 다른 미국 여성인 캐럴라인 케너드Caroline Kennard에게 보낸 편지에서 비난받아 마땅한 견해를 피력한 것만 봐도 그런 주장은 무색해진다. 케너드는 당시 여성의 열등성을 뒷받침하는 근거로 여겨지던 과학적 원리를 제시한 사람이 다름 아닌 다윈이라는 사실에 큰 충격을 받고 1881년에 그에게 편지를 보냈다. “당신의 의견과 권위가 갖는 막중한 무게를 생각할 때, 실수가 있었다면 바로잡아야 합니다.” 아마도 케너드는 다윈이 당연히 성평등을 지지할 거라고 예상한 듯하다. 그러나 안타깝게도 다윈이 보낸 답장의 내용은 그렇지 않았다. “저는 도덕적인 자질에 있어서는 분명 여성이 남성보다 대체로 뛰어나다고 생각합니다만 지적으로는 열등하다고 확신하며, 제가 보기에는 유전의 법칙상(제가 이 법칙을 올바르게 이해한 게 맞다면) 여성이 남성과 지적으로 동등하다고 하기는 매우 힘듭니다.” 다윈의 이런 반응은 남성은 전통적으로 부여된 성 역할로 인해 어쩔 수 없이 여성보다 더 많이 진화했고, 여성은 부계 조상으로부터 긍정적인 형질을 일부 물려받기는 하지

영국의 화학 수업, 1907년

런던 배터시 폴리테크닉대학의 한 실험실에서 연구 중인 여학생들의 모습

만 남성의 진화를 따라잡지는 못했다는 생각에서 기인한 것으로 보인다.

다윈은 여성이 밥벌이에 직접 나선다면 남성과 평등해질 수 있으나, 대신 자녀와 가정의 행복이 망가질 수 있다고도 주장했다. 이에 대해 케너드는 (저소득층의) 대다수 가정에서 이미 여성이 바깥일을 '하고 있다'고 지적하고, 여성들에게 주어지는 일자리라곤 자질구레한 일이 전부인 실정이므로 여성의 열등성이라 여겨지는 점들은 여성의 능력이 정말로 부족해서가 아니라 여성이 사는 환경과 여성이 겪는 제약이 원인이라며 분노에 찬 답장을 보냈다.

다윈과 같은 태도를 고수한 사람들도 있었지만, 19세기가 막바지에 이르자 과학계에도 서서히 변화가 일어나고 여성을 가로막던 벽도 허물어지기 시작했다. 전 세계 수많은 대학에서 과학을 공부하는 여성이 점점 늘고, 과학 저술에도 기여했다. 그러나 변화의 속도는 느렸고, 시대를 대표하는 위대한 과학자들 다수가 보수적인 태도를 유지했다. 제임스 클러크 맥스웰은 1874년 케임브리지대학교에 실험물리학 연구를 수행할 캐번디시 연구소를 열었을 때 여성의 연구소 건물 출입을 허용하는 것마저 꺼렸다.

맥스웰의 아내 캐서린이 그의 일부 실험에 적극적으로 관여했는데도 그가 여성 학부생은 받지 않으려고 했다는 건 참으로 아이러니한 일이다. 맥스웰은 1870년대 말이 되어서야 마지못해 여성도 연구소에 들어올 수 있게 했는데, 그의 조수였던 윌리엄 가넷William Garnett은 그 내막을 다음과 같이 밝혔다. "맥스웰은 자신이 스코틀랜드에서 하계 장기 휴가를 보내기로 한 기간에 마침내 여성의 연구소 출입을 허용했다. 연구소 문이 열린 그 몇 주 동안 전기 측정 수업 과정을 다 마치려는 여성들을 모아 한 반을 꾸려서 내가 수업을 맡았다."

직업 과학자로서 여성의 입지를 분명하게 다진 과학자는 20세기 초에 등장했다. 1903년에 노벨 물리학상을 수상하며 여성 최초로 과학 분야의 노벨상 수상자가 된, 그 유명한 마리 퀴리Marie Curie다(245쪽 참고). 퀴리는 이 상에 이어 1911년에 노벨 화학상도 받았다. (퀴리 이후 2018년까지 노벨 물리학상 수상자 중 여성은 1963년 수상자인 마리아 괴퍼트 메이어Maria Goeppert Mayer, 2018년 수상자 도나 스트리클런드Donna Strickland까지 두 명이 전부였다.)[23] 더딘 발전 속에서 여성이 저술한 과학책이 출판 기회를 잡기까지는 더더욱 오랜 시간이 걸렸다. 1970년대 전까지 여성 저술가가 쓴 과학 도서는 손에 꼽힐 만큼 적었다.

이처럼 성평등이 개선되는 속도는 지지부진했지만, 20세기에는 과학과 과학책의 저술 방식 모두에 혁신적인 변화가 일어났다.

고전을 벗어난 과학책

뒤집힌 세상

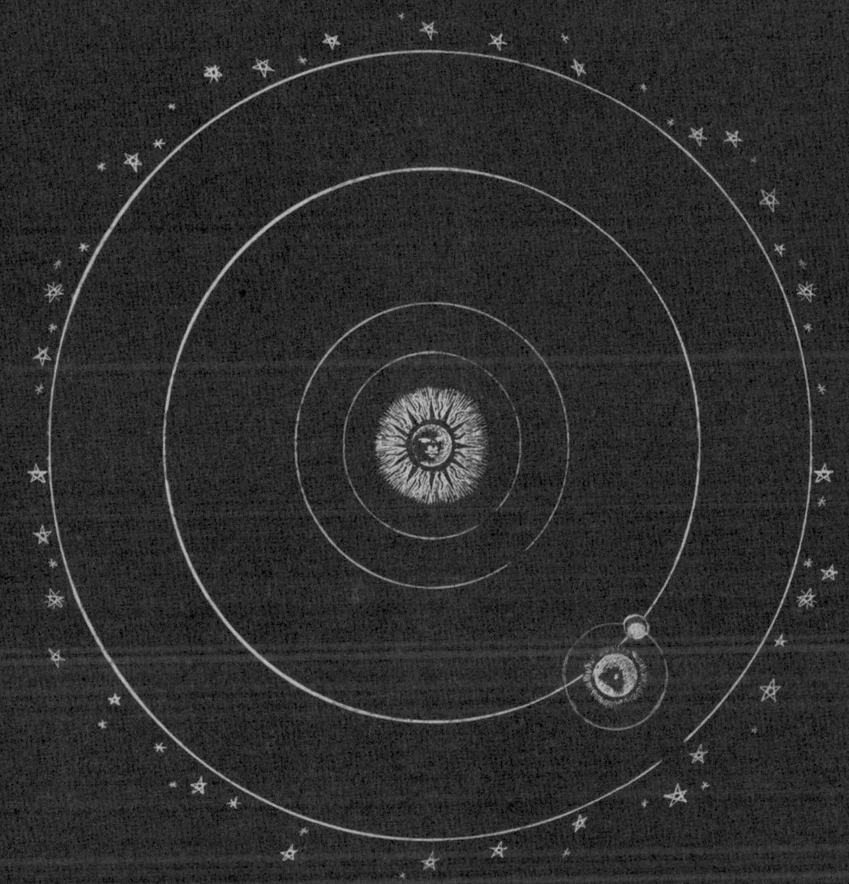

4

19세기가 끝날 때 과학의 여러 영역, 특히 물리학과 생물학에서 보통 '고전 시대'라 불리는 시기도 막을 내렸다. 물리학은 르네상스 시대부터 20세기 전까지를 학문이 형성된 기간으로 볼 수 있고, 이 시기에는 갈릴레오와 뉴턴의 연구가 큰 역할을 했다. 그러나 20세기에는 상대성 이론과 양자 이론이라는 실로 엄청난 양대 이론의 등장으로 모든 전망이 바뀌었다.

상대성 이론은 고정된 것, 독립적이라 여겨지던 개념(특히 시간과 공간)이 실제로는 서로 얽혀 있고 분리할 수 없다는 사실을 밝힌 이론이다. 그에 따라 동시에 일어난 두 사건 같은 지극히 상식적인 일도 더 이상 단언할 수 없는 불확실한 일이 되었다. 중력은 먼 거리에서 일어나는 신기한 작용이라는 뉴턴의 발견보다 훨씬 논리적으로 설명할 수 있게 되었으나, 공간과 시간의 왜곡이라는 혼란스러운 사실도 함께 밝혀졌다. 빛이 파동과 입자 두 가지 모두가 될 수 있고, 양자 입자는 주변과 상호 작용하지 않는 한 위치가 없다는 것, 확률은 우주가 기능하는 필수 요소라는 것 등 양자물리학에서 나온 사실들 역시 혼란스럽기는 마찬가지였다. 더 이상 현실은 뉴턴의 생각만큼 시계처럼 정확한 메커니즘으로 움직인다고 할 수 없게 되었다.

물리학에서 이런 변화가 일어나고 있을 때, 생물학은 생물의 종과 해부학적 특성, 행동을 나열하고 분류하던 학문에서 벗어나 완전한 과학으로 거듭났다. 그 시작은 진화론이었으나 20세기 생물학의 발전에 원동력이 된 것은 유전학이었다. 유전체가 기능하는 메커니즘에 관한 지식이 점차 늘어나고, DNA의 이중 나선 구조가 발견되고, 생물학에서 화학이 차지하는 비중도 점점 커졌다. 생물학적인 과정을 분자 수준에서 설명하고 분자 기계처럼 기능하는 놀라운 세포 기관들을 탐구하는 분자생물학은 일반 생물학과 의학의 중심축이 되었다.

이러한 변화는 이 시기에 출판된 과학책에도 당연히 반영되었다. 또한 앞 장에서도 언급했듯이 20세기에는 처음부터 대중을 독자로 정한 과학책의 비중이 우세해지기 시작했다.

현실의 본질

20세기의 가장 초반에 나온 물리학 도서들 가운데 일부는 역사상 가장 유명한 두 과학자의 손에서 나왔다. 바로 알베르트 아인슈타인과 마리 퀴리다. 1867년에 폴란드 바르샤바에서 태어난 마리 퀴리의 본명은 마리아 스크워도프스카Maria Skłodowska다. 여성이 과학 연구로 노벨상을 받은 사례도 드물지만, 1903년 노벨 물리학상에 이어 1911년에 노벨 화학상까지 노벨상을 두 번이나 받은 사람은 더더욱 드물다. 퀴리의 저서 『방사능에 관한 논문*Traité de Radioactivité*』은 화학상 수상 전년도인 1910년에 출판됐다.

방사능에 관한 연구는 1890년대에 앙리 베크렐Henri Becquerel이 방사능을 처음 발견한 이후부터 급속히 발전했다(베크렐은 1903년에 퀴리 부부와 노벨상을 공동 수상했다). 1903년에 마리 퀴리가 방사능을 주제로 쓴 박사 학위 논문은 142쪽이었지만 『방사능에 관한 논문』은 총 두 권에 전체 분량이 거의 1천 쪽에 이른다는 사실로도 이 분야의 발전 속도를 짐작할 수 있다. 퀴리의 저서는 방사능에 관한 최신 지식을 최대한 전달하려는 노력의 산물이었고 관련 분야의 전문가들 사이에서는 널리 알려졌으나, 그 테두리 밖에서는 큰 영향을 발휘하지 못했다. 하지만 20세기 초를 대표하는 과학계의 두 번째 위대한 인물인 알베르트 아인슈타인의 저서는 그와 달랐다.

오늘날 매스컴에서 자주 접하는 과학자들은 그렇게 유명해지기 전에 자신의 연구 분야에서 거둔 성취는 거의 없는 사람들도 있다. 그러나 아인슈타인의 명성은 전적으로 그의 과학적인 업적에서 나왔다. 1879년 독일 울름에서 태어난 그는 1905년 전까지 학계의 무명 인사였다. 학계에서는 일자리를 얻지 못해 스위스 베른의 한 특허 사무소에서 일했는데, 1905년 한 해 동안만 중요한 논문을 네 편 발표했고 그중 한 편으로 1921년에 노벨 물리학상을 받았다.

아인슈타인은 잇따라 쏟아내듯 발표한 이 네 편의 논문에서 분자의 크기를 결정하고(이는 결과적으로 원자의 존재를 뒷받침하는 증거가 되었다), 양자 물리학의 기반을 마련하는 데도 힘을 보태고, 특수 상대성 이론으로 우주와

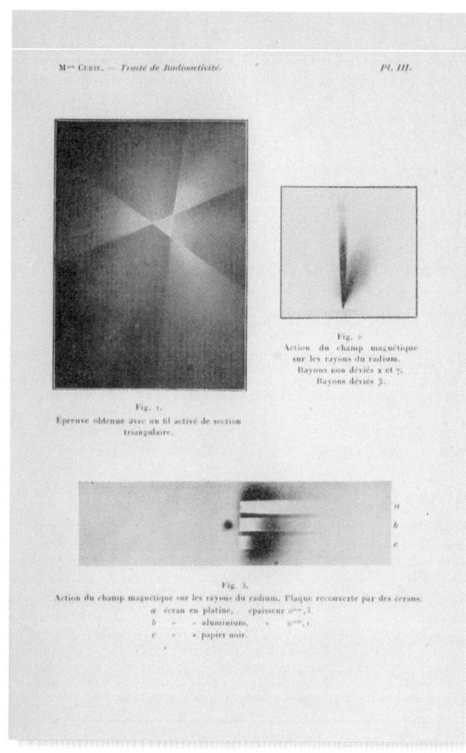

Mme Curie. — *Traité de Radioactivité.* *Pl. III.*

Fig. 1.
Épreuve obtenue avec un fil activé de section triangulaire.

Fig. 2.
Action du champ magnétique sur les rayons du radium.
Rayons non déviés α et γ.
Rayons déviés β.

Fig. 3.
Action du champ magnétique sur les rayons du radium. Plaque recouverte par des écrans.
a écran en platine, épaisseur 0mm,3.
b » » aluminium, » 0mm,1.
c » » papier noir.

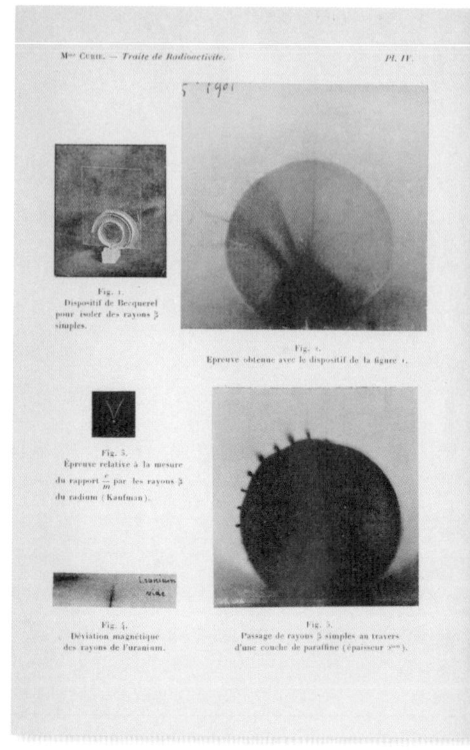

Mme Curie. — *Traité de Radioactivité.* *Pl. IV.*

Fig. 1.
Dispositif de Becquerel pour isoler des rayons β simples.

Fig. 2.
Épreuve obtenue avec le dispositif de la figure 1.

Fig. 3.
Épreuve relative à la mesure du rapport $\frac{e}{m}$ par les rayons β du radium (Kaufman).

Fig. 4.
Déviation magnétique des rayons de l'uranium.

Fig. 5.
Passage de rayons β simples au travers d'une couche de paraffine (épaisseur 2mm).

마리 퀴리, 『방사능에 관한 논문』, 고티에 빌라르Gauthier-Villars 발행, 1910년

제1권에 실린 자료 중 자기장이 '라듐 광선', 즉 라듐이 붕괴하며 발생한 알파 입자에 어떻게 작용하는지 보여 주는 사진

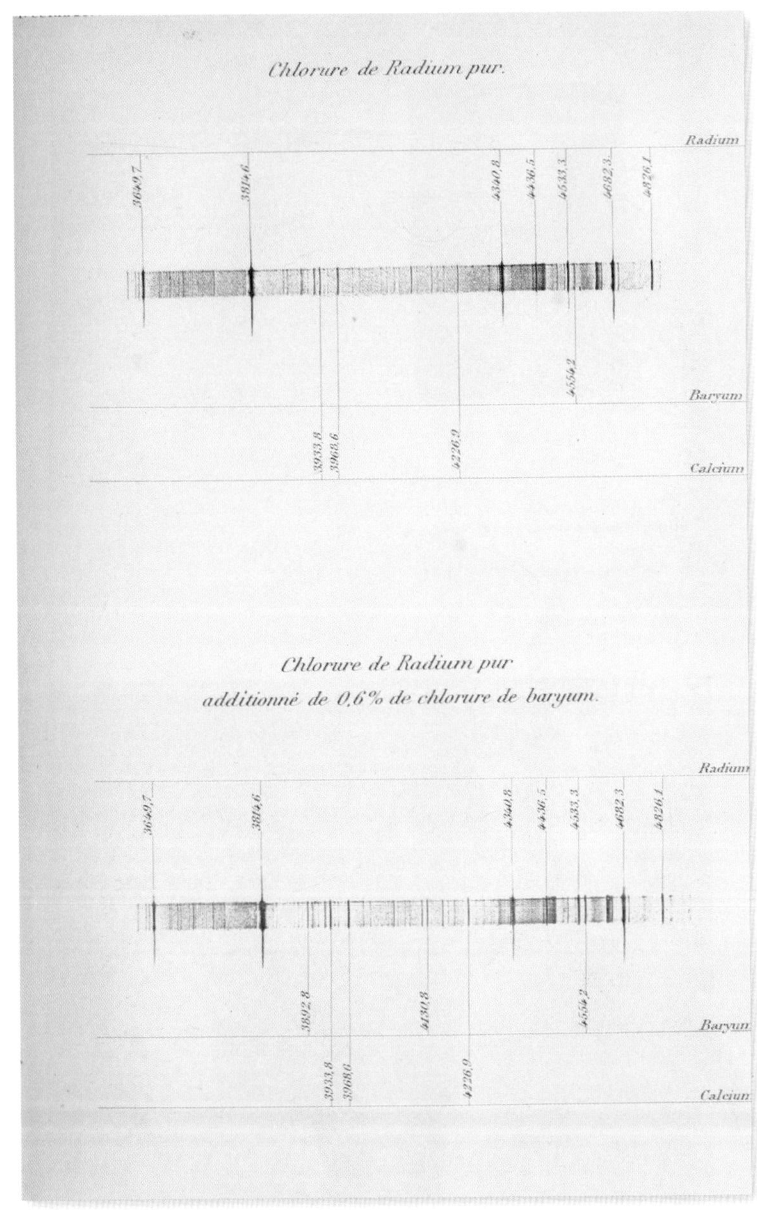

마리 퀴리, 『방사능에 관한 논문』, 고티에 빌라르 발행, 1910년

제2권에 실린 자료 중 염화라듐, 그리고 염화라듐에 염화바륨이 불순물로 소량 섞였을 때의 스펙트럼 분석 결과

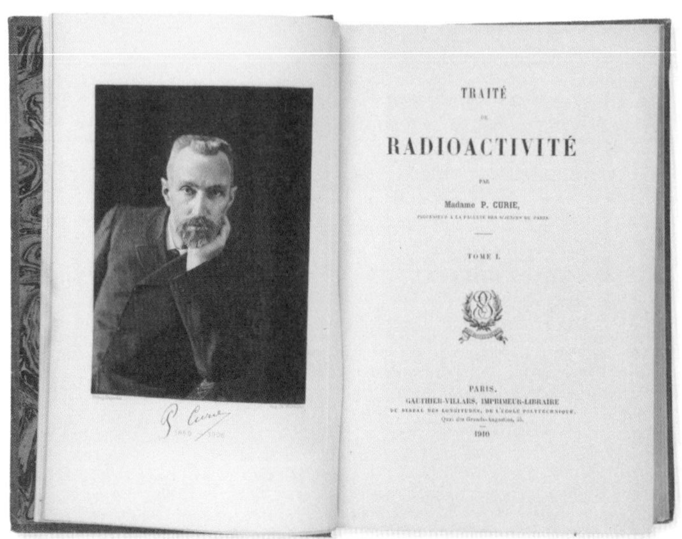

마리 퀴리, 『방사능에 관한 논문』, 고티에 빌라르 발행, 1910년

제1권(2부작)의 머릿그림과 속표지. 특이하게도 남편 피에르Pierre의 사진이 들어가 있다.

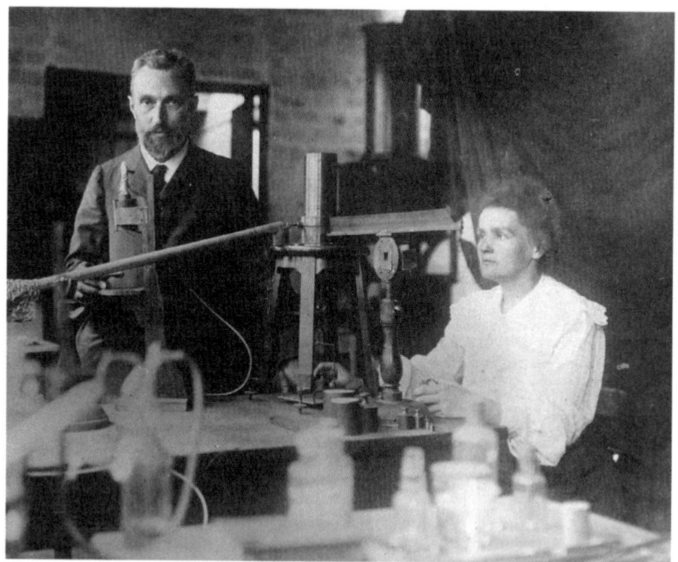

마리 퀴리와 피에르 퀴리, 1904년

파리 퀴비에가의 연구실에서 실험 중인 부부의 모습

시간의 연관성을 설명하고, $E=mc^2$을 증명했다. 이어 12년 간의 연구 끝에 그의 역작인 일반 상대성 이론을 발표했다. 물질이 시간과 공간을 왜곡해 중력을 만들어 낸다는 사실을 밝히고 중력파의 존재를 예견한 이론이다. 더불어 나중에 레이저의 발명으로 이어진 이론도 수립했다.

알베르트 아인슈타인, 1921년

미국을 처음 방문했을 때 뉴욕에서 촬영된 사진이다.

아인슈타인은 교과서를 여러 권 집필했지만, 그의 혁신적인 과학적 성취가 다른 과학자들에게 알려진 주된 경로는 논문이었다. 그리고 그와 별도로 일반 독자들을 위한 책을 많이 집필했는데, 가장 대표적인 책이 1917년에 출판된 『상대성 이론: 특수 상대성 이론과 일반 상대성 이론*Über die Spezielle und die Allgemeine Relativitätstheorie, Gemeinverständlich*』이다. 이 책은 1920년에 영어로 번역됐다.

대중은 아인슈타인의 이론에 열광했다. 그의 생각은 전 세계적으로 전국 신문 1면을 장식했고, 아인슈타인이 강연하는 도시마다 입장권이 현대의 록 콘서트만큼 순식간에 동났다. 영국의 대표적인 학술지 『네이처*Nature*』에 실린 서평에서도 당시에 아인슈타인의 책이 어떤 반응을 일으켰는지 짐작할 수 있다.

> 상대성 이론과 그 이론에 담긴 의미를 대중에게 설명한 책. 천문학자들이 별은 실제로 존재한다고 증명한 후부터 세상은 이런 책을 애타게 기다렸다. 이제 아인슈타인이 직접 쓴 책의 훌륭한 번역서가 나왔고, 그 모든 진실을 알고 싶은 우리는 다급히 이 책을 집어 든다. 이번만큼은 이 책의 서평을 쓰고 있는 본인도 '상대성이란 무엇인가?', '유클리드와 뉴턴이 대체 뭘 했다는 건가?', '별들이 보내는 메시지는 무엇인가?'라는 질문을 던져 온 수천 명의 사람들과 같은 심정이다.

위의 『네이처』 서평은 책에서 다루는 주제가 일반 독자들이 이해하기에는 너무 전문적이므로 아인슈타인에게 '비유를 많이 쓸 필요가 있다'고 충고하기도 한다. 또한 이 서평에는 유클리드의 이름이 언급되는데, 그 이유는

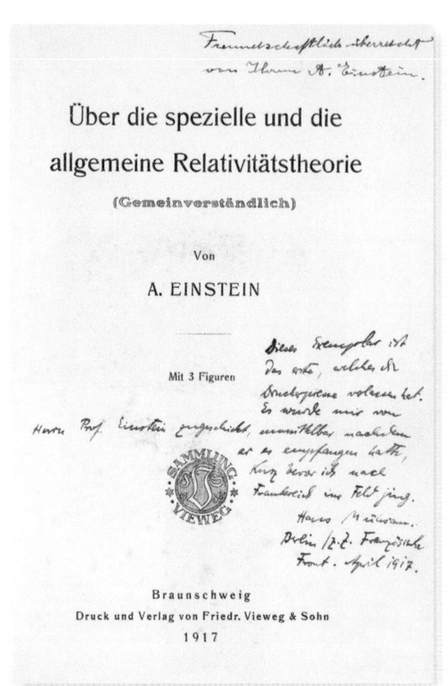

Über die spezielle und die allgemeine Relativitätstheorie

(Gemeinverständlich)

Von

A. EINSTEIN

Mit 3 Figuren

Braunschweig

Druck und Verlag von Friedr. Vieweg & Sohn

1917

RELATIVITY

THE SPECIAL AND THE GENERAL THEORY

BY PROFESSOR ALBERT EINSTEIN, PH.D., LL.D.

Translated by Professor Robert W. Lawson, M.Sc.

EINSTEIN'S own explanation of his famous discovery—

THE Einstein law has been accepted by astronomers and physicists as an epoch-making discovery. Up to the present Newton's law of gravitation has been universally accepted, but the new theory goes farther, and, apart from supplying the laws of Newtonian mechanics when certain approximations are made, it enables us to predict the exact course of all motions resulting from gravitation. In this book, which is a popular exposition written for the average reader, Professor Einstein explains his famous theory which has so excited the scientific world. This volume is intended primarily for those readers who, though interested in the trend of modern theory, are not conversant with the mathematical analysis used in theoretical physics. The author's aim has been to give an exact insight into the theory of relativity, and to present the main ideas in the clearest and simplest form. He has succeeded admirably, and those who desire an authoritative and understandable explanation of the Einstein theory will find it between the covers of this book.

HENRY HOLT AND COMPANY

알베르트 아인슈타인, 『상대성 이론: 특수 상대성 이론과 일반 상대성 이론』

왼쪽은 아인슈타인이 물리학자 한스 뮈잠Hans Mühsam에게 보낸 초판이며, 1917년 프리드리히 피베크 운트 존이 발행했다. 오른쪽은 첫 영어 번역서로, 1920년 헨리 홀트 출판사Henry Holt and Company가 발행했다.

『상대성 이론』의 서두에 독자 대부분이 학창 시절에 유클리드의 이론을 공부한 적이 있을 것이라는 말이 나오기 때문이다. 『상대성 이론』은 전체적으로 친근한 어투이기는 하지만, 현대의 대중 과학책 기준에서는 교과서 느낌이 물씬 나는 체계적인 방식으로 상대성 이론을 설명한다. 이론을 수립한 당사자가 직접 저술한 책인데 상대성 이론의 역사적, 개인적 배경은 나오지 않고 26쪽에 이르러서야 이 이론을 더 분명하게 이해할 수 있도록 도와주는, 철로를 달리는 기차와 번개 칠 때 나타나는 섬광이 예시로 나온다. 그럼에도 아인슈타인의 저서는 엄청난 인기를 누렸다. 이런 측면에서 『상대성 이론』은 책을 사는 사람은 많아도 완독하는 사람은 드물기로 유명한 스티븐 호킹의 책 『시간의 역사』의 예고편이었다고도 할 수 있다.

아인슈타인을 누구보다 지지한 영국의 물리학자 아서 에딩턴Arthur Eddington은 상대성 이론과 당시 물리학의 다른 여러 최신 지식을 독자들에게 훨씬 더 쉽게 설명한 책을 냈다. 1882년에 영국 켄들에서 태어나 천체물리학자가 된 에딩턴이 과학에서 거둔 가장 중요한 성취는 항성의 구조에 관한 연구였다. 그러나 영국의 대중들 사이에서 그는 오늘날로 치면 인기 절정의 과학 해설자였다. 아인슈타인의 열렬한 지지자였던 그는 1919년에 직접 탐험대를 꾸려 일식 현상을 관찰하고, 아인슈타인의 일반 상대성 이론을 뒷받침하는 근거를 제시하기도 했다.

일반 상대성 이론에 관한 아인슈타인의 논문이 발표된 직후, 에딩턴은 한 기자의 질문에 농담조로 대답했다가 비난받기도 했다. 아인슈타인의 일반 상대성 이론을 제대로 이해한 사람이 전 세계에 딱 세 명뿐이라는 말이 사실이냐는 기자의 질문에, "세 번째 사람은 누구죠?"라고 되물은 게 화근이었다. 에딩턴이 쓴 저서들로 볼 때 이 말은 아인슈타인의 이론이 너무 어렵다는 비판이라기보다는 그냥 웃자고 한 말일 가능성이 크다.

학자가 과학의 대중화에 발 벗고 나서면 동료들로부터 눈총을 받던 시대였지만, 에딩턴은 대중을 위한 저서를 다수 집필했다. 그중 가장 큰 성공을 거둔 책은 자신이 출연한 라디오 방송과 강연 자료를 모아 1928년에 발표한 『물리적 세계의 특성*The Nature of the Physical World*』이다. 에딩턴의 글이 좋은 반응을 얻은 이유 중 하나는, 대중 과학책을 쓰는 과학자들이 충분히 배울 만한 점인데도 지금까지도 잘 지키지 않는 특징이 그의 책에는 있었기 때문이다. 바로 책이 설명하는 내용의 전체적인 맥락을 짚어 주었다는 점이다. 즉 과학 이론과 관찰 내용을 그냥 제시하기보다는 그것에 담긴 철학적인 의미, 때로는 그 시대에 문화적으로 중시되던 신학적 의미까지도 함께 소개했다. 에딩턴은 과학 저술 방식에 있어서는 갈릴레오가 뉴턴보다 훨씬 낫다는 사실을 최초로 깨달은 현대 과학자 중 한 사람이었다.

아서 에딩턴 경, 『물리적 세계의 특성』, 에브리맨스 라이브러리Everyman's Library 발행, 1935년

아서 에딩턴의 베스트셀러. 초판은 1928년 케임브리지대학교 출판부에서 발행했다.

자신만만한 수학자

에딩턴은 대중 과학책에서 수학적인 내용은 최소한으로 줄였다. 그런데 같은 시기에 그와 정반대로 수학이라는 이 까다로운 학문만 다룬 책이 등장했다. 영국인인 랜슬롯 호그벤Lancelot Hogben의 저서 『백만 인을 위한 수학 *Mathematics for the Million*』은 제목에서부터 대중에게 가까이 다가가겠다는 열망을 훤히 드러냈다. 1895년 포츠머스에서 태어난 호그벤은 통계학에 유독 관심이 많은 동물학자였다. 그의 목표는 일반인들의 수학 지식을 중학교나 고등학교 이과생과 비슷한 수준으로 끌어올리는 것이었다.

1936년에 출간된 『백만 인을 위한 수학』은 지금까지 나온 모든 수학 도서를 통틀어 가장 희한한 책이다. 또한 과학 도서 중에서는 드물게도, 책이 나오게 된 배경이 정확히 알려졌다. 호그벤은 런던의 유명 식당인 심프슨스 인 더 스트랜드Simpson's in the Strand에서 미국의 출판업자 윌리엄 워더 노턴William Warder Norton과 점심을 먹다가, 노턴으로부터 허버트 조지 웰스 Herbert George Wells가 쓴 세계사책과 같은 수학책이 나온다면 잘 팔릴 것 같다는 이야기를 들었다. (노턴이 언급한 웰스의 책은 엄청난 성공을 거둔 역사서 『대략적인 세계 역사*The Outline of History*』였다.) 24

노턴은 호그벤이 철학자 버트런드 러셀에게 그런 책을 써 달라고 설득해 주기를 내심 바라며 그 이야기를 꺼냈는데, 호그벤은 러셀이 대중의 눈높이에 맞는 책을 쓰지는 못할 것이라며 그를 무시하는 듯한 말을 하더니 대뜸 자신이 '[노턴이 바라는 그런 책을] 이미 다 써 놨다'고 밝혔다. 병원에서 장기간 치료를 받던 기간에 지루함을 달래려고 그 책을 썼지만, 집필을 마친 후 영국 왕립학회 회원 후보가 되었고 학회 '고위층이 과학의 대중화를 끔찍이도 싫어해서' 출판을 시도하지는 않았다는 호그벤의 설명이 이어졌다. 오늘날 왕립학회는 해마다 우수 대중 과학 도서를 선정해 상까지 수여하고 있으니 아이러니한 일이다. 호그벤이 노턴과 이런 대화를 나눌 때는 이미 학회에 들어간 후였으므로, 안심하고 책을 낼 수 있었다.

『백만 인을 위한 수학』은 지나치게 장황한 면도 있지만 특색 있는 문체

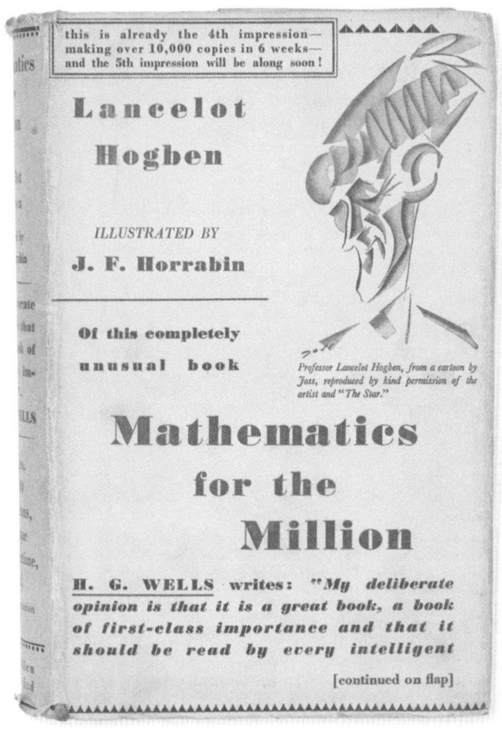

랜슬롯 호그벤, 『백만 인을 위한 수학』, 조지 앨런 앤드 언윈George Allen & Unwin LTD 발행, 1936년

1936년에만 6쇄까지 나올 만큼 출간 직후부터 큰 인기를 얻었다. 사진의 책은 초판 4쇄본이다.

로 수학이 활용된 역사와 함께 기본 원리를 설명한다. 가령 고대 이집트 건축가가 수학을 어떻게 활용했는지, 별의 위치로 방향을 찾을 때 삼각법이 어떻게 쓰였는지 보여 준다. 일반 독자를 위한 책이라는 이유로 재미만 추구하지 않으며, 연습 문제를 잔뜩 제시한 점 등 여러 부분에서 독자가 이 책을 자습서로 쓰기를 바라는 저자의 의도가 뚜렷하게 드러난다. 『백만 인을 위한 수학』이 거둔 가장 큰 성과를 꼽는다면 수학의 역사적 배경을 설명한 점, 그리고 유클리드의 업적을 하나부터 열까지 다 알 필요는 없다는 호그벤의 깨달음이 이 책에도 반영되어 있다는 점이다. 실제로 그는 이 책에서 기하학의 핵심만 설명하고 넘어갔다.

호그벤은 존경받는 과학자였지만 『백만 인을 위한 수학』에서 다룬 내용은 그가 일상적으로 하는 연구와는 상당한 거리가 있었다. 또한 수학에서 그의 전문 분야는 통계학이었음에도 『백만 인을 위한 수학』에 그 내용은 별로 나오지 않는데, 아마도 당시 교과 과정에서는 통계학이 그리 큰 비중을 차지하지 않았기 때문으로 추정된다.

화학적 수수께끼

대서양 건너 미국에서는 한 화학자가 화학 결합을 자세히 밝혀내는 중요한 성과를 거두었다. 서로 다른 원소가 연결되어 더 큰 구조를 이루고 화합물을 형성하는 메커니즘을 밝혀낸 것이다. 1901년에 오리건주 포틀랜드에서 태어나 노벨 화학상과 평화상을 연달아 수상하며 역사상 네 명뿐인 노벨상 2회 수상자가 된 라이너스 폴링Linus Pauling이 그 주인공이다.[25] 폴링의 연구는 현대 화학과 분자생물학의 발전에 근간이 되었다. 생물학의 주축이 된 분자생물학에서는 DNA와 세포에서 일어나는 화학적인 과정, 세포의 기능에 바탕이 되는 분자 단위의 복잡한 장치를 중점적으로 다룬다.

폴링은 생애 후반에 다량의 비타민 C로 감기와 독감을 막을 수 있다는 주장을 옹호하는 등 과학적 근거가 부족한 이론을 홍보하기도 했지만, 그가 화학에 엄청난 공헌을 했다는 사실은 의심의 여지가 없다. 저술 활동도 활발했는데, 대중을 타깃으로 쓴 책에는 대부분 그의 희한한 견해가 많이 담겨 있다. 폴링이 화학자로서 거둔 결실이 가장 많이 소개된 책은 1939년에 출간된 『화학 결합의 본질*The Nature of the Chemical Bond*』이다. 이 책에는 그에게 노벨상의 영광을 안겨 준 1931년 논문 내용과 함께 분자 구조에 관한 폴링의 다양한 견해가 담겨 있다.

『화학 결합의 본질』이 20세기 중반까지 광범위한 영향을 떨친 다른 과학책들과 다른 점은 교과서라는 사실이다. 지금도 전 세계적으로 인정받는 책이 과학자가 자신의 발견을 직접 설명한 책이라는 점은 더더욱 보기 드문 특징이다. 20세기에 점차 늘어난 대중 과학책 중에서 사람들에게 큰 영향을 준 책들의 공통점과 비교하면 『화학 결합의 본질』과 다른 몇몇 과학책은 제임스 클러크 맥스웰 같은 이전 세기 과학자들이 쓴 책과 닮은 점이 더 많다.

이 시기에 과학책에서 나타나는 한 가지 특이한 점은, 상대성 이론보다는 양자물리학이 사람들의 일상생활에 끼치는 영향이 훨씬 큰데도 닐스 보어Niels Bohr나 베르너 하이젠베르크Werner Heisenberg, 에르빈 슈뢰딩거Erwin Schrödinger 등 위대한 양자물리학자들의 연구를 다룬 책이 전혀 없었다는 것이다. 1964년에 출간된 슈뢰딩거의 저서 『슈뢰딩거 나의 세계관*My View of the World*』과 하이젠베르크가 세상을 떠나고 13년 후인 1989년에 출간된 그의 저서 『아인슈타인과의 만남*Encounters with Einstein*』을 20세기 양자물리학 분야의 주요 도서로 꼽을 수 있지만, 이 두 책은 누구나 쉽게 읽을 만한 회고록이 아니라 학자들을 주 독자로 삼아 과학적인 방법과 과학이 사회에 끼치는 영향을 설명한 에세이 모음집이다. 양자 이론을 다룬 과학 도서로 대중의 눈길이 머물 만한 책은 1980년대가 되어서야 나오기 시작했다. 그런데 양자물리학의 대표적인 인물인 슈뢰딩거의 저서 중에, 그 분야를 넘어 훨씬 광범위하게 찬사를 받은 책이 하나 있다. 1944년에 나온, 슈뢰딩거가 영어로 쓴 책인 『생명이란 무엇인가*What is Life?*』다.

라이너스 폴링, 『화학 결합의 본질』, 코넬대학교 출판부 발행, 1939년

위는 결정을 살펴보고 있는 폴링의 모습으로 1947년에 촬영됐다. 아래는 1939년에 폴링의 주요 저서인 이 책이 출판됐을 때 제작된 광고

에르빈 슈뢰딩거는 1887년 빈에서 태어난 물리학자다. 1920년대부터 양자물리학계의 핵심 인물이 되어 1933년에는 노벨 물리학상도 받았으나, 나치 정권에 반대했다는 이유로 모국의 탄압에 시달리다 1940년부터는 아일랜드에서 연구했고 1955년에 은퇴했다. 물리학자가 아닌 사람들은 '슈뢰딩거의 고양이'로 알려진 사고 실험으로 그의 이름을 가장 많이 기억하지만, 물리학자들은 그를 양자 입자의 상태를 기술한 방정식으로 더 많이 기억한다. 『생명이란 무엇인가』는 제목에서 짐작할 수 있듯이 물리학을 생물학과 연계한 내용이다. 대중 도서로 쓴 책이지만, 슈뢰딩거 자신도 이 책의 내용을 대중적

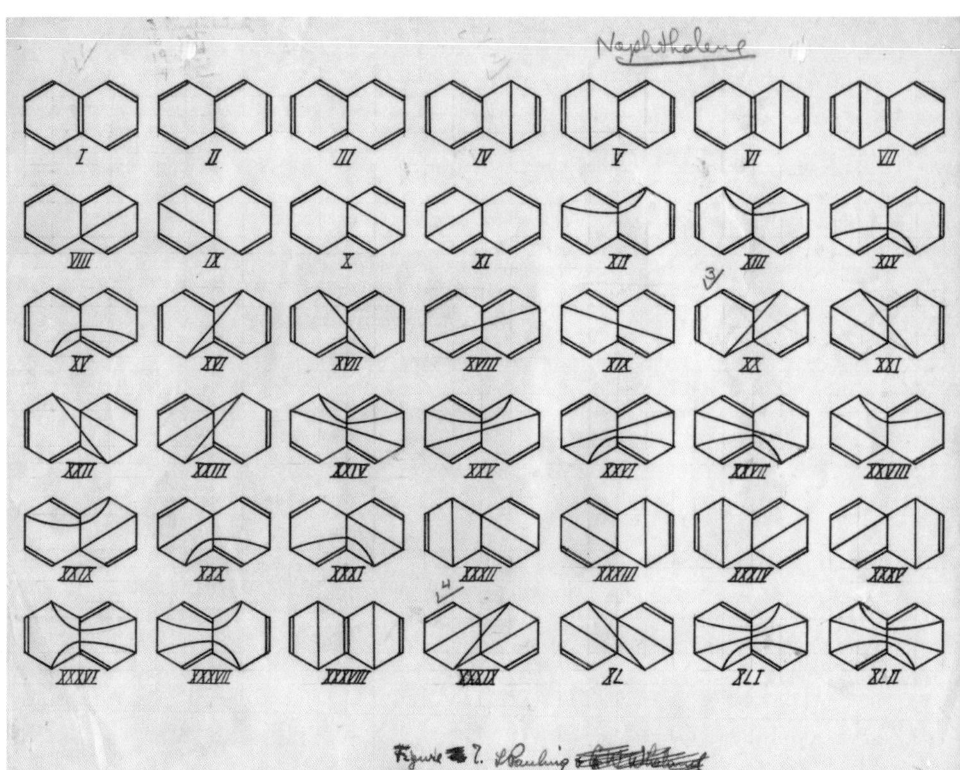

라이너스 폴링, 『화학 결합의 본질』 원고, 1939년

폴링이 저서에 참고 자료로 넣으려고 그린 나프탈렌의 구조

(우) 라이너스 폴링, 『화학 결합의 본질』, 코넬대학교 출판부 발행, 1960년

제3판의 본문 일부(초판은 1939년에 나왔다). 위는 프러시안블루 결정의 구조에 관한 내용이고, 아래는 다양한 분자의 크기를 설명한 부분이다.

166 *Complex Bond Orbitals*

TABLE 5-3.—OBSERVED MAGNETIC MOMENTS OF OCTAHEDRAL COMPLEXES OF TRANSITION ELEMENTS[a]

Hyperligated complexes	μ^b calculated	μ^b observed	Hypoligated complexes	μ^b calculated	μ^b observed
$K_4[Cr^{II}(CN)_6]$	2.83	3.3			
$K_3[Mn^{III}(CN)_6]$		3.0			
$K_4[Mn^{II}(CN)_6]$	1.73	2.0	$Mn^{II}(NH_3)_6Br_2$	5.92	5.9
$K_3[Fe^{III}(CN)_6]$		2.33	$(NH_4)_3[Fe^{III}F_6]$	5.92	5.9
$K_4[Fe^{II}(CN)_6]$	0.00	0.00	$(NH_4)_2[Fe^{III}F_5 \cdot H_2O]$		5.9
$Na_3[Fe^{II}(CN)_5 \cdot NH_3]$		.00	$[Fe^{II}(H_2O)_6](NH_4SO_4)_2$	4.90	5.3
$[Fe^{II}(dipyridyl)_3]SO_4$		.00			
$K_3[Co^{III}(CN)_6]$		.00			
$[Co^{III}(NH_3)_3F_3]$		.00[c]	$K_3[Co^{III}F_6]$	4.90	5.3[c]
$[Co^{III}(NH_3)_6]Cl_3$		.00	$[CoF_3(OH_2)_3] \cdot 1/2H_2O$		4.47[d]
$[Co^{III}(NH_3)_5Cl]Cl_2$		.00			
$[Co^{III}(NH_3)_4Cl_2]Cl$		.00			
$[Co^{III}(NH_3)_3(NO_2)_3]$		.00			
$[Co^{III}(NH_3)_5 \cdot H_2O]_2(C_2O_4)_3$		.00			
$[Co^{III}(NH_3)_4CO_3]NO_3 \cdot 1/2H_2O$		.00			
$K_2Ca[Co^{II}(NO_2)_6]$	1.73	1.9	$[Co^{II}(NH_3)_6]Cl_2$	3.88	4.96
$K_2[Pd^{IV}Cl_6]$	0.00	0.00			
$[Pd^{IV}Cl_4(NH_3)_2]$		.00			
$Na_3[Ir^{III}Cl_4(NO_2)_2]$		.00			
$[Ir^{III}(NH_3)_5NO_2]Cl_2$		.00			
$[Ir^{III}(NH_3)_4(NO_2)_2]Cl$		.00			
$[Ir^{III}(NH_3)_3(NO_2)_3]$		.00			
$K_2[Pt^{IV}Cl_6]$		.00			
$[Pt^{IV}(NH_3)_6]Cl_4$		.00			
$[Pt^{IV}(NH_3)_5Cl]Cl_3$		.00			
$[Pt^{IV}(NH_3)_4Cl_2]Cl_2$		.00			
$[Pt^{IV}(NH_3)_3Cl_3]Cl$		.00			
$[Pt^{IV}(NH_3)_2Cl_4]$		.00			

[a] The values quoted are taken in the main from W. Biltz, *Z. anorg. Chem.* 170, 161 (1928); D. M. Bose, *Z. Physik* 65, 677 (1930); and the *International Critical Tables*. Values for many other complexes are tabulated by P. W. Selwood, *Magnetochemistry*, Interscience Publishers, New York, 1956.
[b] In Bohr magnetons.
[c] Private communication from Prof. G. H. Cartledge of the University of Buffalo.
[d] H. C. Clark, B. Cox, and A. G. Sharpe, *J. Chem. Soc.* 1957, 4132.

have been investigated are hyperligated except that with fluorine, $[CoF_6]^{---}$, which is hypoligated. It is interesting that in the sequence $[Co(NH_3)_6]^{+++}$, $[Co(NH_3)_3F_3]$, $[CoF_6]^{---}$ the transition from hyperligation to hypoligation occurs between the second and third complex.

Bipositive cobalt forms hypoligating bonds with water and hyperligating bonds with nitrite groups.[47]

globin (hemin, ferroheme, hemochromogens) are in part ionic and in part covalent in structure (L. Pauling and C. D. Coryell, *Proc. Nat. Acad. Sci. U. S.* 22, 159 [1936]; 22, 210 [1936]; Coryell, Stitt, and Pauling, *loc. cit.* [43]).

[47] A detailed discussion of the magnetic moments and structure of complexes of cobalt(II) has been made by B. N. Figgis and R. S. Nyholm, *J. Chem. Soc.* 1959, 338.

5-5 *Magnetic Moments of Octahedral Complexes* 167

The magnetic method cannot be applied to tripositive chromium, the structures of the two extreme types having the same number of unpaired electrons and entering into resonance with each other. The chemical properties of the chromium complexes indicate that chromium, like the other iron-group elements, forms hyperligating bonds

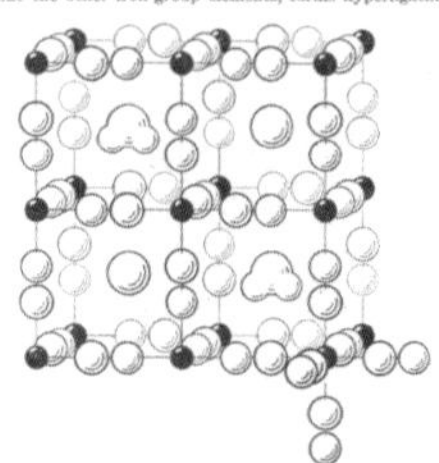

FIG. 5-10.—A drawing representing the front half of the cubic unit of structure of the crystal prussian blue, $KFeFe(CN)_6 \cdot H_2O$. The structure can be described by reference to the eight small cubes that constitute the cubic unit of structure. Alternate corners of the small cubes are occupied by iron(II) and iron(III) atoms. The cyanide groups lie along the edges of the small cubes; each cyanide group forms a single bond with two iron atoms, defining the edge of the cube. Water molecules and potassium ions alternate at the centers of the small cubes. The structure can be described as a three-dimensional latticework of iron atoms and cyanide groups defining cubical cells that contain the water molecules and potassium ions.

with groups such as cyanide and hypoligating bonds with water and ammonia.[48] The complexes of the iron-group elements are discussed further in Section 9-7.

[48] That chromium forms d^2sp^3 hyperligating bonds with oxalate in the ion $[Cr(C_2O_4)_3]^{---}$ has been inferred by C. H. Johnson (*Trans. Faraday Soc.* 28, 845 [1932]) from the following facts: The chromium trioxalate complex and the cobaltic trioxalate complex can be resolved into optical isomers, whereas

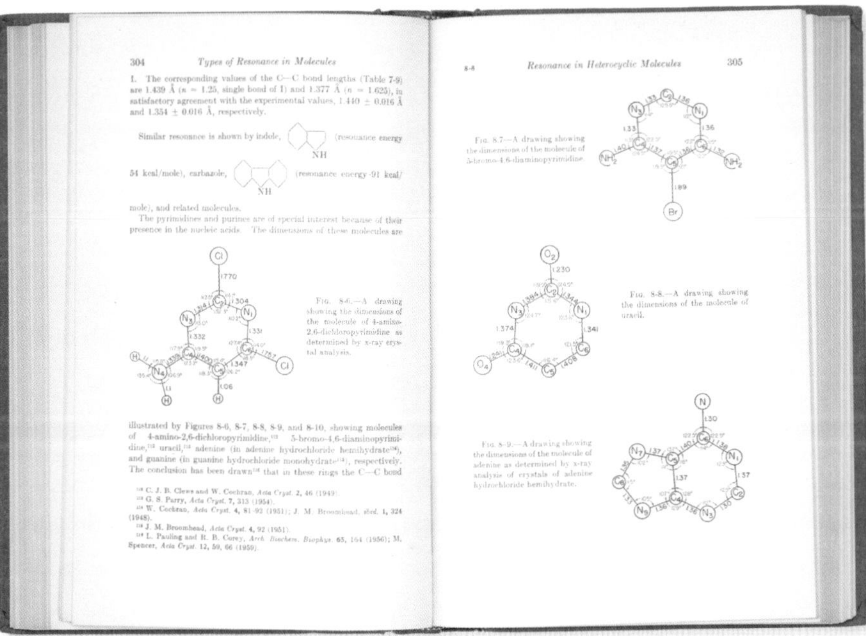

304 *Types of Resonance in Molecules*

I. The corresponding values of the C—C bond lengths (Table 7-9) are 1.439 Å (n = 1.25, single bond of I) and 1.377 Å (n = 1.625), in satisfactory agreement with the experimental values, 1.440 ± 0.016 Å and 1.354 ± 0.016 Å, respectively.

Similar resonance is shown by indole, (resonance energy 54 kcal/mole), carbazole, (resonance energy 91 kcal/mole), and related molecules.

The pyrimidines and purines are of special interest because of their presence in the nucleic acids. The dimensions of these molecules are

FIG. 8-6.—A drawing showing the dimensions of the molecule of 4-amino-2,6-dichloropyrimidine as determined by x-ray crystal analysis.

illustrated by Figures 8-6, 8-7, 8-8, 8-9, and 8-10, showing molecules of 4-amino-2,6-dichloropyrimidine,[112] 5-bromo-4,6-diaminopyrimidine,[113] uracil,[114] adenine (in adenine hydrochloride hemihydrate[115]), and guanine (in guanine hydrochloride monohydrate[114]), respectively. The conclusion has been drawn[116] that in these rings the C—C bond

[112] C. J. B. Clews and W. Cochran, *Acta Cryst.* 2, 46 (1949).
[113] G. S. Parry, *Acta Cryst.* 7, 313 (1954).
[114] W. Cochran, *Acta Cryst.* 4, 81-92 (1951); J. M. Broomhead, *ibid.* 1, 324 (1948).
[115] J. M. Broomhead, *Acta Cryst.* 4, 92 (1951).
[116] L. Pauling and R. B. Corey, *Arch. Biochem. Biophys.* 65, 164 (1956); M. Spencer, *Acta Cryst.* 12, 59, 66 (1959).

8-8 *Resonance in Heterocyclic Molecules* 305

FIG. 8-7.—A drawing showing the dimensions of the molecule of 5-bromo-4,6-diaminopyrimidine.

FIG. 8-8.—A drawing showing the dimensions of the molecule of uracil.

FIG. 8-9.—A drawing showing the dimensions of the molecule of adenine as determined by x-ray analysis of crystals of adenine hydrochloride hemihydrate.

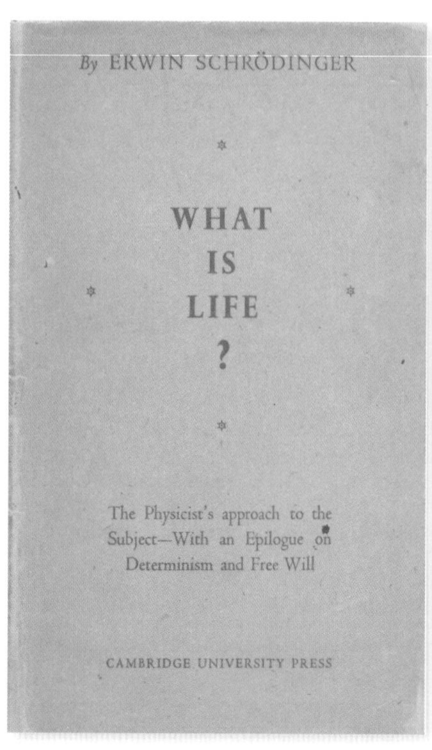

(좌) 라이너스 폴링, 『화학 결합의 본질』, 코넬대학교 출판부 발행, 1960년

사진은 제3판 중 한 권

(우) 에르빈 슈뢰딩거, 『생명이란 무엇인가』, 케임브리지대학교 출판부 발행, 1944년

큰 영향을 남긴 슈뢰딩거의 책

이라고 할 수는 없다고 말했다. 일반 독자들이 이해하기에는 너무 전문적이고 난해하다는 의미였다.

『생명이란 무엇인가』는 슈뢰딩거가 더블린에서 했던 여러 강의 내용을 토대로 당시에 생물학계가 맞닥뜨린 주요 수수께끼를 다루었다. 생물학 연구로 유전 정보가 염색체를 통해 특정 방식으로 후대에 전달된다는 사실이 밝혀지고, 세포 내부에서 작은 덩어리 같은 형체가 발견됐다는 현미경 관찰 결과도 꾸준히 나오던 때였다. 그런데 원자와 분자의 물리학적 특성을 고려할 때 유전 정보가 후대에 전달되는 메커니즘에는 반드시 특정한 유형의 분자가 관여할 것이라고 주장한 사람이 슈뢰딩거였다. 그는 이 분자를 '비주기적 결정aperiodic crystal'이라고 칭했다. 보통 결정이라고 하면 다이아몬드처럼 단순하고 반복되는 구조를 떠올리지만, 슈뢰딩거는 생명의 원천인 이 결정은 유전 정보가 충분히 담겨야 하므로 반복 구조가 될 수 없고 따라서 분명 '비주기적'인 부분이 있을 것이라고 설명했다. (책에 비유한다면, 반복 구조로 된 결정은 내용이 ABA ABA ABA ABA와 같은 식으로 채워진 책과 같다.) 그가 말한 이 특정 분자는 나중에 DNA로 밝혀진 분자고, 실제로 DNA는 비주기적인 구조다. 이 내용은 20세기를 대표하는 또 다른 과학책인 『이중 나선*The Double Helix*』(1968)으로 소개됐다(277쪽 참고).

드러나는 행동

『생명이란 무엇인가』와 함께 이 시기에 나온 또 다른 중요한 책은 아주 복잡한 현상을 단순하게 설명하는 방식을 택했다. 1949년에 출간된 캐나다인 과학자 도널드 헤브Donald Hebb의 『행동의 조직*The Organization of Behavior*』이다. 이 책이 주목하는 것은 생물 전반이 아닌 뇌다. 심리학자인 헤브는 뇌 신경세포 간에 일어나는 상호 작용의 결과가 살아 있는 생물의 행동으로 어떻게 나타나는지를 최초로 탐구한 사람 중 하나였다.

헤브가 심리학계에 기여한 가장 큰 성과는 '학습 이론'이다. 뇌에서 반복 사용되는 반응 경로는 활성이 점차 강화되고, 활성 패턴이 형성되는 것이 '학습'이라고 설명한 이 이론은 학습에 뇌 구조의 물리적 변화가 따른다는, 이전까지 누구도 깨닫지 못한 혁신적인 생각을 제시했다. 『행동의 조직』은 전문가들을 대상으로 쓴 책이지만, 일반적인 교과서보다는 이전 시대의 과학자들이 새로운 아이디어를 동료들과 공유할 목적으로 저술한 책들과 비슷한 점이 더 많았다.

독자들이 쉽게 읽을 수 있는 책인지의 기준에서는 『행동의 조직』보다 훨씬 나은 책이 있다(그러나 아서 에딩턴이나 갈릴레오의 저서와 비교하면 역시나 난해한 편에 속한다). 사람들이 거부감을 일으킬 만한 정치 성향 때문에 과학적

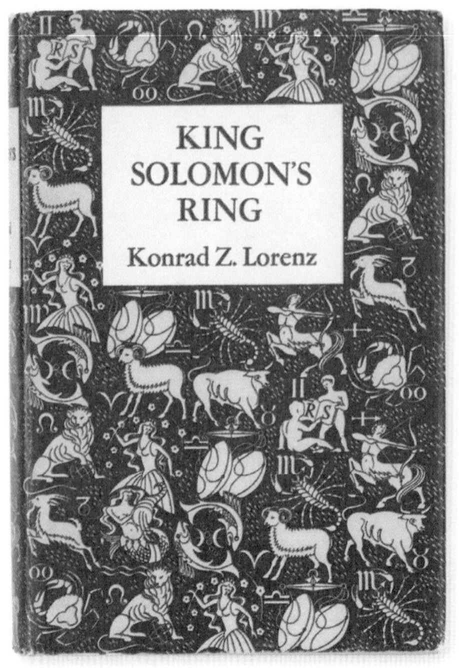

콘라트 로렌츠, 『솔로몬의 반지』

왼쪽은 1953년에 리프린트 소사이어티 런던Reprint Society London이 출판한 영어 번역서이고 오른쪽은 1963년에 출판된 독일어판의 표지. 초판은 1949년 독일 DTV 출판사DTV Verlag에서 발행했다. 베스트셀러 대열에 오른 이 책의 주제는 동물의 행동이다.

인 성과까지 없던 일로 치부되기도 하는 오스트리아 출신 동물학자 콘라트 로렌츠Konrad Lorenz의 저서다. 1903년에 빈에서 태어난 로렌츠는 동물행동학 연구로 70세의 나이에 노벨 생리·의학상을 수상했다. 행동을 연구했다는 점은 헤브와 같지만, 로렌츠가 주목한 대상은 동물이었다.

로렌츠는 제2차 세계대전 시기에 나치 정권에 협력한 여러 과학자 중 한 명이었다. 베르너 하이젠베르크도 동료 물리학자들이 독일을 떠난 후 자국에 남아 핵무기 개발 사업을 운영했지만, 로렌츠는 전쟁에 힘을 보태는 수준을 넘어 나치의 인종차별주의를 뒷받침하는 자료를 출판했을 뿐만 아니라 나치의 '인종 정책국'에서 일했다.

이런 정치적 성향에도 불구하고 그가 동물의 행동에 관해 저술한 책들은 엄청난 인기를 누렸다. 특히 1949년에 출간된 『그는 짐승, 새, 물고기와 대화했다*Er Redete mit dem Vieh, den Vogeln und den Fischen*』는 그에게 세계적인 명성을 안겨 주었다. 이 원제보다는 1951년에 출판된 영어 번역서의 제목 『솔로몬의 반지*King Solomon's Ring*』가 더 유명한데 번역서의 이 제목은 솔로몬 왕이 동물들과 대화할 수 있는 반지를 가지고 있었다는 전설에서 나온 것이다. 로렌츠는 이 책에서 여러 종류의 동물을 집에서 직접 키우며 알게 된 동물의 행동과 심리적 특성을 설명한다. 특히 동물이 태어나자마자 부모의 행동을 곧바로 따라 하는 각인 현상은 그가 소개한 가장 독창적인 개념으로 꼽힌다. 동물의 뇌에서 일어나는 일을 대중이 더 자세히 이해할 수 있도록 도왔다는 점도 『솔로몬의 반지』가 거둔 새로운 성과였다.

과학에 깃든 철학적 사고

슈뢰딩거의 『생명이란 무엇인가』나 헤브의 『행동의 조직』 같은 과학책은 뒤늦게 과학자들로부터 가치를 인정받았고, 대중도 어느 정도는 이해할 수 있는 책이었다. 일부 사람들은 1962년에 출판된 『과학혁명의 구조*The Structure of Scientific Revolutions*』에 비하면 아주 읽기 쉬운 편이라고 주장하기도 한다. 1922년에 미국 신시내티에서 태어난 토머스 쿤Thomas Kuhn이 쓴 『과학혁명의 구조』는 대중이 아닌 같은 분야 전문가들을 주 독자로 여긴 기존 과학 도서들의 흐름에서 마지막을 장식한, 눈여겨볼 만한 책이다.

『과학혁명의 구조』는 과학 자체가 아닌 과학의 철학을 다룬다. 이 책의 내용을 이해하려면, 과학철학을 다룬 다른 대표적인 도서인 칼 포퍼Karl Popper의 『탐구의 논리*Logik der Forschung*』(영어판 제목은 '과학적 발견의 논리The Logic of Scientific Discovery')부터 살펴볼 필요가 있다. 유대인인 포퍼는 1902년에 빈에서 태어나 뉴질랜드로 떠났다가 다시 영국에 정착해 학자로서의 삶 대부분을 보냈다. 『탐구의 논리』는 1934년에 출판된 독일어 원서보다 포퍼가 1959년에 영어로 다시 쓴 버전이 더 많이 알려졌다.

포퍼는 과학적인 탐구의 핵심은 가설의 반증 가능성이라고 보았다. 즉

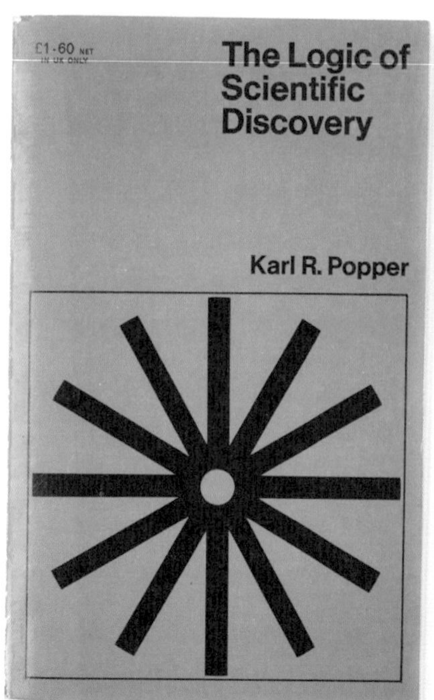

(좌) 토머스 쿤, 『과학혁명의 구조』, 시카고대학교 출판부 발행, 1970년

1970년에 나온 제2판 표지. 1962년에 초판이 나온 베스트셀러

(우) 칼 포퍼, 『탐구의 논리』, 허친슨 출판사Hutchinson & Co. Ltd. 발행, 1972년

1934년에 발행된 초판은 독일어로 쓰였다. 사진은 저자가 영어로 다시 쓴 버전의 6쇄 표지다.

반증할 수 없는 가설은 과학이 아니라고 설명했다. 절대적 진실을 도출하는 연역법이 아닌, 최신 근거를 토대로 가장 가능성이 큰 결론을 도출하는 귀납법이 과학의 방식이라는 의미다. 이를 설명하는 대표적인 예가 검은 백조다. 유럽인들이 자신들의 관찰 결과를 토대로 모든 백조는 흰색이라는 가설을 세운다고 할 때, 어디선가 검은 백조가 발견되면(실제로 호주에서 볼 수 있다) 반증할 수 있으므로 그 가설은 과학적으로 타당한 가설이라고 할 수 있다.

포퍼의 철학은 과학을 점진적인 과정으로 본다. 지질학의 동일 과정설이 설명하는 자연의 형성 과정과도 비슷한 개념이다. 우주의 구조를 밝힌 코페르니쿠스의 이론이 과학에 일으킨 것과 같은 중대한 변화가 일어날 가능성도 분명 존재하지만, 포퍼는 그러한 변화는 새로운 이론이 수립되고, 그 이론을 시험하고, 반증 가능성을 찾는 전체적인 과정의 중심이 아니라고 보았다. 쿤은 이와 반대로 지질학의 격변설과 비슷한 주장을 펼쳤다. 그는 과학적 혁명이라는 개념을 도입하고, 이를 '인식 체계의 전환'이라고 칭했다.

과학에 새롭고 중대한 이론이 등장하면 지식에 갑작스러운 변화가 일어난다는 것은 그리 새로울 게 없는 생각이나, 『과학혁명의 구조』는 이보다 훨씬 더 많은 가능성을 제시했다. 쿤은 인식 체계의 전환이 일어나면 과학자들이 세상을 보는 방식에 큰 변화가 일어나고, 그 결과 과학자들의 말은 기존의 의미를 잃게 된다고 설명했다. 지금은 진부하게 느껴질 수 있는 쿤의 이런 주장은 처음 제기된 당시에는 기존의 틀을 깨는 관점이었다. 또한 쿤은 『과학혁명의 구조』에서 과학적 관점은 사회적 요소가 반영되므로 주관적일 수밖에 없고, 따라서 새로운 인식 체계는 기존의 것과 '비교할 수 없다'고 강조했다. 가령 뉴턴과 아인슈타인이 말한 '중력'은 인식 체계의 전환을 고려한다면 같은 의미가 아니라는 뜻이다. 쿤은 세대가 달라지면 같은 현실도 다르게 이해하게 되고 동시에 인식 체계의 전환으로 현실 자체도 달라지기 때문에 이런 차이가 생긴다고 설명했다.

혁신적인 이론이 등장하면 세상을 다른 방식으로 보게 된다는 쿤의 주장을 진지하게 받아들이는(혹은 그런 주장을 크게 신경 쓰는) 과학자나 대중은 많지 않지만, 쿤의 연구가 과학의 시대정신에 끼친 영향은 결코 과소평가할 수 없다. 쿤의 이론은 과학의 역사를 보는 시각을 변화시켰다. 또한 『과학혁명의 구조』가 전문적인 내용을 다룬 책인데도 1백만 부 이상 팔렸다는 사실은 이 책이 과학철학자는 물론 과학계를 넘어 학계 전반에 알려졌음을 말해준다(과학계보다는 인문학계에서 더 큰 호응을 얻었다).

환경과의 균형

『과학혁명의 구조』가 학계에 큰 영향을 주었다면, 같은 해에 출간된 또 다른 책은 전 세계에 더욱 막대한 영향력을 떨치고 대중에게 비교적 생소한 과학적 탐구 주제였던 환경주의를 소개했다. 공공 정책을 변화시키고 사람들의 전반적인 인식 수준도 높인 이 책이 수백만 명의 죽음에 간접적인 책임이 있다고 주장하는 사람들도 있다. 또한 이 책의 저자는 여성이었다.

1907년 미국 펜실베이니아 스프링데일에서 태어난 해양생물학자 레이철 카슨Rachel Carson은 『침묵의 봄*Silent Spring*』(1962) 이전에 해양 생물에 관한 저서를 두 권 썼고, 꽤 큰 성공을 거두었다. 책의 제목인 '침묵의 봄'은 DDT라는 살충제가 조류에 끼치는 영향을 묘사한 표현이다. 카슨은 DDT가 계속 사용된다면 봄을 맞이하는 새들의 지저귐이 전부 사라져 봄이 와도 침묵만 존재할 것이라고 주장했다.

카슨의 글이 가진 매력 중 하나는, 기존의 대중 과학책이 따분하고 교과서처럼 느껴지는 것과 달리 꼭 시를 읽는 듯한 기분이 든다는 것이다. 그러한 특징은 새가 사라진 미래를 묘사할 때 더욱 두드러진다. "새들은 다 어디로 갔을까? 많은 이들이 당혹스럽고 언짢은 마음으로 새 이야기를 했다. 뒷마당에 둔 모이통은 새들의 발길이 끊기고, 어쩌다 나타난 몇 마리는 몸을 격렬히 떨거나 날지 못해서 죽기 일보 직전이었다. 아무 소리도 들리지 않는 봄이었다."

디클로로디페닐트리클로로에탄dichlorodiphenyltrichloroethane(줄여서 DDT)은 엄청난 살충 효과가 입증된 물질이다. 유럽에서는 DDT가 도입된 후 치명적인 질병인 발진 티푸스 환자가 크게 줄었고[26] 세계보건기구는 말라리아를 옮기는 모기를 박멸할 일차적 방안으로 DDT를 채택했다. 그러나 『침묵의 봄』이 출간된 후, DDT 사용을 광범위하게 제한하는 정치적 반응이 일어났다. 출간 이듬해인 1963년에 당시 미국 대통령은 이 책이 전하는 메시지가 타당한지 조사하라는 지시를 내렸고, 그 결과 미국에서는 1972년부터 DDT 사용이 사실상 금지됐다. 이후 DDT 사용을 제한하는 분위기는 전 세계로 확

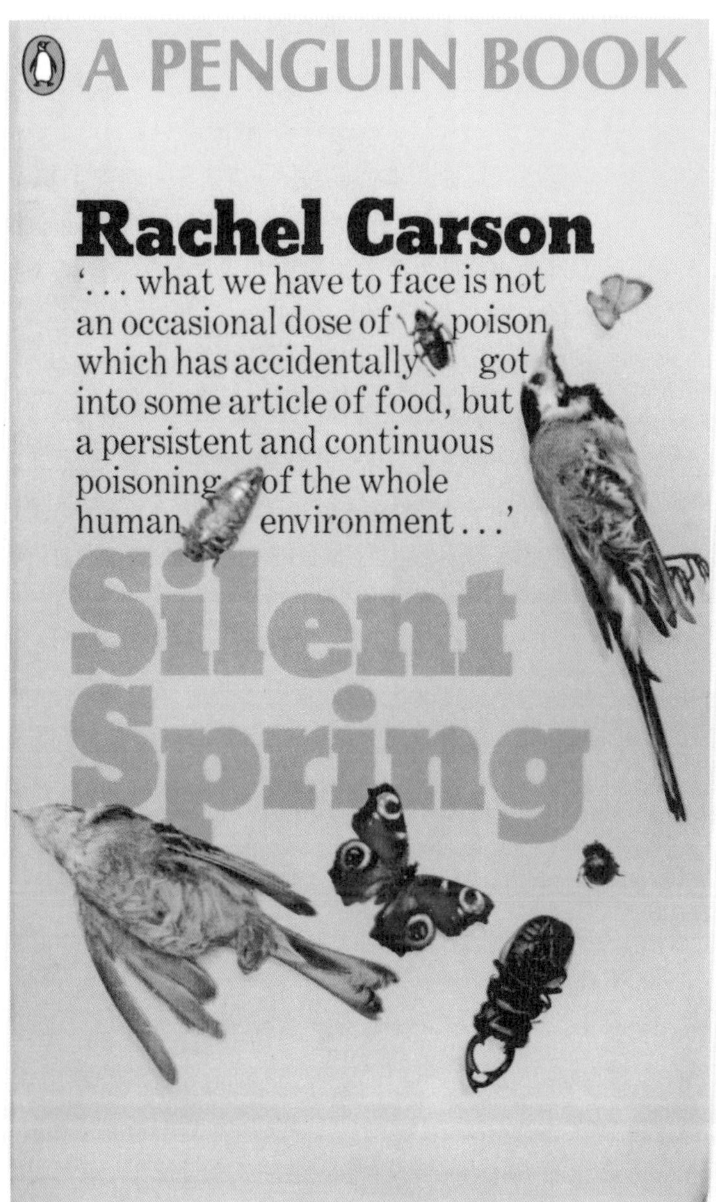

레이철 카슨, 『침묵의 봄』, 펭귄 프레스Penguin Press 발행, 1971년

1962년 초판이 나온 이후 지금까지 계속 발행되고 있는 카슨의 저서. 펭귄 프레스가 사진에 나온 판본을 발행할 때 DDT 사용량은 이미 감소 추세였다.

레이철 카슨, 『침묵의 봄』, 1966년

이탈리아 펠트리넬리Feltrinelli 출판사의 임프린트인 우니베르살레 에코노미카Universale Economica에서 발행한 이탈리아어 번역서

산됐다. DDT의 발명이 2500만 명 가까운 목숨을 구했다고 추정되므로, 『침묵의 봄』이 아니었다면 더 많은 생명을 구할 수 있었으리라고 믿는 사람들도 있다. 지금도 매년 100만 명 이상이 말라리아로 목숨을 잃고 있으며, 그중 상당수가 어린이다.

레이철 카슨, 1962년

집 근처 숲에서 촬영된 카슨의 모습. 『타임』지에 실린 사진이다.

아이러니한 사실은 카슨은 DDT 판매를 전면 금지해야 한다고 주장하지 않았고, DDT의 표적을 신중하게 정해야 한다고 제안했다는 것이다. 『침묵의 봄』이 출간될 당시에 DDT는 농업용 살충제로 무분별하게 사용되고 있었는데, 그게 DDT가 일으킨 문제의 진짜 원인이었다. DDT가 환경에 끼치는 영향은 결코 경시할 수 없다. 미국의 DDT 사용 금지 조치가 멸종 위기에 처했던 대머리독수리의 개체 수가 회복된 주된 이유로 추정된다는 점에서도 확실하게 알 수 있는 사실이다. DDT를 좁은 면적에 사용하면 병을 옮기는 원인 생물을 집단 박멸하는 효과가 극히 우수하다는 사실이 입증되었으므로 DDT는 사용 제한 조치 이후에도 어느 정도는 계속 활용되었으나, DDT 사용에 대한 반발은 갈수록 거세졌고 결국 DDT에 내성을 갖는 모기가 늘어나기 전에 박멸할 기회를 놓치고 말았다.

카슨은 『침묵의 봄』에서 균형 잡힌 주장을 펼쳤지만, 책의 취지는 사람들의 감정을 자극했다. 또한 "지표면에 독을 그렇게 쏟아부으면서 모든 생물에게 영향을 주지는 않는다고 하면 과연 그 말을 믿을 사람이 있을까? 이건 '살충제'가 아니라 '살생물제'라고 불러야 한다"와 같은 문장은 이 책이 DDT에 강력히 반대한다는 인상을 주었다.

한 가지 분명한 사실은 『침묵의 봄』이 과학책의 새로운 장을 열었다는 점이다. 과학책에 담긴 메시지가 격렬한 논쟁을 지폈다는 점, 과학자가 자신의 전문 분야가 아닌 주제로 저술한 과학책이라는 점은 모두 과학책의 새로운 특징이었다. 또한 카슨은 과학책이 이야기를 풀어 가는 방식, 즉 독자가 내용을 계속 따라올 수 있도록 이야기를 펼쳐 내는 능력의 중요성을 보여 주었다. 『침묵의 봄』이 나온 직후부터 그러한 능력은 양질의 과학책이 갖추어야

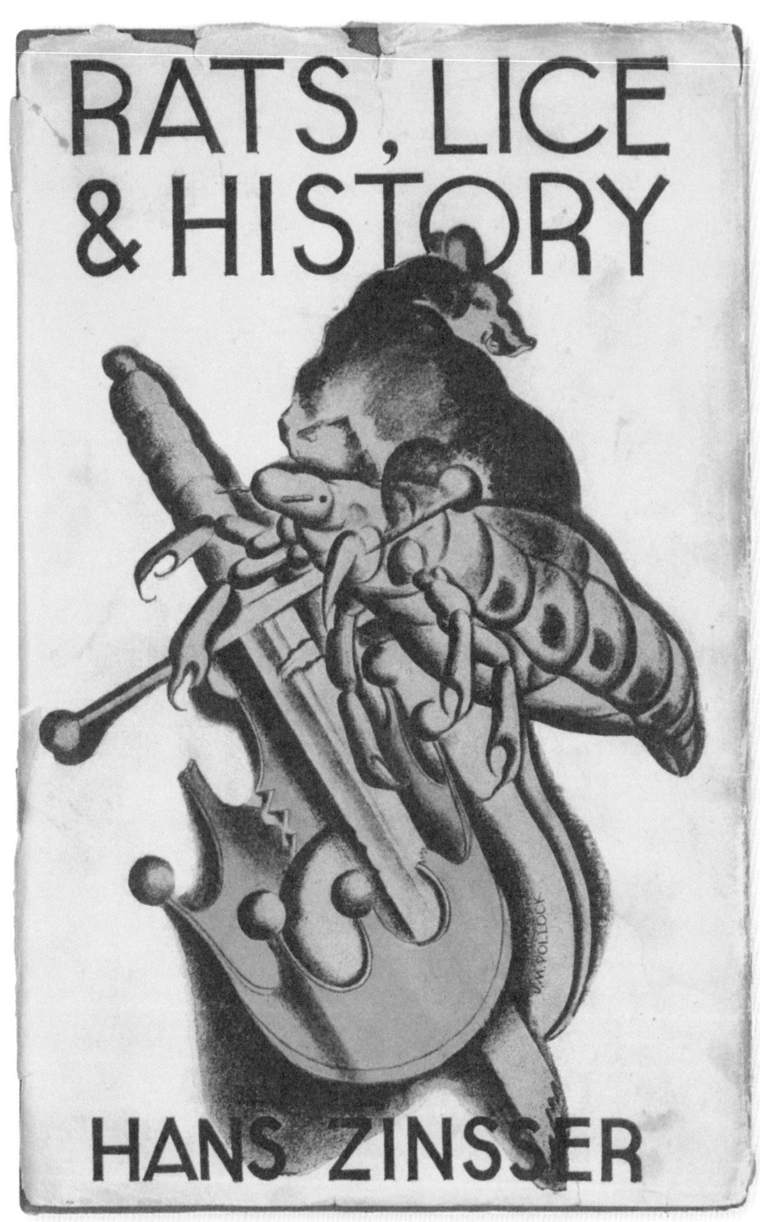

한스 진서, 『쥐, 이 그리고 역사』, 조지 라우틀리지 앤드 선George Routledge & Sons 발행, 1937년

사진은 '질병의 전기'라는 독특한 방식으로 저술된 이 책의 3쇄본이다. 진서는 자신의 책이 대중 과학 도서가 아니라고 주장했다.

할 요소가 되었다.

DDT가 널리 사용된 이유 중 하나는 유럽에 들끓던 발진 티푸스를 사실상 완전히 해결했기 때문인데, 흥미롭게도 『침묵의 봄』보다 훨씬 오래전에 그 끔찍한 질병을 중점적으로 다룬 과학책이 있었다. 미국의 세균학자 한스 진서Hans Zinsser가 쓴 『쥐, 이 그리고 역사*Rats, Lice and History*』다. 1878년에 뉴욕에서 태어난 진서는 발진 티푸스의 원인균을 찾아서 분리한 인물로(발진 티푸스와 장티푸스는 다른 병이며, 장티푸스를 뜻하는 영어 단어 'typhoid'는 '발진 티푸스와 유사한'이라는 의미다), 1935년에 출간된 그의 저서는 '열두 장 분량의 사전 설명 포함'이라는 부제나 본문 여기저기에서 발진 티푸스를 다루다가 전기(일대기)의 본질, 쥐와 이의 생애 주기에 관한 내용이 불쑥 튀어나온다는 점 등 여러모로 아주 독특한 책이다.

특히 전기란 무엇인가에 관한 설명에 상당한 지면이 할애되는데, 진서는 자신이 쓰는 건 한 질병의 일대기이므로 『쥐, 이 그리고 역사』를 절대 대중 과학책으로 여기면 안 된다고 주장한다(책을 보면 괜한 소리가 아님을 알 수 있다). 그리고 심술궂게 덧붙였다. "[의료 관계자가] 기술하면 전문 자료로 여겨지고, 같은 일을 이 책이 시도하면, 다들 싫어할 뿐만 아니라 어떻게든 피하려고 하는 저술 유형인 '대중 과학'이 된다." 20세기 초반에는 '대중 과학'에 속하는 책들이 권위자가 널리 가르침을 주는 글이라는 인상을 주는 경우가 흔했으므로, 진서의 말은 그런 분위기를 빗댄 것으로 보인다. 자신의 책을 그런 책들과 차별화하고자 했던 진서는 평범한 한 인간의 관점을 취했고, 이는 훌륭한 대중 과학책이 갖추어야 할 특징이 되었다.

광범위한 분야를 두루 다룬 『쥐, 이 그리고 역사』는 곳곳에서 저자의 독특한 유머 감각이 느껴지며 어떤 부분에서는 T. S. 엘리엇T. S. Eliot의 작품에 관한 이야기 삼매경에 빠지기도 한다. 전체적으로 『쥐, 이 그리고 역사』는 별난 구석은 있지만 소설처럼 읽을 수 있는 과학책이며, 대중에게 과학을 전달하는 대담하고 흥미로운 방식을 선보였다.

봉고를 두드리는 천재

카슨과 진서는 대중을 위한 글을 쓰려고 상당한 노력을 쏟았지만, 미국의 물리학자 리처드 파인먼은 그런 노력을 전혀 하지 않았는데도 저서가 대중들에게 엄청난 인기를 얻었다. 1918년에 뉴욕에서 태어난 파인먼은 대부분의 물리학자가 경외하는 인물이다. 사람들에게 큰 사랑을 받은 그의 저서 중 하나는 일반적인 집필 과정을 거쳐 나온 책이 아니라, 패러데이와 틴들의 책처럼 강의와 강연 자료 모음집이었다.

빛과 물질의 상호 작용을 양자 수준에서 설명하는 양자전기역학 연구로 노벨상을 받은 파인먼은 여러 권의 저서를 남겼는데, 그중 가장 유명한 책은 1985년에 출판된 『파인만 씨, 농담도 잘하시네!*Surely You're Joking, Mr. Feynman!*』이다. 파인먼의 여러 일화를 자서전처럼 엮은 내용이지만 파인먼이 직접 쓰지는 않았고, 전기 작가인 랠프 레이턴Ralph Leighton이 보존되어 있던 자료를 편집해서 완성한 책이다. 그래서 파인먼이 봉고 연주나 금고 따기를 즐겼다는 이야기, 맨해튼 프로젝트에서 사상 최초의 원자 폭탄 설계에 참여했던 일 등 몇몇 이야기는 정확성에 의혹이 제기되기도 한다. 그러나 모두 멋진 이야기들이고, 그 시대의 과학 발전을 지켜본 인간적인 시선이 매력적으로 담긴 책이라는 건 분명하다.

파인먼은 『파인만 씨, 농담도 잘하시네!』가 출판되고 3년 후에 세상을 떠났고, 이 책은 그의 생전에 나온 마지막 저서가 되었다. 파인먼의 저서 중에 대중 과학책에 준할 만한 인상적인 책 『파인만의 QED 강의*QED: The Strange Theory of Light and Matter*』(1985)는 『파인만 씨, 농담도 잘하시네!』와 같은 해에 나왔다. 파인먼이 했던 여러 공개 강연의 내용을 담은 이 책의 서문에는 그가 늘 하던 말이 나온다.

> 혹시 여러분은 제 설명을 듣고 나면 이 내용을 이해할 수 있으리라고 생각하십니까? 아뇨, 그런 일은 없을 겁니다. 그럼 저는 왜 여기서 여러분을 귀찮게 하고 있을까요? 여러분은 제가 설명할 내용을 어차피 이해하

지도 못할 텐데 왜 거기에 앉아 계시죠? 왜냐하면 이해하지 못한다는 이유로 외면하면 안 된다고 여러분을 설득하는 게 제 일이기 때문입니다. 이 내용은 제가 가르치는 물리학과 학생들도 이해 못합니다. 저도 이해 못하는 내용이거든요. 이걸 이해하는 사람은 아무도 없습니다.

『파인만의 QED 강의』는 대중 과학책이라고 하기에는 다소 전문적인 내용이 주를 이루지만, 파인먼은 수학적인 내용을 늘어놓지 않고 사람들의 생각을 간파하는 특유의 방식으로 설명을 이어 간다. 그의 이런 면모는 1986년에 발생한 미국의 우주 왕복선 챌린저호 폭발 사고 당시 원인 조사를 위해 꾸려진 대통령 직속 위원회의 일원이 되었을 때도 여지없이 드러났다. 위원회의 관료주의와 과도한 통제에 불만을 느낀 파인먼은 자신만의 방식으로 증거를 수집했고, TV로 중계된 회의에 얼음물이 담긴 잔과 챌린저호의 문 접합부에 쓰인 밀폐용 원형 링(O링)을 들고 참석했다. 그는 얼음물에 그 링을 담그고 온도가 낮아지면 고무링의 유연성이 사라져서 밀폐력이 감소한다는 사실을 직접 보여 주었고, 이것이 재앙과도 같은 폭발이 일어난 원인이라고 설명했다.

심지어 파인먼이 집필한 교과서에서도 그의 성격이 뚜렷하게 드러나는데, 바로 그 특징이 1963년에 나온 『파인만의 물리학 강의*The Feynman Lectures on Physics*』가 그의 저서를 통틀어 가장 영향력 있는 책이 될 수 있었던 이유였다. 물리학자들 사이에서 (초판 표지가 선명한 붉은색이라) '빨간색 책'이라고 불렸던 이 3부작 저서는 그가 캘리포니아공과대학에서 맡았던 대학원 강의 자료라 명백한 전문 서적인데도 영어 원서만 무려 150만 부 이상 팔렸다.

나도 케임브리지대학교에서 물리학을 전공하는 대학원생이던 1970년대에 이 빨간 책을 처음 접했다. 대화하듯 설명하는 문체와 방대한 자료를 다른 책들과는 전혀 다르게 제시하는 파인먼의 독특한 방식에 나 역시 수많은 이들처럼 완전히 매료됐다. 모든 내용이 이해하기 쉬운 건 아니며 수학적인 설명도 가차 없이 쏟아지지만, 파인먼의 글은 사실을 모아 놓은 게 전부고 따분하기만 한 일반적인 교과서들과 차원이 다르다. 전 세계 물리학자들이 파

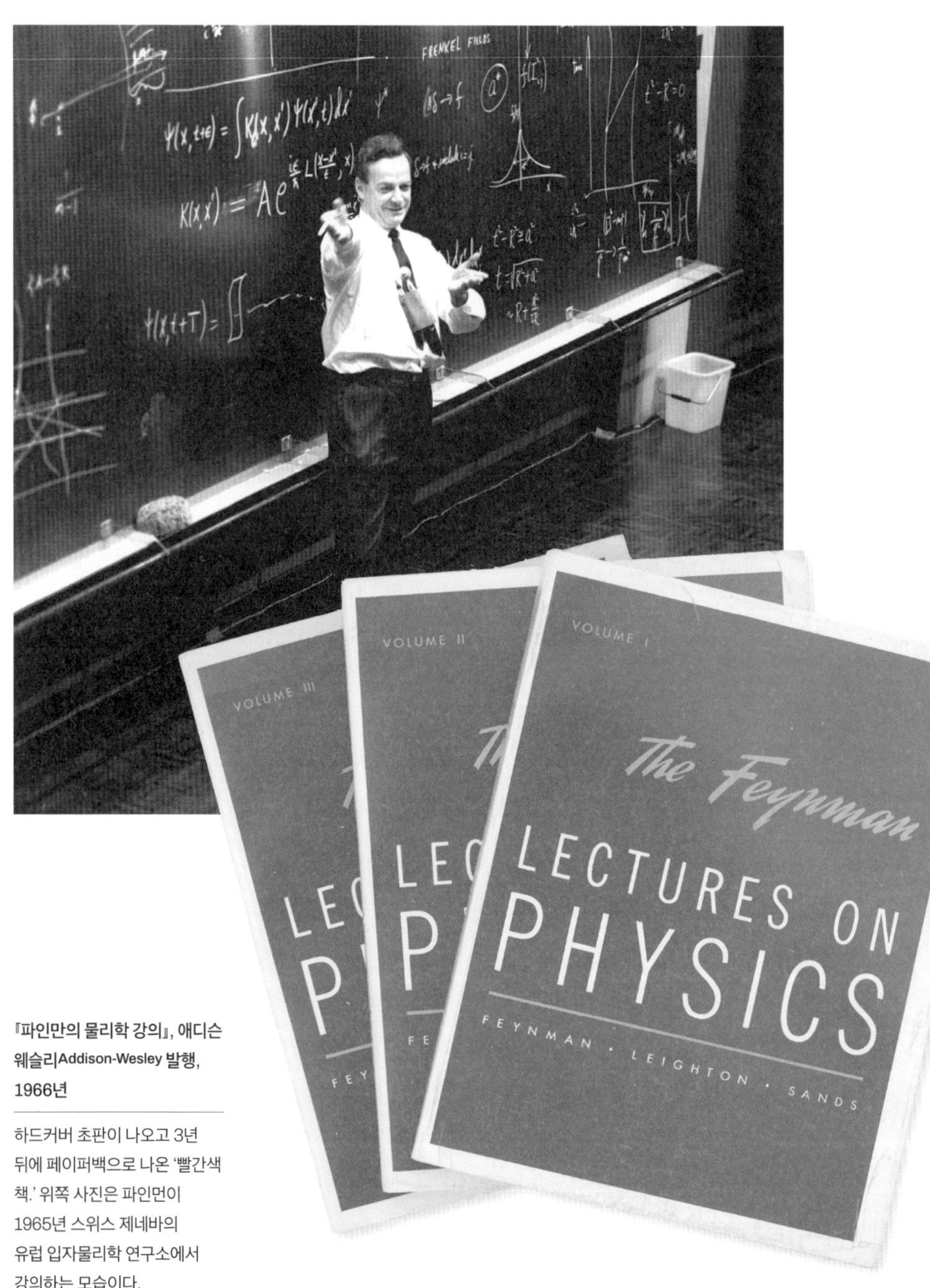

『파인만의 물리학 강의』, 애디슨 웨슬리Addison-Wesley 발행, 1966년

하드커버 초판이 나오고 3년 뒤에 페이퍼백으로 나온 '빨간색 책.' 위쪽 사진은 파인먼이 1965년 스위스 제네바의 유럽 입자물리학 연구소에서 강의하는 모습이다.

인먼의 빨간색 책을 다른 어떤 교과서보다 우러르는 이유다.

인간은 발전하는 동물

데즈먼드 모리스Desmond Morris의 책은 상당히 전문적인 파인먼의 빨간색 책과는 전혀 다른, 대중의 관심을 노린 방식으로 큰 영향을 발휘했다. 1928년에 영국 스윈던 인근에서 태어난 모리스는 자연을 다룬 TV 프로그램이 막 생겨나기 시작할 때 진행자로 활약하며 전국적인 명성을 얻은 동물학자다. 대표적인 프로그램은 1950년대와 1960년대에 매주 방영된 〈주 타임Zoo Time〉이다. 온 가족이 볼 수 있는 이 프로그램에서는 리젠트 공원 내 런던 동물원의 동물들을 통해 자연사를 탐구했다.

요즘은 이런 인기 프로그램이 생기면 'TV 내용을 그대로 옮긴 책'이 금세 출간되지만, 모리스가 쓴 『털 없는 원숭이*The Naked Ape*』(1967)라는 혁신적인 책은 그런 책들과는 거리가 멀다. 불온하다는 표현이 오히려 훨씬 잘 어울리는 이 책은 인간을 생물 종의 하나로 여기며 동물학적 관점에서 탐구한다. 다윈의 연구 이후 인간도 유인원의 하나일 뿐이라는 지식이 널리 수용되기는 했으나 『털 없는 원숭이』는 이 사실을 속속들이 드러내며 독자가 피부로 느끼게 만든다. 이 책이 출판된 1967년은 아직 성 해방 운동에 큰 충격을 느끼는 사람이 많던 시기였던 만큼 인간의 성적 특성을 공개적으로 다룬 모리스의 책은 불온하다는 인식이 널리 퍼졌다. 펭귄 출판사가 D. H. 로런스D. H. Lawrence의 소설 『채털리 부인의 연인*Lady Chatterley's Lover*』을 출판했다는 이유로 기소된 것이 불과 7년 전의 일이었다. 세상은 변하고 있었지만, 보수적인 영국에서는 변화의 속도가 느리기만 했다(『털 없는 원숭이』는 미국에서도 '미국과 기독교, 유대교에 반하는 불결한 책'으로 평가되어 학교 도서관에서 퇴출해야 할 도서 목록에 포함되었고 소송까지 제기됐다). 책 표지에 벌거벗은 남녀와 아이의 뒷모습이 담겨 있었다는 점도 사람들이 이 책을 공공장소에서 편히 읽지 못한 이유에 포함됐을 것이다.

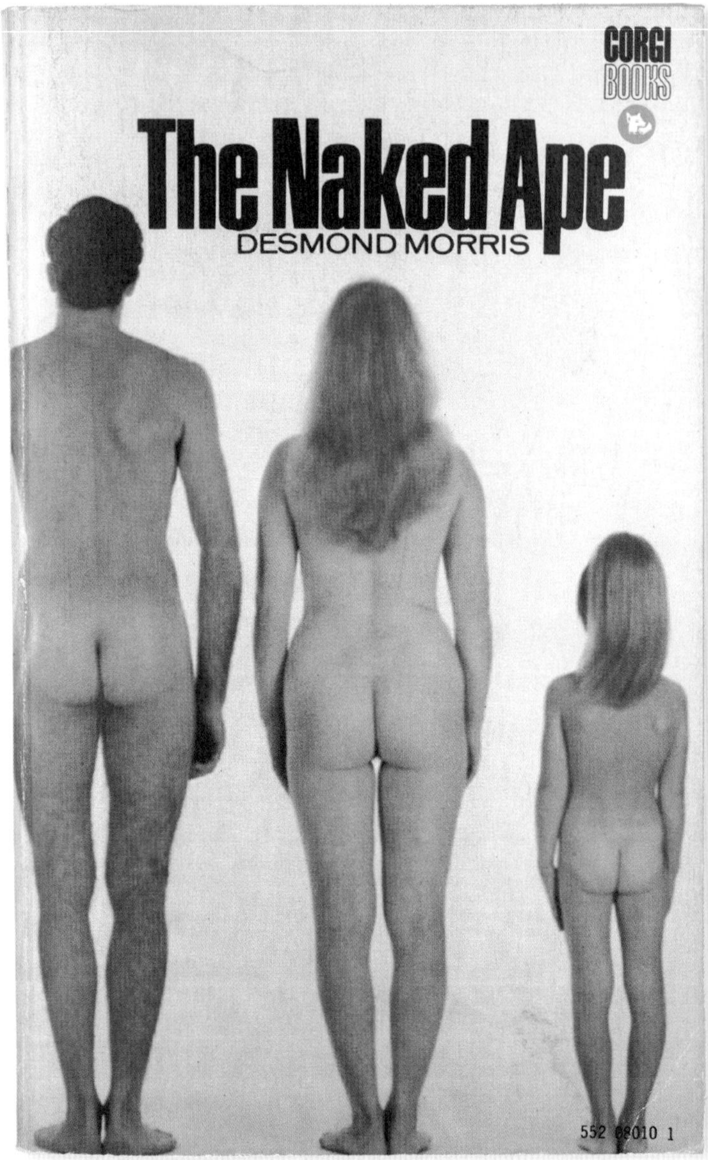

데즈먼드 모리스, 『털 없는 원숭이』, 코기Corgi 발행, 1969년

1967년에 조너선 케이프 Jonathan Cape 출판사에서 발행한 초판은 별다른 특징이 없는 검은색 표지였으나 1969년에 발행된 페이퍼백 표지는 이 책을 둘러싼 뜨거운 논란에 전혀 도움이 안 된 사진으로 장식됐다. 위 사진은 1956년 TV 프로그램 〈주 타임〉에 출연한 데즈먼드 모리스(그리고 그의 친구)의 모습이다.

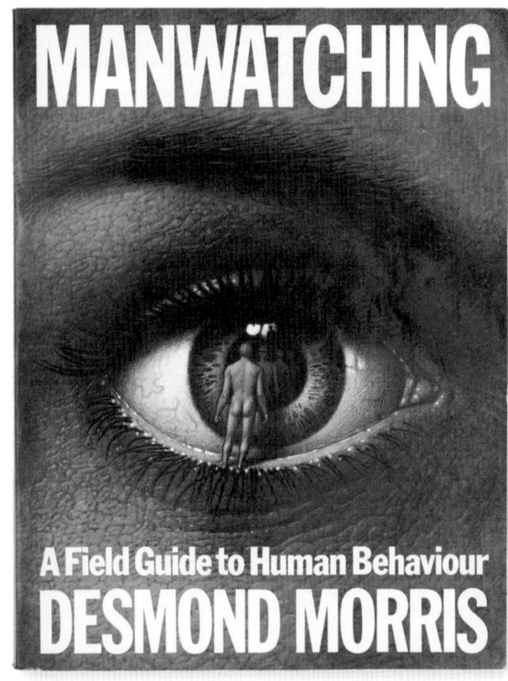

(좌) 데즈먼드 모리스, 『털 없는 원숭이』, 시르쿨로 데 렉토레스Círculo de Lectores 발행, 1969년

영어판보다 얌전한 스페인어 번역서 표지

(우) 데즈먼드 모리스, 『맨워칭』, 트리아드/팬더 북스Triad/Panther Books 발행, 1978년

조너선 케이프 출판사에서 하드커버가 먼저 나온 후 1년 뒤에 나온 페이퍼백

『털 없는 원숭이』 중 인간의 행동을 진화로 설명한 부분은 진화에 관한 대중의 지식을 넓혔다는 점에서 특히 중요한 의미가 있다. 이전까지 진화는 대부분 신체적인 변화의 메커니즘으로 설명되었으나, 모리스는 인간의 사회적 상호 작용과 성적 행동, 자녀를 양육하는 태도, 탐험 충동, 싸우는 경향이 모두 진화적 압력으로 형성되었을 가능성이 있다고 보았다.

이후 모리스는 대부분 『털 없는 원숭이』의 속편이라 할 만한 책들을 계속해서 집필했다. 가장 인상적인 책은 1977년에 출판된 『맨워칭: 인간 행동을 관찰하다*Manwatching: A Field Guide to Human Behaviour*』이다. 커다란 판형에 삽화가 가득 포함된 이 책 역시 행동을 진화와 연계해 설명하고 그와 관련된 생물학적 지식도 함께 제시했다.

그리고 이러한 설명에는 컬러 삽화를 최대한 활용했다. 예를 들어 언뜻 똑같아 보이는 얼굴 사진 두 장을 제시하면서 독자에게 어느 쪽이 더 매력적이냐고 묻고 사람들은 대체로 눈동자를 일부러 더 크게 키운 사진을 선택한다고 알려 주면서, 우리는 다른 사람의 신체에서 나타나는 그러한 특징에 이처럼 자연스럽게 반응한다고 설명한다. 『맨워칭』은 큰 성공을 거두었고, 모리스는 후속편으로 『바디 워칭*Bodywatching*』, 『피플 워칭*Peoplewatching*』, 『베이비 워칭*Babywatching*』에 이어 『도그 워칭*Dogwatching*』, 『캣 워칭*Catwatching*』, 『호스 워칭*Horsewatching*, 『애니멀 워칭*Animalwatching*』까지 갈수록 주제가 영 뜻밖인 책들을 시리즈로 냈다.

『맨워칭』은 큰 판형이나 삽화가 많다는 점 외에도 여러 면에서 'TV 내용을 그대로 옮긴 책'이라는 인상을 주지만 실제로는 그런 책이 아니었다. 반대로 TV 내용을 정말로 그대로 옮겨서 큰 성공을 거둔 책들도 있다. 그런 경우 책이라기보다는 공연장에서 판매하는 프로그램북 같다고 느끼는 독자도 많지만, 눈여겨볼 만한 책이 하나 있다. 바로 1973년에 출판된 『인간 등정의 발자취』다.

1908년 폴란드 우치에서 태어나 영국에서 수학자로 활동한 제이콥 브로노우스키의 『인간 등정의 발자취』는 그가 출연한 TV 시리즈의 대본을 그대로 옮긴 부분이 책에서 상당한 비중을 차지하며 컬러 삽화도 많다. 이 책에서 브로노우스키는 인간이 이룩한 성취에 찬사를 보내며(원제인 'The Ascent of Man'은 찰스 다윈이 쓴 『인간의 기원』의 원제 'The Descent of Man'을 의도적으로 반영한 것이다) 과학은 별개의 영역으로 다룰 수 없고, 광범위한 문화적 발전의 한 부분으로 봐야 한다는 점을 분명하게 밝힌다. 나아가 과학은 인간의 문화와 창의성에서 생겨나며, 그렇게 형성된 과학이 다시 문화의 형성에 영향을 준다고 설명한다. 이러한 내용은 인간이 고유한 생물이 될 수 있었던 진정한 이유가 과학임을 시사한다.

브로노우스키는 인간을 유인원의 하나일 뿐이라고 한 데즈먼드 모리스의 설명을 분명한 사실로 받아들이면서도 과학적 성취가 인간을 아주 특별한 종으로 만들었음을 보여 준다. 아우슈비츠에서 가족을 여럿 잃은 사람의 책

제이콥 브로노우스키, 『인간 등정의 발자취』, 영국방송공사 발행, 1975년

1973년에 초판이 나오고 2년 뒤에 발행된 판본. 저자가 출연한 동명의 TV 시리즈를 그대로 옮긴 책이다. 인상적인 내용에 비해 표지는 다소 밋밋하다.

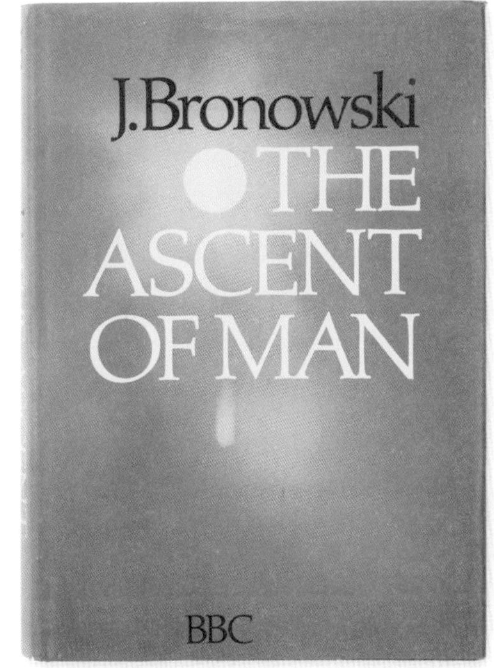

인 만큼 인류의 능력을 결코 장밋빛 관점으로만 제시하지 않으면서도 과학의 놀라운 성공, 그리고 예술의 발전과 한데 얽힌 과학의 발전에 박수를 보내는 책이다.

생물학의 핵심

브로노우스키가 『인간 등정의 발자취』를 한창 집필 중이었을 1968년, 1953년에 있었던 과학계의 중대한 발견을 회고한 책이 나왔다. DNA의 구조를 처음 발견한 학자 중 한 명인 제임스 D. 왓슨James D. Watson의 저서 『이중 나선』이었다. 저자와 이 책 모두 커다란 논란을 일으켰지만, 이 책이 과학 저술의 역사에서 중요한 의미가 있다는 사실에 반박하는 사람은 별로 없을 것이다.

미국의 분자생물학자인 제임스 왓슨은 1928년 시카고에서 태어났다. 1953년에 DNA 구조의 비밀을 푼 과학자는 그와 프랜시스 크릭Francis Crick, 로절린드 프랭클린Rosalind Franklin, 모리스 윌킨스Maurice Wilkins까지 총 네 명이었다. DNA라는 복잡한 분자에 유전 암호가 어떻게 저장되는지 그 비밀을 가장 먼저 풀겠다고 나선 학계 경쟁에서 이 네 사람이 승리를 거둔 것이다. 이 발견으로 DNA는 이중 나선 구조이며 '염기'로 불리는 네 가지 화합물이 나선 계단의 가로대처럼 두 나선을 하나로 연결하는 구조적 패턴이 있다는 사실이 밝혀졌다. 과거 슈뢰딩거가 『생명이란 무엇인가』에서 예측한 (258~259쪽 참고) 비주기적 구조를 가진 물질의 정체가 마침내 드러났다.

『이중 나선』은 이 발견에 관한 이야기를 전하는 책이지만, 내용보다는 저술 방식이 교과서와는 크게 다르다는 점이 훨씬 중요한 특징이다. 『침묵의 봄』이 세간에 논쟁을 지핀 대중 과학책이라면 『이중 나선』은 과학적 발견을

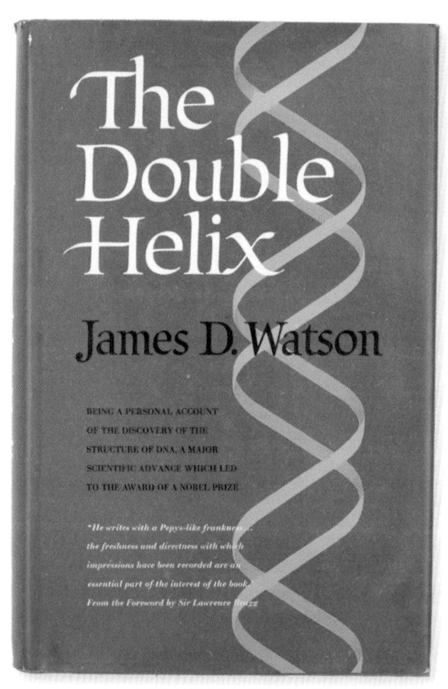

제임스 D. 왓슨, 『이중 나선』, 아테네움Atheneum 발행, 1968년

초기 인쇄본 중 한 권. 왓슨이 지극히 개인적인 관점으로 저술한 이 과학 역사서는 큰 인기를 얻어 베스트셀러에 올랐고, 초판 이후 지금까지 계속 발행되고 있다.

드라마처럼 묘사한 책이다. 여러 인물이 나오고, 선두를 차지하려는 절박한 경쟁 속에 드러나는 과학계의 이면을 보여 주고, 과학 도서임에도 이야기가 책의 중심을 차지하며 이야기의 흐름이 흥미진진하다. 『이중 나선』이 출판된 후 이처럼 이야기를 풀어 가는 저술 방식을 책의 내용만큼 중시하는 훌륭한 대중 과학 도서가 20여 년이라는 꽤 긴 시간에 걸쳐 점차 늘어났다.

20세기의 가장 위대한 과학적 혁신으로 꼽히는 DNA 구조를 발견한 당사자 중 한 명이 직접 쓴 책이라는 사실도 『이중 나선』의 엄청난 성공에 당연히 큰 영향을 주었다. 하지만 그와 동시에 이 책은 과학자가 자신의 연구를 직접 책으로 쓰면 어떤 문제가 생길 수 있는지도 여실히 보여 준다. DNA 구조가 발견된 과정은 수많은 논란에 휩싸였다. 당사자인 네 사람 중에 왓슨과 크릭, 윌킨스는 1962년 노벨 생

제임스 D. 왓슨, 『이중 나선』, 에디샹스 아 파리Ediscience à Paris 발행, 1968년

왼쪽은 프랑스어 번역서 초판. 오른쪽은 1953년에 제임스 왓슨(좌)과 프랜시스 크릭이 케임브리지대학교 캐번디시 연구소에서 제작한 초기 DNA 구조 모형 앞에서 포즈를 취한 모습

리·의학상을 공동 수상했으나 로절린드 프랭클린은 수상자 명단에 없었다. 노벨상은 사망자에게 수여하지 않는 규칙이 있고 프랭클린은 이미 세상을 떠난 후였지만, 공동 수상자를 최대 세 명까지만 허용하는 규칙도 있으므로 일각에서는 보수적이기로 악명 높은 노벨 위원회가 프랭클린이 살아 있었어도 수상자 명단에서 제외했을 것이라고 주장한다.

케임브리지대학교 소속이던 왓슨, 크릭과 런던에서 연구한 프랭클린, 윌킨스는 사이가 좋지 않았다. DNA 구조에 관한 이론을 수립한 건 왓슨과 크릭이지만 실제 구조가 드러난 X선 회절 이미지는 프랭클린과 윌킨스의 연구에서 나온 결과였다. 왓슨이 『이중 나선』에서 전하는 이야기는 객관적 시각을 유지하려는 노력이 전혀 느껴지지 않는, 그저 그의 관점에서 전하는 승리의 이야기일 뿐이다. 그래서 읽는 재미는 있지만, 당시 상황을 더 객관적으로 이해하려면 윌킨스의 이야기(2003년에 출판된 그의 저서 『이중 나선을 발견한 제3의 인물*The Third Man of the Double Helix*』)와 1975년에 출간된 앤 세이어Anne Sayre의 프랭클린 전기 『로절린드 프랭클린과 DNA*Rosalind Franklin and DNA*』를 함께 읽어 볼 필요가 있다(프랭클린은 너무 일찍 세상을 떠나는 바람에 저서가 없다). 프랭클린의 여동생은 앤 세이어가 쓴 전기에서 프랭클린이 겪은 성차별에 관한 내용이 언니가 실제로 감내한 것보다 과장됐다고 비판하기도 했다.

문화적 혁명이 일어난 1960년대 말에는 과학 저술도 형식을 중시하는 이전의 특징에서 벗어나 전면적인 변화가 일어났으리라고 예상할 수 있다. 결국에는 그렇게 됐지만, 오랜 시간이 걸렸다. 미국의 의사이자 심리학자 구스타브 엑스타인Gustav Eckstein이 쓴 『몸에는 머리가 있다*The Body Has a Head*』는 그 과도기의 분위기를 잘 보여 준다. 1890년에 미국 신시내티에서 태어난 엑스타인은 이 책이 출판된 1969년에는 옛 방식이 몸의 일부처럼 익숙했을 법한 지긋한 나이였지만, 새로운 방식이 필요한 때가 되었음을 알고 있었다.

『몸에는 머리가 있다』는 인체의 생리학적 특성을 탐구하는 책인데도 냉정함이나 의학적인 시선은 느껴지지 않는다. 글은 굉장히 문학적이며 개념을 한 단어로 압축해 설명하지도 않는다. 그러나 전개가 어지러울 만큼 빠른 부분도 간간이 있는데, 가령 고대 그리스 시대의 초기 저술가부터 인간의 몸을 기계로 바라본 데카르트까지의 역사가 책의 첫 20쪽에 몽땅 나온다.

엑스타인의 책은 스타카토를 연주하듯 툭툭 짧게 끊어지는 독특한 문체 때문인지, 중간중간 산문이 아닌 운문처럼 느껴지는 부분도 있다. 남성의 성 역할을 설명하는 부분의 서두에 나오는 묘사에서도 그런 특징이 드러난다. "깡패 하나가 팔 물건을 들고 마을에 왔다. 그게 그의 역할일 수도 있지만, 그의 착각일 수도 있다. 폭력은 그의 생리적 특성이다." 엑스타인이 괴짜였던 건 분명해 보인다. 그는 브로드웨이에서 연극 극본을 쓰기도 했는데, 그가 쓴 극을 본 한 관객은 "재미라곤 찾을 수 없다"라는 평을 남겼다. 엑스타인의 실험실에는 늘 카나리아 여러 마리가 자유롭게 날아다녀서 그는 실험실에 있을 때면 머리에 새똥을 맞지 않으려고 늘 커다란 밀짚모자를 쓰고 있었다.

『몸에는 머리가 있다』는 지금 읽으면 꼭 시대물처럼 느껴지기도 한다. 불과 7년 뒤에 리처드 도킨스Richard Dawkins의 『이기적 유전자*The Selfish Gene*』

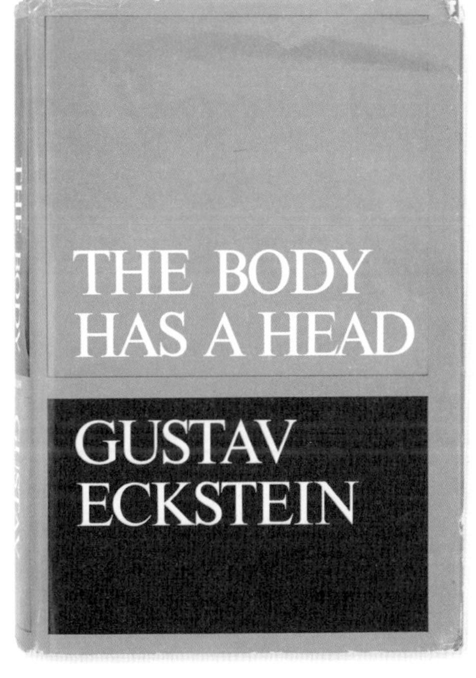

구스타브 엑스타인, 『몸에는 머리가 있다』, 하퍼 앤드 로Harper & Row 발행, 1969년

초판 표지(우)와 엑스타인이 신시내티대학교의 연구실에서 그가 특별히 아끼던 비둘기 레드Red에게 먹이를 주는 모습

(1976)가 출간됐는데도 유전학에 관한 내용은 딱 세 줄밖에 없다는 점도 그렇게 느껴지는 이유 중 하나다. 그럼에도 이 책이 큰 성공을 거둔 이유는, 이전까지 거의 다루어지지 않은 내용을 대중이 큰 흥미를 느끼게끔 다루었기 때문이다. 『몸에는 머리가 있다』는 인체의 생물학적 특징을 대중에게 자세히 설명했다는 점과 더불어 과학책이 지나치게 의학적이고 따분하기만 한 기존의 저술 방식에서 얼마든지 벗어날 수 있음을 다른 과학자들, 저술가들이 깨닫게 했다는 점에서 큰 영향을 남겼다.

『몸에는 머리가 있다』가 나온 직후인 1970년에 그와 정반대의 책이 나왔다. 프랑스의 생물학자 자크 모노Jacques Monod가 쓴 『우연과 필연*Le Hasard et la Nécessité*』이다. 1910년 파리에서 태어난 모노는 유전자와 효소, 바이러스의 상호 작용에 관한 연구로 노벨 생리·의학상을 받았다. 과학계 밖에서는 인본주의적 견해, 그리고 인류와 세상의 상호 관계에 과학이 선두에 있어야 한다는 철학으로 잘 알려진 모노의 이 저서는 영어권 독자들에게 더 친숙한 리처드 도킨스, 대니얼 데닛Daniel Dennett 등이 쓴 책들의 예고편과도 같은 책이다. 『우연과 필연』은 진화와 유전학의 영향을 탐구하는 한편 진화는 목표가 없으며 무작위성이 기반임을 강조한다. 제목의 '우연'에도 그런 의미가 담겨 있다.

『우연과 필연』은 인류가 생겨난 것은 어떤 신의 주도가 아닌 무작위 돌연변이에서 비롯된 결과라고 설명하고, 진화를 생물이 낮은 수준에서 더 높은 수준으로 발전하는 메커니즘으로 해석하는 마르크스주의의 변증법적 유물론에 강하게 반박한다. 모노는 진화는 무작위로 일어나는 과정이므로 '더 낮은' 수준의 생물로 진화하는 것도 얼마든지 가능하다고 단언한다. 책에 담긴 과학적인 내용 자체는 훌륭하지만, 『우연과 필연』에서 모노가 제시하는 비전은 철저히 과학적이며 냉정하다. 가령 민주주의에서 기술주의로 넘어가야 한다는 말에서도 그런 견해가 드러난다. 과학적인 성취로 보자면 모노가 엑스타인보다 훨씬 앞섰다고 할 수 있으나, 독자의 인간적인 특성을 고려하는 능력은 엑스타인보다 부족했다.

자크 모노, 『우연과 필연』, 에디시옹 뒤 쇠이유Editions du Seuil 발행, 1970년

(저자가 1965년 노벨상 수상자라는 사실을 강조한) 초판 표지와 초판이 나온 해에 찍힌 다소 뻣뻣한 포즈를 취한 모노

수정 구슬을 들여다보다

20세기 중반은 과학과 과학 저술의 격변기였다. 1970년에는 과학과 역사, 정치, 경제에 두루 발을 걸친 미래학이라는 새로운 분야에서 지금까지 통틀어도 가장 큰 영향을 남긴 책이 등장했다. 미래를 예측하려는 열망은 고대부터 늘 인류와 함께했다. 처음에는 과학적 근거가 없는 신비 사상에 의존했고, 확률론과 통계가 발전하자 특정 시스템이 어떻게 변할지 최대한 정확하게 추정하는 방식이 활용되기 시작했다. 혼돈이라는 요소로 인해 이런 노력은 한계가 있을 수밖에 없다는 사실은 5장에서 다시 살펴보겠지만(302쪽 참고), 그런 한계가 밝혀진 후에도 인류의 운명을 해석하려는 대중 도서가 무수히 나왔다.

1970년에 등장한 문제의 책이 이런 주제를 최초로 다룬 건 아니었다. 예

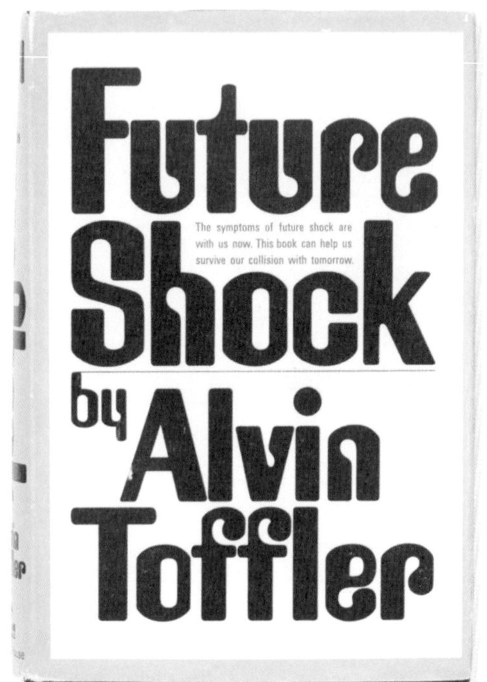

앨빈 토플러, 『미래의 충격』, 랜덤하우스Random House 발행, 1970년

초판 표지. 이 책이 베스트셀러에 오르면서 토플러는 대중매체에 수시로 보도되는 스타가 되었다. 위 사진은 토플러가 이 책이 나온 뒤 10년간 뉴욕에서 지내던 시절의 모습

를 들어 19세기 말경에도 미래 세상에 등장할 기술을 그린 책들이 상당한 인기를 누렸고, H. G. 웰스도 1933년에 출간된 소설 『다가올 것들의 형태*The Shape of Things to Come*』에서 자신이 떠올린 '미래의 역사'를 제시했다. 그러나 이런 책들은 전부 소설이었다. 현대에 등장한 미래학도 과학적인 관점에서 보면 허구적인 면이 있긴 하지만, 1970년에 출간된 『미래의 충격*Future Shock*』은 미래학이 진지한 학문의 하나로 자리매김하는 데 크게 일조했다.

『미래의 충격』을 쓴 저자는 뉴욕 출신의 저술가이자 '미래학자' 앨빈 토플러Alvin Toffler다. 그가 남긴 가장 큰 영향을 꼽는다면 아마도 '정보 과잉'이라는 표현을 유행시킨 점일 것이다. 600만 부 이상 팔려 나가며 널리 찬사를 받은 『미래의 충격』은 산업 혁명 이후부터 변화의 속도가 인류가 감당하지 못할 만큼 빨라졌다는 핵심 메시지를 전했다(이 책에 영감을 받은 존 브루너John Brunner의 소설 『쇼크웨이브 라이더*Shockwave Rider*』를 읽어 보면 이 메시지의 의미를 더 분명하게 이해할 수 있다). 그러나 과거에 예언자들이 내놓은 수많은 전망이 그랬듯, 토플러의 예측도 실제와는 차이가 있다. 예를 들어 그는 미래에는 무엇이든 쉽게 쓰고 쉽게 버리는 사회가 될 것이며 여성들은 종이로 된 일회용 원피스를 입고 다닐 것이라 상상했다. 환경 보호가 중요시되어 일회용품을 보는 시각이 달라지리라고는 예측하지 못한 것이다. 토플러가 『미래의 충격』을 집필할 때 이미 일회용 플라스틱은 규탄의 대상이었는데도 그는 일회용품이 갈수록 더 많이 쓰일 것이라고 내다봤다.

하지만 토플러의 예측이 전부 틀린 건 아니며, 특수 분야인 정보 기술의 변화에 관한 전망은 특히 예리했다. 『미래의 충격』은 과학 저술의 방향이 과학적인 내용을 상세히 다루던 방식에서 특정 지식의 배경을 함께 제공하는 쪽으로 바뀌는 데 큰 영향을 주었다. 토플러의 저서와 그 이후에 나온 미래학 도서들의 공통점은 그 배경이 과거도, 현재도 아닌 미래였다는 점이다.

유전학의 혁명

우리의 유전 정보가 DNA 가닥 중 유전자라고 불리게 된 부분에 담겨 있다는 사실이 DNA 연구로 밝혀지자(1백 년도 더 전에 멘델이 예측한 대로)(211쪽 참고) 1970년대부터 유전학을 향한 대중의 관심도 급증했다(토플러도 예상 못 한 일이었다). 그 열기는 영국의 동물학자이자 진화생물학자인 리처드 도킨스의 저서 『이기적 유전자』가 출간되면서 최고조에 이르렀다.

도킨스는 1941년에 케냐 나이로비에서 태어났다. 2006년에 그의 또 다른 저서인 『만들어진 신*The God Delusion*』이 전 세계적인 열풍을 일으킨 후로는 그를 강경한 무신론자로 기억하는 사람들이 워낙 많아져서, 1976년에 『이기적 유전자』가 처음 출간됐을 때의 강렬한 영향은 흐릿해진 듯하다. 사실 『이기적 유전자』에 담긴 개념은 지나치게 극화된 경향이 있다. 도킨스는 유전자의 '관점'에서 볼 때 유전자의 기능은 이기적이며, 생물은 유전자의 생존에 필요한 매개체일 뿐이라고 설명한다. 그러나 이 책이 중요한 진짜 이유는 진화론에 관한 논의를 되살리고 변화시켰다는 데 있다.

앞서도 언급했듯이 다윈의 책은 출판 당시에 부정적인 반응이 이상할 정도로 거의 없었다. 그러나 과학적인 이론에 확고한 무신론이 합쳐진 시각으로 진화론을 전면에 꺼내 든 도킨스의 책은 종교 단체들이 진화론에 느끼는 거부감을 건드렸다. 이와 어울리지 않게도, 도킨스는 옥스퍼드대학교에서 수년간 과학 대중화 사업의 담당 교수로도 일했다. 『이기적 유전자』를 포함한 그의 저서는 과학의 대중화에 분명 보탬이 됐지만, 특유의 공격적인 방식은 그런 노력에 오히려 큰 걸림돌로 작용했을 가능성이 있다.

그렇다고 해도 『이기적 유전자』는 대중에게 생물의 관점이 아닌, 유전자의 관점에서 진화를 설명한 최초의 시도 중 하나였다(이제는 이런 관점이 일반화되었다). 생물의 종은 린네가 개발한(161~162쪽 참고) 체계대로 생물을 편리하게 분리할 수 있도록 고안된 일종의 임시 표지고, 각 생물의 실제 물리적인 차이는 유전자에서 비롯된다. 우리가 생물학적으로 가까운 관계일수록 사회적 지원을 더 많이 제공하는 경향이 있는 것은 유전자가 가장 비슷한 사람에 대한 투자의 의미라는 도킨스의 설명은 유전자의 관점을 취했기에 나올 수 있는 내용이었다.

중요성은 덜하지만 『이기적 유전자』가 남긴 또 한 가지 영향은(출간 당시에 찬사를 받은 내용이기도 하다) '밈meme'이라는 단어의 도입이다. 도킨스가 만든 이 용어는 유전자의 기능을 설명할 때와 같은 방식으로 우리의 생각과 행동을 설명한다. 즉 도킨스는 유전자가 다음 세대에 전달되듯 특정한 생각과 행동이 한 사람에서 다른 사람으로 전해지며, 그 과정에서 생물의 진화와 비슷한 방식으로(그러나 훨씬 빠른 속도로) 진화한다고 보았다. 이제는 밈이라는 단어가 그런 진지한 의미보다는 소셜 미디어에서 같은 이미지에 각기 다른 기발한 캡션을 덧붙인 것을 일컫는 새로운 의미로 더 널리 쓰인다.

『이기적 유전자』가 일부 국가에서 국민의 인식에 전반적으로 큰 영향을 준 것은 사실이지만, 2017년 영국 왕립학회의 여론조사 결과 가장 영향력 있는 과학책으로 뽑힌 건 의아한 일이다. 지금까지 살펴보았듯이 과학책의 특징은 오랜 세월에 걸쳐 계속 변화했다는 점에서도 그렇고, 훨씬 오랫동안 영

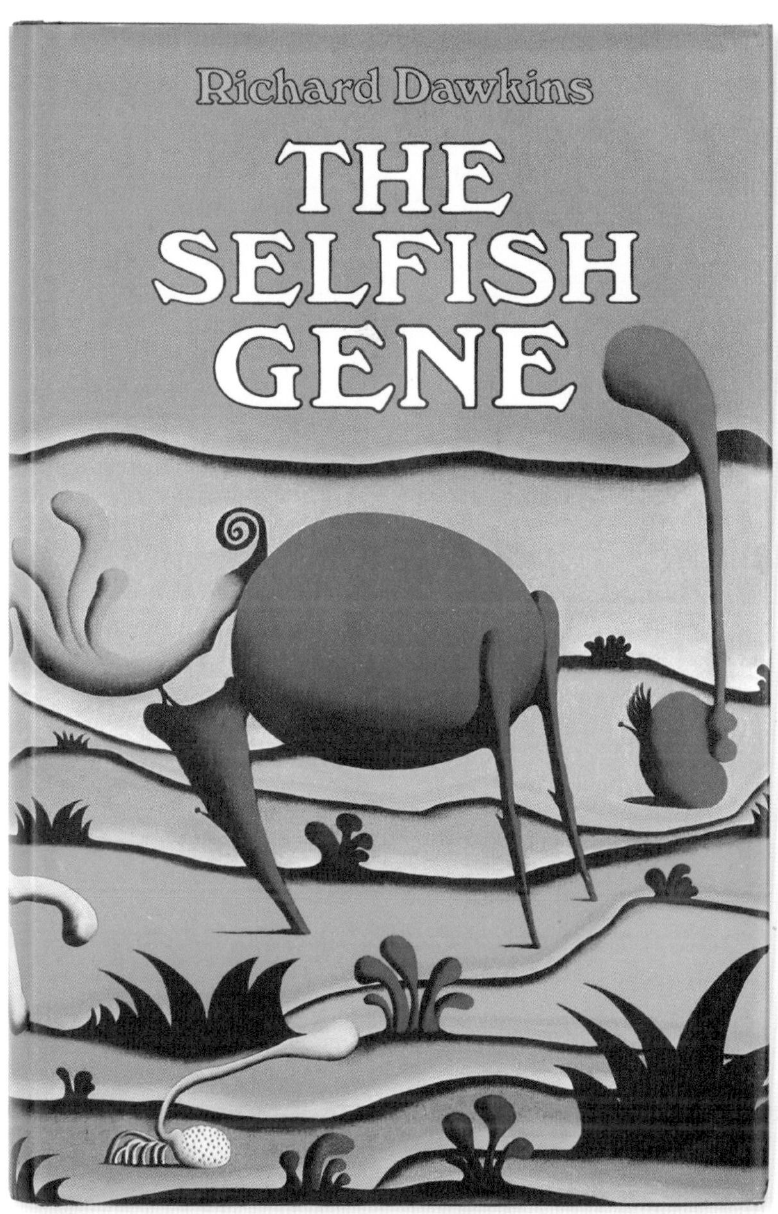

리처드 도킨스, 『이기적 유전자』, 옥스퍼드대학교 출판부, 1976년

도킨스의 베스트셀러. 초판 표지는 SF 소설을 연상케 하는 삽화로 장식되었는데, 옥스퍼드대학교 출판부의 시초가 학술 자료 출판이었다는 사실을 감추려는 의도가 반영된 선택인 듯하다.

향을 끼친 다른 과학책들이 『이기적 유전자』보다 영향력이 덜하다고 할 수도 없기 때문이다.

도킨스는 종종 우리가 자연에서 느끼는 기쁨을 퇴색시켰다는 비난을 받기도 한다. 『이기적 유전자』 이후에 나온 그의 저서 중 1998년에 출간된 『무지개를 풀며*Unweaving the Rainbow*』에 그에 대한 도킨스의 반박이 담겨 있다. 『무지개를 풀며』라는 제목은 아래 존 키츠John Keats의 시 「라미아Lamia」에 나오는 표현에서 따온 것이다.

차가운 철학의 손길이 닿기만 해도,
아름다움의 날갯짓은 모두 사라질까?
한때 하늘에는 굉장한 무지개가 있었지만,
그녀의 재료, 그녀의 질감을 알고 나니
그녀는 평범한 것들의 따분한 나열이 되었다.
과학은 천사의 날개를 잘라 내고,
모든 미지를 규칙과 선으로 정복하며,
무언가에 사로잡힌 공기와 땅속 요정이 사는 땅굴을 텅 비우고,
무지개를 풀어 버리리라.
언젠가 연약한 라미아를 그림자로 녹아 들어가게 했듯이.

키츠는 이 시에서 뉴턴과 다른 자연철학자들이 무지개를 '풀어 헤쳐' 경이로운 것들을 따분한 것으로 만들었다고 이야기한다. 그러나 리처드 파인먼을 비롯한 과학자들의 주장은 그와 정반대다. 과학은 자연의 아름다움에 더 이상 감탄하지 않게 만드는 게 아니라 그 아름다움을 더 깊이 통찰해 더 큰 감탄을 일으킨다. 이것이 도킨스가 『무지개를 풀며』에서 전하고자 한 메시지였다.

가이아에서 괴델까지

도킨스는 자연의 아름다움을 과소평가하지 않으려고 열성적으로 노력했지만, 『이기적 유전자』가 나오고 몇 년 뒤인 1979년에 출간된 한 책이 자연에 부여한 다소 영적인 해석까지 편히 받아들이지는 못했다. 1919년 영국 레치워스에서 태어나 특정한 소속 없이 독립적으로 활동한 과학자 제임스 러브록James Lovelock의 책 『가이아*Gaia*』는 환경이라는 주제를 훨씬 더 넓은 관점에서 다루었다. 그리스 신화 속 땅의 여신 이름을 책 제목으로 삼으면 자칫 초자연적인 내용으로 오해받을 수 있다는 것을 러브록도 모르지 않았을 것이다. 그러나 그가 이 책에서 제시한 '가이아 가설'은 지극히 과학적인 내용이다.

러브록은 미국 항공우주국(나사NASA)에서 장비 설계자로 일하던 시절에 가이아 이론을 처음 떠올렸다. 그때까지 그의 삶은 아주 평범했다. 형편이 어려워 고등학교 졸업 후 대학에 바로 갈 수 없었던 그는 낮에 일하고 저녁에 공부하며 돈을 모았고 학비가 어느 정도 모인 후에는 대학에서 화학 공부를 시작했다. 그러다 제2차 세계대전 시기에 의학 연구를 시작했고 나중에는 의학 박사 과정을 밟았다. 설치류를 대상으로 체온을 어는점까지 낮췄다가 되살리는 실험에 성공했고, 이후 나사에 들어가 행성 탐사에 필요한 장비를 연구했다. 러브록은 대학에 소속된 적이 한 번도 없고 먼 옛날의 자연철학자들처럼 혼자 연구하는 방식을 더 선호했다.

가이아 이론은 그가 1960년대에 나사에서 화성에 생명체가 있는지 탐지할 방법을 연구하던 중에 처음 떠올린 이론이다. 지구는 생물이 사는 부분과 살지 않는 부분 모두 자체 조절 기능이 있으며 이는 하나의 생물을 이룬 세포 하나하나가 독립적이면서도 다 함께 기능하는 것과 비슷하다는 것이 가이아 이론의 내용이다.

『가이아』는 출간 후 환경운동가들로부터 큰 호응을 얻었는데, 이들은 인간이 더 큰 전체에 속한 일부라는 책의 메시지를 받아들이면서도 가이아 이론에서 말하는 자체 조절 시스템의 의미, 가령 이런 시스템에서 생물 자체는 중시되지 않는다는 것과 같은 의미까지 다 헤아리지는 못한 듯하다. (도킨스

제임스 러브록, 『가이아』, 볼라티 보린기에리 에디토레Bollati Boringhieri editore 발행, 1991년

오른쪽 사진은 1979년에 초판이 나오고 12년 뒤에 발행된 이탈리아어 번역서의 우아한 표지. 위 사진은 1980년에 러브록이 코넬의 집 정원에서 자신이 발명한 불화탄소 탐지기를 시험 중인 모습

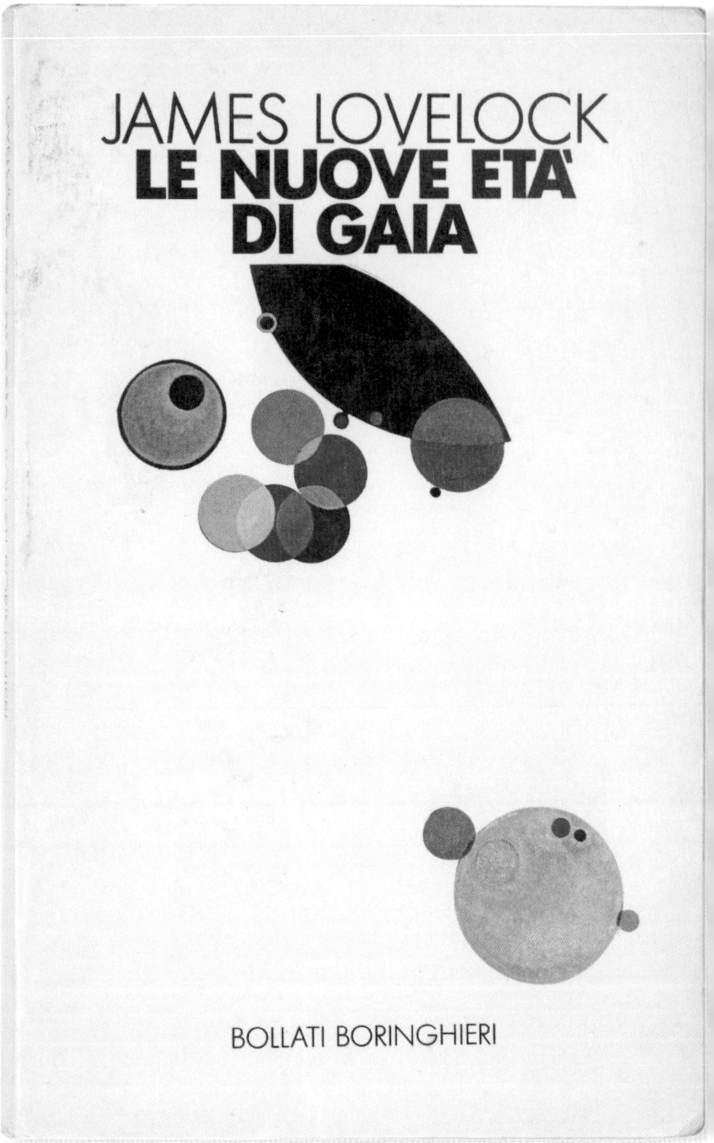

JAMES LOVELOCK
LE NUOVE ETÀ DI GAIA
BOLLATI BORINGHIERI

를 포함한) 과학자들은 생물에는 구성 요소 간에 피드백을 주고받는 메커니즘이 있지만, 지구에는 그런 게 없다고 지적하며 가이아 이론을 크게 비판했다.

가이아 이론을 과학 이론으로 볼 수 있는지는 의견이 엇갈릴 수 있으나, 『가이아』가 환경주의에 큰 영향을 주고 환경 과학에 대한 관심을 급증시킨 것은 명확한 사실이다. 가이아 이론을 둘러싼 찬반 의견은 양쪽 모두 지나치게 극단적인 경향이 있다. 지구를 하나의 생물로 보는 관점이 과장됐다고 할 수는 있지만, 이 이론에 반대하는 의견들을 보면 지구에 자체 조절 시스템이 있음을 나타내는 실질적이고 유용한 관찰 결과까지 무시하면서 그런 시스템이 있을 리 없다고 주장한다.

『가이아』가 출간된 해에, 책을 읽으려 한 사람 대비 끝까지 다 읽은 사람의 비율에 있어서 스티븐 호킹의 『시간의 역사』에 비견할 만한 책이 등장했다. 1945년에 뉴욕에서 태어난 미국의 인지과학 교수 더글러스 R. 호프스태터Douglas R. Hofstadter가 쓴 『괴델, 에셔, 바흐*Gödel, Escher, Bach*』(1979)다. '영원한 황금 노끈'이라는 부제와 함께 광범위한 생각을 펼쳐 낸 이 책은 심오한 사상이 담겨 있다는 찬사와 도무지 이해할 수 없는 내용이라는 비판을 동시에 받아 왔다.

이 책이 평범한 과학책이 아니라는 것은 『괴델, 에셔, 바흐』라는 제목에서부터 짐작할 수 있다. 이 이름들은 각각 수학에 완전한 체계는 있을 수 없음을 증명한 수학자(괴델)와 수학과 물리학 강의에서 대칭을 설명할 때 예시로 많이 제시되는 그림을 그린 화가(에셔), 그리고 작곡에 수학적인 방식을 적용했다고 알려진 음악가(바흐)다. 브로노우스키가 『인간 등정의 발자취』에서 과학과 문화를 결합했다면, 호프스태터는 이 인물들로 대표되는 다양한 분야를 한데 합쳐 지식과 체계의 본질에 관한 심층적인 탐구로 독자를 안내한다.

『괴델, 에셔, 바흐』는 제목에 등장하는 세 사람의 연구 또는 작품을 다루지만, 이들의 교차점을 찾기보다는 인간이 떠올리는 모든 생각을 종합해서 우리의 정신 작용이 기능하는 방식을 이해하고자 한다. 또한 세포 하나하나가 모여 이루어진 뇌라는 기관에서 어떻게 생각하는 능력이 생겨나는지도 탐구한다. 글 자체를 평가한다면, 책의 전체적인 구조가 불필요하게 복잡하고 내용의 기발함을 상당히 의식하고 있다는 인상을 준다. 또한 이야기의 흐름이 이리저리 바뀌며 새로운 논점과 수수께끼가 제시되는 방식은 독자가 책이 전하고자 하는 메시지를 이해하는 데 전혀 도움이 되지 않는다.

『괴델, 에셔, 바흐』의 가장 흥미로운 특징은 이 책의 소통 방식이 더 넓은 차원의 변화, 즉 과학책의 저술 방식이 발전한 양상과 어떻게 맞물리는지에 있다. 지금까지 살펴보았듯이 과학책은 뉴턴의 시대부터 계속 변화했다. 처음에는 과학에 종사하는 사람들끼리 전문적인 내용을 주고받는 소통 수단이었다가, 나중에는 전문가들이 자신들보다 열등하다고 여긴 사람들에게 지식을 하사하듯이 나누는 수단이 되어 20세기 초에는 그것이 과학책의 전형적인 특징이 되었다. 과학책이 흥미로운 이야기를 풀어내듯 저술되기 시작한 건 1970년대부터로, 이 새로운 저술가들은 소통의 기술을 잘 알고 있었다. 과거에 과학책을 쓴 학자들은 이런 기술을 배우지도 못했고 경험한 적도 없었다.

더글러스 R. 호프스태터, 『괴델, 에셔, 바흐』, 펭귄 프레스 발행, 1984년

초판이 나오고 5년 뒤에 발행된 판본. 매혹적인 동시에 읽는 사람의 정신을 쏙 빼놓는 책이다.

호프스태터는 이 변화의 흐름을 거슬러, 자신이 전하고자 하는 메시지를 일부러 난해하게 써서 과학적인 내용이 곁들여진 예술 작품 같은 책으로 만들었다. 이런 점에서 『괴델, 에셔, 바흐』는 굉장히 이례적이며, 사람들에게 과학을 알리는 기능과는 거리가 먼 저술 방식이지만 그럼에도 흥미롭다. 이와 비슷한 특징을 찾을 수 있는 책은 1996년에 출간된 미국 작가 데이비드 포스터 월리스David Foster Wallace의 소설 『무한한 재미*Infinite Jest*』가 유일할 것이다. 월리스의 책은 소설이라는 명확히 다른 형식 안에서 무한의 개념을 과학적, 수학적으로 다룬다.

1970년대 말까지도 여성이 저술한 과학책은 여전히 흔치 않았다. 과학계와 과학 저술 모두 그때까지도 대대적인 구조적 변화는 일어나지 않았다. 우리 집 벽에는 1975년에 찍은 '캐번디시 연구소 2조 학생들' 사진이 붙어 있다. 케임브리지대학교에서 함께 물리학을 전공한 학생들이 자연과학 석사 과정 마지막 해를 기념하며 찍은 단체 사진인데, 2백여 명 중 여학생은 여섯 명 남짓이다. 1970년대 미국의 상황도 크게 다르지 않았다. 물리학, 수학, 컴퓨터과학, 공학 전공자 중에 여학생 비율은 15퍼센트에도 미치지 못했다. 왜 이런 격차가 생겼는지 그동안 많은 논의가 있었지만, 무엇보다 남성과 여성은 각자의 재능에 더 '잘 맞는' 학문 분야가 따로 있다는 문화적 추측이 강하게 작용했을 가능성이 크다. 실제 밝혀진 데이터를 보면 이런 추측은 사실과 전혀 다르다는 것을 알 수 있다.

생물학계는 그나마 상황이 훨씬 나았지만(예를 들어 1970년대에 미국의 생물학 석사 과정생 중 여성의 비율은 40퍼센트 정도였다. 지금은 거의 60퍼센트다), 과학책은 과학자가 직업인 사람, 또는 과학을 전공하고 학위를 취득한 사람이 저술하는 경향이 있었으므로 1980년 이전에 나온 과학책의 저자는 거의 다 남성이었다. 다행히 시간이 갈수록 이런 흐름은 바뀌기 시작했다.

다음 세대

지식의 변화

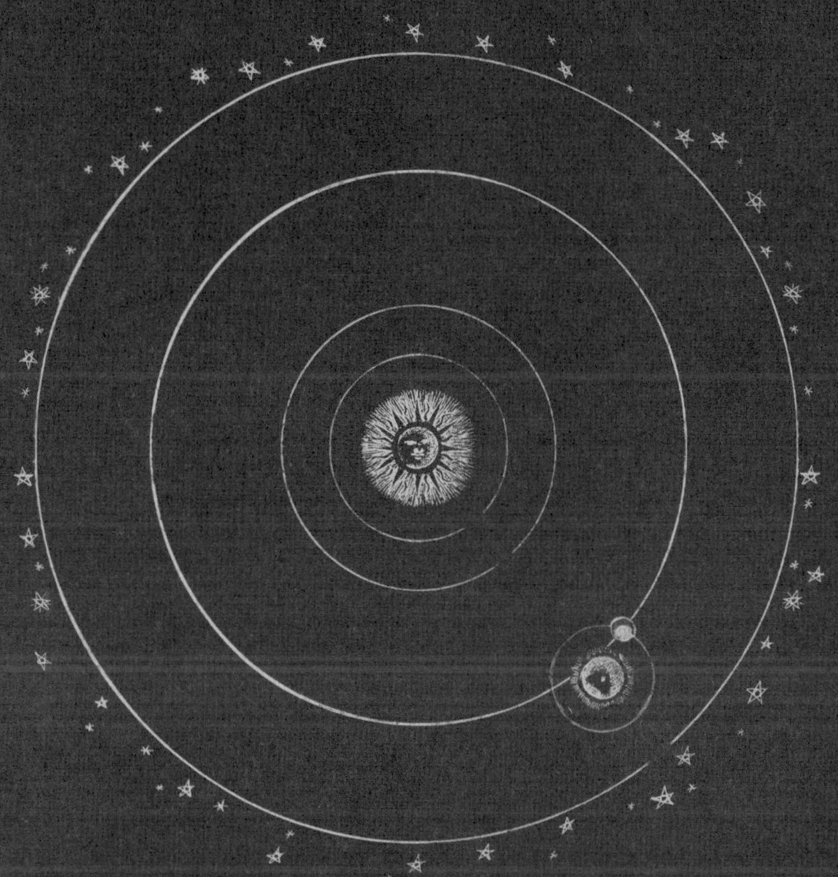

5

과학 저술은 1980년대 이후 계속 발전했다. 과학을 경외하던 대중은 과학에 매력을 느끼면서도 의구심을 갖기 시작했다. 과학의 중요성은 그 어느 때보다 커졌고, 대중은 과학적 발견의 배경과 드러나지 않은 일들을 더 자세히 알고자 했다. 이번 장에서 소개할 1980년부터 현재까지 나온 훌륭한 과학책들은 직업 과학자가 아닌 과학 저술가가 쓴 책이 상당한 비중을 차지한다. 4장의 마지막은 책이 전하려는 메시지가 난해하게 담긴 과학책이 장식했지만, 1980년 이후부터는 과학의 접근성이 전면적으로 강조됐다. 과학책은 계속 성장하고 있다.

양자물리학의 해석

과학의 접근성이 향상되었다고 해서 과학 저술의 난해한 내용(또는 난해하게 제시하는 방식)이 아예 사라지지는 않았다. 오래전부터 과학 저술에서 다루어지던 어려운 내용 중 일부는 여전히 활발히 다루어졌는데, 가장 대표적인 예가 반항적인 물리학자 데이비드 봄David Bohm의 책이다. 봄은 미국을 대표하는 과학자 중 한 사람이 될 뻔했던 인물로, 맨해튼 프로젝트에도 참여했으나 정치 성향이 좌익이라는 이유로 조지프 매카시Joseph McCarthy 상원 의원이 속한 반미활동조사위원회의 표적이 되었다. 결국 봄은 1951년에 브라질로 이주했고 이스라엘을 거쳐 영국에 정착했다.

봄이 물리학자로서 남긴 가장 중요한 책은 1965년에 출간된 교과서 『특수 상대성 이론*The Special Theory of Relativity*』이지만, 그의 가장 독창적인 저서이자 훨씬 다양한 독자가 읽은 책은 1980년에 출간된 『전체와 접힌 질서*Wholeness and the Implicate Order*』다. 물리학과 철학을 접목해서 우주가 하나의 전체로 작동하는 방식을 통해 양자 이론을 해석하는, 봄의 독특한 관점이 담긴 책이다.

과학의 여러 소분야 중에서 이론의 해석에 크게 몰두하는 분야는 양자물리학이 유일하다. 양자 이론의 기초가 되는 수학은 전자와 원자, 분자의 거동을 놀라울 정도로 정확하게 예측하며, 리처드 파인먼은 이를 뉴욕과 로스앤젤레스의 거리나 인체 모발 한 가닥의 너비를 측정하는 것만큼 정확하다고 설명하기도 했다. 그러나 양자 이론으로는 양자 시스템 안에서 실제로 무슨 일이 일어나는지 전혀 알 수 없다. 이는 숫자를 입력하고 버튼을 누르면 정답이 나오지만, 어떤 과정을 거쳐서 그런 답이 나오는지는 알 수 없는 수수께끼 상자 같다.

물리학자들은 양자 이론이 나온 초창기부터 그 과정을 설명할 수 있는 다양한 해석을 내놓았다. 가장 먼저 나온 해석이자 지금도 가장 많이 쓰이는 것이 코펜하겐 해석이다. 최초의 양자물리학자 중 한 명인 닐스 보어의 출신지가 명칭이 된 이 해석은 한마디로 '닥치고 계산이나 하라'는 방식이라고 요약되곤 한다. 하지만 모두가 코펜하겐 해석에 만족하지는 않았다. 데이비드 봄은 프랑스의 양자물리학자 루이 드브로이Louis de Broglie의 연구를 토대로 각 입자에는 실제(그러나 알 수 없는) 위치가 있고, 이 위치는 입자의 움직임을 이끄는 '파일럿 파동'과 관련 있다고 설명했다.

봄의 이론이 널리 수용되지 못한 이유이자 문제점은, 모든 곳에서 모든 것이 우주에 즉각적인 영향을 주어야 성립되는 이론이라는 점이다. 봄의 해석대로라면 우주는 전체가 상호 연결되어 있고, 아인슈타인의 특수 상대성 이론이 설명하는 광속의 한계를 초월한다. 『전체와 접힌 질서』는 봄이 이러한 자신의 이론을 밝히기 위해 쓴 책이다. 그는 이 저서에서 현실은 두 단계, 즉 우리가 일반적으로 경험하는 외재적 실재와 모든 것의 기반이 되고 모든 것을 연결하는 내재적 실재로 이루어지며, 인간의 의식 등 우리가 설명할 수 없는 현상이 여전히 존재하는 것도 이런 이유 때문이라고 설명했다. 봄의 설명은 『괴델, 에셔, 바흐』에 담긴 더글러스 호프스태터의 생각보다도 난해하지만(291쪽 참고), 그의 책은 물리학계를 훌쩍 넘어 더 많은 독자에게 큰 영향을 남겼다.

『전체와 접힌 질서』는 양자물리학 자체에 관해서는 따로 설명하지 않는데, 이 책뿐만 아니라 21세기 이전에 그런 책은 거의 없었다. 리처드 파인먼의 『파인만의 QED 강의』(270쪽 참고)에서도 양자물리학이란 무엇인가에 관

(좌) 데이비드 봄, 『전체와 접힌 질서』, 라우틀리지 앤드 키건 폴Routledge & Kegan Paul 발행, 1980년

초판 표지. 독자의 흥미를 끌 만한 요소는 전혀 찾을 수 없다.

(우) 존 그리빈, 『슈뢰딩거의 고양이를 찾아서』, 밴텀 북스Bantam Books 발행, 1984년

이 책이 나오기 전까지 대중은 양자물리학을 접할 기회가 거의 없었다.

한 설명은 상대적으로 빈약하다. 이런 상황에서, 영국의 과학 저술가 존 그리빈John Gribbin은 1984년에 출판된 자신의 가장 유명한 저서 『슈뢰딩거의 고양이를 찾아서*In Search of Schrödinger's Cat*』를 통해 양자물리학의 매력을 새롭게 알렸다. 그리빈도 데즈먼드 모리스나 리처드 도킨스처럼 과학자가 본업이었다가 과학 저술가로 전향해 지금까지 왕성하게 활동하고 있다. 그의 책 제목에 나오는 슈뢰딩거의 고양이는 1935년에 오스트리아의 물리학자 슈뢰딩거가 제시한 사고 실험에 등장하는 불쌍한 가상의 동물이다.

슈뢰딩거의 고양이는 중첩이라는 개념이 얼마나 기이한지를 보여 주기 위한 사고 실험에 등장한다. 양자 입자는 두 가지 상태 중 한 가지로만 존재하며 관찰자가 그것을 보

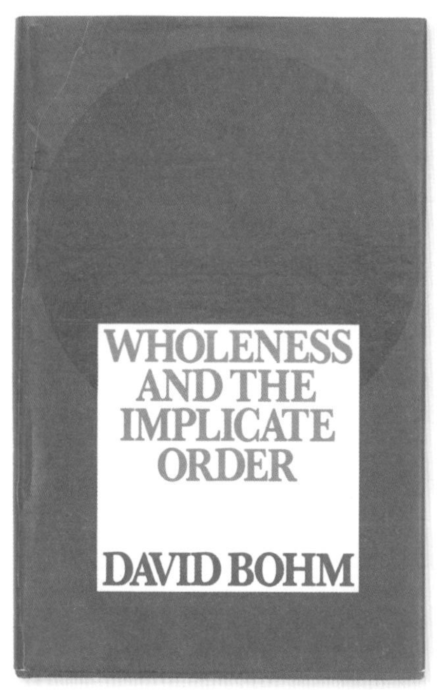

기 전까지는 둘 중 어느 상태도 아니며, 어느 한쪽이 될 수 있는 확률로만 존재한다는 것이 중첩의 개념이다. 이에 슈뢰딩거는 양자 입자가 붕괴하면 이를 감지하여 독가스가 살포되는 상자가 있고, 이 상자에 고양이가 한 마리 들어가 있다고 가정한 사고 실험을 제시했다. 상자 안에서 양자 입자가 붕괴하면 고양이는 죽게 되는데, 중첩의 개념대로라면 양자 입자는 관찰 전까지 붕괴한 상태와 붕괴하지 않은 상태 중 어느 쪽도 아니어야 하므로 상자를 열어보기 전까지 고양이는 죽은 것도 아니고 살아 있는 것도 아닌 상태라는 의미가 된다.

이 사고 실험은 사실 그렇게까지 주목할 만한 내용이 아닌데도 지금까지 어마어마한 관심을 받았고, 도대체 죽었는지 살았는지 알 수 없는 고양이의 이미지를 사람들이 아주 흥미로워한다는 사실은 확실하게 입증됐다. 그리빈의 책에는 이 개념보다 양자물리학에 관한 내용이 훨씬 많지만, 이런 분위기를 영리하게 활용했다. 『슈뢰딩거의 고양이를 찾아서』는 현재 우리가 대중과학책의 표준으로 여기는 특성을 갖춘 초창기 사례이기도 하다. 책이 다루는 과학적인 주제, 즉 이 책의 경우 양자물리학을 설명할 때 수학적인 내용은 거의 빼고, 비유를 많이 들고, 설명하는 내용의 배경 정보도 제시하고, 역사와 특정한 이론을 수립한 사람들, 그들이 어쩌다 그런 생각을 떠올리게 되었는지와 같은 인간의 보편적인 관심사도 책에서 큰 비중을 차지한다. 『슈뢰딩거의 고양이를 찾아서』는 누구나 쉽게 읽을 수 있는 대중 과학책의 전형이다.

뇌의 혼란

1980년 이후부터 막강한 영향을 발휘한 과학책은 크게 두 분야로 나뉘는 경향이 나타났다. 하나는 물리학이고 다른 하나는 인간에 관한 연구다. 『슈뢰딩거의 고양이를 찾아서』가 출간된 바로 이듬해에는 인간을 연구한 대표적인 책으로 여겨지는 『아내를 모자로 착각한 남자*The Man Who Mistook His Wife for a Hat*』가 나왔다. 영국의 신경학자 올리버 색스Oliver Sacks가 자신이 만난 다양

올리버 색스, 『아내를 모자로 착각한 남자』, 서밋 북스Summit Books 발행, 1985년

개별적인 에세이 여러 편을 모은 책이지만 저자의 뛰어난 이야기 솜씨로 독자들의 큰 공감을 얻었다.

한 환자 사례를 탐구한 이 책은 우리가 타인의 고통에 같은 인간으로서 자연히 기울이는 관심을 자극한다.

1985년에 출간된 『아내를 모자로 착각한 남자』는 큰 성공을 거둔 대부분의 과학책과 달리 서로 연결되지 않는 에세이 여러 편을 엮은 책으로, 이 각각의 글마다 각기 다른 환자 사례가 나온다. 가령 책의 제목이 된 시각 실인증(사물을 시각으로 알아보지 못하는 문제) 사례부터 제2차 세계대전 종전 이후의 일을 아무것도 기억하지 못하는 사람, 자폐증과 서번트 증후군의 특징이 똑같이 나타난 쌍둥이와의 만남 등이 소개된다. 색스는 독자를 매혹하는 놀라운 이야기 솜씨를 발휘하는데, 예를 들어 정신 병동에서 지내는 환자들이 TV로 똑같은 연설을 시청한 후에 보이는 반응이 다르다는 이야기를 들려주면서 환자마다 앓고 있는 병에 따라 같은 연설을 듣고도 받아들이는 요소가 전혀 다르다고 설명한다.

그러나 이런 내용은 자칫 책으로 만든 '엽기 쇼'[27]가 될 위험이 있다. 2004년에 출간된, 진화생물학자 아르망 르로이Armand Leroi의 저서 『돌연변이*Mutants*』는 그런 점에서 더욱 아슬아슬하다. 르로이는 과거에 사람들 앞에 전시되거나 이상한 존재로 취급받은 극단적인 돌연변이들의 사례를 제시하면서 인간은 모두 유전학적 돌연변이라고 설명하는데, 사례로 든 돌연변이 자체보다는 인간의 발달 과정에 초점을 맞춰 책이 엽기 쇼가 될 위험을 가까스로 막아 냈다. 『아내를 모자로 착각한 남자』는 책이 다루는 주제가 질병이라 각 환자에게 관심이 쏠릴 수밖에 없지만, 색스도 환자의 사례를 노골적으로 이용하기보다는 우리 뇌에 어떤 기능이 있는지를 설명하는 자료로 삼았다. 그 결과 의학 분야의 다른 어떤 책보다 훨씬 폭넓은 대중의 사랑을 받은 베스트셀러가 되었다.

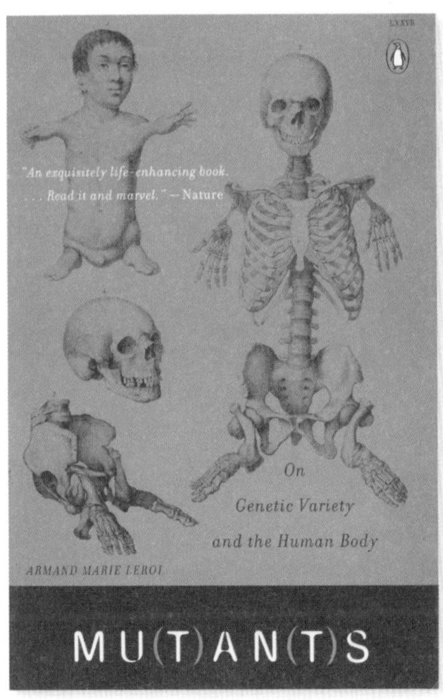

(좌) 올리버 색스, 『아내를 모자로 착각한 남자』, 무크니크 에디토레스Muchnik Editores 발행, 1991년

스페인어 번역서

(우) 아르망 르로이, 『돌연변이』, 펭귄 프레스 발행, 2005년

미국에서 출판된 판본. 초판은 2004년에 영국 하퍼콜린스HarperCollins 출판사에서 출간됐다.

과학 이야기와 과학계의 전설

1968년에 나온 『이중 나선』(277~279쪽 참고)은 앞서도 소개했듯이, DNA의 구조를 발견한 과학자 중 한 명인 제임스 왓슨이 이야기 중심으로 쓴 전기 형식의 대중 과학책이다. 미국에서는 이후 이러한 방식이 대중 과학책의 전형적인 특징이 되었으나, 유럽에서는 과학적인 내용에 더 무게를 둔 책이 많았다. '인간 중심의 이야기'가 잘 드러난 대표적인 책은 1987년에 출간된 『카오스: 새로운 과학의 출현*Chaos: Making a New Science*』을 꼽을 수 있다. 이 책은 미국 대중 과학 분야의 주축인 제임스 글릭James Gleick의 첫 번째 저서다.

뉴욕에서 태어난 글릭은 대중 과학 저술가의 이력으로는 특이하게도 대학에서 문학사 학위를 받았다. 『카오스』에서 이야기 중심의 저술 방식이 두드러지는 것도 분명 그러한 배경의 영향일 것이다. 이는 누아르풍 탐정 소설을 여는 듯한 책의 서두에서도 잘 나타난다. "1974년, 경찰은 뉴멕시코주 로스앨러모스의 작은 시내에 나타난 한 남자를 한동안 주목했다. 그는 밤마다 어둠 속에 나타나 조용히 돌아다녔고, 그가 지나는 뒷골목에는 붉은 담뱃불이 떠다녔다. 남자는 그렇게 별빛 아래, 나지막한 언덕들을 오르내리며 알 수 없는 목적지를 향해 몇 시간씩 발걸음을 재촉했다." 왓슨, 그리빈 같은 저자의 책들이 '권위자가 일반인들에게 설교하는' 식의 따분하고 해묵은 대중 과학책을 제쳐 내고 등장했다면, 『카오스』 같은 책은 그런 옛 방식을 완전히 산산조각 냈다.

『카오스』의 또 한 가지 인상적인 특징은 수학의 대중화다. 『카오스』가 출간될 무렵에는 수학이 실용적인 학문으로 자리 잡았지만, 독자가 책에서 접하는 수학은 둘 중 하나였다. 즉 수학 문제를 푸는 방법과 예시로 만나거나, 과학이 중심 주제고 그에 대한 부가 설명에 따라오는 수학으로 접했는데, 후자는 대중 과학책을 읽기 힘들게 만드는 역할을 톡톡히 했다. 글릭은 『카오스』에서 방법의 문제일 뿐 수학도 과학처럼 얼마든지 흥미로울 수 있음을 보여 주었다. 지금도 수학은 접근성을 높이기가 가장 까다로운 분야로 여겨지는데, 『카오스』가 보여 준 방식은 성공적인 대중 수학 도서의 밑거름으로 활용할 수 있다.

글릭의 책은 카오스 이론의 발전이라는 주제를 시의적절하게 택했다. 일반적으로 카오스(혼돈)라고 하면 엉망진창이라는 뜻으로 여겨지지만, 수학에서는 그런 의미가 아니다. 수학의 카오스 체계는 명확한 규칙을 따른다. 그러나 이 체계를 이루는 각 부분의 상호 작용에서 극히 미세한 변화만 생겨도 파괴적인 영향이 발생할 수 있다. 정확한 기상 예보를 내놓기 힘든 이유도 이 이론으로 설명할 수 있다. 실제로 미국의 기상학자 에드워드 로렌즈 Edward Lorenz가 기상 예측용으로 개발된 컴퓨터 프로그램을 다시 활용해 보기로 한 일이 카오스 이론이 등장한 계기가 되었다. 그 프로그램으로 결과를

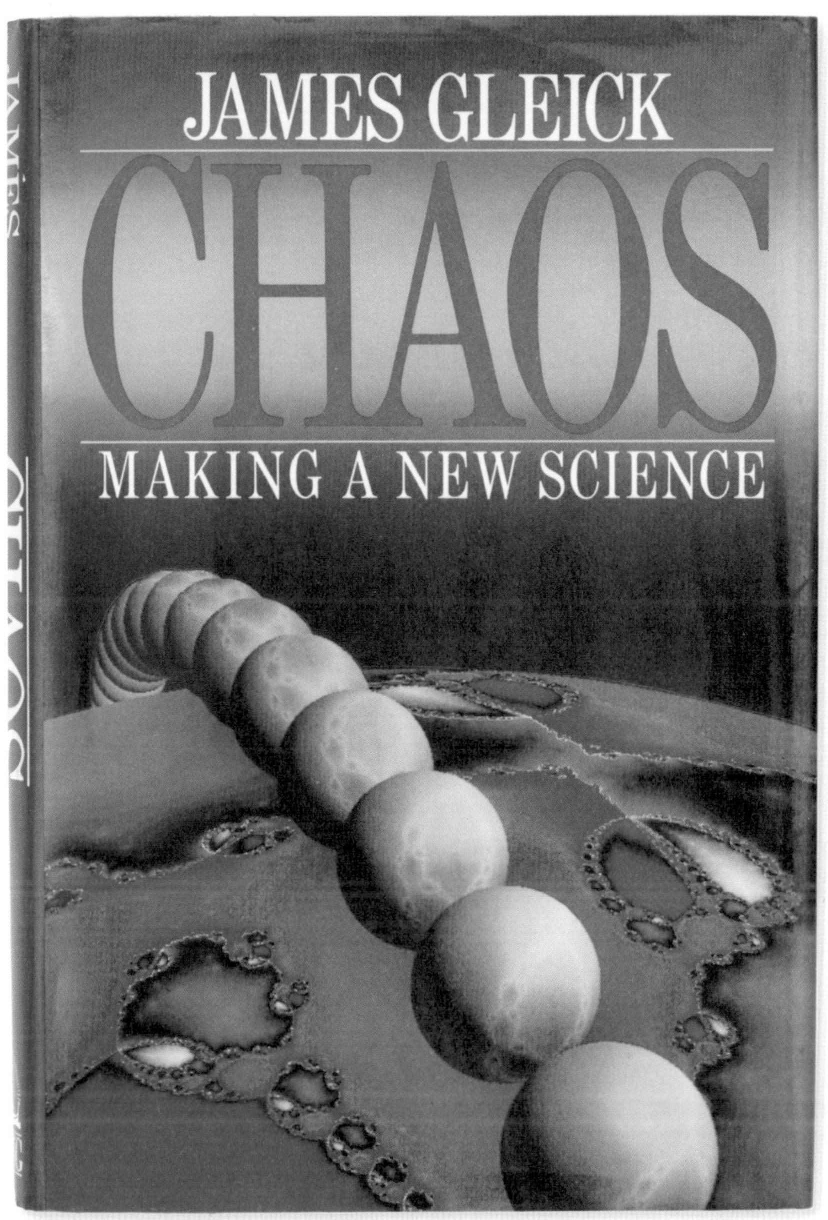

제임스 글릭, 『카오스』, 바이킹 펭귄Viking Penguin Inc. 발행, 1987년

초판 표지. 프랙털 패턴을 암시하는 멋진 그림이 담겼다. 수학적인 주제를 이야기하듯 풀어내 성공을 거둔 책이다.

얻으려면 몇 시간씩 걸린다는 사실을 알게 된 로렌즈는 프로그램을 어느 정도 돌려서 나온 중간 결과를 활용하기로 했는데, 출력된 값은 프로그램이 내부적으로 계산에 적용하는 값과 달리 소수점 아래 두 자리가 빠져 있었다. 로렌즈는 이 작은 차이로 기상 예측의 최종 결과가 완전히 달라진다는 사실을 발견했다.

글릭은 카오스 이론이 과학에서 수학이 쓰이는 방식을 바꿔 놓으리라는 전망이 나오던 시기에 『카오스』를 집필했으므로 책에서도 이 이론이 굉장히 중요하다는 사실을 강조했다(같은 이유로, 『카오스』가 출간되고 불과 몇 년 뒤에 개봉된 영화 〈쥬라기 공원Jurassic Park〉에 카오스 이론 전문가가 등장한 것도 그리 놀라운 일이 아니었다. 회의적인 태도의 이언 말콤Ian Malcolm 박사로, 배우 제프 골드블럼Jeff Goldblum이 연기했다). 그러나 카오스 이론이 처음 등장했을 때 나온 전망이 현실이 되지는 않았다. 카오스 체계(혼돈계)의 영향이 매우 중요하다는 사실은 확인되었으나, 글릭이 예상한 것과 같은 직접적인 영향은 아직 발생한 적이 없다. 그러나 이런 사실과 상관없이 『카오스』는 지금 읽어도 좋은 책이고, 무엇보다 과학 저술을 한 단계 더 발전시키는 중요한 역할을 했다.

『카오스』가 나온 이듬해에는 저자를 일약 스타로 만들고 대중 과학책 시장에 돌풍을 일으킨 책이 출판됐다. 바로 스티븐 호킹의 『시간의 역사』다. 흥미롭게도 이 책은 『카오스』와는 정반대로 특정 분야의 권위자가 독자를 가르치듯 썼지만, 호킹은 자신의 개인적인 의견을 덧붙이고 글을 잘 다듬어서(더불어 출판사가 책의 접근성을 높이기 위해 여러 번 교정했다) 그러한 인상을 많이 없앴다.

이 유명한 영국인 물리학자의 연구 분야는 일반인들이 이해하기 어려운 블랙홀과 우주학이었지만, 호킹의 성격과 그를 쇠약하게 만든 병을 대하는 방식은 대중의 마음을 사로잡았다. 『시간의 역사』는 현대에 들어 가장 많이 팔린 대중 과학책에 등극했고, 이 책의 판매 기록은 15년 후 빌 브라이슨Bill Bryson의 『거의 모든 것의 역사*A Short History of Nearly Everything*』(2003)가 나오고서야 깨졌다(313쪽 참고). 『시간의 역사』에는 제목과 달리 시간에 관한 내용이 거의 없고, 상대성 이론에 따라 공간과 시간이 어떻게 얽히는지에 관한 설명

스티븐 호킹, 『시간의 역사』, 1988년

왼쪽은 밴텀 프레스에서 나온 호킹의 베스트셀러 초판 표지. 오른쪽은 같은 해에 이탈리아 리촐리Rizzoli 출판사에서 나온 이탈리아어 번역서다. 이 번역서는 영어 원서의 부제인 '빅뱅부터 블랙홀까지'가 제목이고 원서의 원제는 부제로 쓰였다.

으로 시작해 우주학에 관한 설명이 이어진다.

『시간의 역사』는 그리 두꺼운 책이 아니다. 그래서 구입하는 사람은 많아도 끝까지 다 읽는 사람은 별로 없기로 유명한 책이라는 사실이 의아할 수도 있다. 이 책을 읽기 시작한 사람들 대부분이 어느 과학자가(철학자 버트런드 러셀일 가능성이 있다) 천문학 강연 중에 겪은 일화를 전하며 독자를 부드럽게 안내하는 책의 초반부까지는 잘 읽는다. 강연을 듣던 나이 많은 여성은 그 과학자에게 이 세상은 거대한 거북이 등에 있는 평평한 판이라고 말하는데, 그 말은 소설가 테리 프래쳇Terry Pratchett의 판타지 소설 속 설정을 떠올리게 한다.

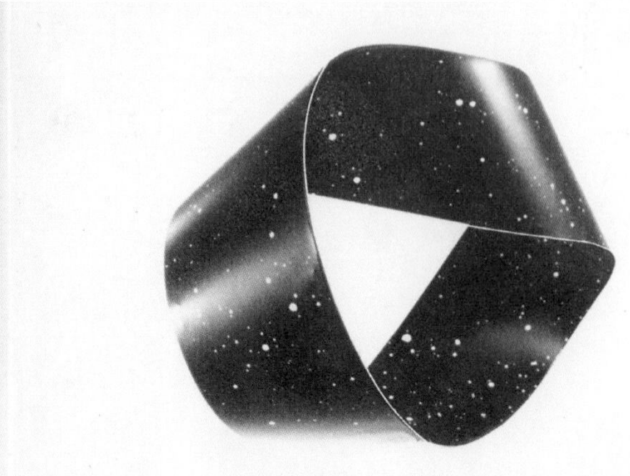

스티븐 호킹, 『시간의 역사』, 로볼트Rowohlt 발행, 1988년

독일에서 출간된 번역서 초판. 대중 과학책의 고전이라 할 수 있는 호킹의 저서로, 독일어 번역서의 부제는 '우주의 근본적인 힘에 관한 연구'로 바뀌었다. 위는 1980년대에 촬영된 스티븐 호킹의 사진이다.

호킹은 『시간의 역사』를 쓸 때 책에 수학 공식이 하나 추가될 때마다 독자가 반으로 줄어든다는 출판사의 경고를 귀담아들은 듯하다. 하지만 개념의 배경 설명이 부족하고 이야기처럼 술술 읽히지도 않는다. 내 생각에 잘 읽던 독자들도 광추(빛 원뿔)의 상대론적 특성이 나오는 부분부터 무슨 말인지 헷갈려서 결국 더 읽기를 포기하는 경우가 많을 듯하다. 위대한 과학책의 필수 요건은 과학에 관심 있는 사람들에게 지식을 잘 전달하는 것이므로, 숱한 독자가 완독을 포기한 책을 위대한 과학 도서라고 소개하기가 좀 난감하기도 하다. 『시간의 역사』가 그 조건에 부합하지 않는 건 분명한 사실이지만, 출판계가 이 책을 계기로 대중 과학책에 주목하게 된 것 또한 사실이다. 출판사들은 과학책이 이만큼이나 팔릴 수 있다는 사실에 깜짝 놀랐고, 대중 과학 도서 시장 전체의 방향이 지식을 훨씬 효과적으로 전달하는 책들을 내는 쪽으로 바뀌었다.

방송의 효과

『시간의 역사』가 거둔 성공은 이후 수준 높은 TV 과학 프로그램이 짧게 번성한 것에도 분명 큰 몫을 했을 것이다. 이는 다시 TV 프로그램에서 파생된 책의 등장으로 이어졌다. TV에서 다루는 과학은 예나 지금이나 균형이 잘 잡힌 경우가 드물다. 초창기 TV 과학 프로그램은 초기 대중 과학책처럼 특정 분야의 권위자가 강연하는 방식이 대부분이었다. 또는 반대로 시청자의 이해 수준을 최저치로 잡은 프로그램들도 있었는데, 이 경우 과학의 비중은 거의 없고 방송 시간의 대부분이 멋진 이미지와 아무 영양가 없는 말들로 채워졌다.

하지만 과학의 다른 어떤 분야보다 시각 자료가 지식 전달에 효과적인 자연사는 예외였다. 영국의 자연학자이자 방송인 데이비드 애튼버러David Attenborough가 출연한 〈생명의 위대한 역사Life on Earth〉나 〈푸른 행성Blue Planet〉 등 다양한 TV 시리즈도 그런 사실을 잘 보여 주었고, 이 프로그램들이 성공을 거둔 후에는 독자의 눈을 즐겁게 하는 책이 많이 나왔다. 그러나 커다

데이비드 애튼버러와 산악고릴라, 1979년

BBC TV 시리즈 〈생명의 위대한 역사〉 중 르완다에서 촬영된 한 장면

란 판형에 사진과 그림이 가득한 그런 책들을 진정한 과학 도서라고 하기는 어렵다. 일반적으로 과학책은 과학 다큐멘터리보다 더 많은 내용을 훨씬 깊이 있게 다루지만, 'TV 시리즈를 그대로 옮긴 책'은 방송의 구성을 그대로 따르고 책 내용도 방송 내용을 소개하는 정도에 그친다. TV 과학 프로그램의 대본이 브로노우스키의 『인간 등정의 발자취』(276쪽 참고)처럼 정교하게 잘 쓰인 경우는 별로 없으므로, 프로그램을 그대로 옮긴 책을 과학 저술이라고 하기에는 무리가 있다.

자연사만 놓고 보더라도 TV 시리즈에서 영향력 있는 책이 나온 사례는 극소수다. 그 극소수 중 하나가 1980년에 TV 시리즈로 방영되어 엄청난 인기를 누린 칼 세이건Carl Sagan의 〈코스모스Cosmos〉와 같은 제목으로 나온 『코스모스』(1980)인데, 이 프로그램과 책에 나오는 과학의 역사에는 명백히 허술한 부분이 있다(가령 5세기부터 15세기까지 과학사에는 아무 일도 일어나지 않았다는 주장은 사실이 아니다). TV 시리즈에서 나온 책이 큰 성공을 거둔 또 다른 사례는 『시간의 역사』가 출판되고 몇 년 후에 BBC 〈호라이즌Horizon〉 시리즈의 하나로 방영된 다큐멘터리에서 나왔다. '증명The Proof'이라는 제목으로 방영된 이 다큐멘터리는 영국의 과학 저술가 사이먼 싱Simon Singh이 진행을 맡았고, 싱이 이 프로그램을 토대로 쓴 『페르마의 마지막 정리 *Fermat's Last Theorem*』(1997)는 방송에서 소개한 연구가 똑같이 나오긴 하지만 'TV 시리즈를 그대로 옮긴', 장식용에 더 가까운 기존의 책들과는 달랐다. 『페르마의 마지막 정리』는 다큐멘터리에 나온 것보다 훨씬 더 많은 내용을 다루며, 방송과 별개로 훌륭한 책이다.

싱은 이 책에서 기적이라고 해도 좋을 만한 일을 해냈다. 대다수가 어렵게 느끼는 수학을 책의 주제로 삼았을 뿐만 아니라 수학에서도 특히 난해한 내용을 다루었는데도 뛰어난 이야기 솜씨로 흥미롭게 풀어낸 것이다. 그 결과 『페르마의 마지막 정리』는 영국에서 수학 도서로는 최초로 논픽션 베스트셀러 1위에 등극했다. 제목에 나오는 페르마의 마지막 정리는 양의 정수 세 개의 세제곱 또는 그보다 큰 (동일한) 거듭제곱은 두 개를 더해서 나머지 하나가 나올 수 없다는 것인데, 이것이 17세기에 처음 알려진 후부터 수많은 수학자가 증명에 도전한 이유는 수학적으로 엄청나게 중요한 내용이라서가 아니라 이 정리가 알려진 방식이 수학자들을 도발했기 때문이다.

1637년, 프랑스의 아마추어 수학자였던 피에르 드 페르마Pierre de Fermat는 3세기에 활동한 그리스 철학자 디오판토스의 『산수론』(76쪽 참고) 사본을 읽으며 책 여백에 메모를 남겼다. 초기 대수학을 설명한 디오판토스의 이 저서에는 양의 정수 세 개를 거듭제곱하고 그중 두 개를 더하면 나머지 하나가 나오는 숫자 세 쌍이 있다고 설명한 내용이 있는데(이미 해결된 방정식이었다), 페르마는 그 부분의 여백에 거듭제곱이 아닌 세제곱 또는 그보다 큰 거듭제곱을 적용하면 이 방정식을 충족하는 근(미지수의 값)은 나올 수 없으며 자신은 이를 증명했다고 밝혔다. 그리고 이렇게 덧붙였다. "나는 이를 증명하는 경이로운 방법을 찾았으나, 여기 다 쓰자니 공간이 부족하다."

(좌) 데이비드 애튼버러, 『생명의 위대한 역사』, 콜린스/BBC 북스Collins/BBC Books 발행, 1992년

인기 TV 시리즈를 토대로 한 책

사이먼 싱, 『페르마의 마지막 정리』

가운데는 싱이 저술한 이 훌륭한 수학책의 여러 판본 중 1997년 포스 이스테이트Fourth Estate 출판사에서 나온 초판이다. 오른쪽은 1998년 JC 라테스JC Lattes 출판사에서 나온 프랑스어 번역서다.

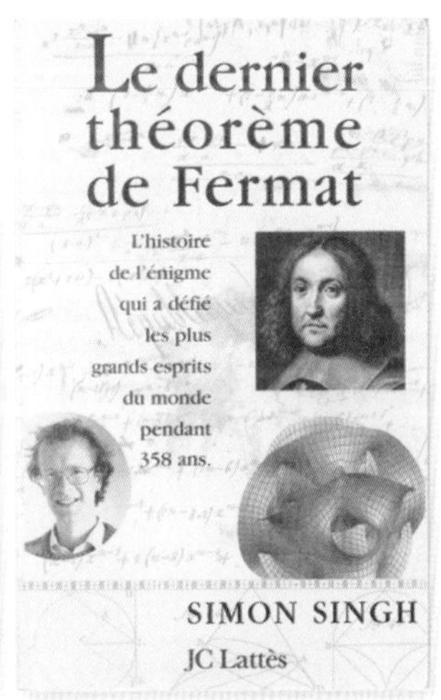

(페르마의 말을 뒷받침하는 증거는 없었으므로) 엄밀히는 사실인지도 알 수 없는 말이었으나, 이후 페르마의 그 '증명'을 알아내려는 시도가 계속 이어졌다. 그리고 무려 1994년이 되어서야 영국의 수학자 앤드루 와일스Andrew Wiles가 종이 1백 쪽이 넘는 분량의 계산 끝에 증명에 성공했다. 페르마가 정말로 이해했다고 믿기에는 너무나 어려운 과정이었다(그래서 페르마가 남긴 글은 기껏해야 넘치는 자신감을 표출한 것이라고 여겨진다). 『페르마의 마지막 정리』는 이러한 일들을 흥미진진한 이야기로 전하면서 대수학이 맨 처음 등장했을 때부터 와일스가 그 방대한 증명을 해내기까지의 역사를 함께 소개한다.

TV 과학 프로그램과 연계된 책 이야기가 나온 김에, 더 최근에 방영된 과학 프로그램 중 주목할 만한 두 편을 함께 소개한다. 미국의 천문학자 닐 디그래스 타이슨Neil deGrasse Tyson이 새로운 진행자로 나선 다큐멘터리 〈코스모스〉와 물리학자 브라이언 콕스Brian Cox가 진행하는 영국의 과학 프로그램 시리즈다. 이 프로그램들도 장식용이라 할 법한 책들을 양산했지만, 그보다는 2017년에 출간된 타이슨의 저서 『날마다 천체 물리*Astrophysics for People in a Hurry*』, 콕스가 2010년과 2012년에 제프 퍼쇼Jeff Forshaw와 공동 출간한 『$E=mc^2$ 이야기*Why Does* $E=mc^2$』와 『퀀텀 유니버스*The Quantum Universe*』 등 이 두 과학자가 방송과 무관하게 저술한 책들이 훨씬 흥미롭다.

타이슨의 책은 그가 출연한 TV 프로그램과 눈높이를 맞추면서도 더 많은 내용을 담았고, 콕스의 책은 더욱 대담한 저술 방식을 택해서 읽고 이해하려면 상당한 노력이 필요하다. 이들의 저서는 TV 프로그램에서 파생된 일반적인 책들과 달리 독자가 물리학을 더 깊이 이해하도록 이끌고, 더 큰 만족감을 선사한다. 또한 과학자가 쓴 책이면서도 이전 세대 과학자들처럼 자신의 협소한 연구 분야만 전문적인 수준까지 파고드는 대신 현대 과학책의 특징, 즉 일반 독자에게 더 광범위한 내용을 전달한다는 공통점이 있다.

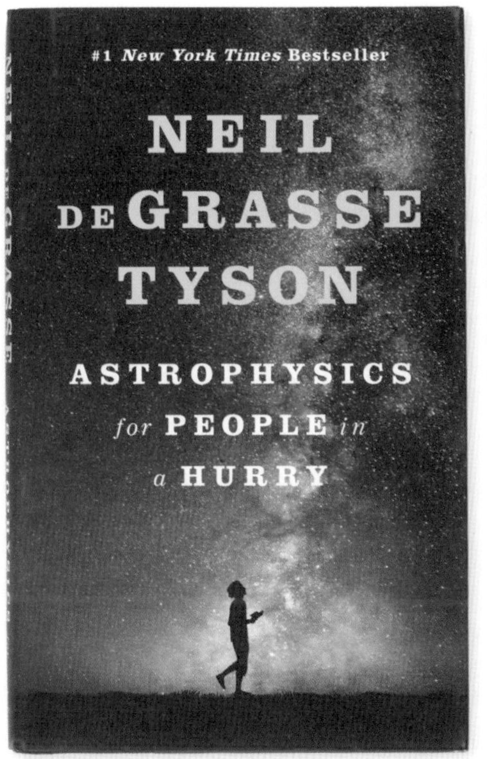

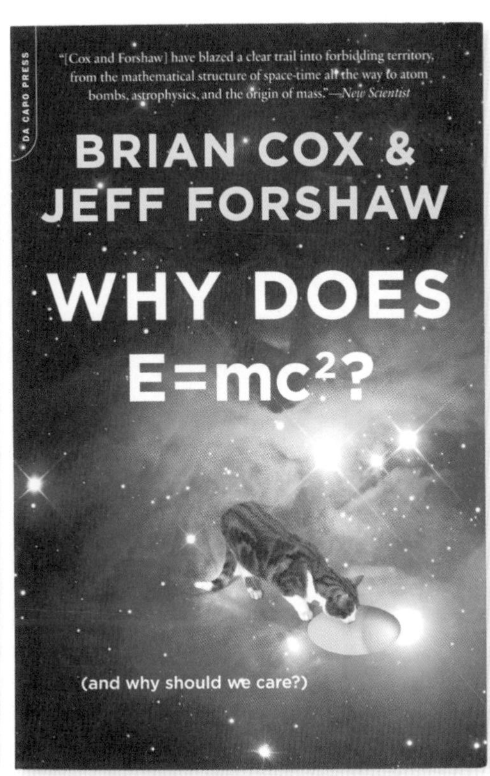

닐 디그래스 타이슨,
『날마다 천체 물리』, W. W. 노튼 출판사W. W. Norton & Company 발행, 2017년

천문학자인 타이슨이 TV 프로그램 진행자로 활약하며 얻은 인기에 힘입어 더 많은 독자가 천체물리학의 기초적인 내용을 접할 수 있도록 쓴 책이다.

브라이언 콕스와 제프 퍼쇼,
『$E=mc^2$ 이야기』, 다 카포 프레스Da Capo Press 발행, 2010년

콕스가 출연한 TV 프로그램에서 파생된 여러 책이 큰 성공을 거두었다. 그러나 그의 저서 중 최고는 퍼쇼와 공동 집필한 이 책처럼 방송과 별개로 더 깊이 있는 내용을 다룬 책들이다.

『마크 트웨인 여행기』 같은 과학책의 등장

과학과 기술은 밀접한 관계가 있다. 이 관계는 지구에서 동서 방향의 위치를 나타내는 경도를 알아내는 일에서 더없이 분명하게 드러난다. 경도를 파악할 방법을 찾는 과정은 천문학의 발전과 늘 한데 얽혀 있었고, 인류가 바다에 나가 오랫동안 항해하기 시작한 15세기부터 그 방법을 찾는 일이 더욱 중요해졌다. 기본적으로 경도는 특정 시각에 그 장소에서 관찰된 태양의 위치로 알 수 있는데, 관찰자가 있는 곳의 시각을 경도를 아는 곳의 시각과 비교해서 그 위치의 경도를 파악하는 방식이므로 일단 시각이 정확해야 경도도 정확하게 알 수 있었다.

영국에서는 1714년에 경도를 알아내는 법을 찾아내면 나라에서 큰 상을 내리겠다고 할 만큼 중요한 일이었다.[28] 목성의 여러 위성을 활용해 각 위성의 위치별 시각을 기준점으로 삼는 천문학적인 방법도 시도되었으나, 궁극적으로는 오랜 항해 중에도 정확한 시각을 알 수 있는 시계가 있어야 확실하게 해결될 문제였다. 당시에 쓰이던 가장 정확한 시계는 진자시계였고, 이 시계는 파도에 늘 흔들리는 배 위에서는 쓸 수 없었으므로 결코 쉬운 일이 아니었다.

1995년에 출간된 데이바 소벨Dava Sobel의 저서 『경도 이야기*Longitude*』는 이 문제가 해결된 과정을 따라간다. 미국의 과학 저술가인 소벨은 특정 인물의 관점으로 과학의 역사를 탐구한 책들을 주로 썼다(1999년에 출판된 소벨의 가장 유명한 책 중 하나인 『갈릴레오의 딸*Galileo's Daughter*』도 갈릴레오와 그의 사생아로 태어난 딸 비르지니아Virginia와의 관계를 통해 갈릴레오의 연구를 소개한다). 『경도 이야기』에서 중심이 되는 인물은 영국의 시계 제작자 존 해리슨John Harrison이다. 소벨은 그가 경도를 알아낼 방법을 찾기 위해 어떤 시도를 했는지 소개하고, 결국 성과를 거두었음에도 나라에서 그에게 상금을 지급하지 않으려 하는 바람에 빚어진 갈등을 보여 준다.

경도를 알아내려면 해결해야 하는 문제들, 그것을 해결한 과정을 상세히 설명했다는 점에서는 다른 인기 대중 과학책들과 같지만, 소벨의 책은 독자가 해리슨의 삶과 연구를 따라가면서 그러한 정보를 자연스럽게 알게 되도록 이끈다. 해리슨이 경도를 파악하는 방법을 찾아낸 건 하루아침에 뚝딱 일어난 일이 아니었다. 바다에 나가 있는 배에서도 쓸 수 있는 크로노미터[29]가 완성되기까지 수년이 걸렸고 그 일을 마침내 완수했지만, 영국 경도심사국은 해리슨의 시계가 정확하다는 사실을 확인한 후에도 약속했던 상금 2만 파운드를 지급하지 않으려고 했다. 당시의 2만 파운드는 2018년 화폐 가치를 기준으로 하면 구매력으로는 약 280만 파운드(350만 달러, 약 49억 원), 노동 가치로는(평균 임금을 토대로 한 가치) 3550만 파운드(4500만 달러, 약 632억 원)에 해당하는 막대한 돈이었다.

해리슨은 80세가 되어서야 상금의 대부분을 받을 수 있었는데, 그나마도 영국 의회를 상대로 제기한 소송과 조지 3세의 추가 지급 권고로 얻은 결과였다. 소벨의 책은 배경을 설명하는 것이 과학책에 얼마나 중요한 요건인지를 보여 주었다. 『경도 이야기』는 과학과 기술의 발전에 기여한 사람들의 삶과 그들이 처한 상황을 보여 줌으로써 독자가 과학과 기술을 흥미롭게 느끼도록 안내한다.

이러한 방식은 과거에 과학이나 기술에 일어난 혁신적인 발전을 돌아보기에 적합하다. 특히 역사적인 배경은 최근에 일어난 과학적 혁신을 설명할 때도 매우 중요한데, 새로운 발견의 경우 그 일에 관여한 과학자를 직접 인터뷰하는 것도 과학 저술의 한 가지 방식이 될 수 있다. 2003년에 출간된 빌 브라이슨의 책 『거의 모든 것의 역사』는 이 방식을 가장 극단적으로 활용한 예다. 이 책에서 브라이슨은 아는 건 별로 없어도 호기심 많은 일반인을 자처하며 여러 과학자와 만나 인터뷰하는 방식으로 다양한 주제를 깊이 파고든다. 그 결과로 나온 『거의 모든 것의 역사』는 지금까지 출판된 현대의 모든 과학책을 통틀어 가장 많이 팔렸다.

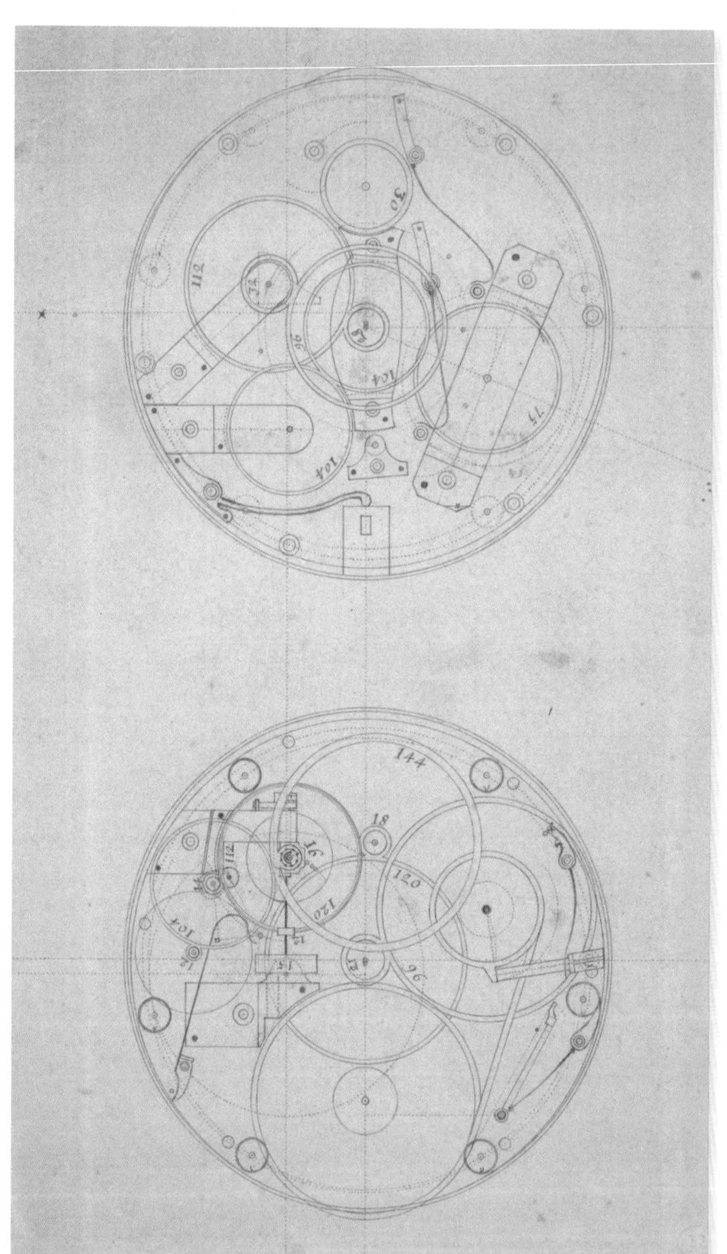

존 해리슨, H.4의 움직임, 종이에 잉크, 1760~1772년경

존 해리슨이 설계하고 제작한 경도 크로노미터 H.4의 움직임을 나타낸 그림. 데이바 소벨의 저서 『경도 이야기』에 해리슨이 겪은 일들이 소개된다.

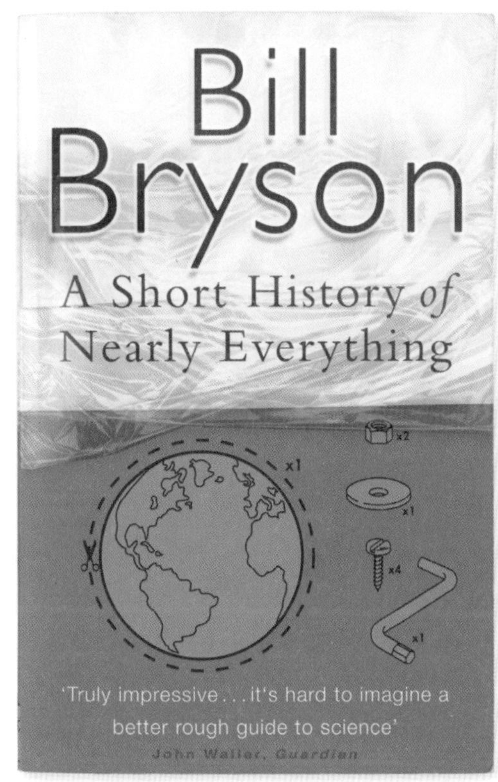

데이바 소벨, 『경도 이야기』, 포스 이스테이트 발행, 1996년

소벨은 이 책에서 표지에 적힌 대로 '그 시대의 가장 중대한 과학적 문제'였던 경도 문제를 해결하기 위해 고투를 벌인 존 해리슨의 이야기를 들려준다. 초판은 1995년 영국에서 출판되었다.

빌 브라이슨, 『거의 모든 것의 역사』, 블랙 스완Black Swan 발행, 2004년

누구나 쉽게 이해할 수 있는 설명으로 독자에게 과학을 안내하는 이 책은 21세기에 나온 모든 대중 과학책을 통틀어 가장 많이 팔렸다. 초판은 2003년에 나왔다.

묵직한 물리학 도서 세 권

『거의 모든 것의 역사』가 거둔 성공에도 불구하고 그처럼 전체적인 관점에서 과학을 가볍게 다룬 책의 비중이 크게 늘지는 않았다. 2006년에는 거의 모든 면에서 그러한 책들과는 정반대인 중요한 물리학 도서가 나왔다. 일부 사람들에게 독불장군이라고도 불리는 미국의 이론물리학자 리 스몰린Lee Smolin이 쓴 『물리학의 문제*The Trouble with Physics*』는 전문가가 저술한 책이고, 끈 이론이라는 과학의 세부 분야를 다루는데도 일반 독자가 쉽게 이해할 수 있도록 쓴 책이다. 그렇다고 대충 설명하는 법도 없다.

이 책에서 스몰린은 끈 이론이 물리학의 양립할 수 없는 두 기둥과도 같은 양자 이론과 일반 상대성 원리를 통합하려는 시도에서 나온 대표적인 결과임을 훌륭하게 요약해 설명한다. 그러나 이 책의 진정한 강점은 끈 이론에 제기되는 우려와 이 이론의 단점까지 일반 독자들에게 전달한다는 것이다. 대중을 주요 독자로 삼는 과학책은 문제가 있어도 얼버무리고 아직 가설에 불과한 내용을 기정사실처럼 제시하는 경우가 너무나 많다. 그러나 스몰린은 물리학계가 감추려는 문제를 이 책에서 훤히 공개한다. 스몰린만 이런 시도를 한 것은 아니며, 『물리학의 문제』와 같은 해에 출간된 물리학자 피터 보이트Peter Woit의 『초끈 이론의 진실*Not Even Wrong*』이라는 인상적인 제목의 책도 마찬가지다. 보이트의 저서는 끈 이론의 더욱 전문적인 내용까지 다루는데, 책의 영향력에 있어서는 접근성이 더 뛰어난 스몰린의 책이 우세하다.

스몰린은 물리학계가 끈 이론의 매력에 얼마나 푹 빠져 있는지 보여 준다. 1980년대부터 수많은 물리학자의 경력이 끈 이론 연구로 채워졌고, 다른 이론이 있을 가능성은 생각조차 꺼리는 분위기였다. 그러나 끈 이론에서는 검증이 가능한 실질적인 예측이 전혀 나올 수 없다. 스몰린은 그동안 끈 이론에 지나치게 몰두한 결과 다른 독창적인 견해를 내놓는 사람들의 입지가 좁아졌고, 대안이 될 만한 이론도 나오지 못했다고 설명한다.

2010년에 출간된 숀 캐럴Sean Carroll의 『현대물리학, 시간과 우주의 비밀에 답하다*From Eternity to Here*』도 과학의 이해 수준을 높이는 데 스몰린의 책

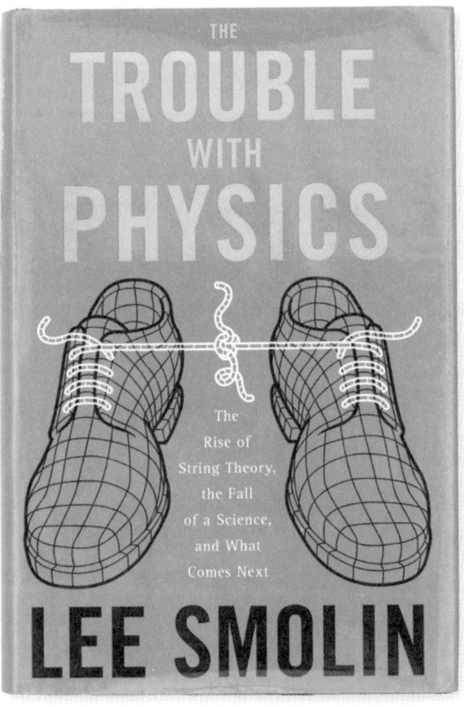

못지않게 기여했다. 차이가 있다면 캐럴의 책이 중점적으로 다루는 분야는 우주학이라는 것이다. 호킹의 저서 제목인 『시간의 역사』는 여러 면에서 캐럴의 이 책에 더 잘 어울린다. 앞서도 언급했듯이 호킹의 책은 사람들이 시간의 특성을 이해하는 데 별로 도움을 주지 못했지만 『현대물리학, 시간과 우주의 비밀에 답하다』는 그 일을 해냈다. 심지어 캐럴의 책은 열역학과 상대성 이론, 양자 이론에 이르기까지 호킹의 책보다 훨씬 더 깊이 있는 내용을 다루면서도 놀라울 만큼 이해하기 쉽게 설명한다.

2014년에는 제대로 잘 설명하면 대중이 과학에 얼마나 큰 흥미를 느낄 수 있는지를 멋지게 보여 준 물리학 도서

(좌) 리 스몰린, 『물리학의 문제』, 호턴 미플린 출판사Houghton Mifflin Company 발행, 2006년

물리학에 큰 영향을 발휘해 온 끈 이론의 근본적인 문제점을 지적한 스몰린의 저서

(우) 숀 캐럴, 『현대물리학, 시간과 우주의 비밀에 답하다』, 원월드 출판사Oneworld Publications 발행, 2015년

숀 캐럴이 처음으로 집필한 대중 과학책. 초판은 2010년에 나왔다. 물리학자의 관점으로 시간을 탐구하고 명쾌하게 설명한다.

가 나왔다. 물리학자 카를로 로벨리Carlo Rovelli가 쓴 『모든 순간의 물리학*Sette brevi lezioni di fisica*』이다. 전 세계적으로 베스트셀러가 된 현대의 과학책 중에 이탈리아에서 폭발적인 인기를 얻은 이 책처럼 원서의 언어가 영어가 아닌 책은 극소수다. 로벨리의 저서가 그토록 큰 성공을 거둔 이유는 명확하다. 『모든 순간의 물리학』은 일곱 편의 에세이를 엮은 얇은 책이고, 광범위한 독자가 이해할 수 있도록 물리학을 쉽게 설명한다.

『모든 순간의 물리학』이 성공을 거둔 구체적인 비결은 세 가지로 정리할 수 있다. 첫째는 로벨리가 과학 연구와 관련된 사람들의 이야기에는 큰 비중을 두지 않으면서도 이래즈머스 다윈의 『식물원』(172쪽 참고)을 떠올리게 하는 방식으로 사람 냄새가 물씬 나는 책을 썼다는 점이다. 즉 로벨리의 문체는 매우 시적이며 저자의 개성도 진하게 담겨 있다. 두 번째 성공 비결은 책이 얇다는 것으로, 과학책을 버겁게 느끼는 사람들에게는 장점으로 다가갔을 것이다. 그리고 마지막 비결은 책의 내용이 풍성하고 정교하다는 것이다.

캐럴과 스몰린처럼 로벨리도 책이 다루는 분야에 정통한 전문가이고, 물리학에서도 가장 큰 관심이 쏠리고 있는 양자 중력 이론을 연구해 왔다. 아인슈타인 이후로 물리학은 크게 두 분야로 나뉘었다. 하나는 양자물리학(우리가 직접적으로 경험하는 거의 모든 것을 결정하는 아주 작은 입자의 물리적 특성에 관한 연구), 다른 하나는 일반 상대성 이론(중력의 물리적 특성에 관한 연구)이다. 중력은 모든 것에 영향을 주지만, 별이나 은하처럼 거대한 것에 중대한 영향을 주는 것에 비해 힘은 상대적으로 약하다(전자기보다 수십억 배 약하다).

양자물리학과 일반 상대성 이론은 둘 다 매우 설득력 있지만 양립할 수 없다. 둘을 합칠 수는 없다는 의미인데, 우주를 각기 분리된 작은 덩어리로 양자화해서 다루는 양자 이론을 중력에는 적용할 수 없기 때문이다. 이에 따라 1930년대부터 중력을 양자화해서 양자물리학과 통합할 수 있는 이론을 수립하려는 노력이 시작되었고, 가장 대표적인 결과가 지금도 수많은 물리학자가 연구 중인 끈 이론이다. 그러나 스몰린이 밝혔듯이 끈 이론에서 유용한 과학적 체계가 도출될 가능성은 없다. 그 외에 끈 이론을 대체할 수 있는 다른 이론들도 있다.

카를로 로벨리,
『모든 순간의 물리학』

왼쪽은 2014년에 이탈리아 아델피Adelphi 출판사에서 나온 이탈리아어 원서이고, 오른쪽은 2015년 앨런 레인Allen Lane 출판사에서 우아한 표지로 출간된 영어 번역서다.

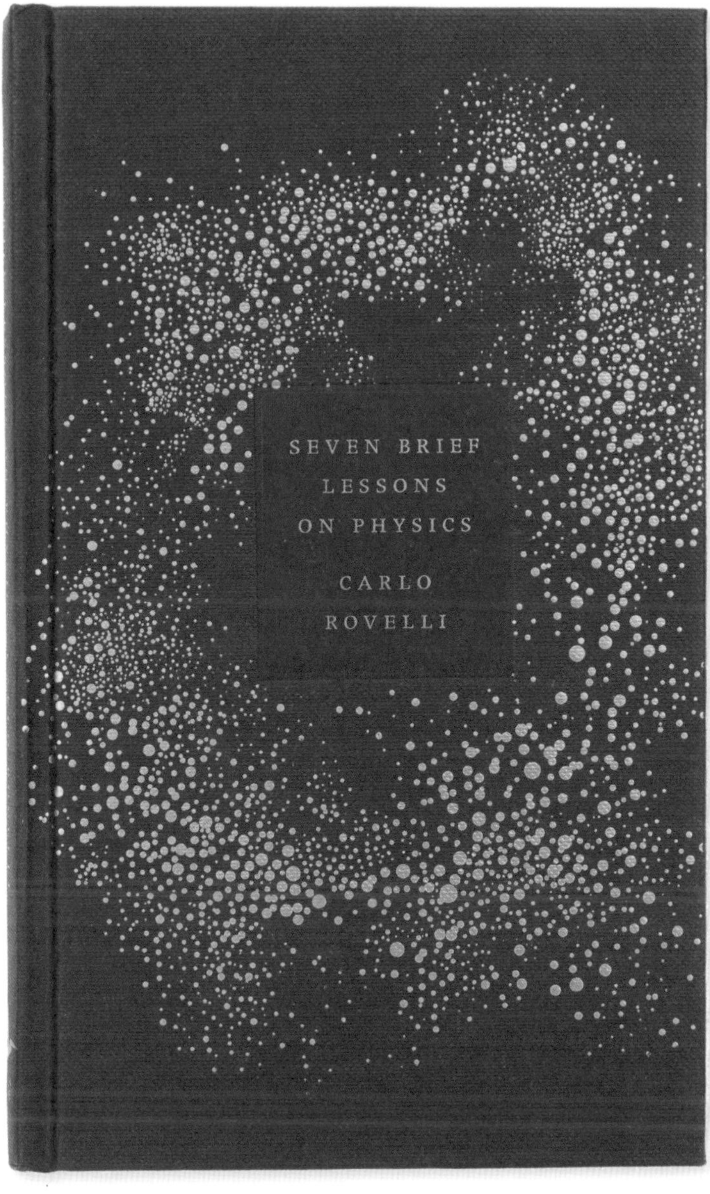

현재 끈 이론에 맞서는 주요 이론 중 하나가 로벨리의 연구 분야인 루프(고리) 양자 중력 이론이다. 로벨리는 『모든 순간의 물리학』에서 우주학과 양자 중력 이론의 발전 과정을 간략히 정리해 제시하는데, 루프 양자 중력 이론의 중요성에 관한 설명에서는 그의 편향된 시각이 드러난다. 이 이론이 정말로 끈 이론을 대체할 수도 있지만 아직은 근거가 부족한 상황이다. 이 책의 중요한 장점은 독자들이 더 깊이 있는 책들과 만나고, 나아가 과학의 가치를 더 분명하게 깨닫는 계기가 될 수 있는 책이라는 점이다.

과학책이 다루는 주제에 관하여

과학과 기술은 우리 삶에 엄청난 영향을 준다. 그러므로 이 두 가지에 사람들이 더 큰 관심을 기울이게 하려는 노력은 중요한 의미가 있다. 이런 측면에서 독일의 의사이자 방송인 에카르트 폰 히르슈하우젠Eckart von Hirschhausen의 저서 두 권이 2005년부터 2015년 사이에 독일에서 나온 모든 논픽션을 통틀어 베스트셀러 2위와 3위를 차지한 것은 정말 고무적인 일이다. 그 두 권 중에 주목할 만한 책은 『간은 할 일이 많을수록 커진다*Die Leber wächst mit ihren Aufgaben*』(2008)이다. 이 책에서는 침술이 자동차에 주는 영향(위약 효과를 설명하기 위한 내용), 치즈에 난 구멍과 치즈를 먹으면 살이 찌는 것의 관계 같은 엉뚱하고 재미있는 과학적 의문을 다룬다.

우리가 지금까지 쭉 살펴보았듯이 과학책은 이처럼 인간을 과학적으로 탐구한 책이나 물리학, 우주학 분야의 책이 대부분이고 다른 과학 분야의 책은 상대적으로 부족하다. 그 이유는 무엇일까? 왜 책 한 권을 통째로 할애해서 화학만 다룬 과학책은 많지 않을까? 한번 생각해 볼 일이다.

영국의 대표적인 과학책 출판사 중 한 곳인 옥스퍼드대학교 출판부의 책임 편집자 제러미 루이스Jeremy Lewis는 화학만 다룬 책은 대중의 관심을 끌기 어려울 수 있다고 말했다. 루이스는 내가 요청한 인터뷰에서 다음과 같이 설명했다. "저도 화학이 대중 과학책에서 충분히 다루어지지 않은 분야라고 생각합니다. 서점에 가 보면 대부분 과학책 자체가 비중이 크지 않고, 화학 도서는 훨씬 적죠. 물리학이나 생물학에서는 양자 이론, 유전자 편집처럼 '매력적인' 혁신적 성과가 나왔습니다만 화학은 대체로 잠잠한 경향이 있는 것 같고요." 영국 왕립화학학회의 2015년 자체 조사 결과가 담긴 보고서 「화학을 대하는 대중의 태도Public Attitudes to Chemistry」에는 다음과 같은 내용이 나온다. "사람들은 화학이 일상생활에 어떤 영향을 주는지 쉽게 떠올리지 못한다. 또한 사람들은 화학자들의 주체성이 부족하다고 여긴다. 즉 화학 연구의 최종 결과물을 그 연구를 수행한 화학자들과 잘 연결 짓지 못한다."

그러므로 대중 과학책이 성공하려면 특별히 잘 쓴 책이 아닌 이상 사람들의 개인적인 관심사(건강, 심리학 등)를 다루거나 근본적이고 극적인 주제를 다루어야 하는 듯한데, 물리학과 우주학은 후자의 조건을 대체로 충족한다. 수학은 언뜻 과학책의 이 전반적 요건에 맞지 않는 것 같지만, 수학자들의 유별난 면들을 보여 주는 이야기와 수학의 본질적인 독특함을 잘 버무리면 수학처럼 쉽게 다가가기 힘든 학문을 다룬 책도 큰 인기를 얻을 수 있다. 예를 들어 『페르마의 마지막 정리』에서 수학자 앤드루 와일스의 연구를 설명한 부분은 독자가 개인적으로 공감할 만한 요소가 분명히 있고, 내 책 중 2003년에 출간된 『무한성의 간략한 역사*A Brief History of Infinity*』가 베스트셀러에 오를 수 있었던 이유도 (무한이라는 개념이 사람들의 호기심을 끌 만한 주제이기도 하지만) 이 개념을 발전시킨 수학자들의 이야기에 초점을 맞추었기 때문이라고 생각한다.

불멸의 삶

더 최근에 나온 영향력 있는 과학책들도 여전히 생물학(대부분 인간에 관한 탐구)과 물리학의 비중이 압도적이다. 2010년에 출간된 리베카 스클루트Rebecca Skloot의 책 『헨리에타 랙스의 불멸의 삶*The Immortal Life of Henrietta Lacks*』도 그 대표적인 예다. 미국의 과학 저술가인 스클루트는 강력한 이야기

솜씨를 발휘해 의학 분야의 대중 과학책을 여러 권 썼다. 제목부터 인상적인 『헨리에타 랙스의 불멸의 삶』은 1951년에 자궁경부암으로 사망한 헨리에타 랙스의 이야기다. 랙스의 종양에서 채취한 세포는 의학 연구의 중요한 도구가 된 불멸화 세포주로 제작됐다.

우리 몸의 세포는 분열해서 새로운 세포를 만들어 내지만, 그 과정이 무한히 일어나지는 않는다. 세포 분열 횟수를 조절하는 텔로미어라는 관리 시스템이 있기 때문이다. 텔로미어의 기능은 영수증 용지와 비슷하다. 즉 세포가 분열할수록 길이가 점점 짧아져서 최종적으로는 더 이상 분열할 수 없게 된다. 암세포 중 일부는 세포 분열을 제한하는 이 기능이 영구히 사라지는데, 랙스의 종양 세포도 그런 경우였다. 이 세포를 활용해 사상 최초의 불멸하는 세포주를 만든 일은 세포 의학의 역사에서 엄청나게 중요한 성과였다. 헬라HeLa30라고 불리게 된 이 불멸화 세포주는 암, 에이즈 연구 등에 활용되었고 지금도 많이 쓰이고 있다. 현재까지 배양된 랙스의 세포를 모두 합하면 20톤이 넘는다.

스클루트가 쓴 『헨리에타 랙스의 불멸의 삶』이 큰 인기를 얻은 이유는(100만 부 이상 팔렸다) 인류의 보편적인 관심사를 다루었기 때문이다. 스클루트는 이 책에서 랙스의 삶을 전하는 한편, 남은 가족들이 랙스의 세포로 만든 헬라 세포의 존재를 1970년대가 돼서야 알게 되어 큰 충격에 빠진 사연을 소개한다. 더불어 이 일과 관련된 과학자들의 삶과 연구, 의과학의 중요성도 빠짐없이 다룬다. 대중이 과학을 새롭게 이해하고 더 깊은 관심을 기울이도록 이끄는 책들이 과학 도서의 대부분을 차지하게 된 지 1백여 년이 된 시점에서, 스클루트의 책은 과학 도서에 인간 본연의 이야기를 담는 것이 얼마나 중요한지 재차 입증했다.

헬라 세포주가 의학에서 얼마나 중요한 기능을 하게 됐는지는 2018년에 출간된 마크 팰런Mark Pallen의 흥미로운 저서 『천연두의 최후*The Last Days of Smallpox*』에서도 알 수 있다. 천연두가 완전히 사라진 이야기, 이후 영국 버밍엄에서 다시 천연두 환자가 발생했을 때의 상황을 다룬 이 책에는 새로 발생한 환자에게서 채취한 바이러스 검체를 "헬라 세포로 알려진 배양된 인체 세

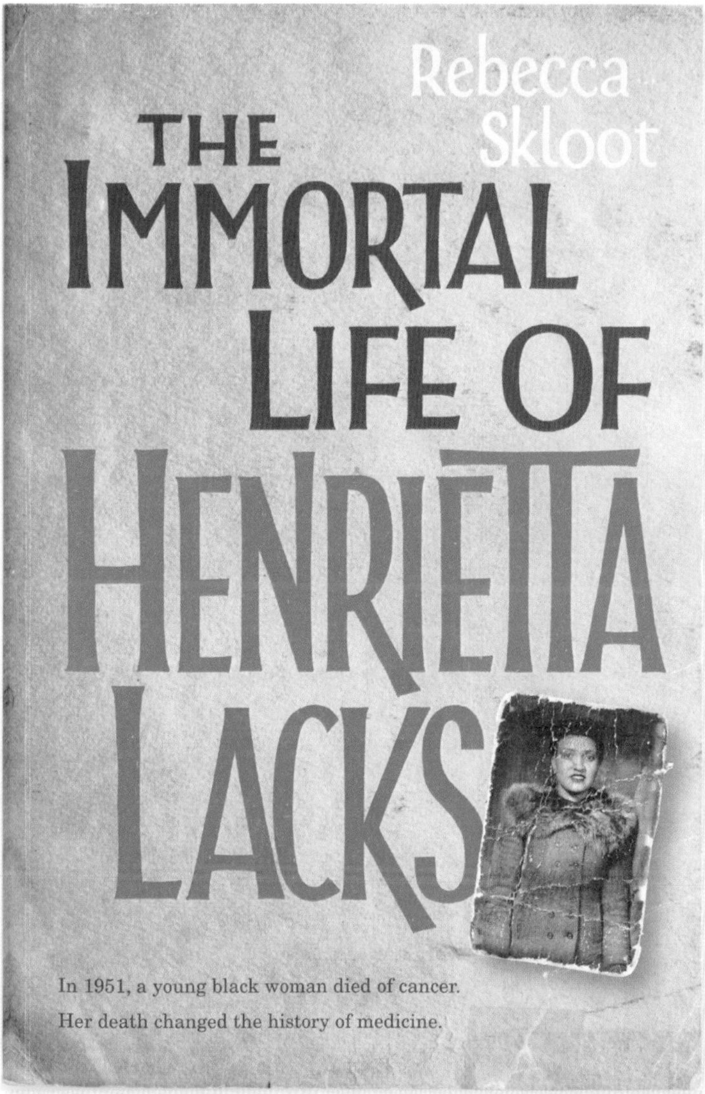

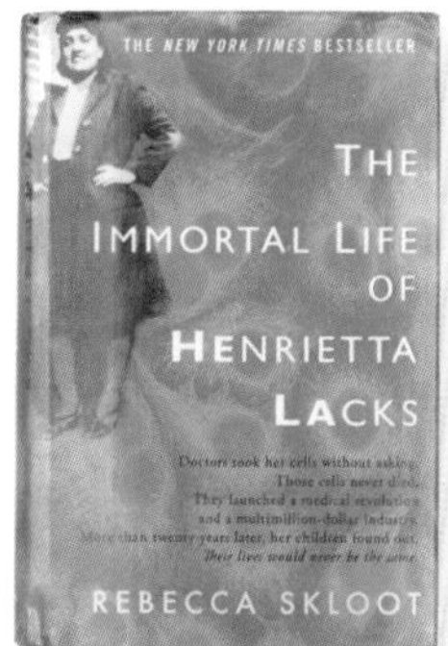

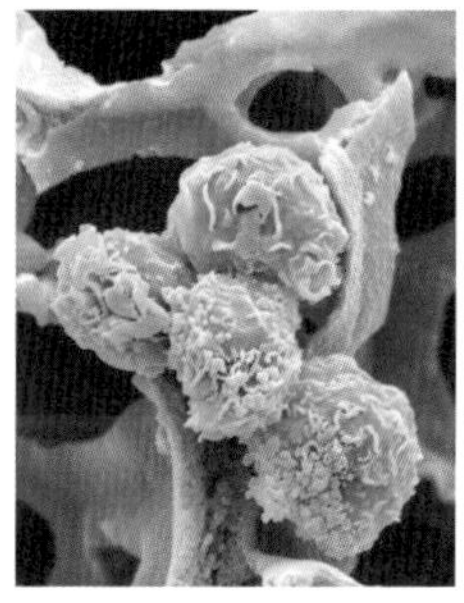

리베카 스클루트, 『헨리에타 랙스의 불멸의 삶』, 2010년

호주 피카도어Picador 출판사에서 발행된 초판(좌)과 미국 크라운 출판사Crown Publishers에서 출간된 책(우 상단). 오른쪽 아래 사진은 전자 현미경으로 관찰한 헬라 세포의 모습이다. 1951년에 랙스에게서 채취한 표본으로 이 불멸화 세포주가 만들어졌다.

포에 적용하자 여러 층으로 증식하는 이례적인 동태를 보였다"는 설명이 나온다. 헨리에타 랙스의 이야기가 바다 건너에서 발생한 질병을 통해 계속 이어진 셈이다.

기원에 관한 책들

과학책은 원서의 언어가 영어고, 그 원서가 다른 여러 언어로 번역되는 경우가 대부분이다. 현재 영어는 과학의 국제 통용어가 되어, 처음 발표되는 중요한 과학 논문도 거의 다 영어로 작성된다. 원서가 영어가 아닌 과학책은 드문데, 그중 가장 이례적인 예가 2011년 히브리어 원서로 처음 출간된 유발 노아 하라리Yuval Noah Harari의 『사피엔스*Sapiens*』(이는 영어판 제목이고, 원제는 '인류의 역사')일 것이다.

과학과 관련된 경력이 전혀 없는 역사가인 하라리는 전형적인 대중 과학 저술가와는 거리가 멀다. 그가 『사피엔스』 이후 자신의 전문 분야와 한층 더 동떨어진 주제로 저술한 다른 책들에 비하면 『사피엔스』는 그나마 저자의 전문 지식이 많이 활용된 편이다. 이 책에서는 인류가 존재한 모든 역사를 능수능란하게 설명하는데, 이 책의 장르가 대중 과학인 이유는 역사와 함께 제시되는 유전학적인 내용에서 분명하게 드러난다. 『사피엔스』의 후속작인 『호모 데우스*Homo Deus*』(이는 영어판 제목이고, 원제는 '내일의 역사')의 주제는 탐구 방식에 대체로 일관성이 없는 까다로운 과학 분야인 미래학이다. 이 두 책 모두 전 세계적인 성공을 거두었다. 과학 저술의 역사에서 하라리의 책은 내용보다는(과학계 전문가들은 이 두 책의 과학이 빈약하다고 평가한다) 영어가 아닌 다른 언어로 쓰인 원서가 영어로 번역된 이례적인 사례라는 점에서 더 큰 의미가 있다.

양질의 과학 지식이 담겨 있다는 점에서 대조적인 책으로는 영국의 생물학자 닉 레인Nick Lane의 『바이털 퀘스천*The Vital Question*』을 꼽을 수 있다. 2015년에 출간된 이 흥미로운 제목[31]의 책은 (인간과 같은) 다세포 생물의 세

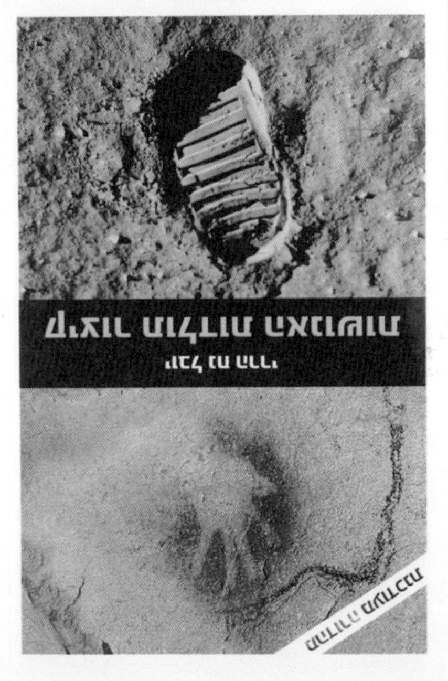

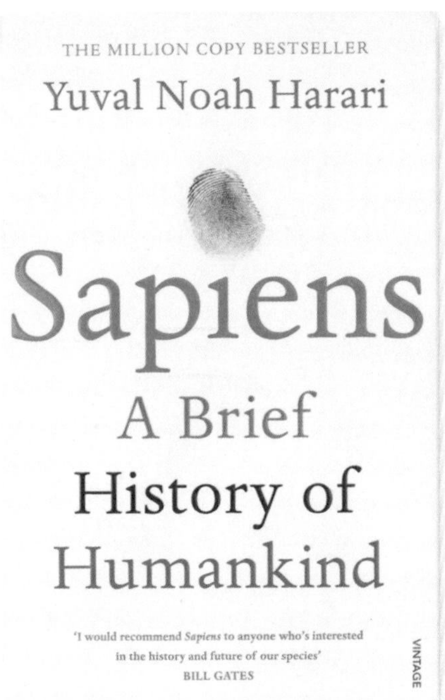

유발 노아 하라리, 『사피엔스』

왼쪽은 『사피엔스』의 2013년 개정판, 오른쪽은 2014년 빈티지Vintage 출판사에서 출간된 영어 번역서. 초판은 2011년 DVIR 출판사에서 나왔다.

포 기관이 얼마나 복잡한지 알기 쉽게 설명한다. 하지만 이 책의 더욱 인상적인 특징은 생물학의 가장 중대한 질문, '생명은 어떻게 시작되었나'를 다룬다는 점이다.

그리 멀지 않은 과거에도, 생명은 아주 머나먼 옛날 여러 유기 물질이 섞인 혼합물에서 처음 생겨났으며 번개를 통해 전달된 에너지로 그 과정이 촉발되었다고 추정됐다. 그러나 이 책에서 레인은 현재까지 밝혀진 초기 지구의 환경 조건은 이 가설과 맞지 않다고 설명하고, 물과 이산화탄소가 중심인 대체 이론을 제시한다. 더불어 단일 세포가 다세포 생물이 된 과정은 생명이 처음 시작된 것만큼 커다란 도약이었다고 설명한다. 생명의 시작, 그리고 단일 세포가 다세포 생물이 된 변화는 모두 딱 한 번씩 일어났다고 추정되며, 우주에 생명이 존재하는 것 자체가 일반적인 생각보다 훨씬 드문 일인 이유도 그만큼 희귀한 현상이기 때문으로 보인다.

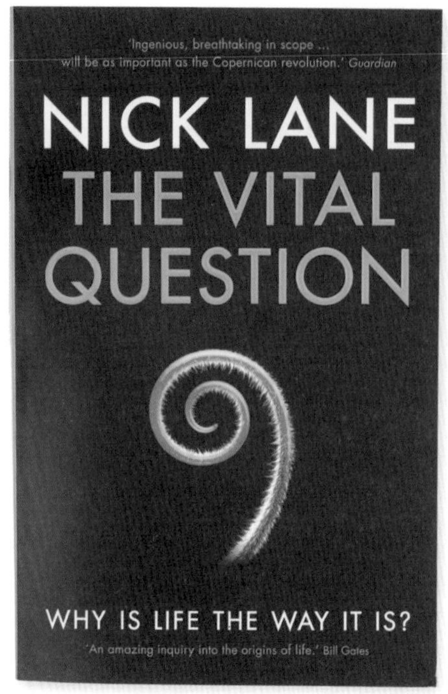

(좌) 닉 레인, 『바이털 퀘스천』, 프로파일 북스Profile Books 발행, 2016년

페이퍼백 표지. 초판은 2015년에 하드커버로 발행됐다. 생명의 기원에 관한 책이다.

(우) 피터 앳킨스, 『우주의 마법 같은 탄생』, 옥스퍼드대학교 출판부 발행, 2018년

우주의 기원을 놀라울 정도로 간결하게 탐구한 책

레인이 생명의 기원에 관한 의문에 현시점에서 나올 수 있는 가장 훌륭한 답을 제시했다면, 영국의 화학자 피터 앳킨스Peter Atkins는 2018년에 출간된 저서에서 의문의 범위를 넓혀 우주 전체가 어떻게 생겨났는지 설명한다. 앳킨스는 『우주의 마법 같은 탄생*Conjuring the Universe*』이라는 얇은 책을 통해 어떻게 무無에서 이 모든 우주가 생겨날 수 있었는지 탐구하며 독자들에게 과학의 놀라움을 보여 준다.

『우주의 마법 같은 탄생』은 저자가 무활성과 무질서라고 묘사한 거의 아무것도 없는 상태에서 우주가 시작됐다고 가정할 때, 그러한 조건에서 물리학의 기본 법칙이 몇 가지나 나올 수 있는지 살펴본다. 여기서 무활성이란 최소 작용의 원칙, 즉 우주에서 일어나는 일은 에너지의 측면에서 가장 단순한 경로로 일어난다는 원칙을 간단히 나타낸 표현이다. 앳킨스는 세계에서 가장 위대한 여성 수학자 중 한 사람인 에미 뇌터Emmy Noether가 개발한 수학의 대칭성 개념을 활용하여 물리학의 여러 기본 원리를 추론하는데, 탁월한 글솜씨 덕분에 독자는 그가 펼치는 주장을 쉽게 따라갈 수 있다.

이 책에서 앳킨스는 자연에서 발견된 익숙한 상수 중에는 실제로 존재하지 않는 것도 있다고 지적한다. 예를 들어 가장 중요한 상수로 꼽히는 빛의 속도는 초당 299,792,458미터라는 정확한 값으로 알려졌지만(미터 단위는 이 값을 토대로 정의되었다), 앳킨스는 이런 겉보기 상수는 단위 선택에 따라 바뀔 수 있다고 설명한다. 특정한 단위가 없는 가장 '순수한' 상수를 얻게 된다면 다 사라질 상수라는 의미다. 『우주의 마법 같은 탄생』은 이처럼 우주에 관한 가장 기본적인 생각을 마구 휘젓는다.

과학을 나아가게 하는 원동력

이번 장에서 소개한 책은 저자가 대부분 남성이지만, 1990년대부터 여성이 저술한 과학책이 대폭 증가했다. 이는 과학과 과학 저술 전반의 성별 편향성이 (완전히 사라지지는 않았으나) 감소했음을 보여 주는 변화로, 2017년에 출간된 앤절라 사이니Angela Saini의 『열등한 성*Inferior*』은 이를 주제로 다룬 중요한 과학책이다.

라디오에서 주로 활동해 온 영국의 과학 기자 사이니는 『열등한 성』에서 과학계에 끈질기게 남아 있는 비논리성과 편향을 철저히 파헤친다. 사이니는 과학계의 성별 불균형이 다른 어떤 직업군보다 훨씬 심각한 수준이며, 심지어 이런 상황을 자연의 질서라며 옹호하는 (나이 많은 남성) 과학자들도 있다고 전한다. 실제로 앞서 살펴보았듯이 20세기 이전에는 여성과 남성의 두뇌가 다르고, 여성은 과학 연구를 수행할 능력이 떨어진다는 생각이 일반적이었으며 찰스 다윈도 이에 동의했다(238쪽 참고).

사이니는 20세기의 사회과학자들이 실제로는 있지도 않거나, 있더라도 개인의 능력에 큰 영향을 주지 않는 극히 사소한 특성을 근거로 남성과 여성의 차이를 강조하는 실수를 저질렀고, 그렇게 형성된 성별의 차이에 관한 오해가 오랫동안 지속되었다고 설명한다. 21세기에 들어서는 1960년대가 배경인 드라마 〈매드맨Mad Men〉에서 그 시대의 사회상을 그리는 방식만 보더라도 더 이상 이런 문제를 지적할 필요는 없는 듯하다. 그러나 불필요하게 성별을 구분하는 태도는 여전히 남아 있고, 과학계 일부 분야에는 빅토리아 시대와 함께 사라졌어야 할 생각을 여전히 강하게 고수하는 사람들이 있다.

앤절라 사이니, 『열등한 성』, 2017년

왼쪽은 비컨 프레스Beacon Press에서 출간한 미국 초판 표지. 오른쪽은 포스 이스테이트 출판사가 발행한 영국 초판 표지로, 책의 쟁점을 드러내려고 일부러 분홍색을 입혔다.

현대에는 이처럼 남성과 여성에 관한 고정관념에 의문을 던지는 책들과 더불어 과학의 본질은 무엇이고 과학은 어떻게 실행되어야 하는지에 관해 이전보다 훨씬 현실적인 의문을 제기하는 중요한 책들도 나왔다. 2012년에 출간된 스튜어트 파이어스타인Stuart Firestein의 『이그노런스 *Ignorance*』는 특히 큰 의미가 있는 책이다.

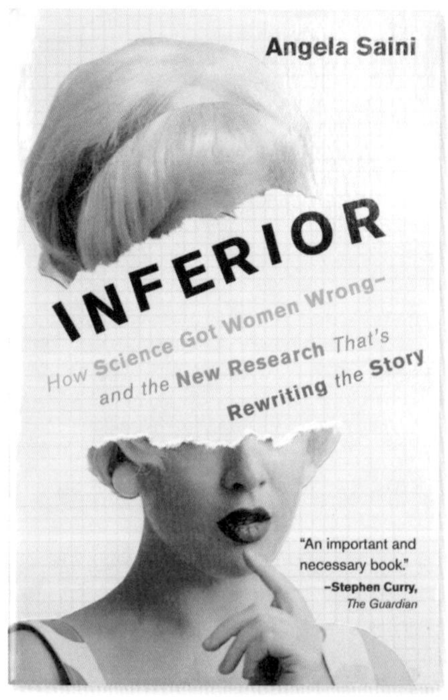

'무지는 어떻게 과학을 이끄는가'라는 부제가 달린 『이그노런스』32는 과학에 관한 일반적인 생각을 180도 뒤집어서, 과학에서 중요한 것은 이미 밝혀진 내용이 아닌 채워지지 않은 지식의 틈이며, 바로 그 틈이 과학을 앞으로 나아가게 하는 원동력이라고 지적한다. 파이어스타인은 말한다. "과학자는 사실의 늪에 붙들려 있지 않는다. 사실에는 별로 신경 쓰지 않기 때문인데, 이는 사실을 얕잡아 보거나 무시해서가 아니다. 과학자에게는 사실을 아는 것이 끝이 아니기 때문이다. 과학자는 사실을 발견했다고 멈추지 않는다. 사실의 바로 뒤편, 사실이 끝나는 그 지점이 과학자의 출발점이다."

스튜어트 파이어스타인, 『이그노런스』, 옥스퍼드대학교 출판부 발행, 2012년

과학은 어떻게 수행되어야 하는지, 우리는 과학의 역할을 어떻게 착각하는지를 진지하게 탐구하고 이해하기 쉽게 설명한 책이다.

독일의 물리학자 자비네 호젠펠더Sabine Hossenfelder도 2018년에 출간된 저서 『수학의 함정*Lost in Math*』에서 사람들이 상상하는 과학자의 일과 실제로 실험실이나 연구실에서 일어나는 일이 얼마나 다른지 멋지게 보여 준다(이 책은 영어 원서가 먼저 나온 다음에 저자의 모국어인 독일어로 번역됐다).

『수학의 함정』은 현대에 들어 물리학이 취해 온 접근 방식에 어떤 문제가 있는지 설득력 있게 분석한다. 20세기까지 물리학계에는 관찰하고 실험을 수행하는 연구자와 그러한 관찰 결과를 설명할 수 있는 이론을 수립하는 이론가가 있었다. 이론가가 수립한 이론은 이후 추가 실험으로 다시 검증되기도 했다. 이제는 수학으로만 뒷받침될 뿐 대부분 실험으로는 확인할 방법이 없는 이론을 내놓는 물리학자가 더 많아졌고, 특히 입자물리학에서 이러한 흐름이 두드러진다. 실험으로 확인할 수 있는 이론이라고 해도 막대한 비용 때문에 극히 일부만 검증이 가능하다.

물리학의 운전석에 수학이 앉아 있는 격인 이런 상황은 분명 문제가 있다. 호젠펠더도 지적했듯이 끈 이론은 우주의 팽창 또는 수축 속도를 숫자로 나타낸 값인 우주 상수가 음수여야 타당한 이론이 되는데, 불행히도 우주 상수는 양수다. 그런데도 끈 이론을 지지하는 학자들 대부분이 우주 상수가 음수로 도출되는 연구에 시간을 쏟고 있다. 그러한 시도로 수학은 더 풍성해질

지 모르겠지만, 이는 우리가 사는 우주와는 아무 관련이 없다.

호젠펠더는 『수학의 함정』에서 과거 물리학 이론의 평가에 두 가지 기준이 활용되었다는 사실을 여러 번 강조한다. 그 기준은 바로 아름다움과 자연성이다. 전자는 주관적인 기준이고 후자는 수치화할 수 있어서 아름다움보다는 과학적인 것 같지만, 자연성의 평가 역시 자연에 존재하는 무차원의 값은(예를 들어 질량비) 너무 크지도 않고 너무 작지도 않으면서 1에 가까운, '딱 적당한' 값이어야 한다는 애매한 확신에 의존한다.[33] 호젠펠더가 『수학의 함정』을 쓰려고 인터뷰한 물리학자들은(거의 다 남성) 이러한 값에 매달리면서도 다들 만족하는 값이라고만 할 뿐 반드시 그 값이어야만 하는 정당한 근거를 대지 못했다.

호젠펠더도 스몰린처럼(316쪽 참고), 물리학자들도 사람이므로 유효 기간이 이미 한참 지나간 이론을 계속 붙들고 있는 상황이 그리 놀라운 일은 아니라고 말한다. 인생에서 학자로 살아온 시간의 대부분을 바친 이론이 있다면, 당연히 쉽게 포기할 수 없을 것이다. 게다가 그 이론을 수백 명의 다른 학자도 연구하고 있다면 더더욱 뭔가 그럴 만한 이유가 있으리라는 확신이 들 수 있다. 이와 관련하여 호젠펠더는 유럽 입자물리학 연구소CERN의 대형 강입자 충돌기에서 나온 데이터를 예로 제시한다. 처음에는 흥미로워 보였던 이 데이터는 통계적인 변동, 즉 이론적으로 전혀 중요하지 않은 데이터로 밝혀졌는데도 이후 1년간 이 데이터를 탐구한 논문이 500여 편이나 발표됐고, 그중 상당수는 최고로 꼽히는 학술지에 실렸다.

『수학의 함정』은 독자가 권위자에게 덜 의존하는 새로운 시대의 과학책이다. 또한 이 책은 늘 과학에 보탬이 된 접근 방식을 택했다. 영국 왕립학회의 모토인 '누구의 말도 곧이곧대로 믿지 말라Nullius in verba'와도 일맥상통하며, 의미상으로는 1980년대에 당시 미국 대통령이던 로널드 레이건Ronald Reagan이 인용한 러시아 속담인 '신뢰하되 검증하라'에 더 가까운 방식이다. 대중은 오랫동안 누군가가 떠먹여 주는 최신 이론을 그대로 받아들였고, 그 이론의 불확실성을 따져 보려는 시도는 전혀 하지 않았다. 그러나 이제는 독자가 이론에 의문을 제기하면서 그 이론을 더 깊이 이해하도록 도와주는 과학 저술이 점점 늘어나고 있다.

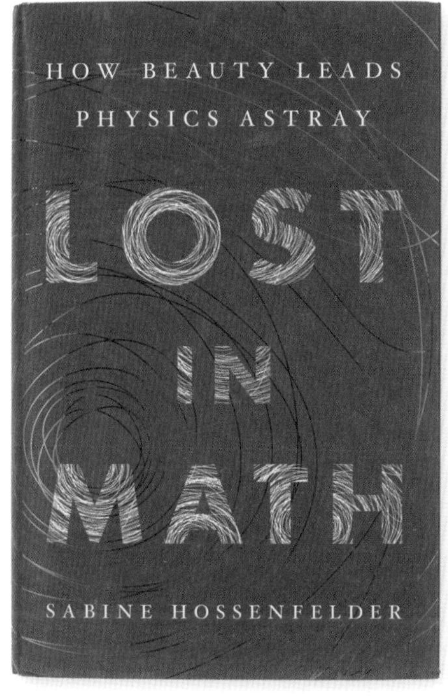

자비네 호젠펠더, 『수학의 함정』, 2018년

독일의 물리학자 호젠펠더가 쓴 이 책은 베이직 북스Basic Books에서 영어 원서로 처음 출간됐다(우). 그리고 같은 해에 저자가 번역한 독일어 번역서가 S. 피셔 출판사S. Fischer에서 나왔다(좌).

이런 방식은 과학에 등을 돌리는 게 아니다. 과학자가 바로 그런 의문을 제기할 때 과학에 가장 유익한 결과를 얻을 수 있고, 독자는 의문을 제기하는 이 과정을 통해 과학이란 무엇이고 왜 필요한지 더 깊이 이해하게 된다.

대중의 참여가 지금처럼 중요한 시대는 없었다. 우리는 사람들이 과학에 더 많은 관심을 보이도록 독려해야 하며, 일부 정치적 신념과 손잡은 반과학적 관점을 물리치려는 노력도 필요하다. 사람들이 과학에 더 큰 관심을 기울일수록 미래의 새로운 과학자 양성에도 도움이 되고, 과학 연구를 위한 자금이 어디에, 왜 필요한지에 관해서도 더 넓은 공감대가 형성될 수 있다. 최고의 과학책은 계속해서 그런 역할을 하고 있으며, 이제는 독자가 과학을 더 깊이, 더 현실적으로 이해하도록 돕는 역할도 할 수 있게 되었다. 이는 분명 좋은 변화다.

주

머리말

1. 이 책의 원제는 *Scientifica Historica*로, '과학 지식의 역사'라는 의미다.
2. 1621년에 출판된 『멜랑콜리의 해부*The Anatomy of Melancholy*』(푸른사상, 2024)를 쓴 로버트 버턴을 가리키는 것으로 추정된다.
3. 사카라는 카이로 남쪽, 나일강 기슭의 마을 이름이다. 아케텝스는 원문에 'Akheteps'로 되어 있으나 'Akhethetep'으로 표기된 자료가 더 많으며, 이집트 제5왕조 말기부터 제6왕조 초기에 활동한 고대 이집트 고위 관리의 이름으로 추정된다. 마스타바는 피라미드 이전에 지어진 긴 네모꼴의 분묘 형식이다.
4. 기원전 630년 무렵에 고대 그리스 레스보스섬에서 태어났다고 추정되는 시인. 열 번째 뮤즈로 칭송되며 신화 속 인물로 많이 알려졌으나 실존 인물이다.

1. 고대 세상의 기록

5. 침처럼 뾰족한 필기도구. 주로 갈대로 만들었다.
6. 그리스어로는 에우클레이데스
7. 증명 없이 자명한 진리로 인정되어 다른 명제를 증명할 때 전제가 되는 원리
8. 17세기에 네덜란드 고전학자 자크 필리프 도빌Jacques Philippe d'Orville이 소유했고, 나중에 영국 옥스퍼드대학교 보들리 도서관이 구입했다.
9. 기하학을 뜻하는 영어 단어 'geometry'에서 'geo'는 땅, 지구를 뜻하고 '–metry'는 측정법을 의미한다.
10. 기원전 5~4세기에 활동한 그리스의 사상가로, 『원론』의 저자로 알려진 유클리드와는 동명이인이다.
11. 다빈치의 원본 기록 중 일부를 총 열두 권의 책으로 엮은 전집. 다빈치가 남긴 그림과 글이 가장 많은 모음집으로 여겨진다.
12. 자연과학 중 생물이 아닌 물질을 다루는 물리학, 화학, 천문학, 지구과학 등을 포괄하는 과학 분야
13. 1765년에 런던에서 태어나 산스크리트어 학자이자 동양학자, 수학자로 활동하며 산스크리트어로 쓰인 다양한 수학 저술을 번역했다.

2. 출판의 르네상스

14. 프랑스 보주 지역에서 활동하던 학자들의 단체. 발트제뮐러도 일원이었다고 전해진다.
15. 총 두 권으로 구성된 다빈치의 저술로, 스페인 펠리페 2세 시대 왕궁의 한 조각가가 스페인으로 가져왔다. 다양한 기계와 통계, 기하학에 관한 내용이 담겨 있다.
16. 다빈치가 다양한 주제로 쓴 논문 여러 편을 엮은 책으로, 영국의 아룬델 백작이 1630년대에

스페인에서 입수했다.

17. 여기서는 갈릴레오 갈릴레이를 가리키지만, '제이제이Jay-jay'라 불리던 나이지리아의 전 축구선수 오거스틴 아주카 오코차Augustine Azuka Okocha에게 쓰이던 표현이다.
18. 헨리 헌터는 스코틀랜드 출신 목사였으므로 여기서 말하는 북부는 북잉글랜드를 가리키는 것으로 보인다.

3. 근대의 고전

19. 우리 돈으로 대략 3천6백만 원
20. 우리 돈으로 대략 143억
21. 린체이Lincei는 이탈리아어로 '스라소니의 눈을 가진'이라는 뜻이다. 과학에 꼭 필요한 날카로운 관찰력을 이름에서부터 강조한 유럽의 가장 역사 깊은 과학 단체이며, 갈릴레오 갈릴레이도 핵심 구성원이었다.
22. 그래서 '계통수', '생명의 나무'라고도 불린다.
23. 2020년 앤드리아 게즈Andrea Ghez의 수상으로 역대 노벨 물리학상 수상자 중 여성은 총 네 명이 되었다.

4. 고전을 벗어난 과학책

24. 우리나라에는 웰스가 이 책을 토대로 세계사를 더 간략하게 정리한 *A Short History of the World*가 『인류의 세계사』(이화북스, 2024)라는 번역서로 출간됐다.
25. 2022년 미국의 화학자 칼 배리 샤플리스Karl Barry Sharpless가 2001년에 이어 두 번째 노벨 화학상을 받으면서 2회 수상자는 총 다섯 명으로 늘어났다.
26. 발진 티푸스의 원인균인 리케차는 흡혈성 절지동물에 기생하며 이(몸니)를 통해 사람에게 전염될 수 있다.

5. 다음 세대

27. 몸이 기형이거나 장애가 있는 사람들을 모아 사람들 앞에서 구경거리처럼 전시하던 쇼
28. 1707년 10월에 당시 프랑스와 전쟁 중이던 영국 해군 함대 스물한 척이 영국 실리 제도에서 좌초하여 1천5백여 명이 수장되는 최악의 참사가 일어났다. 이 사태를 계기로 영국 정부는 난파 사고 방지를 위한 경도법을 제정하는 한편, 경도를 알아내는 방법을 찾아내는 사람에게 2만 파운드의 상금을 주겠다고 발표했다.
29. 온도, 기압, 습도 등의 영향을 거의 받지 않는 고정밀 시계
30. 헨리에타 랙스의 이름을 줄여서 붙인 명칭이다.
31. '중대한 질문'이라는 뜻이다.
32. 제목인 '이그노런스ignorance'는 '무지'라는 뜻이다.
33. 무차원은 단위가 없다는 의미다.

위대한 과학책 150권

모두 이 책에서 소개한 과학책이며, 출간 연도순으로 정렬했다. 국내에 출간된 경우 책 제목을 국내 번역서 제목으로 했고, 국내 번역서 출간 연도는 최근 판을 기준으로 했다.

1. 에드윈 스미스 파피루스Edwin Smith papyrus(기원전 1600년)
2. 히포크라테스, 『히포크라테스 전집*Hippocratic Corpus*』(기원전 5~4세기)
3. 아리스토텔레스, 『동물지*History of Animals*』(기원전 4세기)(노마드, 2023)
4. 아리스토텔레스, 『자연학*Physics*』(기원전 4세기)
5. 아르키메데스, 『모래알을 세는 사람*The Sand-Reckoner*』(기원전 3세기)
6. 유클리드, 『원론*Elements*』(기원전 290년경)(아카넷, 2022)
7. 작가 미상, 『구장산술九章算術』(기원전 200년경)(경문사, 2024)
8. 티투스 루크레티우스 카루스, 『사물의 본성에 관하여*De Rerum Natura*』(기원전 1세기)(아카넷, 2012)
9. 프톨레마이오스, 『위대한 책*Almagest*』(150년경)
10. 디오판토스, 『산수론*Arithmetica*』(3세기)
11. 브라마굽타, 『우주의 창조*Brāhmasphuṭasiddhānta*』(628년)
12. 아부 자파 무함마드 이븐무사 알콰리즈미, 『복원과 대비의 계산*Al-kitāb al-mukhtaṣar fī ḥisāb al-ğabr wa'l-muqābala*』(820년경)
13. 후나인 이븐 이스하크, 『눈에 관한 열 가지 논문*Al-Ashr Makalat Fi'l'ayn*』(9세기)
14. 아부 알리 알하산 이븐 알하이삼(알하젠), 『광학의 서*Kitāb al-Manāẓir*』(10~11세기경)
15. 아부 알리 알하산 이븐 알하이삼(알하젠), 『지혜의 균형*Mizan al-Hikmah*』(10~11세기경)
16. 이븐시나, 『의학 정전*al-Qānūn fī al-Ṭibb*』(11세기)
17. 바스카라, 『시단타 시로마니*Siddhānta Śiromaṇī*』(12세기)
18. 피보나치, 『산술 교본*Liber Abaci*』(1202)
19. 로저 베이컨, 『기술과 자연의 경이로운 힘에 관하여*De Mirabile Potestate Artis et Naturae*』(1250)
20. 로저 베이컨, 『대서*Opus Majus*』(1266~1267)
21. 레오나르도 다빈치, 『레오나르도 다빈치 노트북*The Notebooks of Leonardo da Vinci*』(1480년대~1500년대)
22. 페터 비에네비츠(또는 페트루스 아피아누스), 『황제의 천문학*Astronomicum Caesareum*』(1540)

23. 니콜라우스 코페르니쿠스, 『천구의 회전에 관하여*De Revolutionibus Orbium Coelestium*』(1543)(엠아이디, 2024)
24. 안드레아스 베살리우스, 『사람 몸의 구조*De Humani Corporis Fabrica Libri Septem*』(1543)
25. 제바스티안 뮌스터, 『우주의 구조*Cosmographia*』(1544)
26. 지롤라모 카르다노, 『아르스 마그나*Ars Magna*』(1545)(교우사, 2000)
27. 게오르기우스 아그리콜라, 『금속에 관하여*De Re Metallica*』(1556)
28. 라파엘 봄벨리, 『대수학*Algebra*』(1572)
29. 윌리엄 길버트, 『자석에 관하여*De Magnete*』(1600)
30. 요하네스 케플러, 『새로운 별*De Stella Nova*』(1606)
31. 요하네스 케플러, 『새로운 천문학*Astronomia Nova*』(1609)
32. 갈릴레오 갈릴레이, 『갈릴레오가 들려주는 별 이야기: 시데레우스 눈치우스*Sidereus Nuncius*』(1610)(승산, 2009)
33. 요하네스 케플러, 『우주의 조화*Harmonices Mundi*』(1619)
34. 프랜시스 베이컨, 『신기관*Novum Organum Scientiarum*』(1620)(한길사, 2016)
35. 요하네스 케플러, 『루돌프 표*Tabulae Rudolphinae*』(1627)
36. 윌리엄 하비, 『동물의 심장과 혈액의 운동에 관한 해부학적 연구*Exercitatio Anatomica de Motu Cordis et Sanguinis in Animalibus*』(1628)
37. 갈릴레오 갈릴레이, 『대화: 천동설과 지동설, 두 체계에 관하여*Dialogo Sopra i due Massimi Sistemi del Mondo*』(1632)(사이언스북스, 2016)
38. 르네 데카르트, 『방법서설*Discours de la Méthode*』(기하학)(1637)(문예출판사, 2022)
39. 갈릴레오 갈릴레이, 『새로운 두 과학: 고체의 강도와 낙하 법칙에 관하여*Discorsi e Dimostrazioni Matematiche Intorno a Due Nuove Scienze*』(1638)(사이언스북스, 2016)
40. 니컬러스 컬페퍼, 『약초 도감*Complete Herbal*』(1652)
41. 로버트 보일, 『공기의 탄성 조작과 그 영향에 관한 새로운 물리-역학 실험*New Experiments Physico-Mechanical, Touching the Spring of the Air, and its Effects*』(1660)
42. 로버트 보일, 『의심하는 화학자*The Sceptical Chymist*』(1661)
43. 지롤라모 카르다노, 『확률 게임에 관한 책*Liber de Ludo Aleae*』(1663)
44. 로버트 훅, 『마이크로그라피아*Micrographia*』(1665)
45. 오토 폰 게리케, 『새로운 실험*Experimenta Nova*』(1672)
46. 알랭 마네송 말레, 『우주에 관한 설명*Description de L'Univers*』(1683)
47. 아이작 뉴턴, 『프린키피아*Philosophiae Naturalis Principia Mathematica*』(1687)(승산, 2023)
48. 아이작 뉴턴, 『아이작 뉴턴의 광학*Opticks: or, A Treatise of the Reflexions, Refractions, Inflexions and Colours of Light*』(1704)(한국문화사, 2018)

49. 칼 폰 린네, 『자연의 체계*Systema Naturae*』(1735)
50. 에밀리 뒤 샤틀레, 『물리학의 기초*Institutions de Physique*』(1740)
51. 뷔퐁 백작, 『박물지*Histoire Naturelle*』(1749~1804)
52. 칼 폰 린네, 『식물의 종*Species Plantarum*』(1753)
53. 레온하르트 오일러, 『독일 공주에게 보내는 편지*Lettres à une Princesse d'Allemagne*』(1768)
54. 앙투안 라부아지에, 『화학 원론*Traité Élémentaire de Chimie*』(1789)
55. 이래즈머스 다윈, 『식물원*The Botanic Garden*』(1791)
56. 이래즈머스 다윈, 『동물생리학 또는 생물의 법칙*Zoonomia; or The Laws of Organic Life*』(1794)
57. 토머스 맬서스, 『인구론*An Essay on the Principle of Population*』(1798)(동서문화사, 2016)
58. 옌스 야코브 베르셀리우스, 『화학 교과서*Läroboken i Kemien*』(1808)
59. 존 돌턴, 『화학 철학의 새로운 체계*A New System of Chemical Philosophy*』(1808)
60. 장 바티스트 라마르크, 『동물 철학*Philosophie Zoologique*』(1809)
61. 조르주 퀴비에, 『동물계*Le Règne Animal*』(1817)
62. 사디 카르노, 『불의 동력과 그 동력의 발생에 적합한 기계에 관한 고찰*Réflexions sur la Puissance Motrice du Feu et sur les Machines Propres a Développer cette Puissance*』(1824)
63. 존 제임스 오듀본, 『북미의 새*Birds of America*』(1827)
64. 찰스 라이엘, 『지질학의 원리*Principles of Geology*』(1830~1833)
65. 존 허셜, 『자연철학 연구에 관한 예비 담론*A Preliminary Discourse on the Study of Natural Philosophy*』(1831)
66. 찰스 배비지, 『기계와 제조의 경제에 관하여*On the Economy of Machinery and Manufactures*』(1832)
67. 로버트 체임버스, 『창조의 자연사가 남긴 흔적*Vestiges of the Natural History of Creation*』(1844)
68. 알렉산더 폰 훔볼트, 『코스모스*Kosmos*』(1845~1862)
69. 조지 불, 『논리 및 확률에 관한 수학 이론의 기초적 사고 법칙 탐구*An Investigation of the Laws of Thought on Which are Founded the Mathematical Theories of Logic and Probabilities*』(1854)
70. 헨리 그레이, 『해부학*Anatomy*』(1858)
71. 찰스 다윈, 『종의 기원*On the Origin of Species*』(1859)(사이언스북스, 2019)
72. 마이클 패러데이, 『촛불의 과학*The Chemical History of the Candle*』(1861)(범우사, 2019)
73. 이그나즈 제멜바이스, 『산욕열의 원인, 이해, 예방*Die Ätiologie, der Begriff und die Prophylaxis des Kindbettfiebers*』(1861)

74. 그레고어 멘델, 『식물의 잡종에 관한 실험*Versuche über Pflanzenhybriden*』(1866)(지식을 만드는 지식, 2021)
75. 존 벤, 『가능성의 논리*The Logic of Chance*』(1866)
76. 존 틴들, 『소리: 여덟 편의 강의*Sound: Delivered in Eight Lectures*』(1867)
77. 존 틴들, 『열: 운동 방식*Heat: A Mode of Motion*』(1868)
78. 앙투아네트 브라운 블랙웰, 『일반 과학 연구*Studies in General Science*』(1869)
79. 찰스 다윈, 『인간의 기원*The Descent of Man, and Selection in Relation to Sex*』(1871)(동서문화사, 2018)
80. 제임스 클러크 맥스웰, 『열 이론*Theory of Heat*』(1871)
81. 제임스 클러크 맥스웰, 『전자기학*Treatise on Electricity and Magnetism*』(1873)(아카넷, 2023)
82. 존 틴들, 『빛에 관한 여섯 편의 강의*Six Lectures on Light*』(1873)
83. 앙투아네트 브라운 블랙웰, 『자연 전체의 성*The Sexes throughout Nature*』(1875)
84. 장 앙리 파브르, 『파브르 곤충기*Souvenirs Entomologiques*』(1879)(현암사, 2010)
85. 존 벤, 『기호논리학*Symbolic Logic*』(1881)
86. 에드윈 애벗 애벗, 『이상한 나라의 사각형: 플랫랜드—다양한 차원 이야기*Flatland: A Romance of Many Dimensions*』(1884)(경문사, 2022)
87. 찰스 다윈, 『나의 삶은 서서히 진화해왔다*The Autobiography of Charles Darwin*』(1887)(갈라파고스, 2018)
88. 다비트 힐베르트, 『기하학의 기초*Grundlagen der Geometrie*』(1899)
89. 에드워드 마이브리지, 『동물의 움직임*Animals in Motion*』(1899)
90. 에드워드 마이브리지, 『사람의 움직임*The Human Figure in Motion*』(1901)
91. 에른스트 헤켈, 『자연의 예술적 형상*Kunstformen der Natur*』(1904)
92. 마리 퀴리, 『방사능에 관한 논문*Traité de Radioactivité*』(1910)
93. 앨프리드 노스 화이트헤드·버트런드 러셀, 『수학의 원리*Principia Mathematica*』(1910~1913)
94. 알프레트 베게너, 『대륙과 해양의 기원*Die Entstehung der Kontinente und Ozeane*』(1915)(나남, 2010)
95. 알베르트 아인슈타인, 『상대성 이론: 특수 상대성 이론과 일반 상대성 이론*Über die Spezielle und die Allgemeine Relativitätstheorie, Gemeinverständlich*』(1917)(지식을 만드는 지식, 2012)
96. 아서 에딩턴, 『물리적 세계의 특성*The Nature of the Physical World*』(1928)
97. 칼 포퍼, 『탐구의 논리*Logik der Forschung*』(1934)
98. 한스 진서, 『쥐, 이 그리고 역사*Rats, Lice and History*』(1935)

99. 랜슬롯 호그벤, 『백만 인을 위한 수학*Mathematics for the Million*』(1936)
100. 라이너스 폴링, 『화학 결합의 본질*The Nature of the Chemical Bond*』(1939)
101. 에르빈 슈뢰딩거, 『생명이란 무엇인가*What is Life?*』(1944)(동서문화사, 2016)
102. 도널드 헤브, 『행동의 조직*The Organization of Behavior*』(1949)
103. 콘라트 로렌츠, 『솔로몬의 반지*King Solomon's Ring*』(1949)(사이언스북스, 2014)
104. 레이철 카슨, 『침묵의 봄*Silent Spring*』(1962)(에코리브르, 2024)
105. 토머스 쿤, 『과학혁명의 구조*The Structure of Scientific Revolutions*』(1962)(까치, 2013)
106. 리처드 파인먼, 『파인만의 물리학 강의*The Feynman Lectures on Physics*』(1963)(승산, 2004~2009, 총 3권)
107. 데즈먼드 모리스, 『털 없는 원숭이*The Naked Ape*』(1967)(문예춘추사, 2020)
108. 제임스 D. 왓슨, 『이중 나선*The Double Helix*』(1968)(궁리, 2019)
109. 구스타브 엑스타인, 『몸에는 머리가 있다*The Body Has a Head*』(1969)
110. 자크 모노, 『우연과 필연*Le Hasard et la Nécessité*』(1970)(궁리, 2022)
111. 앨빈 토플러, 『미래의 충격*Future Shock*』(1970)(범우사, 1997)
112. 제이콥 브로노우스키, 『인간 등정의 발자취*The Ascent of Man*』(1973)(바다출판사, 2023)
113. 앤 세이어, 『로절린드 프랭클린과 DNA*Rosalind Franklin and DNA*』(1975)
114. 리처드 도킨스, 『이기적 유전자*The Selfish Gene*』(1976)(을유문화사, 2018)
115. 데즈먼드 모리스, 『맨워칭*Manwatching*』(1977)(까치, 1994/절판)
116. 더글러스 R. 호프스태터, 『괴델, 에셔, 바흐*Gödel, Escher, Bach*』(1979)(까치, 2017)
117. 제임스 러브록, 『가이아*Gaia*』(1979)(갈라파고스, 2023)
118. 데이비드 봄, 『전체와 접힌 질서*Wholeness and the Implicate Order*』(1980)(시스테마, 2010/절판)
119. 칼 세이건, 『코스모스*Cosmos*』(1980)(사이언스북스, 2006)
120. 존 그리빈, 『슈뢰딩거의 고양이를 찾아서*In Search of Schrödinger's Cat*』(1984)(휴머니스트, 2020)
121. 리처드 파인먼, 『파인만의 QED 강의*QED: The Strange Theory of Light and Matter*』(1985)(승산, 2001)
122. 랠프 레이턴, 『파인만 씨, 농담도 잘하시네!*Surely You're Joking, Mr. Feynman!*』(1985)(사이언스북스, 2000)
123. 올리버 색스, 『아내를 모자로 착각한 남자*The Man Who Mistook His Wife for a Hat*』(1985)(알마, 2016)
124. 제임스 글릭, 『카오스: 새로운 과학의 출현*Chaos: Making a New Science*』(1987)(동아시아, 2013)

125. 스티븐 호킹, 『시간의 역사*A Brief History of Time*』(1988)(까치, 2021)
126. 베르너 하이젠베르크, 『아인슈타인과의 만남*Encounters with Einstein*』(1989)
127. 데이비드 애튼버러, 『생명의 위대한 역사*Life on Earth*』(1992)(까치, 2019)
128. 데이바 소벨, 『경도 이야기*Longitude*』(1995)(웅진지식하우스, 2012/절판)
129. 사이먼 싱, 『페르마의 마지막 정리*Fermat's Last Theorem*』(1997)(영림카디널, 2022)
130. 리처드 도킨스, 『무지개를 풀며*Unweaving the Rainbow*』(1998)(바다출판사, 2015)
131. 빌 브라이슨, 『거의 모든 것의 역사*A Short History of Nearly Everything*』(2003)(까치, 2020)
132. 브라이언 클레그, 『무한성의 간략한 역사*A Brief History of Infinity*』(2003)
133. 모리스 윌킨스, 『이중 나선을 발견한 제3의 인물*The Third Man of the Double Helix*』(2003)
134. 아르망 르로이, 『돌연변이*Mutants*』(2004)(해나무, 2006)
135. 리 스몰린, 『물리학의 문제*The Trouble with Physics*』(2006)
136. 에카르트 폰 히르슈하우젠, 『간은 할 일이 많을수록 커진다*Die Leber wächst mit ihren Aufgaben*』(2008)(은행나무, 2012/절판)
137. 브라이언 콕스 · 제프 퍼쇼, 『$E=mc^2$ 이야기*Why Does* $E=mc^2$』(2010)(21세기북스, 2011)
138. 리베카 스클루트, 『헨리에타 랙스의 불멸의 삶*The Immortal Life of Henrietta Lacks*』(2010)(꿈꿀자유, 2023)
139. 숀 캐럴, 『현대물리학, 시간과 우주의 비밀에 답하다*From Eternity to Here*』(2010)(다른세상, 2012/절판)
140. 유발 노아 하라리, 『사피엔스*Sapiens*』(2011)(김영사, 2023)
141. 브라이언 콕스 · 제프 퍼쇼, 『퀀텀 유니버스*The Quantum Universe*』(2012)(승산, 2014)
142. 스튜어트 파이어스타인, 『이그노런스*Ignorance*』(2012)(뮤진트리, 2017)
143. 카를로 로벨리, 『모든 순간의 물리학*Sette brevi lezioni di fisica*』(2014)(쌤앤파커스, 2016)
144. 닉 레인, 『바이털 퀘스천*The Vital Question*』(2015)(까치, 2016)
145. 데이비드 우튼, 『과학이라는 발명*The Invention of Science*』(2015)(김영사, 2020)
146. 앤절라 사이니, 『열등한 성*Inferior*』(2017)(현암사, 2019/절판)
147. 닐 디그래스 타이슨, 『날마다 천체 물리*Astrophysics for People in a Hurry*』(2017)(사이언스북스, 2018)
148. 피터 앳킨스, 『우주의 마법 같은 탄생*Conjuring the Universe*』(2018)
149. 자비네 호젠펠더, 『수학의 함정*Lost in Math*』(2018)(해나무, 2020)
150. 마크 팰런, 『천연두의 최후*The Last Days of Smallpox*』(2018)

감사의 말

질리언, 레베카, 첼시에게 인사를 전한다.

엘리자베스 클린턴Elizabeth Clinton, 톰 키치Tom Kitch, 클레어 손더스Claire Saunders, 케이트 섀너핸Kate Shanahan, 그리고 이 책을 위해 힘써 주신 쿼토Quarto 출판사의 모든 분께 감사드린다. 수많은 과학 저술가 중에서도 내가 가장 감명 깊게 읽은 책들을 쓴 사이먼 싱, 존 그리빈께 특히 감사를 전한다.

옮긴이의 말

과학자가 되고 싶어서 과학을 전공하고, 어쩌다 보니 영어로 된 과학책을 우리말로 옮기는 일이 밥벌이가 된 내게 『책을 쓰는 과학자들』의 번역은 아주 특별한 작업이었다. 인류가 '저런 일이 왜 일어날까?'라는 궁금증을 품고 자신이 찾아낸 답을 그때그때 가능한 방식으로 어떻게든 기록했던 까마득한 옛날부터 오늘날까지, 그리고 저자가 앞으로도 계속 이어지리라 확신하는 과학 기록, 과학책의 방대하고 긴 역사에 먼지 한 톨만큼이나마 동참하고 있다는 자부심을 느꼈기 때문이다.

하지만 이 뿌듯함도 과학책을 펼치는 독자가 없다면 덧없을 것이다. 과학 지식은 과학을 업으로 삼는 소수만의 전유물로 고여 있지 않고 세상으로 흘러나와 신선한 공기와도 같은 더 많은 사람의 시선이 닿아야만 완성되고 계속 발전한다. 세상 어딘가에서 누군가가 쓴 과학책을 우리말로 옮기는 것이 '지식이 생산'되는 쪽과 손을 붙잡고 흘러나오게 하는 것이라면, 다른 한 손을 독자가 잡아 주어야 비로소 이 흐름은 완성된다. 과학책을 펼치고 그 손을 기꺼이 잡아 주는 독자들이 더 많아지기를, 책을 쓰는 과학자와 과학책을 찾아 읽는 사람들 모두 더 많아지기를 소망하고 기대한다.

도판 출처

- Alamy/ Artokoloro Quint Lox Limited: 19(좌); Chronicle: 163(상); The Granger Collection: 175(우); The Natural History Museum: 186, 187(상, 하); Photo12: 274(좌); Science History Images: 38(우); sjbooks: 265; The World History Archive: 126(상)

- Bibliothèque nationale de France: 192, 204(우)

- The Bodleian Library, University of Oxford /Digby 235, f.270: 90; /Huntington 214, f.004-005: 12

- Bridgeman Images/ Archives Charmet: 13(좌), 49(좌); Archives Larousse, Paris, France: 229; © British Library Board: 44, 45(좌), 75, 97, 107; British Library, London, UK: 16, 17, 69(하), 91; © Christie's Images: 43, 135; Costa: 9, 104, 105; De Agostini Picture Library: 106, /G. Dagli Orti: 15(상); © Devonshire Collection, Chatsworth: 152(좌); Fisher Collection, Pittsburgh, PA, USA: 152(우); Musee Conde, Chantilly, France: 65(우); Natural History Museum, London, UK: 166; Orlicka Galerie, Rychnov nad Kneznou, Czech Republic: 124(좌); Pictures from History: 13(우), 18; Private Collection: 21, 68(좌); © S. Beaucourt/Novapix: 68(우), 69(상); © S. Bianchetti: 147(상); Universal History Archive/UIG: 80; With kind permission of the University of Edinburgh: 55(우 상); The University of St. Andrews, Scotland, UK: 126(하); The Worshipful Company of Clockmakers' Collection, UK: 314

- The British Library, Harley MS 3487: 51

- CERN: 272(상)

- Getty/ Alfred Eisenstaedt: 267; Apic: 88; Bettmann: 24(상), 47(하), 249, 306(좌); DEA/ A. DAGLI ORTI: 37, /ARCHIVIO J. LANGE: 36, /G. NIMATALLAH: 15(하), /S. VANNINI: 34; Dominique BERRETTY: 283(좌); Florence Vandamm: 234(우); Fratelli Alinari IDEA S.p.A.: 60, 101; Heritage Images: endpapers, 59, 70, 239; Historical Picture Archive: 71; Hulton Archive: 234(중); Popperfoto: 24(하); Photo12: 179,

191(우); Royal Geographical Society: 208(좌); Science & Society Picture Library: 79, 151, 180, 184, 190, 213(우), 219, 250(좌); Susan Wood: 284(좌); Ted Spiegel: 49(우); ullstein picture Dtl.: 201; Universal History Archive: 160, 255(상); Universal Images Group: 47(상); Wallace Kirkland: 281(좌)

- Reprinted by permission of HarperCollins Publishers ltd. © David Attenborough, 1991; Angela Saini, 2017; Simon Singh, 1997: Dava Sobel, 1995; Gustav Eckstein, 1969

- Heritage Auctions, HA.com: 248(상)

- Internet Archive/ Biblioteca de la Universidad de Sevilla: 204(좌); Boston Public Library: 175(좌); Brandeis University Library: 172; The Computer Museum Archive: 191(좌); Cornell University Archive: 215(상), 234(좌); Duke University Libraries: 96, 215(상); e rara: 110; Fisher – University of Toronto: 55(하), 124(우), 125, 246, 247; Francis A. Countway Library of Medicine: 216, 217; John Carter Brown Library: 5, 114, 115, 116, 117; Library of Congress: 238; Missouri Botanical Garden: 163(상), 197, 198, 199, 200; Mugar Memorial Library, Boston University: 220(상); Osmania Library: 215(하); Project Gutenberg: 235, 236, 237; Smithsonian Libraries: 62, 122, 157, 164, 165, 182, 183, 202, 203, 205(우), 207, 209, 211; University of California Libraries: 222; University of Connecticut Libraries: 77; Wellcome Library: 163(하), 170, 171, 173, 220(하); West Virginia University Libraries: 140, 141; Yale University, Cushing/Whitney Medical Library: 205(좌)

- Jerusalem – The National Library of Israel, Ms. Yah. Ar. 384: 81

- Library of Congress: 108, 109, 128, 129, 130, 131, 132, 144, 145(상), 158, 159, 168, 225, 226, 227; /Geography and Map Division: 98, 99, 112, 113; /Rare Book and Special Collections Division: 22, 133, 138, 139, 147, 148, 149, 194, 195, 196

- The Metropolitan Museum of Art/ Gift of Dr. Alfred E. Cohn, in honor of William M. Ivins Jr., 1953: 136; /The Elisha Whittelsey Collection, The Elisha Whittelsey Fund, 1951 by exchange: 145(하); /Harris Brisbane Dick Fund, 1934: 134; /Rogers Fund, 1913: 72, 73(좌)

- With permission of the Ministry for cultural assets and activities / Biblioteca Nazionale Centrale Firenze: 86, 87
- Nature Picture Library/ John Sparks: 308; OSU Libraries Special Collections & Archives Research Center: 256; /Cornell University Archives: 255(하)
- Peter Harrington, Rare Books: 258(우)
- Rare Book & Manuscript Library, Columbia University in the City of New York: [Euclid's Elements, manuscript from ca. 1294], [Plimpton MS 165], 56; [Jiuzhang Suanshu, Liu Hui, third century], 73(우); [Lilavati of Bhaskara, 1650], 84, 85
- Royal Belgian Institute of Natural Sciences: 31
- Science Photo Library/ A. Barrington Brown, © Gonville & Caius College: 279(우); Anthony Haworth: 290(좌); Bodleian Museum, Oxford University Images: 54(우); Jean-Loup Charmet: 45(우); King's College London: 213(좌); Paul D Stewart: 표지, 118; Royal Astronomical Society: 54(좌), 55(좌 상); Steve Gschmeissner: 323(우 하)
- Shutterstock/ David Brimm: 32
- TBCL Modern First Editions: 250(우)
- Wellcome Collection: 19(우), 40, 64, 65(좌), 82, 119, 120, 123, 154, 155, 162, 208(우), 231, 232, 248(하)
- Wikimedia Commons: 66, 67; /Rama: 14
- World Digital Library: 61

찾아보기

— 인명 및 용어

ㄱ

가넷, 윌리엄William Garnett 240
갈레노스Galenos 13, 63~65, 78, 83, 137
갈릴레이, 갈릴레오Galileo Galilei 20, 50, 142~150, 160, 244, 251, 259, 312
개수 세기 30~32
게리케, 오토 폰Otto von Guericke 156, 157
과학계의 여성들 74, 237~240, 245, 264, 293, 327, 328
과학철학 122, 261
광학 78, 81, 89, 103, 170, 213,
괴델, 쿠르트Kurt Gödel 234, 291
그레이, 헨리Henry Gray 214, 216
그리빈, 존John Gribbin 298, 302
그림 문자 32, 33, 38
글릭, 제임스James Gleick 301~304
기하학 11, 39, 53, 57, 58, 60, 73, 75, 149, 150, 159, 160, 233, 253
길버트, 윌리엄William Gilbert 132, 133
끈 이론 316~318, 320, 329

ㄴ

나치 정권 255, 260
뇌터, 에미Emmy Noether 327
뉴턴, 아이작Isaac Newton 8, 10, 20, 21, 52, 96, 149, 150, 153, 158~161, 233, 244, 251, 263, 288, 292

ㄷ

다빈치, 레오나르도Leonardo da Vinci 59, 78, 100~107, 137
다윈, 이래즈머스Erasmus Darwin 172, 173, 318
다윈, 찰스Charles Darwin 172, 194, 195, 205~212, 224, 237~239, 273, 276, 286, 327
대륙 이동설 234~236
대수학 12, 75, 76, 83, 121, 122, 149, 150, 309, 310
대형 강입자 충돌기 8, 330
데모크리토스Democritos 52
데이비, 험프리Humphry Davy 178
데카르트, 르네René Descartes 149, 150, 281
도킨스, 리처드Richard Dawkins 281, 285~289, 298
돌턴, 존John Dalton 178, 180~185
동물행동학 260
동일 과정설 193~195, 201, 202, 262
두루마리 13, 14, 16, 26, 39, 40, 42, 46, 47
디오판토스Diophantos 76, 309

ㄹ

라마르크, 장 바티스트Jean-Baptiste Lamarck 172, 204~206
라부아지에, 앙투안Antoine Lavoisier 167, 168, 180, 181
라이엘, 찰스Charles Lyell 21, 22, 193~196, 201, 208, 210
라틴어 8, 20, 37, 43, 51, 56, 57, 61, 76, 78, 96, 111, 114, 118, 119, 146, 160~162, 233
랙스, 헨리에타Henrietta Lacks 322~324
러더퍼드, 어니스트Ernest Rutherford 53, 224
러브레이스, 에이다Ada Lovelace 189
러브록, 제임스James Lovelock 289, 290
러셀, 버트런드Bertrand Russell 233, 234, 252, 305
레우키포스Leucippos 52
레이건, 로널드Ronald Reagan 330
레인, 닉Nick Lane 324~326
로렌츠, 콘라트Konrad Lorenz 260, 261
로벨리, 카를로Carlo Rovelli 318~320
루이스, 제러미Jeremy Lewis 320
루크레티우스 카루스, 티투스Titus Lucretius Carus 62, 63, 172

루터, 마르틴Martin Luther 110
루프(고리) 양자 중력 320
르로이, 아르망Armand Leroi 300, 301
린네, 칼 폰Carl von Linné(린나이우스) 161~167, 202, 224, 286
린체이 아카데미 212

ㅁ

마이브리지, 에드워드Eadweard Muybridge 23, 228~233
말레, 알랭 마네송Alain Manesson Mallet 111, 118
망원경 142, 143, 145
맥스웰, 제임스 클러크James Clerk Maxwell 22, 211, 221~224, 239, 240, 255
맬서스, 토머스Thomas Malthus 174, 175
메이어, 마리아 괴퍼트Maria Goeppert Mayer 240
멘델, 그레고어Gregor Mendel 210~212, 285
모노, 자크Jacques Monod 282, 283
모리스, 데즈먼드Desmond Morris 273~276, 298
무한 52, 146, 293, 321
물리학 11, 40, 48, 53, 63, 103, 127, 137, 142, 146, 148, 153, 158, 161, 191, 203, 219, 223, 224, 244, 245, 251, 255, 271, 291, 293, 296~299, 310, 316~321, 326, 327, 329, 330
뮌스터, 제바스티안Sebastian Münster 110~113, 118, 119, 146
미래학 174, 283~285, 324
밈 286

ㅂ

바스카라Bhāskara 83~85
반복 발생설 224
발진 티푸스 264, 269
방사능 245
배비지, 찰스Charles Babbage 188~193
버밍엄 만월회 172
베게너, 알프레트Alfred Wegener 234~237
베르셀리우스, 옌스 야코브Jöns Jakob Berzelius 181
베살리우스, 안드레아스Andreas Vesalius 134~137
베이컨, 로저Roger Bacon 20, 88~92, 102, 108, 122
베이컨, 프랜시스Francis Bacon 122~124, 133, 210
베크렐, 앙리Henri Becquerel 245
벤, 존John Venn 214, 215
보이트, 피터Peter Woit 316
보일, 로버트Robert Boyle 150~153, 167
봄, 데이비드David Bohm 296~298
봄벨리, 라파엘Rafael Bombelli 121, 122
분자 180~183, 221, 244, 245, 254, 256, 258, 259, 276, 296
불, 조지George Boole 214, 215
뷔퐁 백작, 조르주 루이 르클레르Georges-Louis Leclerc, Comte de Buffon 203~205
브라마굽타Brahmagupta 74
브라이슨, 빌Bill Bryson 304, 313, 315
브라헤, 튀코Tycho Brahe 68, 127, 132
브로노우스키, 제이콥Jacob Bronowski 201, 276, 277, 291, 308
브루너, 존John Brunner 284
블랙웰, 앙투아네트 브라운Antoinette Brown Blackwell 238
비에네비츠, 페터Peter Bienewitz 114~116
비주기적 결정 258, 259
빅뱅 이론 72
빛 78, 92, 153, 158, 169, 219, 221, 244, 270, 307, 327

ㅅ

상대성 이론 8, 224, 244, 245, 249~251, 255, 297, 304, 317, 318
상형 문자 33, 35
생물학 30, 40, 48, 53, 201, 224, 244, 254, 255, 258, 277, 282, 286, 293, 321, 325
샤틀레, 에밀리 뒤Émilie du Châtelet 20, 21, 161
성평등 169, 238, 240
세이어, 앤Anne Sayre 280

소벨, 데이바Dava Sobel 312~315
수학 11, 12, 25, 30, 38, 40, 53, 57, 58, 61, 64, 73~76, 78, 83~85, 89, 111, 119, 121, 122, 142, 146, 149, 150, 158, 161, 189, 214, 215, 221, 223, 224, 233, 234, 252, 253, 291, 293, 296, 302, 304, 307, 308, 321, 327, 329
숫자 10, 30, 34, 38~41, 73, 75, 76, 84, 85
슈뢰딩거, 에르빈Erwin Schrödinger 255, 258, 259, 261, 278, 299
슈뢰딩거의 고양이 255, 298
스몰린, 리Lee Smolin 316~318, 330
스클루트, 리베카Rebecca Skloot 321~323
스트리클런드, 도나Donna Strickland 240
싱, 사이먼Simon Singh 308, 309
쐐기 문자 34, 38

ㅇ

아그리콜라, 게오르기우스Georgius Agricola 119~121
아라비아 숫자 75, 76, 85, 87
아르키메데스Archimede 10, 11, 58~61
아리스타르코스Aristarchos 11
아리스토텔레스Aristoteles 13, 47~53, 63, 68, 83, 92, 97, 100, 103, 127, 134, 137, 143, 144, 147, 152, 156
아인슈타인, 알베르트Albert Einstein 8, 158, 180, 223, 245, 249~251, 263, 297, 318
알렉산드리아 도서관 42, 46, 47
알콰리즈미, 아부 자파 무함마드 이븐무사Abū Ja'far Muḥammad ibn Mūsā al-Khwārizmī 11, 12, 75~77, 85
알파벳 34, 35
알하이삼, 아부 알리 알하산 이븐Abū Alī al-Hasan ibn al-Haytham 78, 81
애벗, 에드윈 애벗Edwin Abbott Abbott 223, 224
애튼버러, 데이비드David Attenborough 307~309
앳킨스, 피터Peter Atkins 326
약초학 142
양자물리학 244, 245, 255, 296~299, 318
언어 12, 20, 27, 34, 35, 39, 96, 146, 160, 233, 318, 324
에드윈 스미스 파피루스 39, 40
에딩턴, 아서Arthur Eddington 251, 252, 259
에피쿠로스Epicouros 63
엑스타인, 구스타브Gustav Eckstein 280~282
연금술 151, 152, 158, 167
열역학 191, 192, 317
영(0) 75, 83, 85
영국 왕립연구소 218~220, 231
영국 왕립학회 21, 123, 153, 160, 178, 179, 212, 213, 230, 252, 286, 330
오듀본, 존 제임스John James Audubon 185~188
오언, 리처드Richard Owen 208
오일러, 레온하르트Leonhard Euler 169~171
와일스, 앤드루Andrew Wiles 310, 321
왓슨, 제임스James D. Watson 277~280, 301, 302
우튼, 데이비드David Wooton 96
원소 48, 97, 153, 167, 169, 180, 181, 183, 184, 254
원자량 180, 181, 184
월리스, 데이비드 포스터David Foster Wallace 293
월리스, 앨프리드 러셀Alfred Russel Wallace 207, 208
웰스, 허버트 조지Herbert George Wells 252, 284
윌버포스, 새뮤얼Samuel Wilberforce 209
윌킨스, 모리스Maurice Wilkins 278~280
유전학 204, 206, 210, 244, 282, 285, 300, 324
유클리드Euclid 53~58, 73, 74, 103, 150, 233, 249, 250
의학 11, 12, 39, 41, 42, 63, 78, 81, 83, 137, 142, 172, 207, 214, 244, 289, 300, 322
이븐시나ibn Sīnā(아비센나) 81~83
이상고 뼈 31
이스하크, 후나인 이븐Ḥunayn ibn Isḥaq 13, 78~80
인쇄 14, 16, 18~20, 25, 27, 35, 58, 96, 100, 108, 109, 121, 133, 134
인쇄기 14, 19, 42, 92, 115

인식 체계의 전환 263
입자물리학 329

ㅈ

자력 124, 132~134
자연사 161, 167, 185, 188, 207, 211, 224, 228, 273, 307, 308
자음 문자 34
전자기 221~223, 318
점토판 26, 33, 34, 38, 39, 73
정보 과잉 133, 284
제멜바이스, 이그나즈Ignaz Semmelweis 216~218
제본 23, 63
중력 132, 146, 158, 160, 161, 244, 249, 263, 318, 320
중첩 298, 299
증기 엔진 191, 192
지도 66, 97, 99, 111, 113, 128, 132
지질학 22, 193~197, 210, 263
진공 53, 156
진서, 한스Hans Zinsser 268~270
진화 50, 172, 202, 204~210, 239, 275, 282, 285, 286
질병 63, 79, 264, 268, 269, 300, 324

ㅊ

책 8, 10~27, 42, 46
챌린저호(우주 왕복선) 271
천구의 음악 127
천문학 11, 38, 40, 64, 74, 89, 108, 110, 111, 114, 118, 124, 125, 127, 134, 142, 153, 198, 312
천연두 216, 322
체임버스, 로버트Robert Chambers 205, 206

ㅋ

카르노, 니콜라 레오나르 사디Nicolas Léonard Sadi Carnot 191, 192
카르다노, 지롤라모Gerolamo Cardano 121, 122
카슨, 레이철Rachel Carson 264~267, 270
캐럴, 숀Sean Carroll 316~318
컬페퍼, 니컬러스Nicholas Culpeper 137, 140, 142
케너드, 캐럴라인Caroline Kennard 238, 239
케플러, 요하네스Johannes Kepler 124~132
코덱스 14, 27, 42, 63
코페르니쿠스, 니콜라우스Nicolaus Copernicus 11, 68, 96, 100, 108~110, 118, 122, 124, 125, 127, 144, 146, 147, 262
코펜하겐 해석 297
콕스, 브라이언Brian Cox 310, 311
콜럼버스, 크리스토퍼Christopher Columbus 96, 97, 100
쿤, 토머스Thomas Kuhn 261~263
퀴리, 마리Marie Curie 240, 245~248
퀴비에, 조르주Georges Cuvier 201~205, 224
크릭, 프랜시스Francis Crick 278~280
키츠, 존John Keats 288

ㅌ

타르탈리아, 니콜로Niccolò Tartaglia 121
타이슨, 닐 디그래스Neil deGrasse Tyson 310, 311
탈레스Thales 9, 10, 40, 41
토플러, 앨빈Alvin Toffler 284, 285
통계학 174, 252, 254
투르나이서, 레온하르트Leonhard Thurneisser 45
틴들, 존John Tyndall 218~221, 270

ㅍ

파브르, 장 앙리Jean Henri Fabre 228, 229
파월, 베이든Baden Powell 213
파이어스타인, 스튜어트Stuart Firestein 328, 329
파인먼, 리처드Richard Feynman 223, 270~273, 288, 297
판 구조론 235
패러데이, 마이클Michael Faraday 178, 218~222, 270
팰런, 마크Mark Pallen 322
퍼쇼, 제프Jeff Forshaw 310, 311

포퍼, 칼Karl Popper 261~263
폴링, 라이너스Linus Pauling 254~256, 258
표의 문자 33
표지 23
프랭클린, 로절린드Rosalind Franklin 278, 280
프리스틀리, 조지프Joseph Priestley 167, 172
프톨레마이오스Ptolemaeos 63, 66~69, 72~74, 83, 99, 109, 110, 114, 115, 147
플로지스톤 이론 167
플리니우스Plinius 63
피보나치Fibonacci 76, 84~88
피츠로이, 로버트Robert Fitzroy 194, 207
피타고라스Pythagoras 38~41, 54, 57, 73, 84, 85
피프스, 새뮤얼Samuel Pepys 156
필사 13, 18, 25, 42, 58

ㅎ

하라리, 유발 노아Yuval Noah Harari 324, 325
하비, 윌리엄William Harvey 137, 138
하위헌스, 크리스티안Christiaan Huygens 161
하이젠베르크, 베르너Werner Heisenberg 255, 260
학술 논문 210, 211
학술지 20, 21, 27, 211~213, 233, 249, 330
해리슨, 존John Harrison 312~315
해부학 137, 172, 202, 214
허셜, 존John Herschel 192, 193
헉슬리, 토머스Thomas Huxley 209
헌터, 헨리Henry Hunter 169
헤브, 도널드Donald Hebb 259, 261
헤켈, 에른스트Ernst Haeckel 224~229, 233
호그벤, 랜슬롯Lancelot Hogben 252, 253
호젠펠더, 자비네Sabine Hossenfelder 329~331
호킹, 스티븐Stephen Hawking 23, 25, 250, 291, 304~307, 317
호프스태터, 더글러스Douglas R. Hofstadter 291~293, 297
화이트헤드, 앨프리드 노스Alfred North Whitehead 233, 234
화학 149~152, 167, 168, 180, 184, 203, 239, 244, 254, 289, 320, 321
화합물 152, 153, 169, 180~182, 254, 278
확률 121, 210, 214, 215, 299
환경주의 264, 291
활자 16~20, 35
활자(활판) 인쇄 16~19, 27, 35, 96, 100, 108
훅, 로버트Robert Hooke 153~156, 158, 185
훔볼트, 알렉산더 폰Alexander von Humboldt 197~201
히르슈하우젠, 에카르트 폰Eckart von Hirschhausen 320
히파티아Hypatia 74
히포크라테스 13, 41, 43, 63, 137
힐베르트, 다비트David Hilbert 233

기타

DDT 264~267, 269
DNA 162, 244, 254, 259, 277~280, 285, 301
TV 시리즈 26, 201, 276, 277, 307~311

— 저술

ㄱ

『가능성의 논리』 214, 215
『가이아』 289~291
『간은 할 일이 많을수록 커진다』 320
『갈릴레오가 들려주는 별 이야기: 시데레우스 눈치우스』 142~145
『거의 모든 것의 역사』 304, 313, 315, 316
『경도 이야기』 312~315
『공기의 탄성 조작과 그 영향에 관한 새로운 물리-역학 실험』 150
『과학이라는 발명』 96
『과학혁명의 구조』 261~264
『광학의 서』 78, 81
『괴델, 에셔, 바흐』 291~293, 297
『구장산술』 73~75

『금강반야바라밀경』 16
『금속에 관하여』 119~121
『기계와 제조의 경제에 관하여』 189, 191
『기술과 자연의 경이로운 힘에 관하여』 102
『기하학의 기초』 233
『기호논리학』 214

ㄴ

『나의 삶은 서서히 진화해왔다』 210
『날마다 천체 물리』 310, 311
『논리 및 확률에 관한 수학 이론의 기초적 사고 법칙 탐구』 214, 215
『눈에 관한 열 가지 논문』 78~80

ㄷ

『다가올 것들의 형태』 284
『대략적인 세계 역사』 252
『대륙과 해양의 기원』 234~237
『대서』 88~92
『대수학』 121
『대화: 천동설과 지동설, 두 체계에 관하여』 144, 146, 147
『독일 공주에게 보내는 편지』 169~171
『돌연변이』 300, 301
『동물 철학』 204
『동물계』 202, 203
『동물생리학 또는 생물의 법칙』 172
『동물의 심장과 혈액의 운동에 관한 해부학적 연구』 137, 138
『동물의 운동』 229, 231, 232
『동물의 움직임』 230
『동물지』 53

ㄹ

『라드너 캐비닛 백과사전』 193
『레오나르도 다빈치 노트북』 100, 102
『로절린드 프랭클린과 DNA』 280
『루돌프 표』 128, 130, 132

ㅁ

『마이크로그라피아』 153~156, 185
『맨워칭』 275, 276
『모든 순간의 물리학』 318~320
『몸에는 머리가 있다』 280~282
『무지개를 풀며』 288
『무한성의 간략한 역사』 321
『무한한 재미』 293
『물리적 세계의 특성』 251
『물리학의 기초』 21
『물리학의 문제』 316, 317
『미래의 충격』 284, 285

ㅂ

『바이털 퀘스천』 324, 326
『박물지』 203, 204
『방법서설』 149
『방사능에 관한 논문』 245~248
『백만 인을 위한 수학』 252~254
『복원과 대비의 계산』 11, 12, 76, 77, 85
『북미의 새』 185~188, 193
『불의 동력과 그 동력의 발생에 적합한 기계에 관한 고찰』 191, 192
『빛에 관한 여섯 편의 강의』 219

ㅅ

『사람 몸의 구조』 134~136
『사람의 움직임』 230
『사물의 본성에 관하여』 62, 63, 172
『사피엔스』 324, 325
『산수론』 76, 309
『산술 교본』 76, 84~88
『산욕열의 원인, 이해, 예방』 216, 217
『상대성 이론: 특수 상대성 이론과 일반 상대성 이론』 249, 250
『새로운 두 과학: 고체의 강도와 낙하 법칙에 관하여』 146, 148
『새로운 별』 125, 126

『새로운 실험』 156, 157
『새로운 천문학』 126, 127
『생명이란 무엇인가』 255, 258, 259, 261, 278
『소리: 여덟 편의 강의』 219, 220
『솔로몬의 반지』 260, 261
『쇼크웨이브 라이더』 284
『수학의 원리』 233, 234
『수학의 함정』 329~331
『슈뢰딩거의 고양이를 찾아서』 298, 299
『시간의 역사』 23, 250, 291, 304~308, 317
『시단타 시로마니』 83~85
『식물원』 172, 173, 318
『식물의 잡종에 관한 실험』 210, 211
『식물의 종』 163
『신기관』 123

ㅇ

『아내를 모자로 착각한 남자』 299~301
『아르스 마그나』 121, 122
『아이작 뉴턴의 광학』 158, 160
『아인슈타인과의 만남』 255
『약초 도감』 137, 140, 142
『연금술에 관한 책』 45
『열 이론』 22, 221, 223
『열: 운동 방식』 219
『열등한 성』 327, 328
『영국의 의사』 137, 138
『옥당잡기』 19
『요크 지역 이발사 겸 외과 의사들을 위한 지침서』 44, 45
『우연과 필연』 282, 283
『우주 구조의 신비』 124, 125
『우주에 관한 설명』 111, 118
『우주의 구조』 110~113, 118, 146
『우주의 마법 같은 탄생』 326, 327
『우주의 조화』 127, 132
『우주의 창조』 74, 75
『원론』 53~58, 73, 74
『위대한 책』 63, 64, 72, 74, 83
『의심하는 화학자』 150~152
『의학 정전』 81~83
『이그노런스』 328, 329
『이기적 유전자』 281, 285~289
『이상한 나라의 사각형』 223
『이중 나선』 259, 277~280, 301
『이중 나선을 발견한 제3의 인물』 280
『인간 등정의 발자취』 201, 276, 277, 291, 308
『인간의 기원』 209, 210, 238, 276
『인구론』 174, 175
『인도 숫자를 사용한 계산법』 76
『일반 과학 연구』 238

ㅈ

『자석에 관하여』 132, 133
『자연 전체의 성』 238
『자연사』 63
『자연의 예술적 형상』 224~228, 233
『자연의 체계』 161~166, 202
『자연철학 연구에 관한 예비 담론』 193
『자연학』 48~53
『전자기학』 222, 223
『전체와 접힌 질서』 296~298
『종의 기원』 206~210
『쥐, 이 그리고 역사』 268, 269
『지질학의 원리』 21, 22, 193~197
『지혜의 균형』 78

ㅊ

『창조의 자연사가 남긴 흔적』 205
『천구의 회전에 관하여』 100, 108~110
『천연두의 최후』 332
『초끈 이론의 진실』 316
『촛불의 과학』 218, 220
『침묵의 봄』 264~267, 269, 278

ㅋ

『카오스』 301~304
『코스모스』(세이건) 308
『코스모스』(훔볼트) 197~201
『퀀텀 유니버스』 310

ㅌ

『탐구의 논리』 261, 262
『털 없는 원숭이』 273~275

ㅍ

『파브르 곤충기』 228
『파인만 씨, 농담도 잘하시네!』 270
『파인만의 QED 강의』 270, 271, 297
『파인만의 물리학 강의』 271, 272
『페르마의 마지막 정리』 308~310, 321

ㅎ

『해부학』 216
『행동의 조직』 259, 261
『헨리에타 랙스의 불멸의 삶』 321~323
『현대물리학, 시간과 우주의 비밀에 답하다』 316, 317
『화학 결합의 본질』 254~258
『화학 교과서』 181
『화학 원론』 167, 168
『화학 철학의 새로운 체계』 181~183
『확률 게임에 관한 책』 121
『황제의 천문학』 114~116
『히포크라테스 전집』 41~43

기타

『$E=mc^2$ 이야기』 310, 311